# BIM으로 구조디자인 하기

## Structure Design with BIM

Revit Structure 2013 / Robot Structural Analysis Professional 2013

건축에 있어 구조디자인의 지평을 넓히는 기회를 BIM에서 찾아낸다.
효과적인 구조디자인 세계의 구현을 도울 수 있는 BIM도구, Revit Structure를 다뤄보자.

이주나 김우진 저

씨아이알

# 서문

이제껏 내 소원은 하나다.

건축의 뼈대가 되는 구조를 자유롭게 디자인하는 것이다. 최대한 건축의 여러 가치에 기여하는 방향으로 구조를 움직이고, 더 나아가 오히려 구조가 건축의 새로운 가치를 이끄는 힘을 가지고 있다는 것을 보이고 싶었다. 이것을 구조디자인이라고 불러왔다.

그런데, 구조디자인에서는 구조체가 효과적인 형태효과를 가지도록 하는 것은 물론, 동시에 힘을 견딜 수 있게 해야 한다는 쉽지 않은 과정이 있다. 따라서, 일단 형태와 짜임을 보여주는 모델링 도구로는 대단히 자유로우면서도 3차원적으로 확인하고 판단할 수 있는 도구가 요구된다. 그리고 이것은 곧바로 구조해석 및 구조설계 도구로 연결되어야 하고, 물론 이 구조설계 결과는 어떻게든 구조물의 형태구성 디자인으로 피드백되어 반영되어야 한다. 그래서 이제까지 우리는 이미지 중심의 2D, 3D의 스케치, 또는 도면을 디자인에 활용하고, 손으로 축소모델을 만들어 보이는 작업을 아주 즐겨 해왔다. 그리고 이렇게 디자인된 형태모델을 구조해석용 프로그램으로 재모델링하고 구조해석과 설계를 수행해 구조부재를 결정한다. 그 부재가 단번에 형태 디자인을 만족시킬 리가 없다. 다시 형태모델을 수정하고 힘을 견디는 부재를 설계한다. 이러한 방법으로 초기 형태디자인과 구조적 타당성 사이를 수도 없이 왕복하면서 수렴되는 과정을 거쳐야, 구조디자인은 완성된다.

이 과정에 등장하는 설계도구들은 아직까지도 충분히 유효한 도구들임이 분명하다. 그러나 이 과정이 보다 쉽고 원활해야 우리는 시행착오 경험과 판단의 근거를 충분히 얻고, 보다 도전적이며 효과적인 아이디어를 낼 수 있다. 바로 나는 이러한 측면에서 내가 소원하던 구조디자인의 도약 가능성을 현재, BIM에 기대한다. 보여지는 이미지만이 아니라 정보를 포함하고 있는 부재들로 만들어지는 BIM 모델들은 어떠한 프로그램에서든 구조해석에 필요로 하는 정보를 즉각적으로 제공할 수 있고, 디자인모델과 구조해석모델 쌍방 간의 손쉬운 정보교류로 디자인에 대한 의사결정을 효과적으로 도울 수 있다. 그러나 아직은 구조분야에서 이러한 BIM 도구의 활용이 활발하지 못한 것으로 보인다. 그래서 여러 BIM 프로그램 중에 Autodesk사의 Revit Structure(2013)를 이용해 BIM 도구가 어떻게 구조디자인을 도울 수 있는지 보이고자 이 책을 내놓는다.

BIM에 대한 짧은 경험과 미천한 실력으로 프로그램 전체를 설명하거나, BIM 모델링 실력을 일취월장하게 만들어줄 자료를 내놓을 수는 없었다. 다만, 이 책을 통해서 구조를 건축디자인의 세계로 이끌어내고, 실질적으로 구조디자인에 접근하게 하는 보다 유효한 도구를 소개하고 싶었다. 하나의 도구로 시작된 관심은 더 나은 적합한 도구를 향해 움직이게 될 것이다. 그리고 이 책에서 소개하는 BIM 도구의 지원이 더 나은 구조디자인의 결과물이 쏟아져 나오는 데 조금이라도 기여하기를 바랄 뿐이다. 오래된 소원에 한 발짝 다가가는 시도로 주변의 너그러운 이해를 바란다.

2014. 6. 20.

이주나

# CONTENTS

## Ⅳ 레빗으로 구조디자인 해보기 | 트러스 구조시스템



## 부록

# I 프롤로그
Prolog

# 01 왜 BIM인가

What You Expect on BIM

도구로써 선택되어졌다.
만들어지지 않은 건축물을 미리 예측하고 계획하는 과정인 건축설계. 이 과정에서 등장하는 수많은 구상과 아이디어는 서로 인과관계를 가지면서 맞물린다. 고대에는 이 모든 것이 어느 위대한 한 사람의 머리로 실현되었다고도 한다. 그러나 현대의 건축은 복잡함 그 자체이다. 수많은 요소에 대한 전문적인 디자인 고안과 다분야의 협업으로 이루어지고 있다는 것을 우리는 이미 알고 있다. 어떠한 도구가 복잡한 여러 요소의 행로를 교통정리하고 일목요연하게 보여주며 우리에게 시행착오를 줄일 수 있는 판단을 가져다주는가.

우리는 언제나 이 부분에서 만족할 만한 답을 얻을 수 없겠지만, 현재는 BIM 도구에 그 기대를 걸어보려고 한다.

건축과정을 그림으로 보여준다고 하는 발상은 여전히 유효하다.
건축물의 구성을 보여주는 도면의 방식은 지어질 건물을 수평과 수직으로 잘라서 보여주고(입면도, 단면도, 평면도) 구체와 각종 설비의 배열 및 구성을 별도로 그려서 표현(구조도, 설비도)한다. 건물의 전체 생김새를 입체그림(3D)으로 그려 알게 해준다. 이러한 정보를 가진 각종 도면은 여전히 받아들일만한 도구라고 여겨진다. 특히, 컴퓨터를 이용해 작성하는 도면(CAD)은 보다 정확하고 정결하며 반복과 수정작업을 가능하게 하므로, 손으로 표현하는 것보다 매우 뛰어난 능력을 가지고 있는 도구이다.

그렇지만, 건물의 어느 일부를 잘라 표현할 수밖에 없는 평면도와 단면도의 구법으로는 건물 전체를 파악하기가 쉽지 않고, 건물을 만드는 입장에서 보면 각 부속의 사이즈나 구법을 알기에는 턱없이 부족한 정보이다. 건물에 필요한 재료의 양을 알기 위해서는 이 도면들을 기본 정보로 하여 별도의 산정방법을 동원해야 추정 가능하다. 건물의 계획과정에서 계획변경이 발생하면 당연히 전체의 도면이 일일이 수정되어야 하고 다시 동일한 산출작업을 반복 수행해야 한다.

그래도 여기까지는 결정된 계획안을 건물로 만들어내기 위해 수행하는 과정의 이야기이다.

계획안을 결정할 때까지는 더 심각하다. 어떤 안이 좋은 건축물을 만들 것인가, 효과적인 대안을 도출하기까지의 과정을 생각해보자. 예를 들어 벽과 지붕을 바꾼다면 이것은 아름다울 것인가? 힘은 견딜 수 있을 것인가? 차라리 벽이 아니라 기둥으로 하면 어떨 것인가… 등등. 우리는 최적안을 마련할 때까지 수많은 방법으로 그 적정성을 검토하고 대안을 제시하는 과정을 반복적으로 수행한다. 이때 우리가 내는 대안이 건축 전반에 어떠한 영향을 가져올 것인가 알 수 있도록 하는 도구가 필요하다. 그것도 가능한 구체적이고 정확해야 하며 즉각적으로 쉽게 판단할 수 있어야 한다. CAD를 뛰어넘는 도구가 필요한 이유이다.

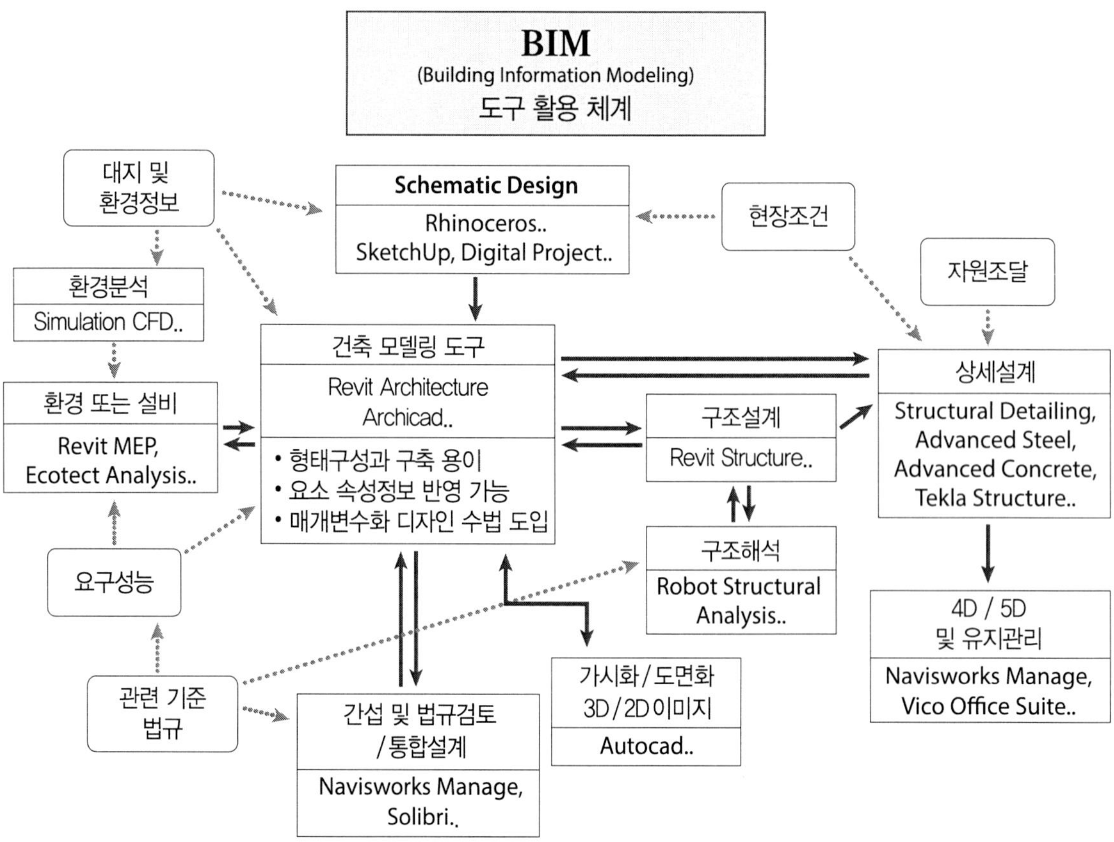

BIM은 Building Information Modeling의 약자로, 건축구현에서 정보를 포함하여 모델화한다고 하는 개념으로 이해할 수 있다. BIM이 이제까지의 모델링 방식과 차별화되는 것이 건축설계 모델링 작업에 바로 '정보'를 포함하고 있다는 것이다. 이제까지의 도면이나 모델이 주로 형상으로 구성과 이미지를 표현하고 주석으로 구성내용을 설명하였던 것에 비해, BIM에서는 실제 만들어지는 재료의 '정보', 구축 '정보'가 포함되도록 실제 건립과정과 거의 유사한 3D 모델을 구축해 나간다. 이 때문에 BIM 작업과정은 매우 많은 정보입력이 필요하여 이전에 비해 번거로울 수도 있고 시간과 노력이 소요되는 어려운 부분이 존재하는 것이 사실이다. 다양한 기능을 가진 다수의 프로그램이 사용되고 있고 아직 여러 면에서 개선의 여지가 많은 것 또한 사실이다.

그러나 건축구현과정에서는 서로 연관되고 반복적으로 이루어지는 정보수집과 검토과정이 쉴 새 없이 일어나고 있으므로, BIM에서 구현하는 정보모델을 구축하는 것은 상당한 설계과정의 자동화를 가능하게 하고 건설과정은 물론 향후 관리단계에서도 활용성 높은 건축정보를 보유하게 한다. 이제까지 검토가 어렵던 건축디자인, 구조, 설비, 토목, 시공 등 각 분야 간의 간섭검토와 통합설계가 가능해진다는 것도 빠뜨릴 수 없는 BIM의 강점 중에 하나다(도식 참조). 당연, 이러한 기능 때문에 BIM 도구는 비정형 건축물의 설계와 시공에 있어 선택이 아닌 유일한 대안으로 여겨진다. 그렇다고 해서 이것이 BIM은 비정형 건축에만 사용되는 개념이라는 의미로 이해되지는 않을 것이다. 구상과 동시에 정보를 포함하고 있는 도구의 활용은 어느 건축물에서나 실질적인 디자인효과에 대한 판단과 실행을 돕는다. 설계와 시공의 정확성 내지는 편리함은 물론이고, 설계자의 디자인목표에 근접하는 보다 나은 대안도출을 위해서도 BIM에서 추구하는 정보화 도구를 소홀히 하기 어렵다.

그렇다면, 설계과정에서 벌어지는 이 복잡한 대안 도출과정을 구조분야로 가져와 보자. 구조계획과 디자인에서는 이러한 설계과정에서 어떠한 자료와 도구가 필요할까.

간단한 예를 생각해보자. 1m당 12kN의 하중을 받으며 10m 사이를 건너가는 지붕구조체를 설계할 경우를 가정해보기로 한다. 힘을 견딜 수 있는 구조체의 재료, 구조시스템, 형상 등을 결정해야 할 것이다. 재료를 철골로 한정했을 때, 가장 기본적으로 대안의 후보가 될 만한 구조시스템과 형상을 생각해보자.

직선형상일 수도 있고, 산형지붕모양일 수도 있다. 그런데 같은 직선형상 중에서도 접합에 따라 단순보, 양단고정보, 겔버보 등 다양한 구조시스템을 취할 수 있고, 산형지붕의 경우도 단순 산형보 형식을 취할 수도 있고 다양한 트러스일 수도 있다. 가능성 있는 대안을 다음 그림과 같이 4가지로 압축해보았다. 어떤 구조로 설계하는 것이 좋을까. 이 판단을 돕기 위해 어떤 설계도구가 필요한 것인가.

| 직선형상 | 산형형상 |
| --- | --- |
| 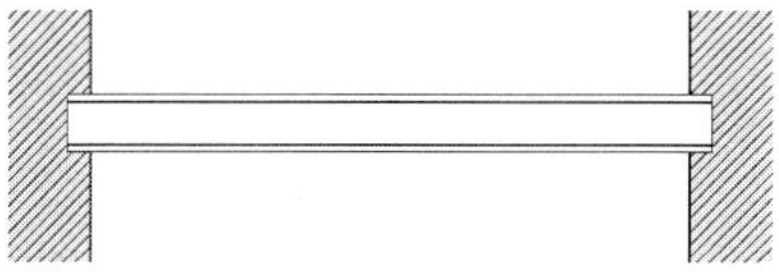<br>A. 고정보 | 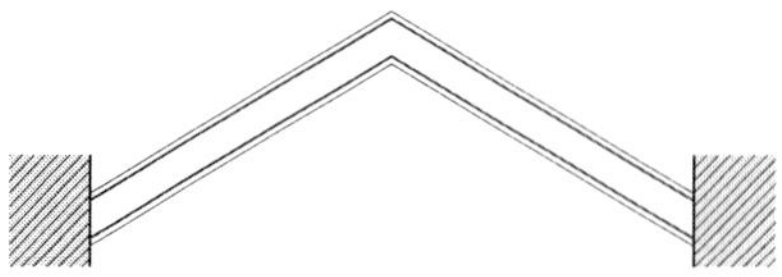<br>C. 산형보 |
| 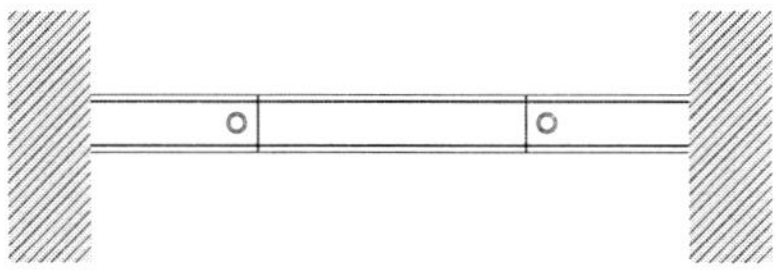<br>B. 겔버보 | 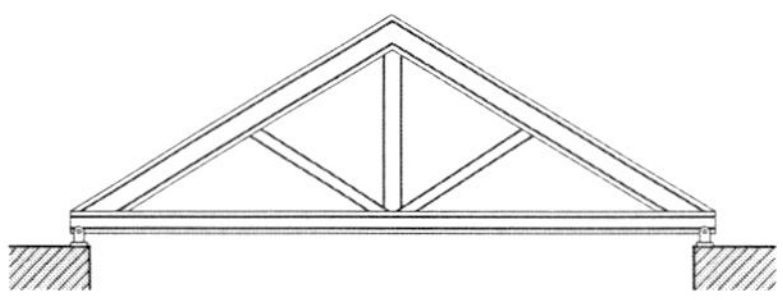<br>D. 왕대공 트러스 |

먼저 구조체의 구성이 건물의 형태나 공간의 기능적인 문제와 관계가 있을 것이다. 이것은 복잡한 구조 구성일수록 계획단계에서 입체적인 모델링이 확인되어야 하고 의사결정을 할 수 있는 형상데이터가 마련되어야 한다. 복잡한 구조물에서는 이때 판단 정보를 얻기 위해 우리는 전통적으로 구조모형을 만들기도 해왔다.

**원하는 도구의 기능** – 건축과의 통합적 고려가 가능한 3D 모델 구축이 원활하다면?

구조체의 디자인에는 힘의 분배 또한 중요하게 다뤄진다. 응력이 크게 요구되면 부재가 커지고 공간체적을 방해함은 물론 물량이 증가해 경제성 또한 떨어진다. 이를 위해서 우리는 다양한 구성을 계획하고 해석을 수행하여 힘의 분포를 비교하고 더 나아가서는 설계된 부재량을 최적화하는 단계를 반복적으로 거친다.

**원하는 도구의 기능** – 디자인 변화에 따라 힘의 크기를 즉각적으로 알 수 있고, 이에 따른 부재량을 동시에 알 수 있다면?

더 나아가서 부재량의 최소화뿐만 아니라 시공성 또한 영향을 미칠 것이다. 구조계획에 따라 다른 시공비용과 시간이 소모될 것이지만, 이것을 계획단계에서 의사결정에 반영하는 것은 쉽지 않은 상황이다. 대부분 기술자들의 경험에 의하여 대안이 결정된다.

**원하는 도구의 기능** – 시공관리 정보 또한 대안에 따라 즉각적으로 제공된다면?

이러한 숙제를 BIM도구 중에 하나인 레빗(Autodesk Revit)을 이용해 해결해보자.

앞에서 소개한 4가지 간단한 사례에 대하여 레빗을 활용하는 과정을 살펴본다면, 구조분야의 BIM 개념과 역할을 이해하고 구조디자인에 있어서 BIM 도구의 활용 가능성을 파악할 수 있을 것이다.

여기서 활용하고 하는 Autodesk사의 Revit 프로그램은 BIM을 실현시키는 여러 프로그램 중에서 가장 높은 인지도를 보이는 프로그램이어서 선택되었다. Autodesk사의 Revit에는 앞서 도구 체계 개념도에서도 보인 바와 같이 Revit Architecture, Revit Structure, Revit MEP의 세 종류의 프로그램이 있는데, 본서는 구조디자인을 위한 책이므로 여기서는 레빗 스트럭춰(Revit Structure)를 주 모델 작성도구로 사용한다. 물론 여기 1장 프롤로그에서 보이는 단위 구조체 모델링 과정을 통해 기본 레빗 스트럭춰 도구 활용방법을 파악하는 것도 가능하겠지만, 본 장에서는 구조계획에 도입되는 레빗 도구의 역할과 활용개념 전반을 보이는 것에 초점을 맞추고 있으며, 보다 구체적인 도구 활용방법의 소개는 다음 장에서 이어질 것이다.

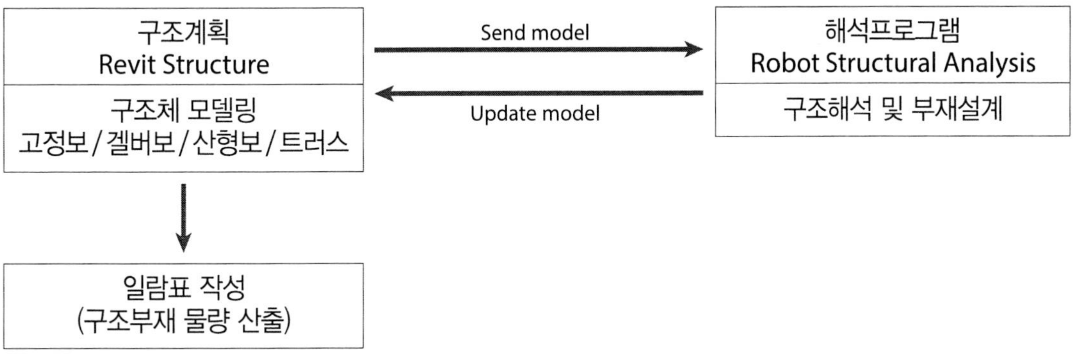


본 장에서 수행하는 BIM 모델링 체계 소개

이 장에서 나타낸 BIM 수행과정은 위에 도식으로 표현한 것과 같이 레빗 스트럭춰 프로그램을 이용해 구조체를 모델링하고, 이를 해석프로그램으로 보내 해석과 부재설계를 하며, 이것을 다시 레빗 스트럭춰 프로그램으로 보내 설계된 구조부재의 물량을 산출하는 과정을 보인다. 이 과정을 4가지 사례 모두에 적용하여 그 설계결과를 보임으로써, 구조설계 단계에서의 비교 판단근거를 제시하도록 하겠다.

02

# 단위구조체 설계하기 [A. 고정보]

Unit Structure Design / A. Fixed Beam

레빗 스트럭춰 프로그램을 실행시켜 직선 고정보 설계를 시작한다. 세부 프로그램 수행과정은 다음 장에서 자세히 나타내었고, 여기서는 구조 BIM이 할 수 있는 일을 소개하기 위해서 개략적인 흐름만을 나타내었다.

## 레빗 실행하기 | Opening Revit

**레빗 구조템플릿 실행화면 보기**

레빗 실행 / 구조템플릿 선택

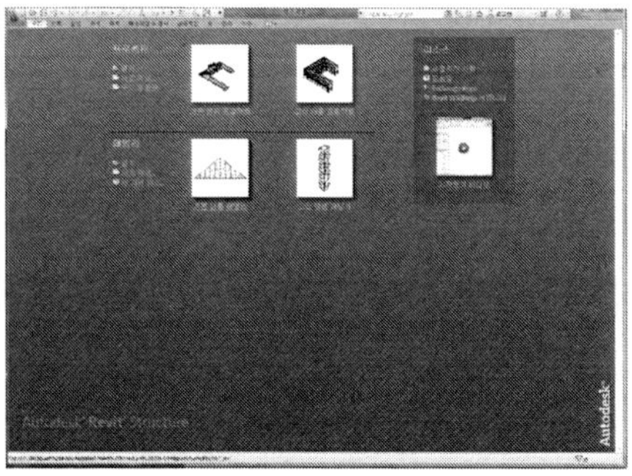

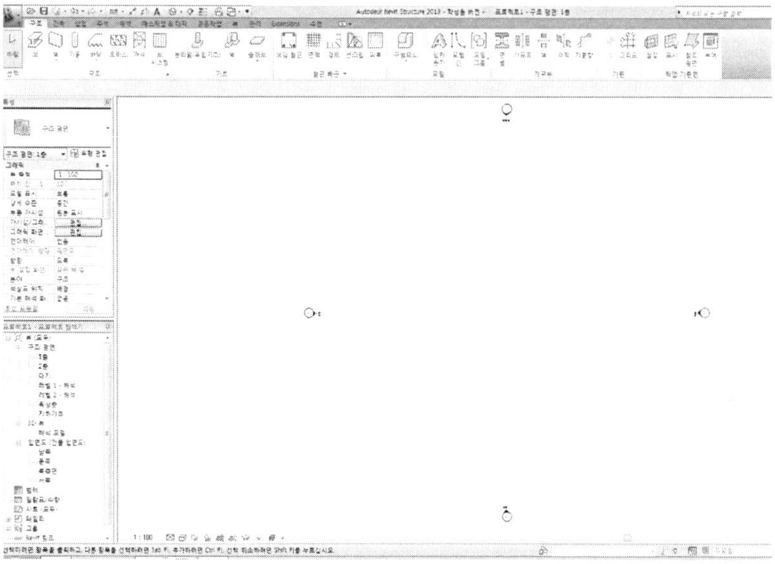

레빗 프로그램을 실행해 새로 시작할 때는 기본사항을 미리 마련해둔 템플릿을 활용하는 것이 수월하다. 구조체 모델이므로 [구조 템플릿]을 클릭해 모델링을 시작하는데, 이때 위와 같은 초기화면이 나타난다(2장 참조).

## 레벨과 그리드 | Level and Grid

레벨과 그리드로 입력 모델의 기준을 설정하는 것부터 시작한다. 자세한 입력방법은 부록 1 참조.

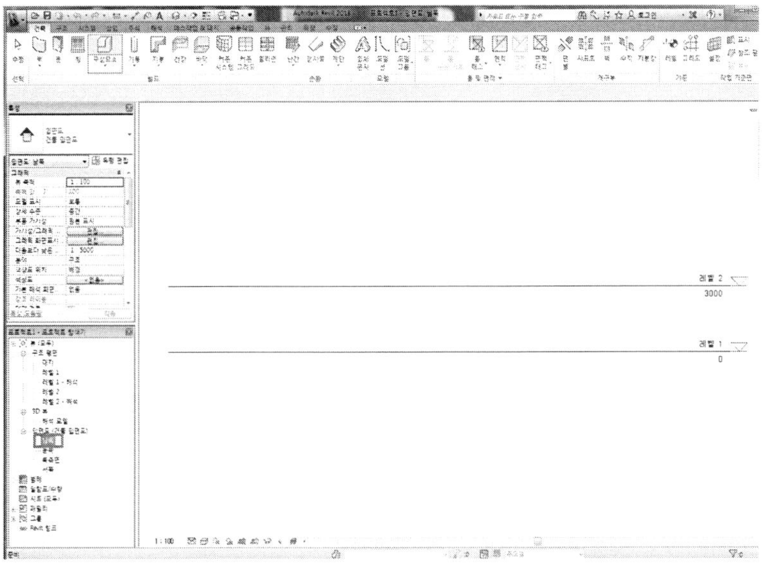

단면의 기준이 되는 레벨을 수정하거나 입력하기 위해 입면뷰를 열었다. [구조템플릿]에는 기본으로 두 개의 레벨이 입력되어 있음을 알 수 있다.

### 레벨 보기

프로젝트 탐색기 / 입면도 / 남쪽

레벨은 단면뷰나 입면뷰에서 그릴 수 있다.

### Tip 템플릿이란

레빗에서 모델설정을 처음 시작할 때 필수적으로 작업해야 하는 기능들이 있다. 예를 들면, 4면의 입면도 뷰를 작성한다든지, 기본 레벨을 만든다든지 하는 작업은 어느 모델이나 필수적으로 해야 하는 작업이다. 이런 작업을 미리 세팅해놓은 화일이 '템플릿'이라 할 수 있다. 각 분야별로 편리한 작업이 마련된 템플릿이 있으며, 당연히 나만의 기본설정을 마련해 템플릿으로 저장하여 사용할 수도 있다.

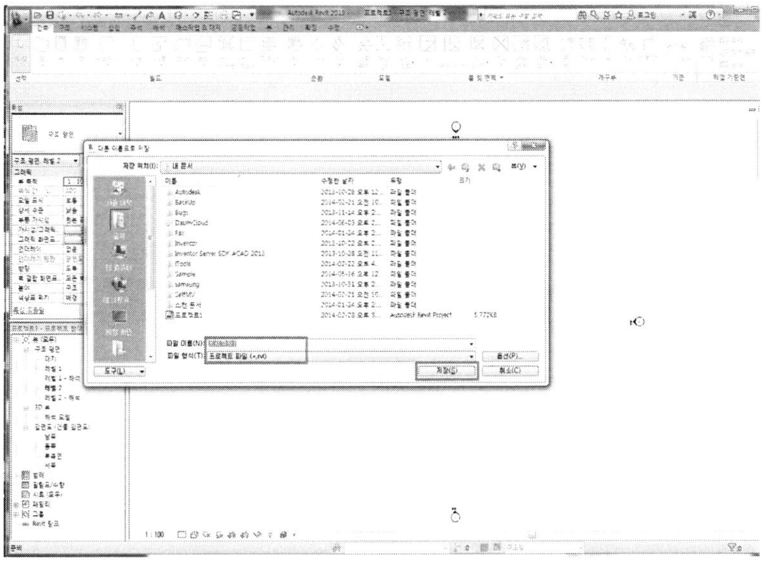

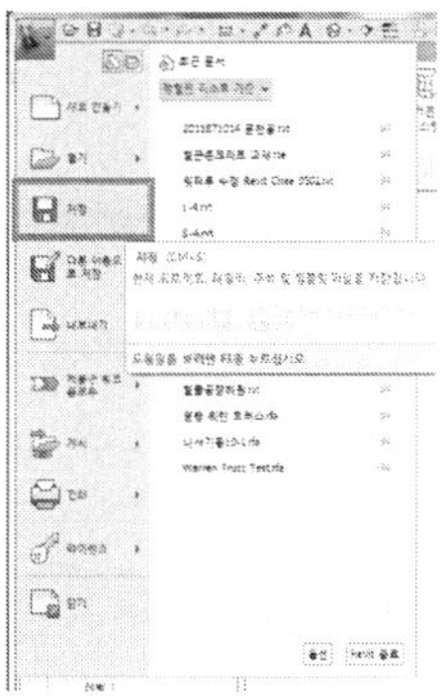

작업을 처음 시작하면서 파일저장 작업을 먼저 해두는 것이 좋을 것이다. 화면 좌측 최상단에 있는 [ ] 버튼을 누르면 파일관리 관련 모든 기능이 나타난다. 여기서 [저장]을 선택하고 나타나는 창에서 파일이름(프로젝트명)을 결정한 다음, 저장한다. 여기서 주의할 점은, 일반적인 모델링을 하고자 하는 경우, 하단의 [파일 형식]을 [프로젝트 파일(*.rvt)]로 하는 것이다.

### 프로젝트 저장하기

선택
– 저장 선택하기
　└ 프로젝트 이름을 지정하고 저장

## 레벨과 그리드 | Level and Grid

**레벨 보기**

프로젝트 탐색기 / 입면도 / 남쪽

레벨은 단면뷰나 입면뷰에서 그릴 수 있다.

**레벨 삭제 및 변경**

– 기존 레벨 선택
 ㄴ 지우기
 또는
 ㄴ 이름 변경하기

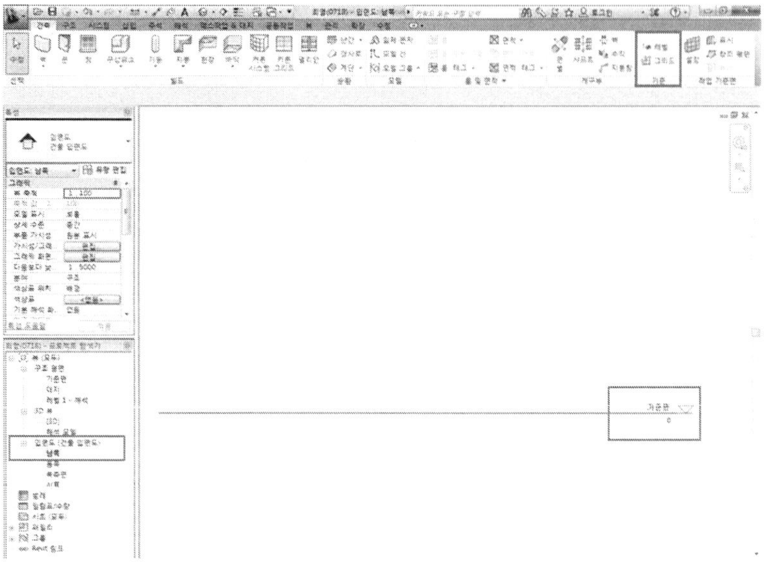

현재 모델링하고자 하는 보 그리기에 하나의 레벨만 필요하므로 하나의 레벨만 남겨두고 레벨이름을 [기준면]으로 변경했다. 레벨이름을 클릭하면 수정할 수 있다.

**그리드 그리기 보기**

프로젝트 탐색기 / 구조평면 / 기준면

[기준면] 레벨을 선택했을 때의 화면
그리드는 수평면에서 그릴 수 있다.

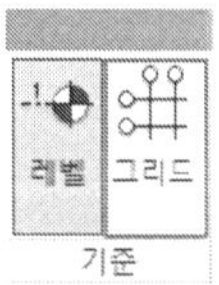


**그리드 그리기**

– 기준 / 그리드
 ㄴ 지우기
 또는
 ㄴ 선 선택해 복사하기

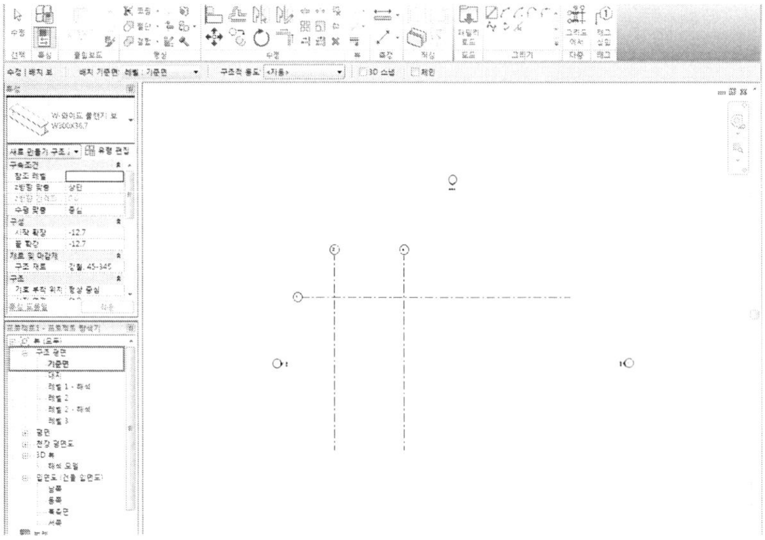

[기준면] 레벨 뷰를 선택하여 보를 입력할 평면상 기준인 그리드를 그린다. 그리드는 건축도면에서의 X열, Y열과 같은 의미이다. 여기서는 10m 스팬의 하나의 보를 모델링할 것이기 때문에 임의로 X축 하나를 그리고, Y축 그리드 두 개를 간격 10m로 그렸다.
레벨과 그리드의 의미를 포함한 보다 자세한 모델 설정법은 2장, 3장, 또는 부록 1을 참조한다.

## 수평부재 입력하기 – 보 만들기 | Structural Framing

레벨과 그리드를 그려 기준을 만들었으면 보를 입력한다. 자세한 입력방법은 부록 2 참조.

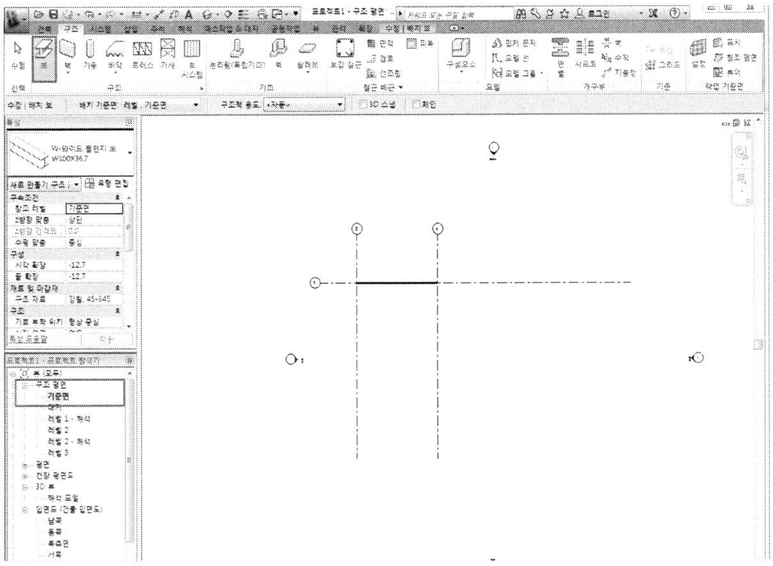

**보 만들기 보기**

프로젝트 탐색기 / 구조평면 / 기준면

[기준면] 레벨을 선택했을 때의 화면
수평부재는 수평면 또는 3D 화면에서 그릴 수 있다.

**보 만들기**

– 구조 / 구조 / 보

보를 입력하기 위해 보가 놓여지는 레벨의 뷰를 열고, 이미 설정해놓은 그리드에 [구조 / 구조 / 보] 명령어를 이용해 보의 입력상태를 만든 후, 원하는 부재타입을 선택하여 지점 두 곳을 클릭해 보를 입력한다.

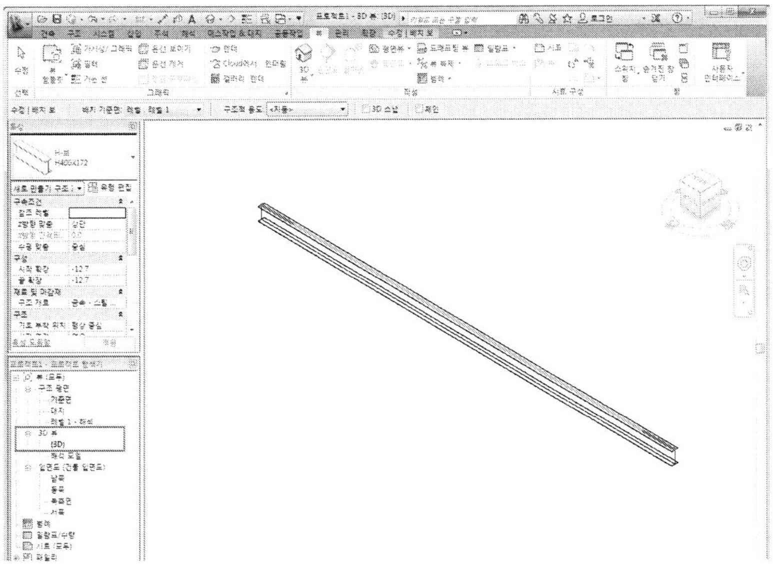

**완성된 보 보기**

프로젝트 탐색기 / 3D / 3D

왼쪽의 특성창에서 보 유형 내지는 여러 속성을 변경하거나 선택할 수 있는데, 여기서는 구조부재의 적합 여부를 고려치 않고 H형강(H–400×400×13×21)으로 입력하였다.

## 지지점 설정하기 | Supports

고정보의 지점을 입력해보자. 레빗에서는 경계조건 메뉴를 이용해 입력할 수 있다.

**지지점 입력위치 보기**

프로젝트 탐색기 / 모든 뷰

어느 뷰에서든 [해석모델 뷰] 상태일 때 입력 가능

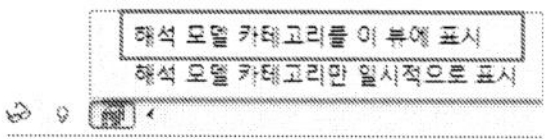


**경계조건 설정하기**

– 해석 / 경계조건

└, 특성창에서 원하는 지지방식을 선택

└, 지점에 클릭

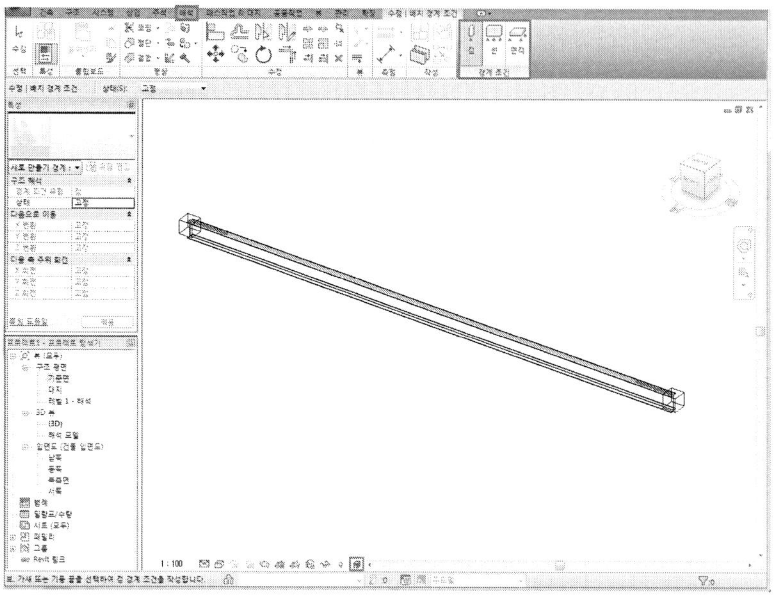

길이가 10m인 고정보 양 끝을 [고정]으로 설정하였다.

**완성된 보 보기**

프로젝트 탐색기 / 3D 뷰 / 3D

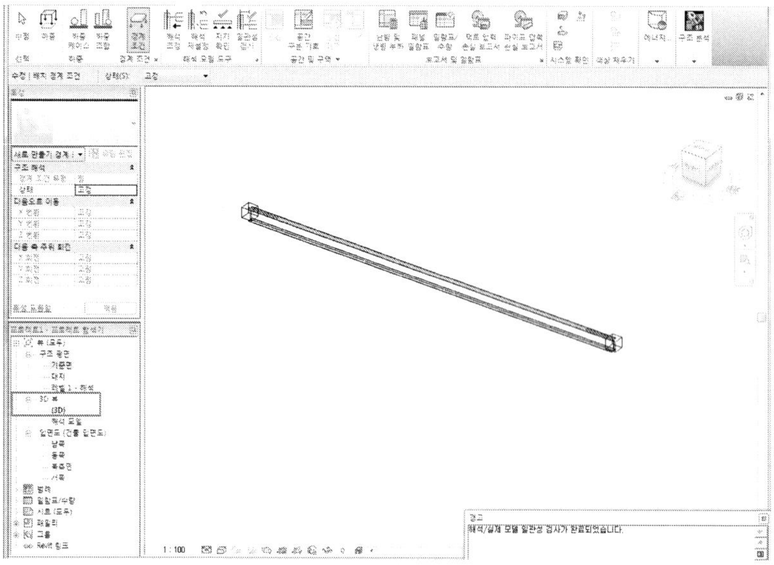

간단한 H형강 양단 고정보 모델을 완성하였다. H형강 이미지 안쪽으로 칼라선이 보이는데, 이것이 보이는 모델과 달리 해석모델의 설정을 보여주는 해석선이다.

이후 완성된 모델에 하중을 가하여 구조해석을 수행한다.

## 구조해석하기 | Structural Analysis with Robot Structural Analysis Program

완성된 보 모델을 레빗과 연동되는 구조 해석프로그램(Robot Structural Analysis)으로 보내, 구조해석과 구조부재를 설계한다. 이 작업을 위해서는 Autodesk사에서 제공하는 추가 Extension Program을 사전에 설치해야 한다. 자세한 입력방법은 2장과 3장 참조.

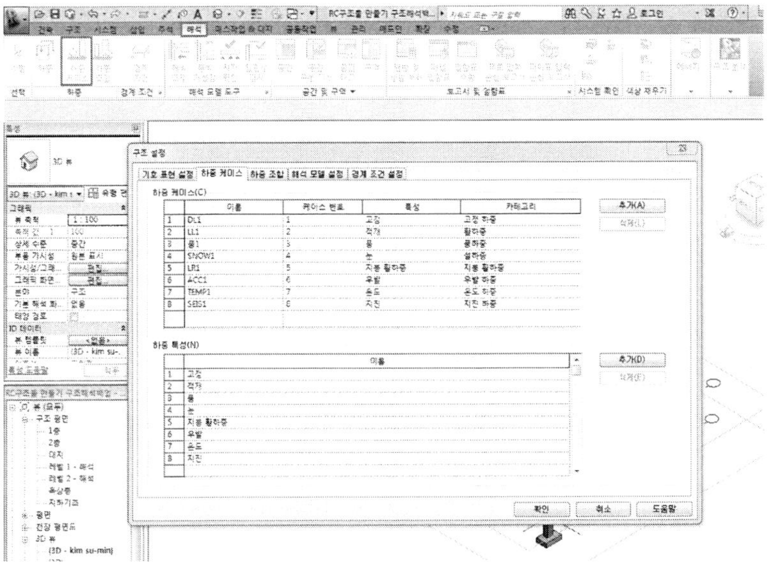

**하중케이스 설정하기**

해석 / 하중 / 하중케이스

**하중케이스 설정**

- 해석 / 하중 / 하중케이스
  ㄴ 하중케이스 추가 및 삭제

구조해석을 위해서는 구조체에 가해질 하중의 종류(Load Case)를 먼저 설정해야 한다. 모든 구조해석프로그램에서도 설정이 가능한데, 레빗에서 사전에 설정하면 편리하다. [해석 / 하중 / 하중케이스]를 선택하면 위 화면처럼 하중케이스 입력화면이 등장한다. 여기서 건물에 작용하는 하중의 종류를 설정하고 조정할 수 있다. 역시 2, 3장에서 자세히 설명하였다.

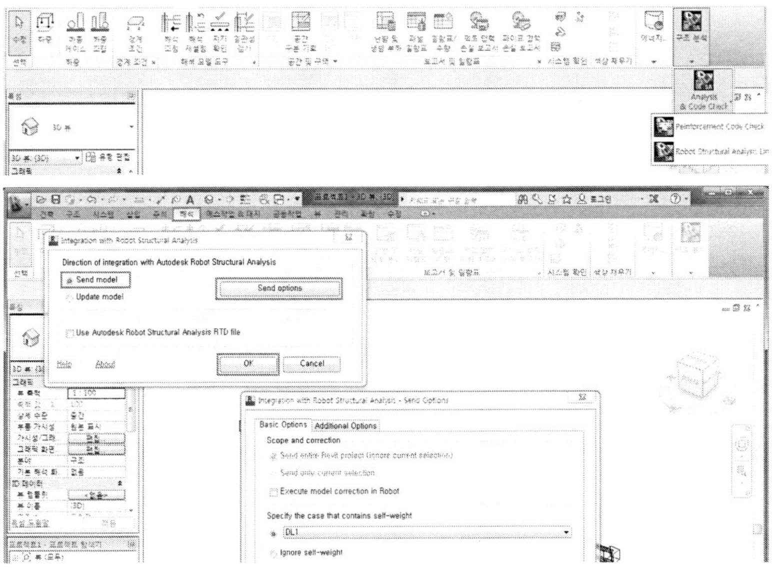

**해석프로그램으로 연결하기**

프로젝트 탐색기 / 모든 뷰

어느 뷰에서든 구조해석으로 진행할 수 있다.

**해석프로그램으로 연결하기**

- 해석 / Structural Analysis / Analysis & Code Check
  ㄴ Robot Structural Analysis Link

완성된 모델을 구조프로그램으로 보내기 위해 [해석 / Structural Analysis / Analysis&Code Check]을 선택한다. 하위 메뉴에서 [Robot Structural Analysis Link]를 선택한다. 해석프로그램과 연동하기 위해 몇 가지 옵션을 조정한 후 [Send model]로 해석프로그램으로 전송한다.

## 해석과 부재설계 – 하중 입력하기 | Load Definition

모델이 해석프로그램으로 성공적으로 전송되면 자동적으로 해석프로그램이 화면에 생성된다. 여기서 일반적인 구조해석프로그램처럼 하중을 입력하고 해석과 부재설계과정을 수행한다. 자세한 입력방법은 2장과 3장 참조.

**Robot structural Analysis 프로그램 화면**

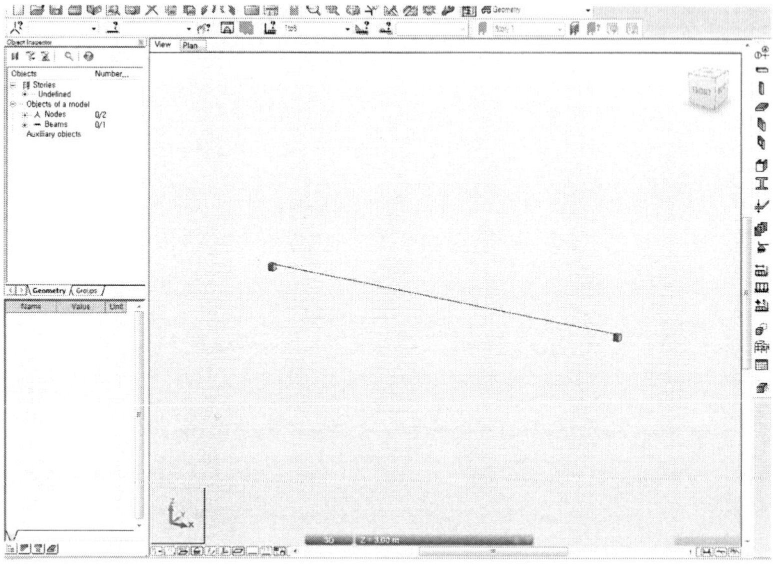

해석프로그램으로 연동된 후에 자동생성된 화면.
레빗에서 설정된 사항인 모델의 형상과 좌표, 부재속성이 그대로 반영된다.

**등분포하중 입력하기**

- Loads / Load Definition
  - └, Bar / Uniform load
    - └, 원하는 하중값 입력 / Add
      - └, 원하는 부재에 하중 적용

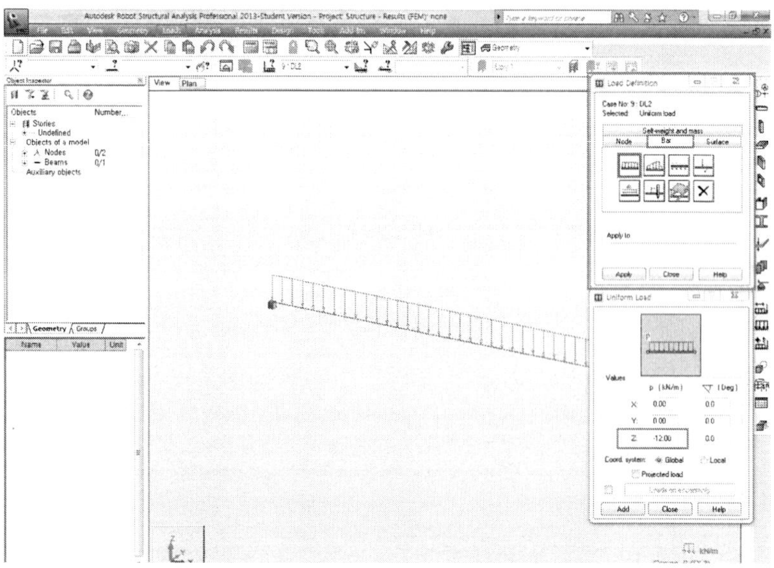

해석프로그램에서 Z축 방향으로 고정하중 12kN/m을 등분포하중으로 가한 모습이다. 하중값 외에도 하중케이스와 하중조합을 설정한다.

## 해석과 부재설계 – 해석결과 보기 | Analysis Results

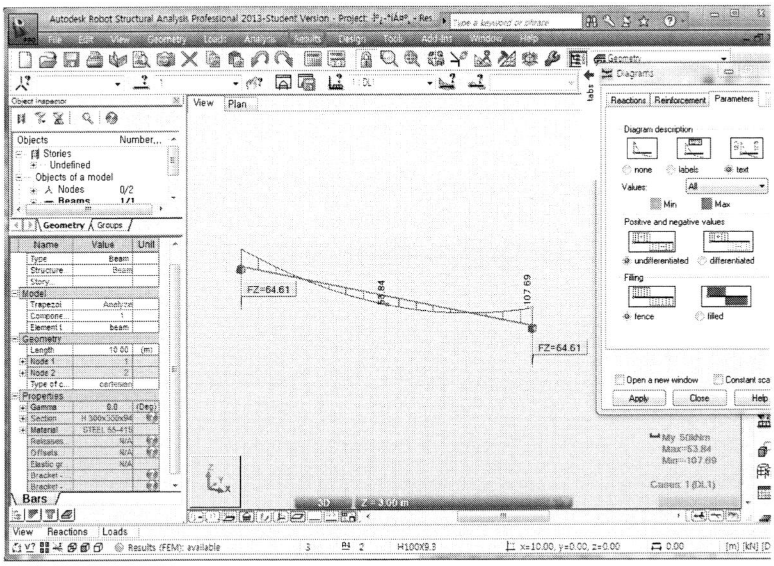

### 모멘트도 보기

Results / Diagrams for bar
└ NTM/ My

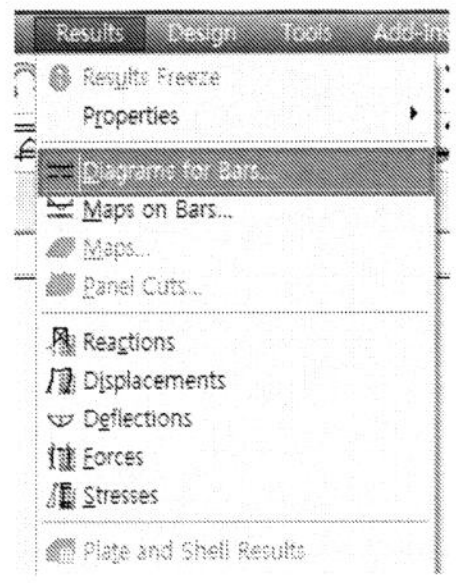


[Analysis / Calculations] 메뉴를 이용해 해석을 수행한 후 해석 결과를 확인할 수 있다.

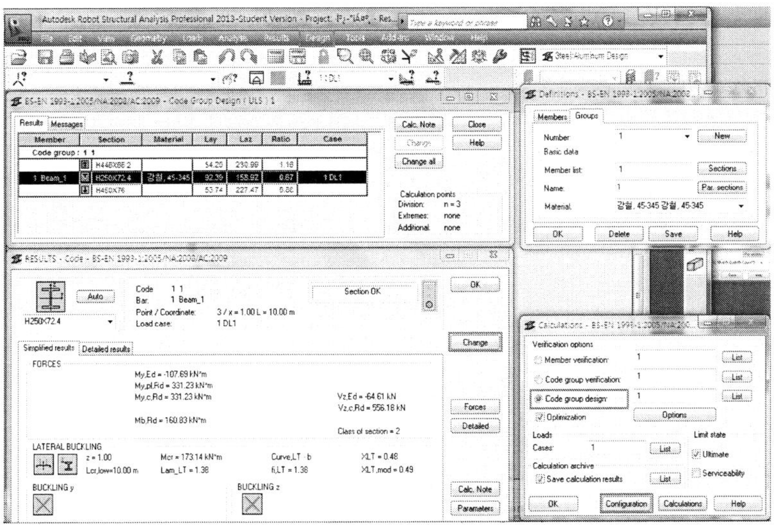

### 철골부재 디자인 창 보기

Design / Steel members design

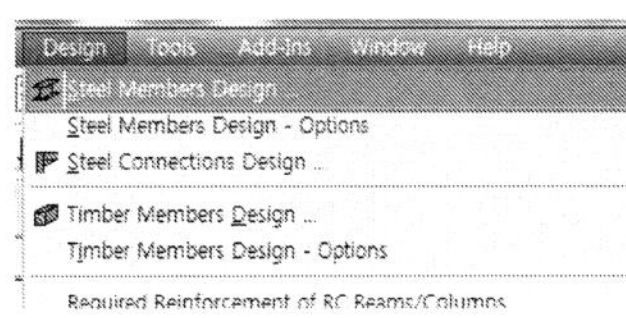


### 철골 보 부재 설계하기

– Calculations
└ Code group design
└ Calculations

오른쪽에 있는 부재계산 창 [Calculations]에서 [Code group design]을 이용해 부재력에 맞는 부재를 설계한다. 기존에 모델링되어 있는 부재와 다른 부재로 설계하고자 하는 경우에는 적당한 부재로 [Change] 명령을 통해 변경해준다. 여기서는 H−250×250×9×14로 선택해 설계하였다.
자세한 설계과정은 3장에서 나타냈다.

## 구조해석으로 결정된 부재를 레빗모델에 업데이트하기 | Update to Revit

해석프로그램에서 부재력을 검토하고 적정부재 설계를 통해 변경된 부재가 있을 경우, 이 부재의 속성을 자동적으로 레빗모델로 반영할 수 있다.

**부재변경 업데이트하기**

레빗프로그램 화면
프로젝트 탐색기 / 모든 뷰

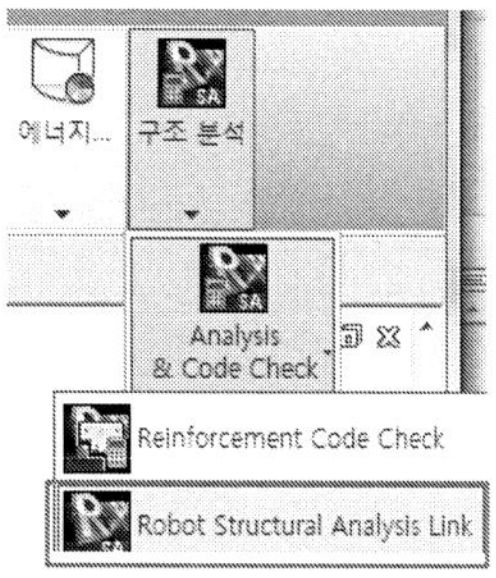


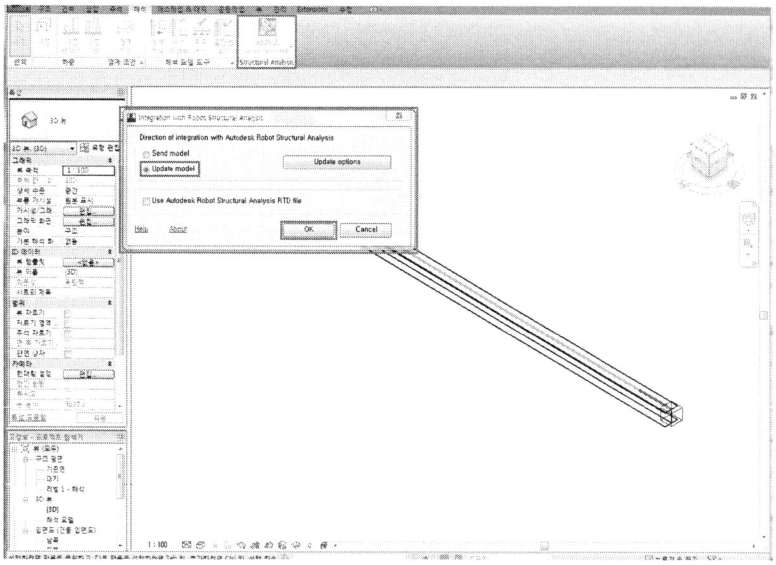


**부재변경 업데이트하기**

- 해석 / Structural Analysis / Analysis & Code Check
  └ Robot Structural Analysis Link
    └ Update Model
      └ OK

해석과 부재설계가 완료되면 다시 레빗모델로 돌아와서 변경된 사항을 모델에 반영한다. 해석프로그램으로 보낼 때와 동일한 명령어를 활성화하면 보낼 때 사용했던 [Send model] 하부에 [Update model] 항목이 보인다. 이것을 활용해 구조해석프로그램의 설계정보를 업데이트한다.

**업데이트된 모델 확인하기**

프로젝트 탐색기 / 3D 뷰 / 3D

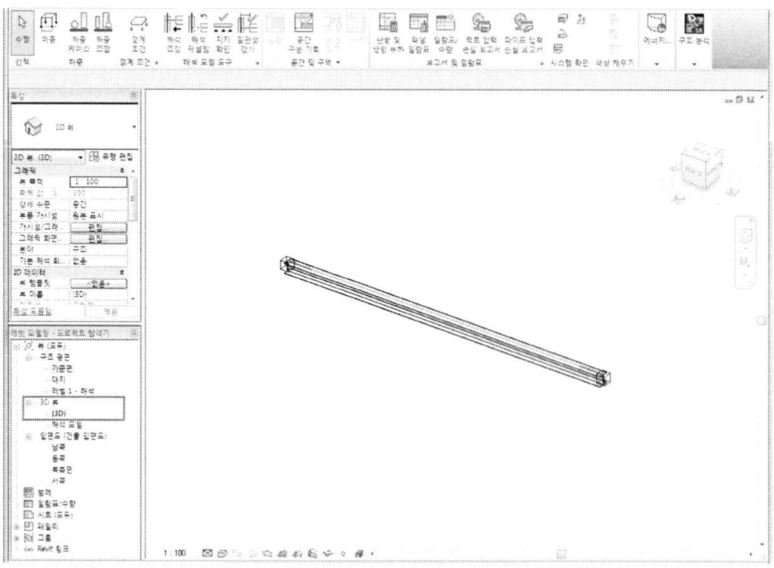

업데이트 후 변경된 모델을 볼 수 있다. 처음 설계된 H-400×400×13×21 부재가 아니라 해석을 통해 설계된 H-250×250×9×14로 변경되었다.

## 구조부재 물량 산출하기 – 일람표 만들기 | Schedules

레빗에서는 일람표라는 기능으로 쉽게 모델에 반영된 부재의 물량이나 기타 정보를 산출해낼 수 있다. 여기서는 구조시스템 변화에 따른 구조부재 물량 차이를 판단하기 위해 철골보의 물량을 구한다. 자세한 입력방법은 3장과 부록 3 참조.

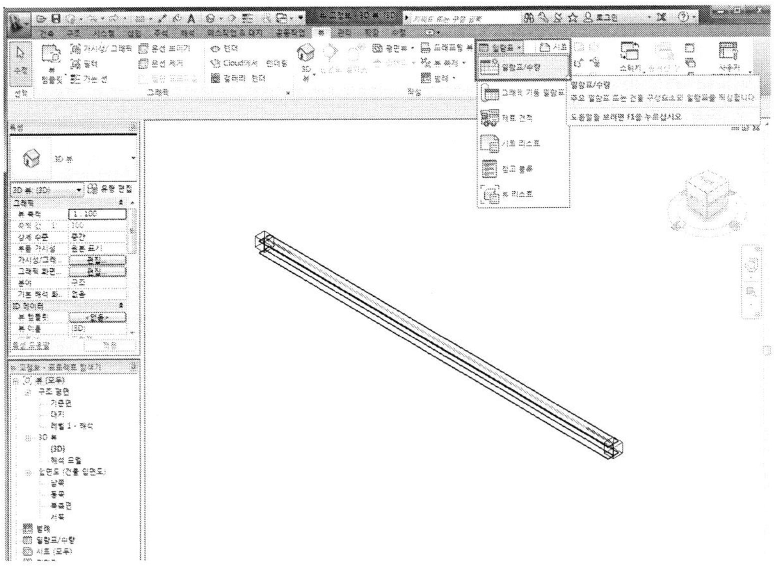

**일람표 만들기**

– 뷰 / 작성 / 일람표
　└, 일람표/수량

모델링 안에 담겨 있는 정보를 문서화시키기 위해서는 [뷰 / 작성 / 일람표] 메뉴를 이용한다.

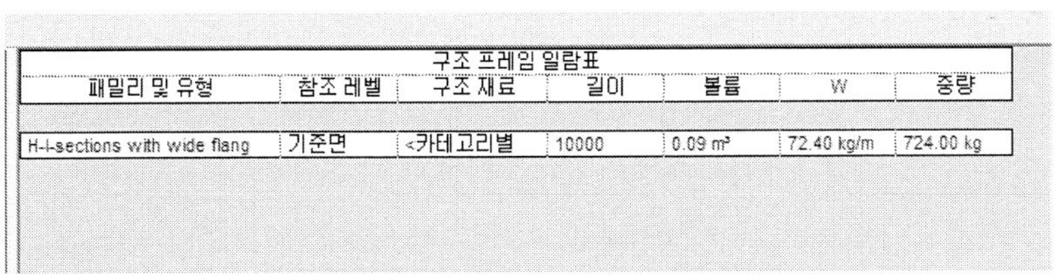

| 구조 프레임 일람표 | | | | | | |
|---|---|---|---|---|---|---|
| 패밀리 및 유형 | 참조 레벨 | 구조 재료 | 길이 | 볼륨 | W | 중량 |
| H-I-sections with wide flang | 기준면 | <카테고리별 | 10000 | 0.09 m³ | 72.40 kg/m | 724.00 kg |

**작성된 일람표 보기**

– 뷰 / 작성 / 일람표
　└, 일람표/수량

원하는 항목을 채택해서 일람표를 작성해서 설계에서 요구하는 부재물량을 파악할 수 있다.

여기서는 H–250×250×9×14를 선택해 10m짜리 보를 하나 설계했기 때문에 740kg의 물량이 필요한 것을 알 수 있다.

자세한 일람표 작성방법은 3장과 부록에서 보였다.

# 03 단위구조체 설계하기 [B. 겔버보]

Unit Structure Design / B. Gerber Beam

레빗 스트럭춰 프로그램으로 이번에는 겔버보 설계를 수행한다.

## 레빗 실행하기 | Opening Revit

**레빗 구조템플릿 실행화면 보기**

레빗 실행 / 구조템플릿 선택

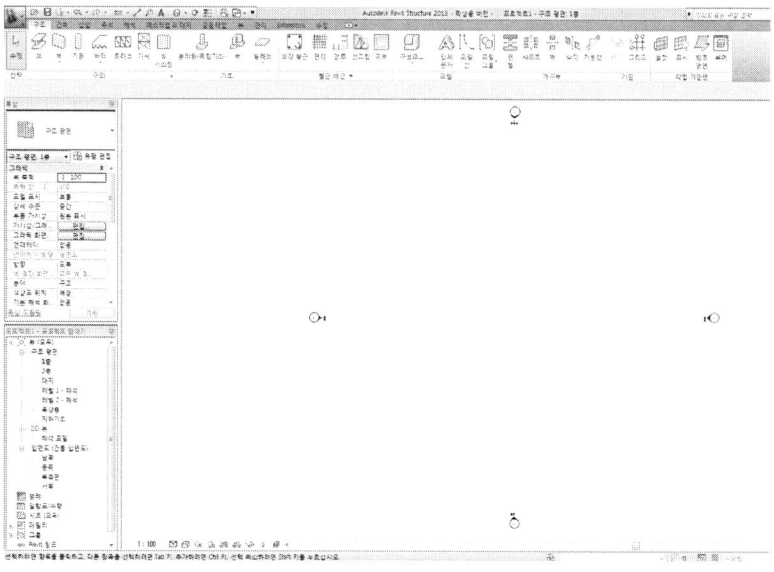

이전 고정보와 같이 레빗프로그램을 실행한 후 [구조 템플릿]을 선택해 레빗을 실행한다.

## 레벨과 그리드 | Level and Grid

컴퓨터 안에 집을 지으려면 작업할 수 있는 기준이 필요하다.
건물 수직높이의 기준은 레벨을 이용해 그리고, 수평면상의 기준은 그리드를 이용해 그린다.

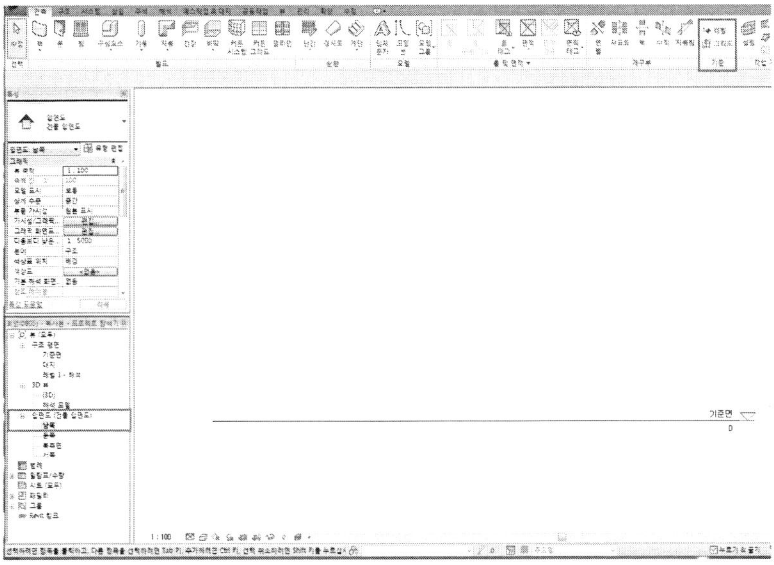

**레벨 보기**

프로젝트 탐색기 / 입면도 / 남쪽

레벨은 단면뷰나 입면뷰에서 그릴 수 있다.

**레벨 삭제 및 변경**

기존 레벨 선택
ㄴ, 지우기
또는
ㄴ, 이름 변경하기

처음 프로그램 실행 시 선택한 [구조템플릿]에는 기본으로 두 개의 레벨이 입력되어 있지만, 보 그리기 하나의 레벨만 필요하므로 하나의 레벨만 남겨 두고 레벨이름을 [기준면]으로 변경했다.

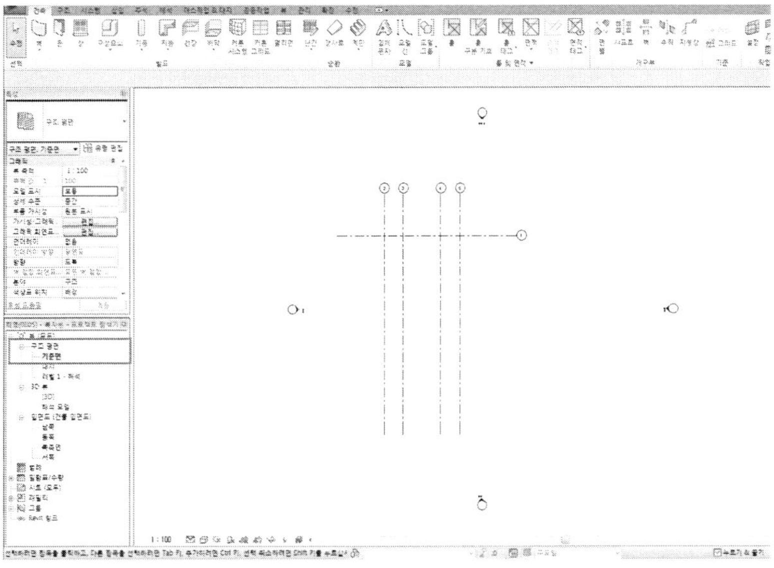

**그리드 그리기 보기**

프로젝트 탐색기 / 구조평면 / 기준면

**그리드 그리기**

- 기준 / 그리드
ㄴ, 지우기
또는
ㄴ, 선 선택해 복사하기

고정보 모델링 때와 마찬가지로 그리드를 그린다. 그런데 이번에는 10m 스팬 중간에 힌지로 접합될 위치를 정하기 위하여 양단 4분의 1 지점에 그리드를 두 개 더 추가하였다.

## 수평부재 입력하기 – 보 만들기 | Structural Framing

### 보 만들기 보기

프로젝트 탐색기 / 구조평면 / 기준면

[기준면] 레벨을 선택했을 때의 화면
수평부재는 수평면 또는 3D 화면에서 그릴 수 있다.

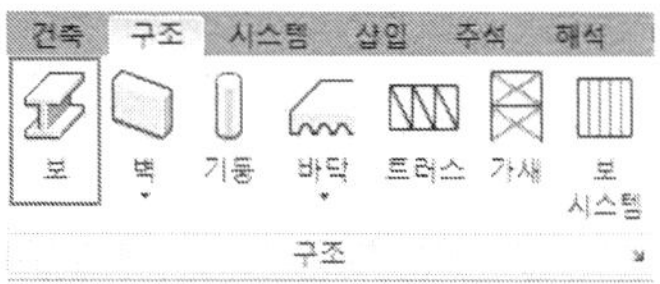


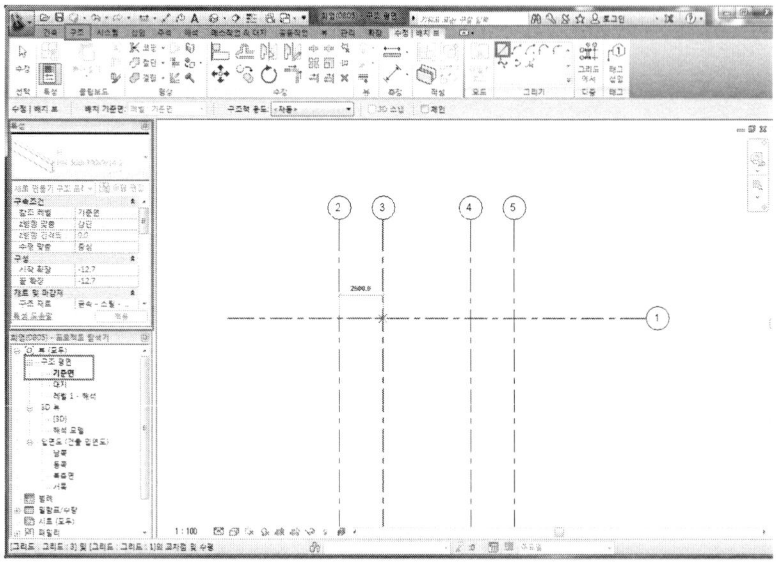

보를 입력하기 위해 기준면 레벨의 뷰를 열고, [구조 / 구조 / 보] 명령어를 이용해 그리드위에 보를 그린다. 이 때 겔버보이므로 보 3개를 연속하여 그린다.

보를 그릴 때는 왼편의 특성창을 이용해 원하는 부재를 선택한다.

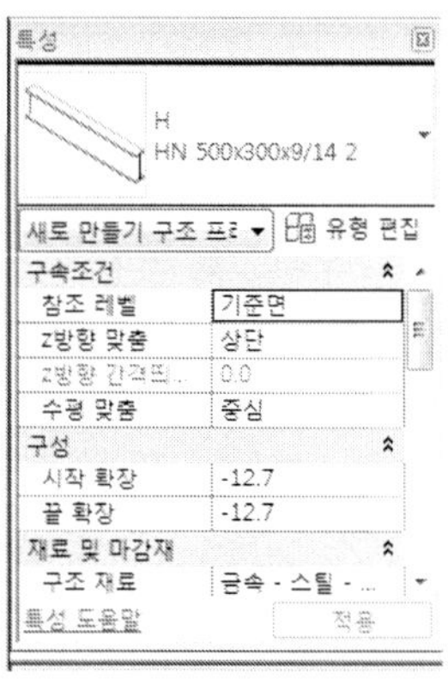


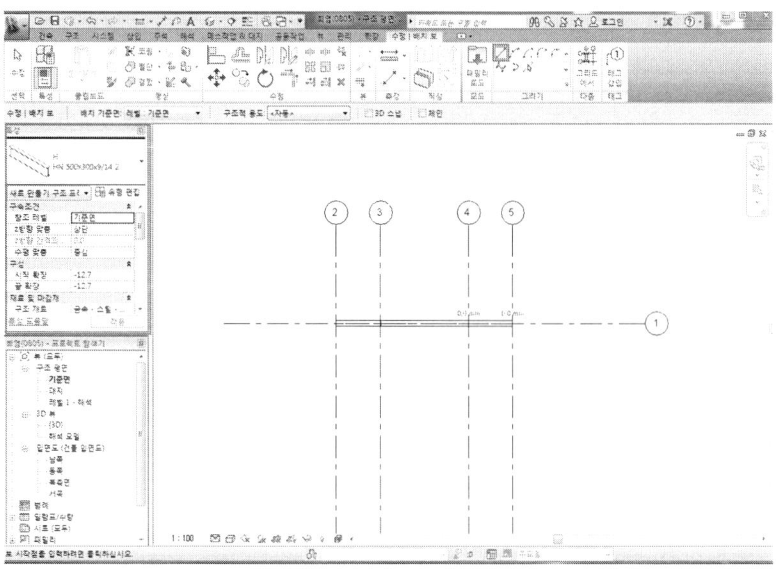

### 보 만들기

– 구조 / 구조 / 보

여기서는 H–500×300×9/14 부재를 선택하여 겔버보를 그렸다.

## 지지점 설정하기 | Supports

겔버보의 양단 고정지점을 입력한다.

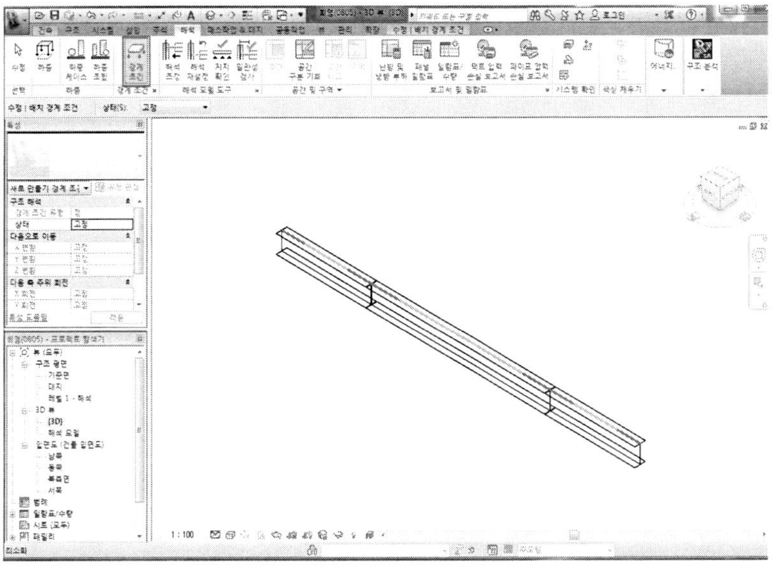

**지지점 입력위치 보기**

프로젝트 탐색기 / 모든 뷰

어느 뷰에서든 [해석모델 뷰] 상태일 때 입력 가능

**경계조건 설정하기**

– 해석 / 경계조건

해석을 위해 겔버보의 지지점을 지정해야 한다. 여기서는 보의 양 끝 지점에 지지조건(Support)을 지정하기 위해 [해석 / 경계조건] 메뉴를 클릭한다.

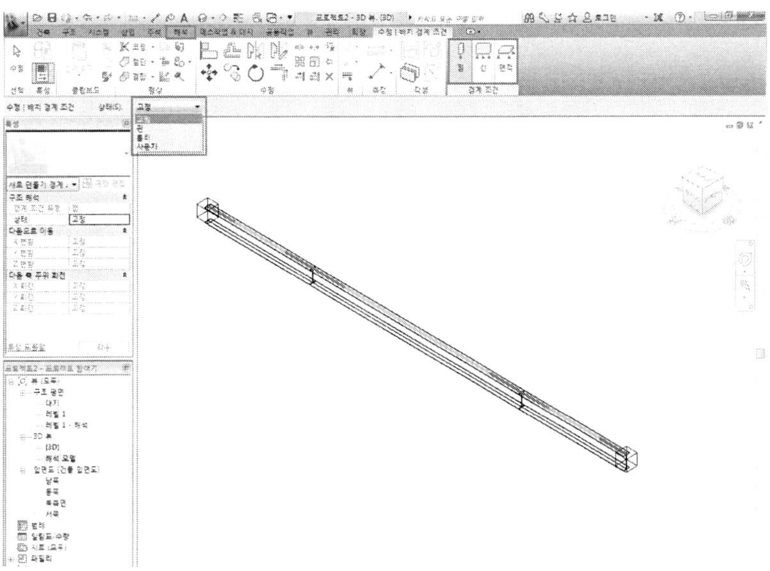

**경계조건 설정하기**

– 해석 / 경계조건

ㄴ 특성창에서 원하는 지지방식을 선택

ㄴ 지점에 클릭

그리고 나타나는 하부메뉴에서 [점], [고정]을 선택해 지지점을 설정해준다. 여기서는 길이가 10m인 겔버보의 양 끝단을 [고정]으로 설정하였다.

## 중앙 단순보 구속조건 설정하기 | Releases

겔버보 가운데 위치한 단순보 부분의 구속조건을 힌지로 설정한다.

**해석보 특성변경 보기**

중앙보 선택

특성창 / 해석보(1)

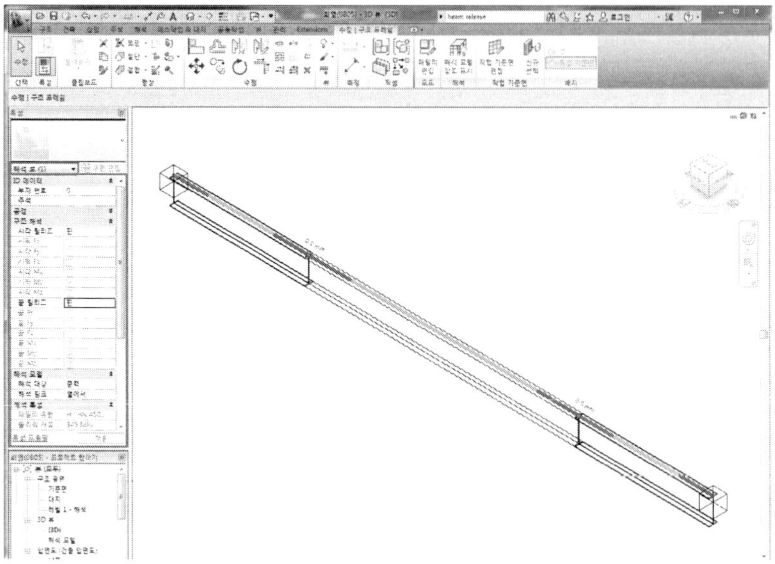

겔버보로 설정하기 위하여 중앙의 단순보 부재를 선택하고, 그때 나타나는 왼편 특성창의 상단 옵션바를 클릭해 특성정보를 [해석 보(1)]로 바꾼다.

**구속조건 설정하기**

– 구조해석 / 시작 릴리즈 or 끝 릴리즈 설정

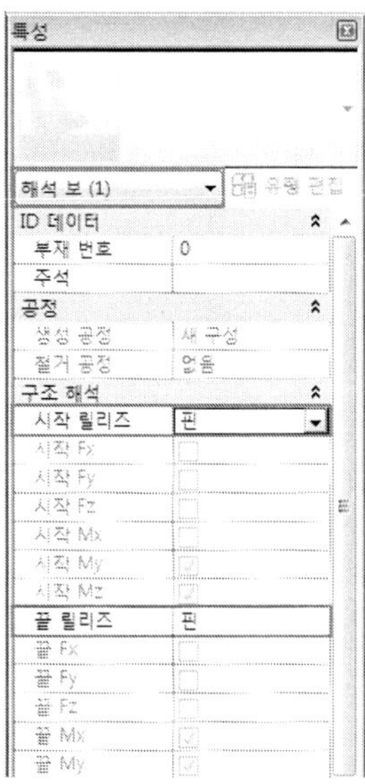


특성창에 나타나는 [구조해석 / 시작 릴리즈와 끝 릴리즈]의 항목을 [핀]으로 바꾸면 양단이 힌지로 연결된 보가 된다.

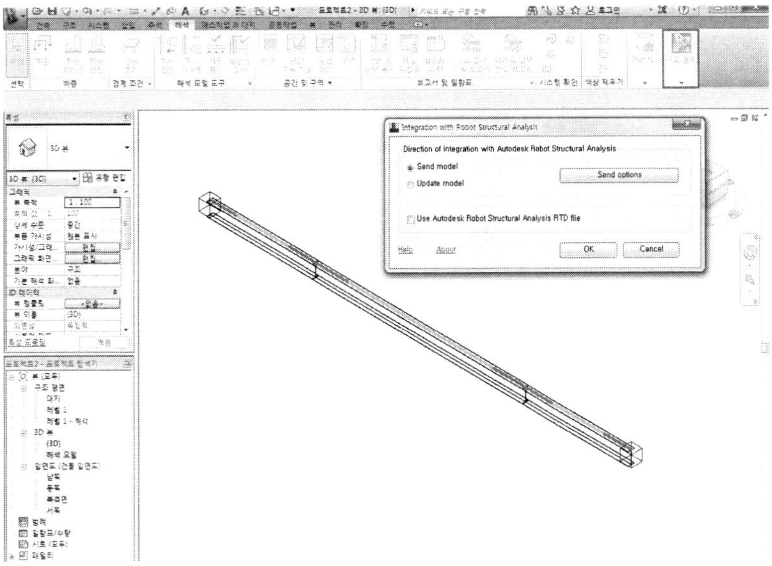


[해석 / Structural Analysis / Analysis & Code Check / Robot Structural Analysis Link]를 선택해 해석프로그램으로 모델을 보낸다.

### 해석프로그램으로 연결하기

프로젝트 탐색기 / 모든 뷰

어느 뷰에서든 구조해석으로 진행할 수 있다.

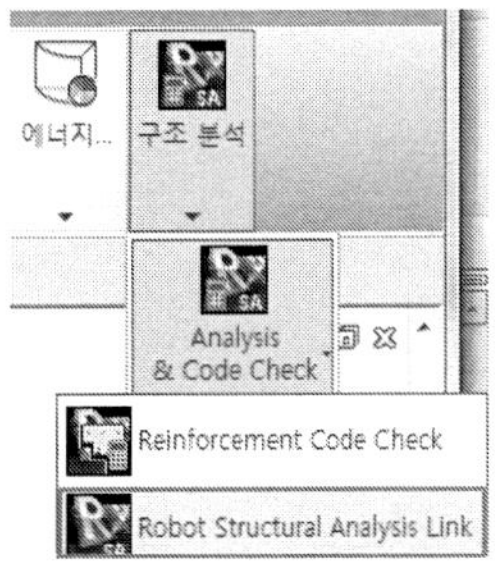


### 해석프로그램으로 연결하기

– 해석 / Structural Analysis / Analysis & Code Check
└ Robot Structural Analysis Link

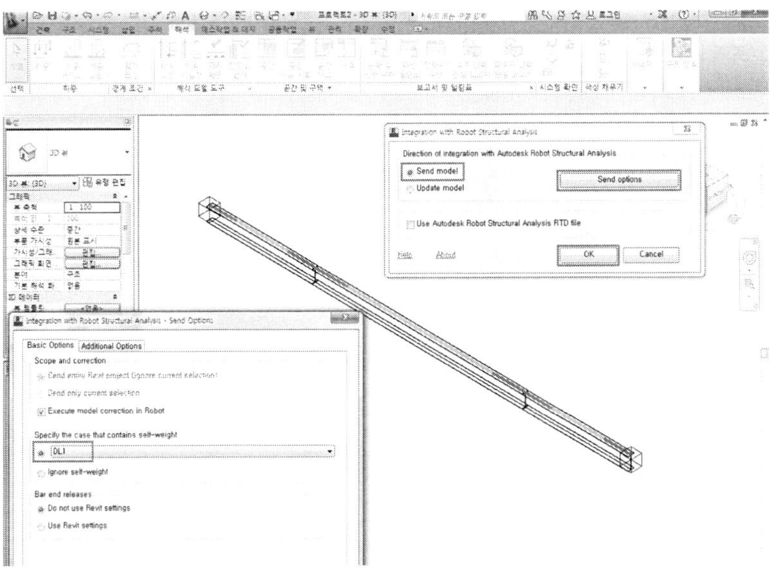


[send options] 기능을 이용해 해석에 필요한 몇 가지 조건을 조정할 수 있다. 여기서 부재의 자중을 고려하거나 무시할 것을 선택해줄 수 있다.

### 연결 옵션 설정하기

– send options

## Robot structural Analysis 프로그램 화면

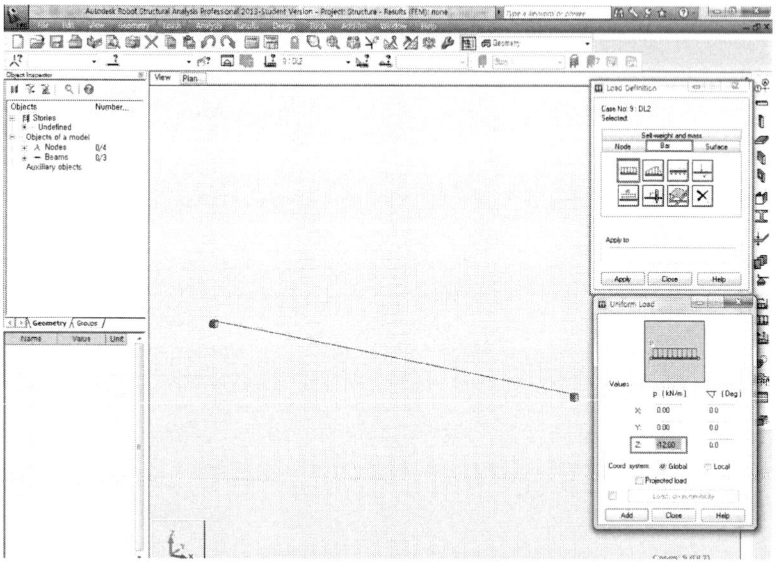

### 등분포하중 입력하기

- Loads / Load Type
- Loads / Load Definition
  - └ Bar / Uniform load
    - └ 원하는 하중값 입력 / Add
      - └ 원하는 부재에 하중적용

해석프로그램으로 연동되어 나타난 모델에서 하중케이스를 설정할 수 있다. [Load / Load Type] 메뉴를 이용해 고정하중을 입력했다. 그리고 여기에 고정보와 동일한 크기의 12kN/m 등분포 하중을 입력하고 및 하중조합 등을 설정한다.

## 모멘트도 보기

Results / Diagrams for bar
└ NTM/ My

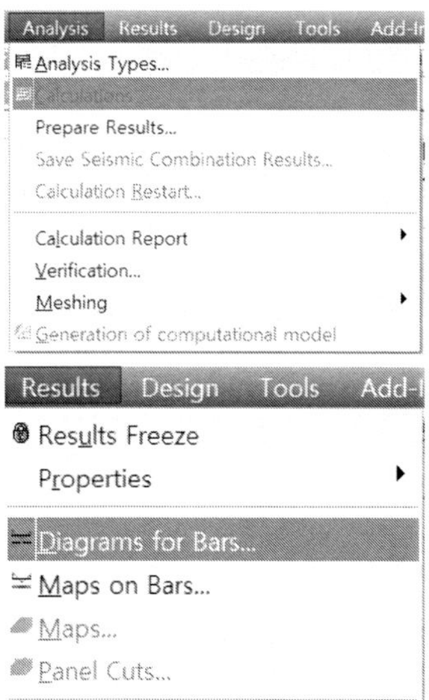


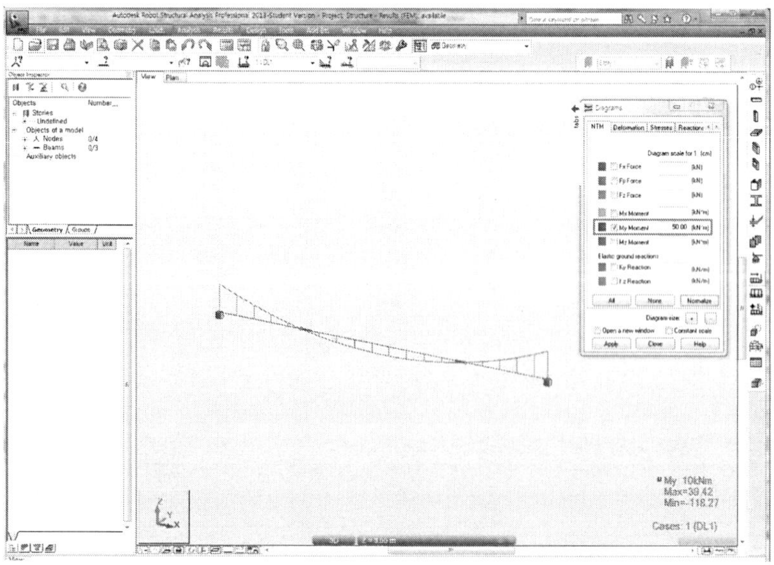

하중입력 후에는 [Analysis / Calculations] 메뉴를 이용해 해석을 수행한다. 해석 수행이 완료된 뒤에는 [Results / Diagrams for Bars] 메뉴를 이용해 부재력을 확인한다.

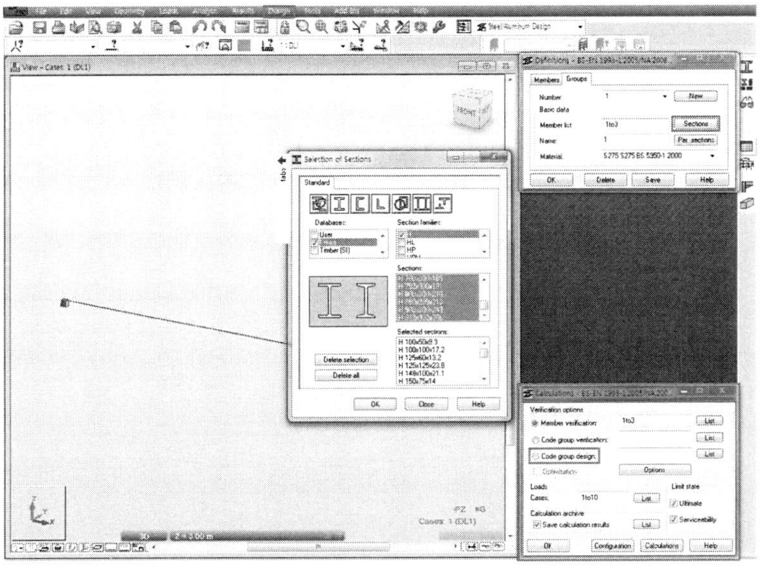

부재설계를 위해 메뉴에서 [Design / Steel members design]을 선택하면 위와 같이 계산을 위한 메뉴가 오른쪽에 나타난다. 오른쪽에 있는 부재계산 창 [Calculations]에서 [Code group design]을 이용해 부재력에 맞는 부재를 설계한다.

**철골부재 디자인 창 보기**

Design / Steel members design

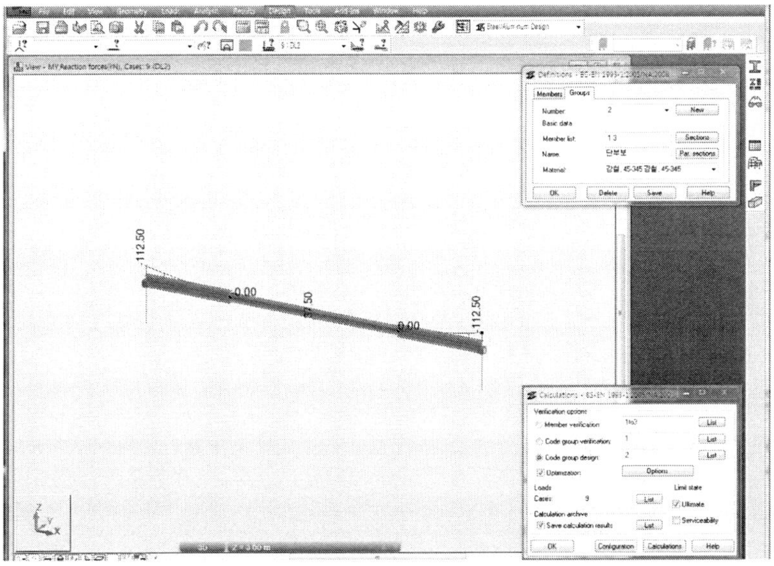

겔버보인 만큼 중앙부와 단부의 부재력이 상이하므로 두 가지의 부재로 가장 적은 부재를 선택하여 디자인하였다.

여기서는 중앙부는 H−194×150×6×9 부재를 양단부는 H−300×150×6.5×9로 설계하였다.

자세한 철골부재의 설계과정은 3장에서 설명하였다.

**철골 보 부재 설계하기**

- Calculations
  - └ Code group design
    - └ Calculations

## 구조해석으로 결정된 부재를 레빗모델에 업데이트하기 | Update to Revit

**부재변경 업데이트 하기**

레빗프로그램 화면

프로젝트 탐색기 / 모든 뷰

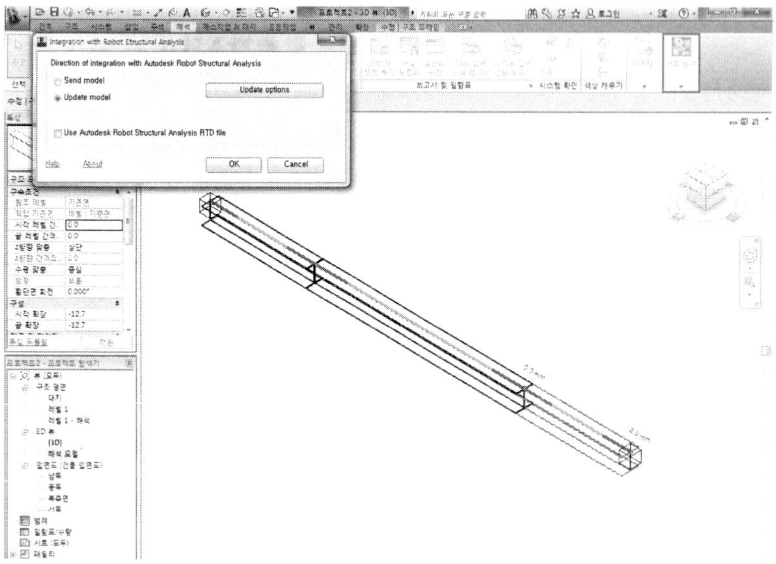


해석과 부재설계가 완료되면 다시 레빗모델로 돌아와서 변경된 사항을 모델에 반영한다.
해석프로그램으로 보낼 때 사용했던 [해석 / Structural Analysis / Analysis & Code Check / Robot Structural Analysis Link]메뉴를 활용한다.

**부재변경 업데이트하기**

- 해석 / Structural Analysis / Analysis&Code Check
  - └, Robot Structural Analysis Link
    - └, Update Model
      - └, OK

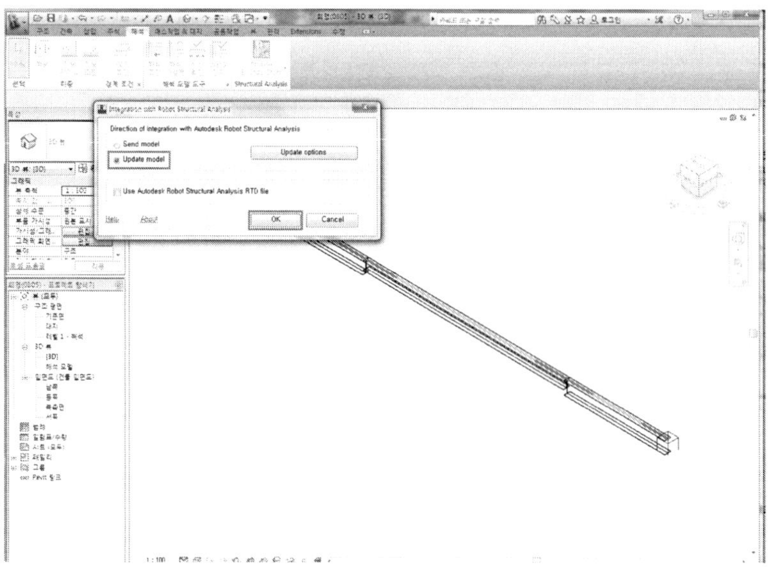


해석결과를 다시 레빗에 반영할 때에는 [Update Model]을 이용하여 업데이트한다. 그러면 해석프로그램에서 설계된 대로 중앙부의 부재가 축소된 것을 볼 수 있다.

# 구조부재 물량 산출하기 – 일람표 만들기 | Schedules

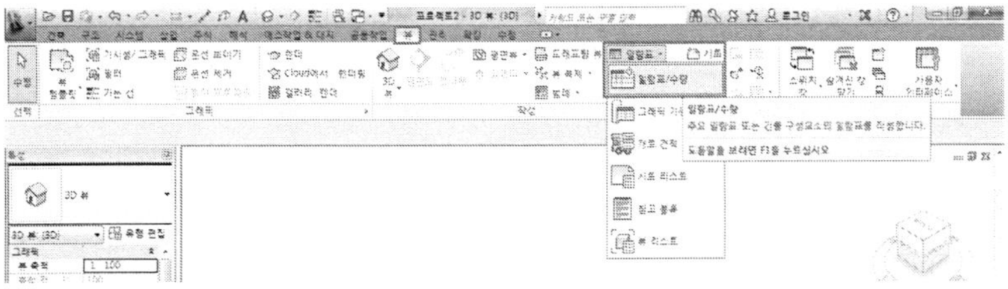

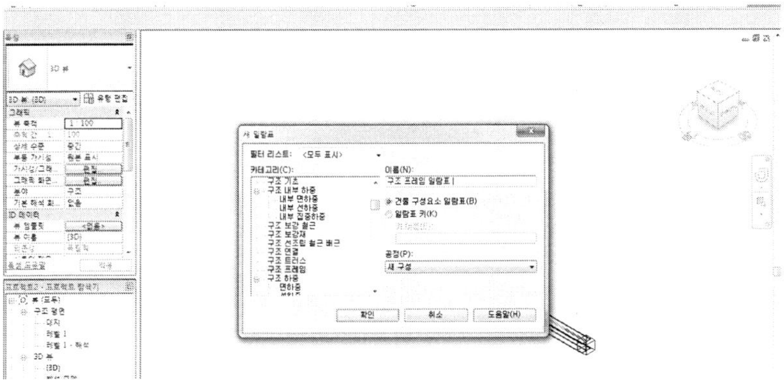

**작성된 일람표 보기**

뷰 / 작성 / 일람표
└ 일람표/수량

**일람표 만들기**

– 뷰 / 작성 / 일람표
└ 일람표/수량

[뷰 / 작성 / 일람표]메뉴를 이용해 겔버보의 설계에서도 물량을 구해본다. 일람표 작성에 관한 자세한 내용은 3장과 부록을 참조한다.

| 구조 프레임 일람표 | | | | | | |
|---|---|---|---|---|---|---|
| 유형 | 레벨 | 구조 재료 | 길이 | 볼륨 | W | 중량 |
| H194X30.6 | | 금속 - 스틸 - 345 | 5000 | 0.02 m³ | 30.60 kg/m | 153.00 kg |
| H194X30.6: 1 | | | | | | 153.00 kg |
| H300X36.7 | | 금속 - 스틸 - 345 | 2500 | 0.01 m³ | 36.70 kg/m | 91.75 kg |
| H300X36.7 | | 금속 - 스틸 - 345 | 2500 | 0.01 m³ | 36.70 kg/m | 91.75 kg |
| H300X36.7: 2 | | | | | | 183.50 kg |
| 총계: 3 | | | | | | 336.50 kg |

**작성된 일람표 보기**

뷰 / 작성 / 일람표
└ 일람표/수량

두 개의 부재를 사용했는데, 각 부재의 길이 및 개수를 파악할 수 있고, 각 부재의 중량 및 총중량을 구해낼 수 있다.

전체 336.5kg으로, 겔버보로 설계했을 때 중량이 줄어든 것을 알 수 있다.

# 04 단위구조체 설계하기 [C. 산형보]

Unit Structure Design / C. Pitched Beam

레빗 스트럭쳐 프로그램으로 이번에는 산형 고정보 설계를 수행한다.

## 레벨과 그리드 | Level and Grid

**그리드 그리기 보기**

프로젝트 탐색기 / 구조평면 / 기준면

[기준면] 레벨을 선택했을 때의 화면
그리드는 수평면에서 그릴 수 있다.

**그리드 그리기**

- 기준 / 그리드
  - ㄴ 그리기
  - 또는
  - ㄴ 선 선택해 복사하기

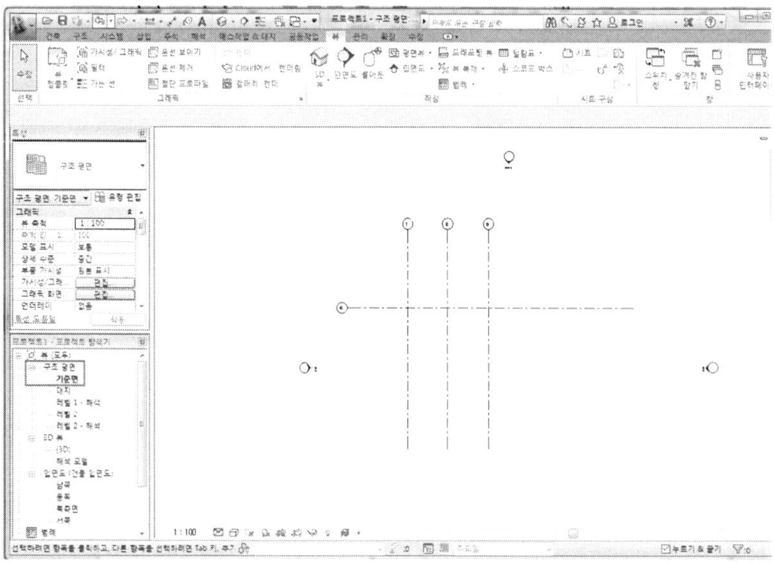

10m을 가진 보를 입력할 예정이고, 중앙부에 고점이 필요하므로 5m 간격으로 그리드를 그렸다.

## 수평부재 입력하기 – 보 만들기 | Structural Framing

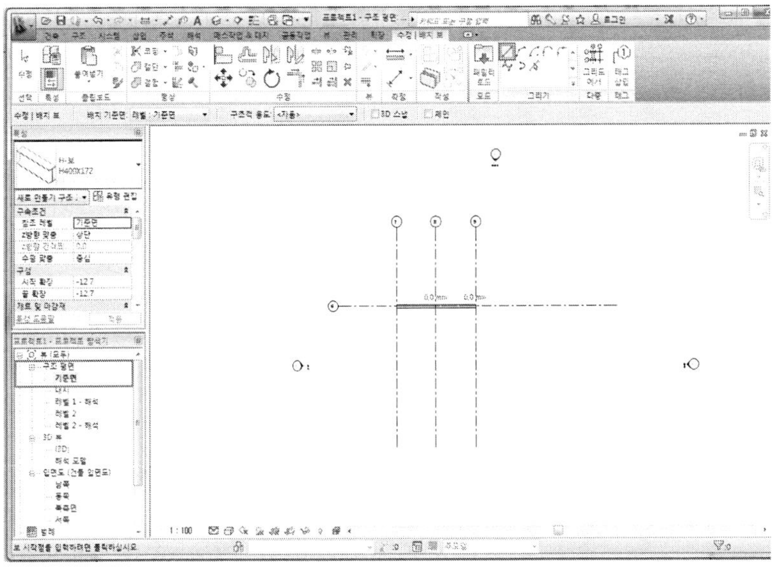

**보 그리기 보기**

프로젝트 탐색기 / 기준면

**보 만들기**

– 구조 / 구조 / 보

산형보를 입력하기 위해 보가 놓여지는 레벨의 뷰를 열고 이미 설정해 놓은 그리드에 보를 입력한다. [구조 / 구조 / 보]의 명령어를 이용하고 왼편 특성창에서 원하는 부재를 선택한 후, 그리드 위에 5m씩 끊어서 두 개의 보로 그린다.

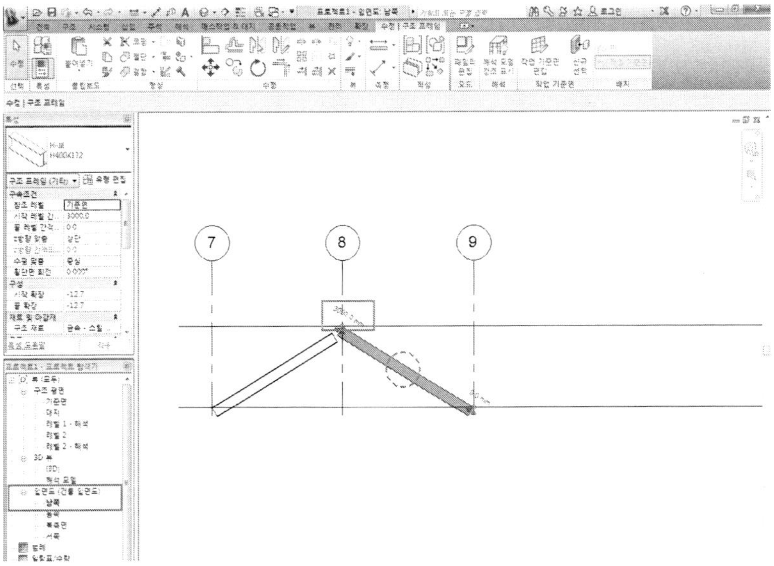

**경사보 보기**

프로젝트 탐색기 / 입면도 / 남쪽

두 개의 보를 평면레벨 상에서 [구조 / 구조 / 보] 메뉴로 입력한 후, 특성창이나 모델화면에서 부재 끝단의 높이를 3m로 조정하여 산형 보를 입력한다. 그려진 보를 선택하면 화면에서 양끝단에 보의 지점높이를 수정할 수 있는 입력란이 나타난다.

## 지지점 설정하기 | Supports

양단을 고정지점으로 입력한다.

**지지점 입력위치 보기**

프로젝트 탐색기 / 모든 뷰

어느 뷰에서든 [해석모델 뷰] 상태일 때 입력 가능

**경계조건 설정하기**

– 해석 / 경계조건

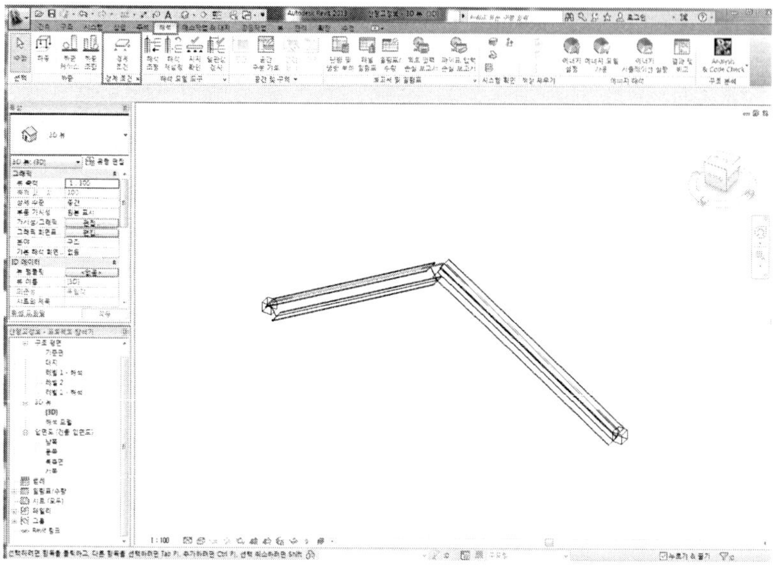

역시 [해석 / 경계조건]메뉴를 이용해 산형보의 지점을 지정한다.

**경계조건 설정하기**

– 해석 / 경계조건

└ 특성창에서 원하는 지지방식을 선

└ 지점에 클릭

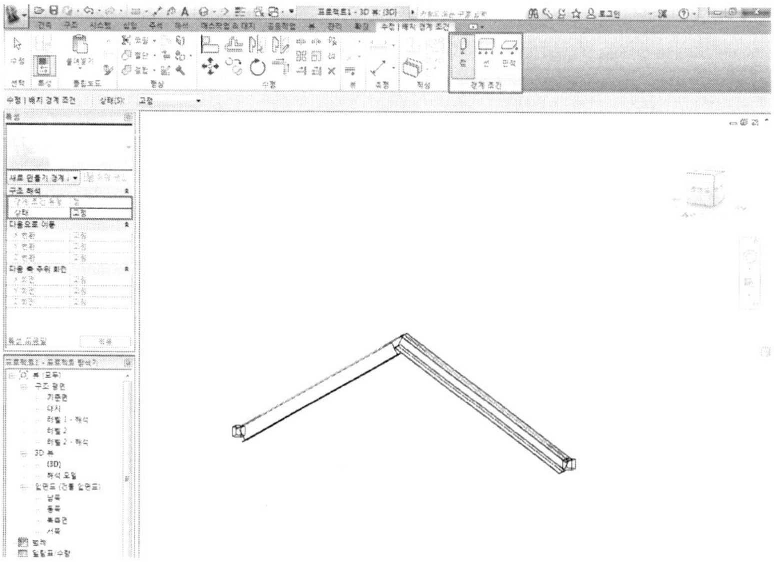

길이가 10m이고 높이가 3m인 산형보의 양 끝단을 [고정]으로 설정하였다.

## 구조해석하기 | Structural Analysis with Robot Structural Analysis Program

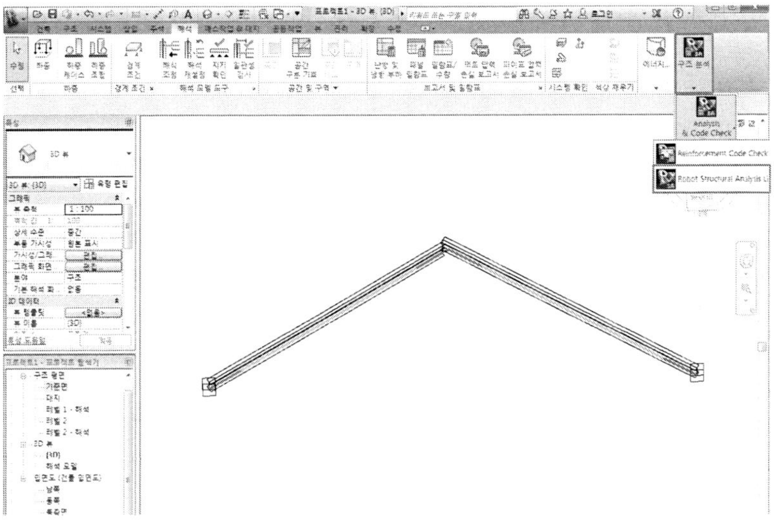

**해석프로그램으로 연결하기**

프로젝트 탐색기 / 모든 뷰

어느 뷰에서든 구조해석으로 진행할 수 있다.

**해석프로그램으로 연결하기**

– 해석 / Structural Analysis /
Analysis & Code Check
└ Robot Structural Analysis Link

[해석 / Structural Analysis / Analysis&Code Check / Robot Structural Analysis Link]를 선택해 해석프로그램으로 모델을 보낸다.

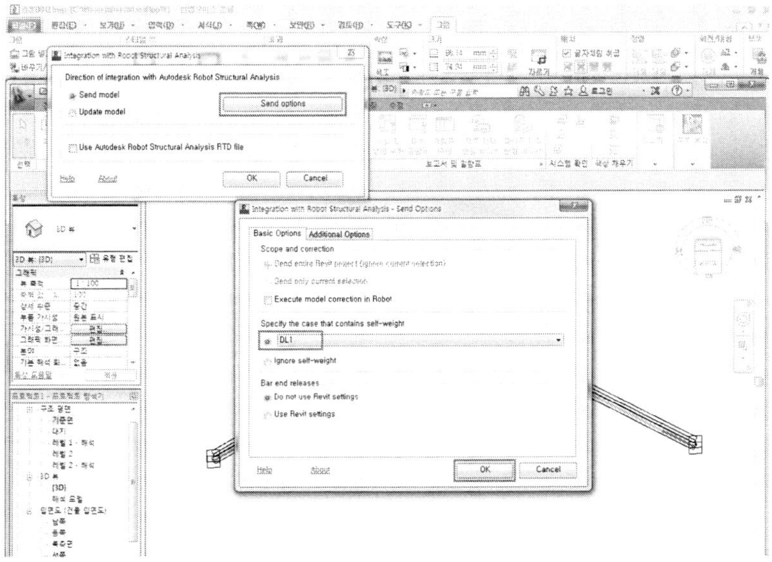

**연결 옵션 설정하기**

– send options

역시 해석프로그램으로 연결할 때에 옵션을 선택해 여러 조건들을 변경할 수 있다. 여기서는 자중을 고려하여 해석하는 조건으로 설정하였다.

## Robot Structural Analysis 프로그램 화면

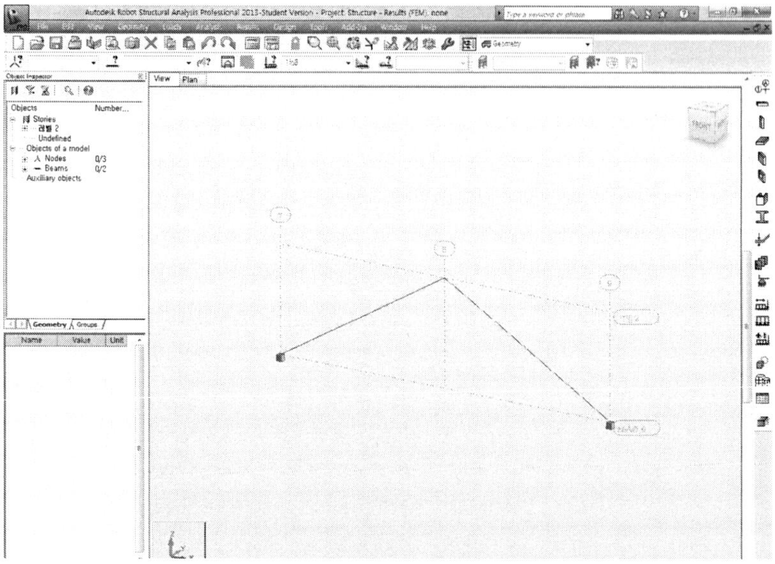

레빗에서 산형보를 해석프로그램으로 보내면 자동으로 Robot Structural Analysis 프로그램이 실행되고, 위와 같은 해석모델이 화면에 나타난다.

## 등분포하중 입력하기

- Loads / Load Type
- Loads / Load Definition
  - └ Bar / Uniform load
    - └ 원하는 하중값 입력 / Add
      - └ 원하는 부재에 하중 적용

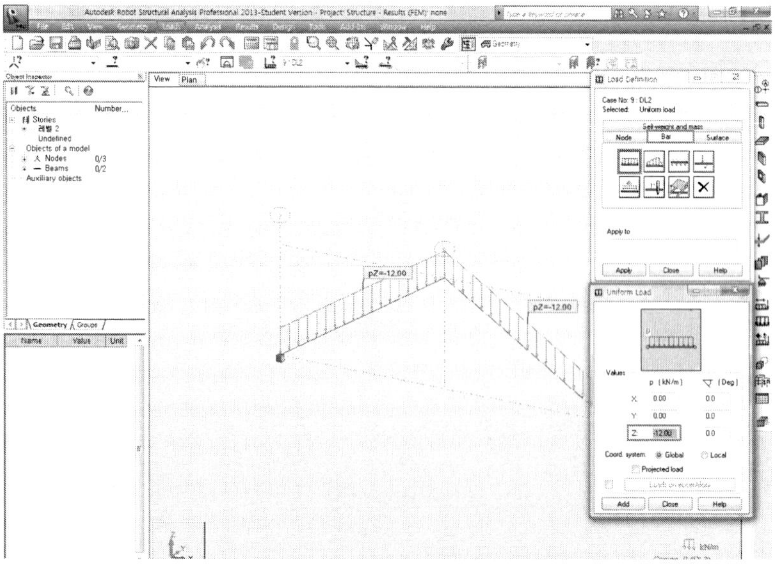

해석프로그램으로 연동되어 나타난 모델에 하중을 입력하고 하중조합 등을 설정한다.

## 해석과 부재설계 | Analysis & Design

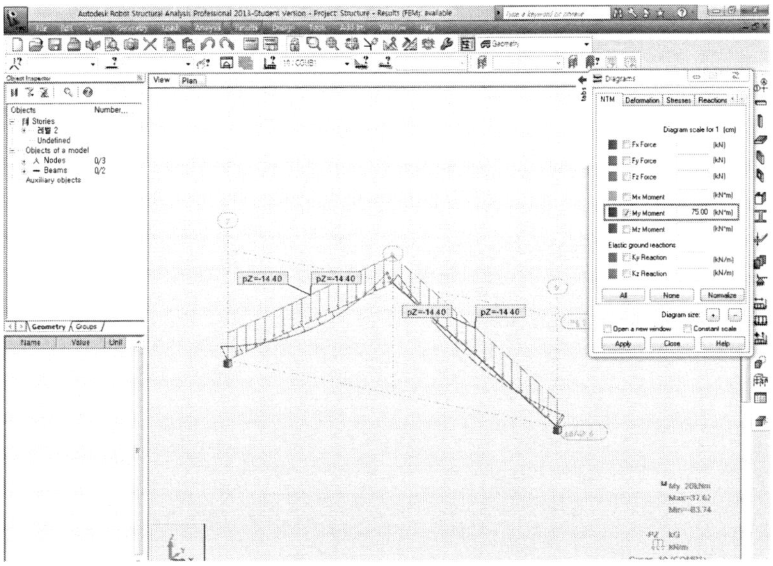

| 해석을 수행하고, 부재력을 확인한다. 여기서는 모멘트 값을 확인하였다.

**모멘트도 보기**

Results / Diagrams for bar
└ NTM/ My

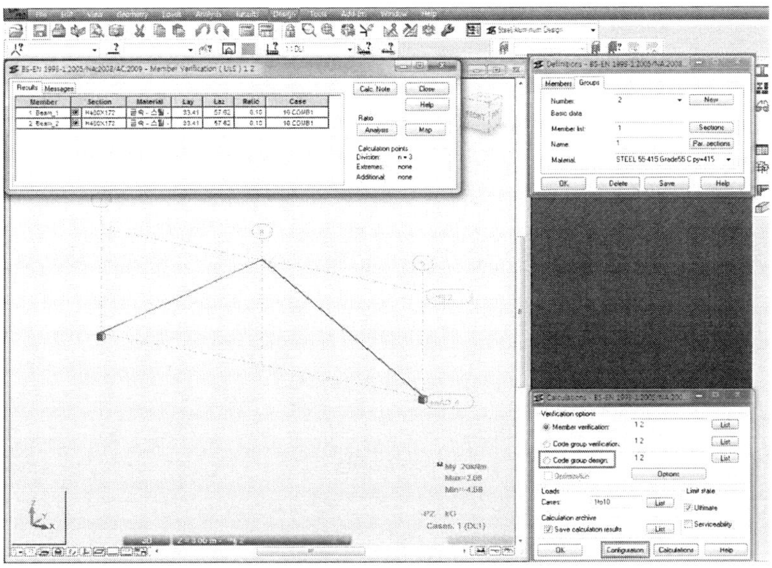

| 오른쪽에 있는 부재계산 창 [Calculations]에서 [Code group design]을 이용해 부재력에 맞는 부재를 설계한다. 여기서는 H−175×175×7.5×11 부재로 설계하였다.

**철골부재 디자인 창 보기**

– Design / Steel members design

**철골 보 부재 설계하기**

– Calculations
└ Code group design
└ Calculations

## 구조해석으로 결정된 부재를 레빗모델에 업데이트하기 | Update to Revit

**부재변경 업데이트하기**

레빗프로그램 화면

프로젝트 탐색기 / 모든 뷰

**부재변경 업데이트하기**

- 해석 / Structural Analysis / Analysis & Code Check
  - └, Robot Structural Analysis Link
    - └, Update Model
      - └, OK

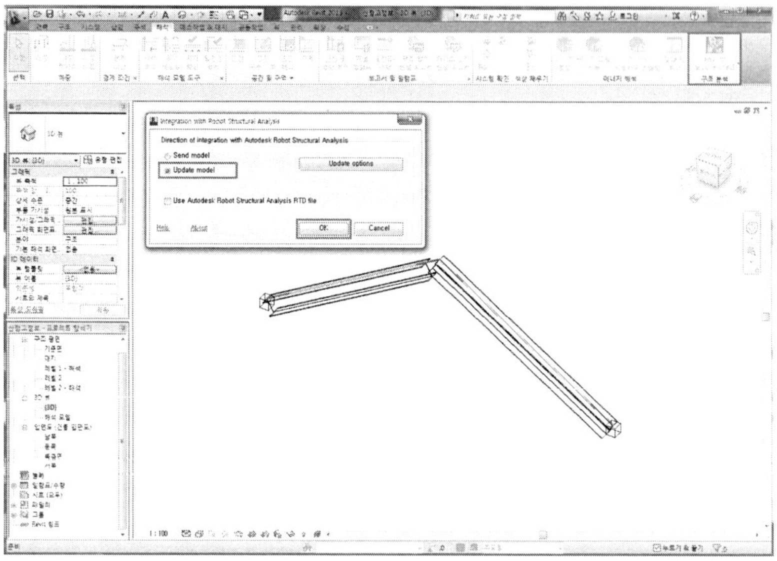


산형보의 해석과 부재설계가 완료한 후 다시 레빗모델로 돌아와서 변경된 사항을 모델에 반영한다.
해석프로그램으로 보낼 때 사용했던 [해석 / Structural Analysis / Analysis & Code Check / Robot Structural Analysis Link] 메뉴에서 [Update] 메뉴를 활용한다.

**완성된 모델보기**

프로젝트 탐색기 / 3D / 3D

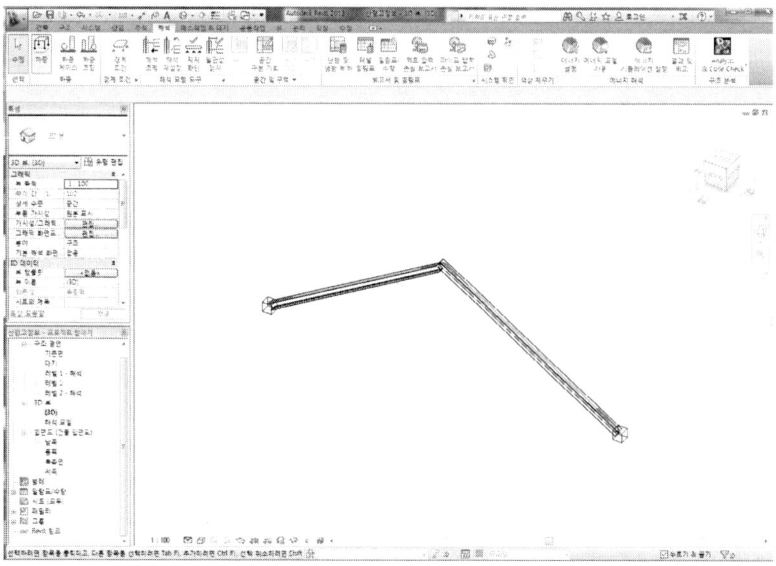

해석과 설계에 따라 부재가 변경되어 모델링된 것을 확인할 수 있다.

## 구조부재 물량 산출하기 – 일람표 만들기 | Schedules

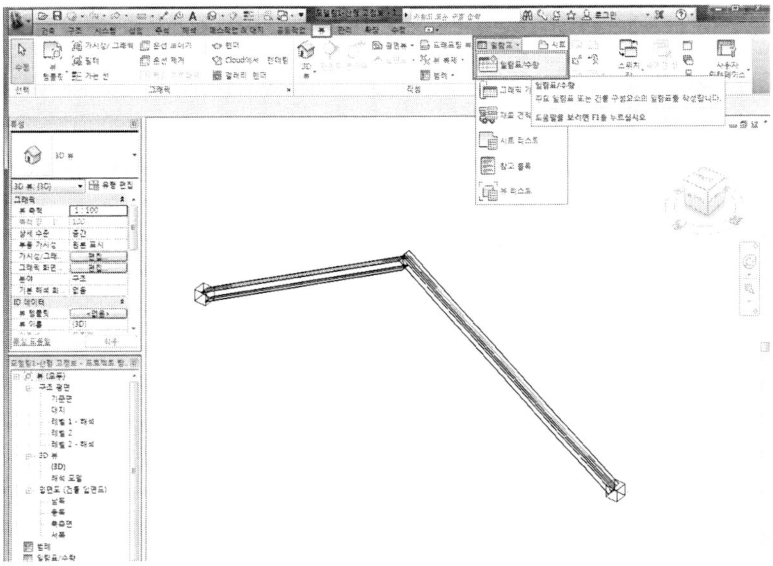

작성된 일람표 보기

뷰 / 작성 / 일람표
└, 일람표/수량

산형보 모델링 안에 담겨 있는 정보를 문서화시키기 위해서는 [뷰 / 작성 / 일람표] 메뉴를 이용한다. 여기서 [일람표/수량]을 선택해 새 일람표를 만드는데, 자세한 작성과정은 부록을 참조한다.

구조 프레임 일람표

| 유형 | 레벨 | 구조 재료 | 길이 | 볼륨 | W | 중량 |
|---|---|---|---|---|---|---|
| H 175x175x40.2 | | STEEL | 5831 | 0.03 $m^3$ | 40.20 kg/m | 234.40 kg |
| H 175x175x40.2 | | STEEL | 5831 | 0.03 $m^3$ | 40.20 kg/m | 234.40 kg |
| 총계: 2 | | | | | | 468.81 kg |

작성된 일람표 보기

뷰 / 작성 / 일람표
└, 일람표/수량

작성된 일람표를 보면 설계된 산형보의 물량을 쉽게 확인할 수 있다.
총 468.8kg의 중량이 필요한 것을 알 수 있다.

# 05 단위구조체 설계하기 [D. 왕대공트러스]

Unit Structure Design / D. King Post Truss

이번에는 10m 산형 지붕을 왕대공트러스로 설계해본다.

## 레빗 실행하기 | Opening Revit

Revit Structure를 구동시킨다.

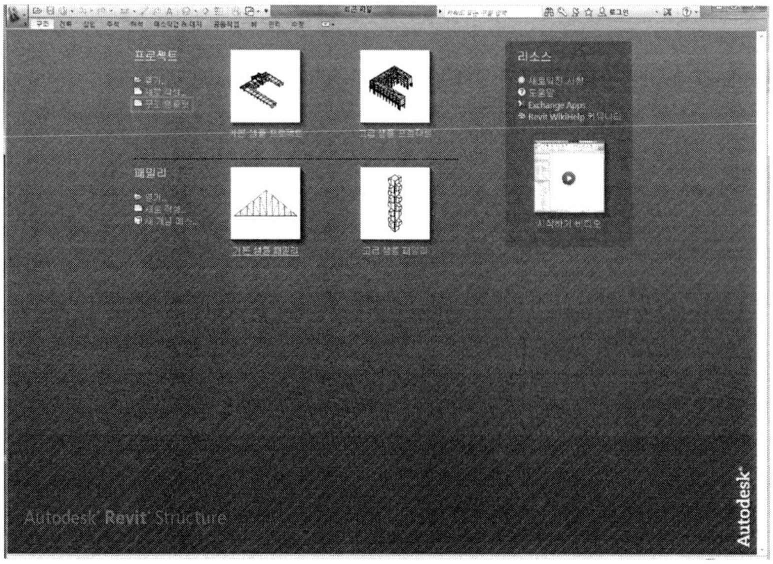

구조 템플릿 실행

왕대공 트러스를 모델링하기 위해 레빗 프로그램을 실행시킨다. 위 화면은 윈도우 상에서 레빗을 실행하면 처음 등장하는 화면으로, 여기서 [구조 템플릿]을 선택해 프로젝트를 시작한다.

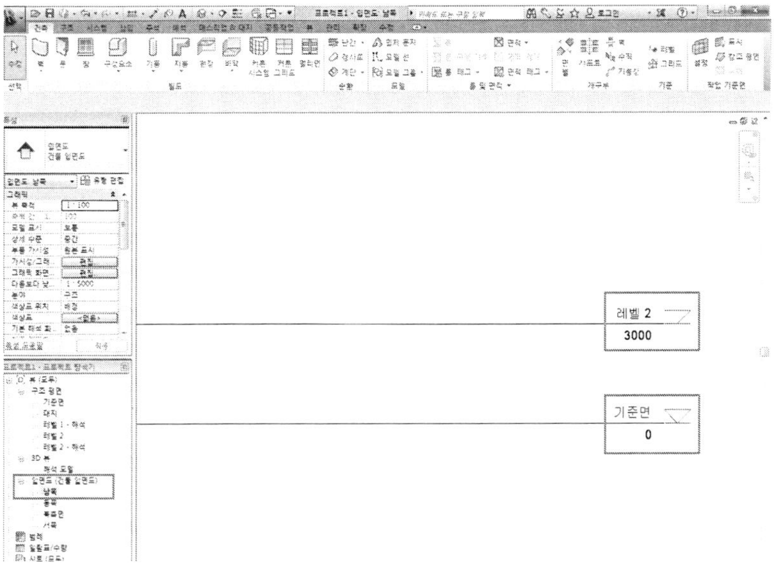


**레벨 보기**

프로젝트 탐색기 / 입면도 / 남쪽

레벨은 단면뷰나 입면뷰에서 그릴 수 있다.

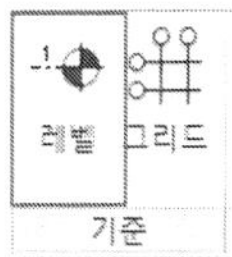


**레벨 변경**

기존 레벨 선택
ㄴ 이름 변경하기 또는
ㄴ 높이 변경하기

입면도 화면에 나타나는 레벨1을 클릭해서 레벨 이름을 '기준면'으로 변경하였다. 밑변이 10m이고 높이가 3m인 왕대공 트러스를 만들기 위해서 레벨2의 높이를 클릭해 3000으로 변경하였다.

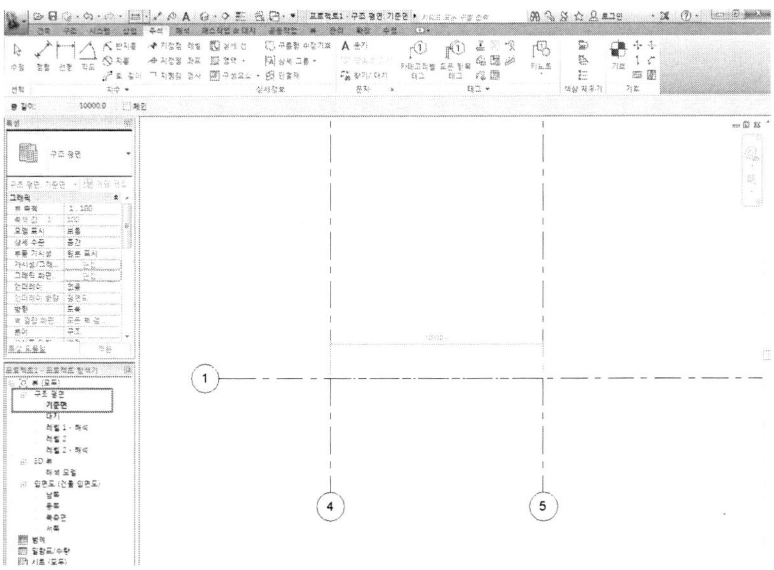


**그리드 그리기 보기**

프로젝트 탐색기 / 구조평면 / 기준면

[기준면] 레벨을 선택했을 때의 화면
그리드는 수평면에서 그릴 수 있다.

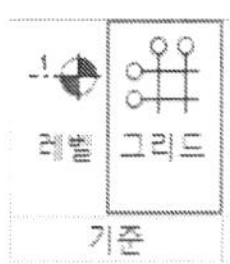


**그리드 그리기**

– 기준 / 그리드
ㄴ 그리기
또는
ㄴ 선 선택해 복사하기

트러스를 입력하기 위해 간격 10m가 되도록 그리드를 그린다.

## 수평부재 입력하기 –트러스 만들기 | Truss

**트러스입력위치 보기**

프로젝트 탐색기 / 구조평면 / 기준면

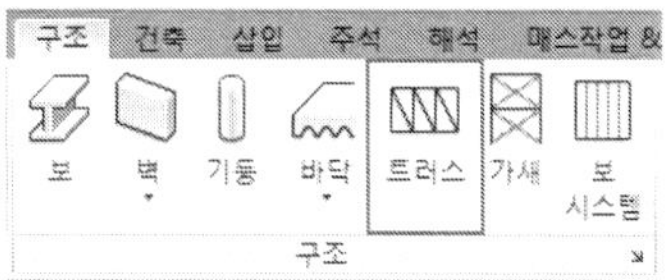


**왕대공 트러스 만들기**

– 구조 / 구조 / 트러스

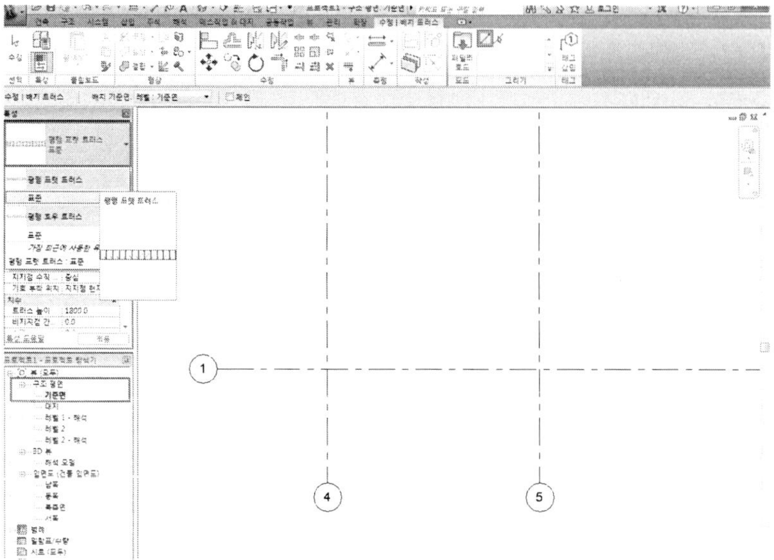

트러스를 입력하기 위해 트러스가 놓여지는 레벨의 뷰를 열고 [구조 / 구조 / 트러스]의 명령어를 클릭해보자. 왼쪽 상단에 있는 트러스의 특성 탭을 이용해 원하는 트러스 유형을 골라서 입력한다. 여기서는 [평행 프랫 트러스]를 선택해 입력했다.

**트러스 보기**

프로젝트 탐색기 / 입면도 / 남쪽

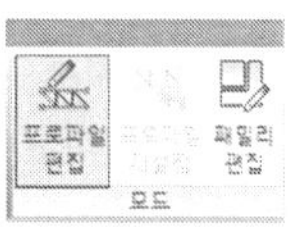


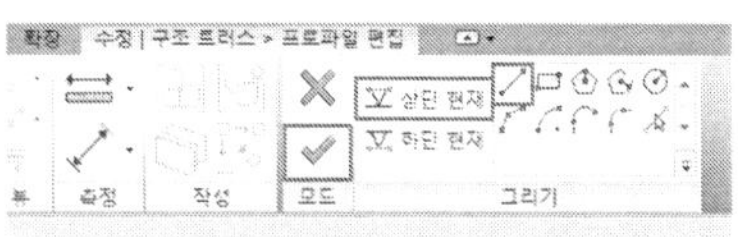


**트러스 모양 바꾸기**

트러스 선택

– 수정|구조 트러스 / 모드 / 프로파일 편집

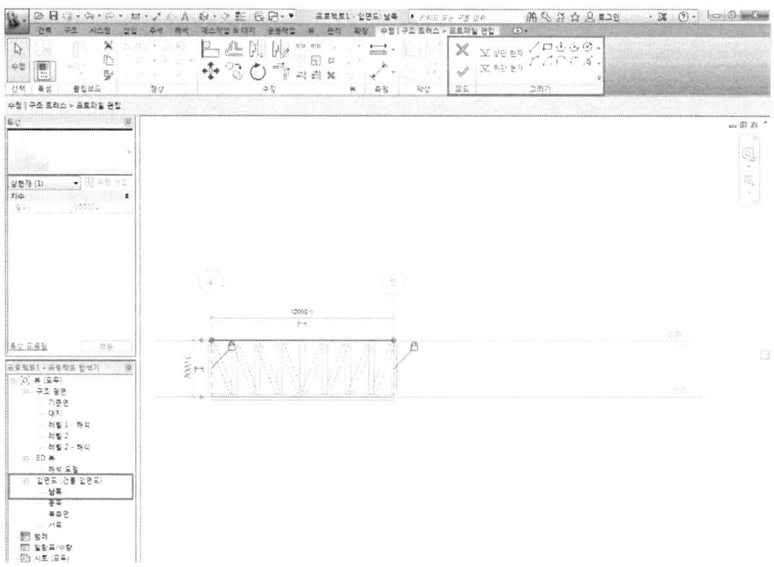

직선형으로 입력된 트러스의 모양을 산형으로 바꾸려면 트러스 상하현재 프로파일을 수정해야 한다.

트러스를 클릭하고 [프로파일 편집] 기능을 선택하면, 상현재를 산형으로 편집할 수 있다. 그리고 초록색의 편집모드 완료를 선택한다.

## 수평부재 입력하기 – 트러스 만들기 | Truss

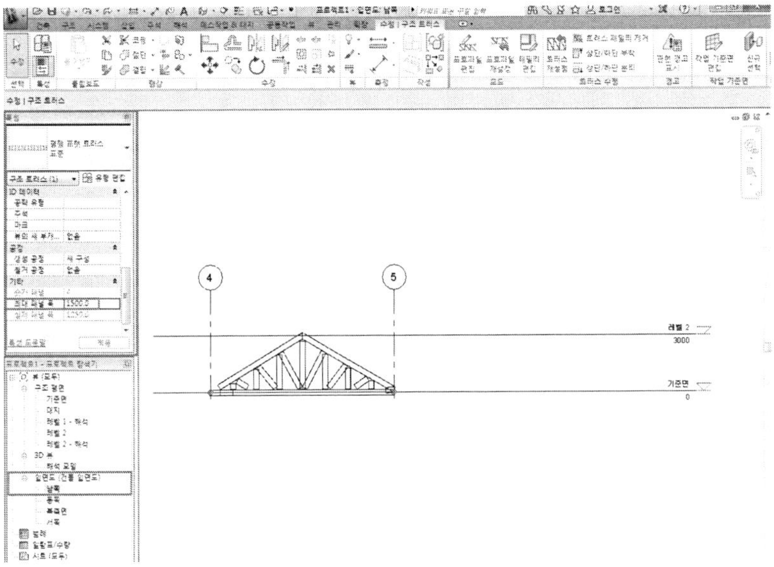

**트러스 보기**

프로젝트 탐색기 / 입면도 / 남쪽

**특성창 : 패널 수 결정하기**

– 기타 / 최대 패널 폭

└ 원하는 간격 입력

왕대공 트러스의 모양을 갖춘 모델링이 완성되었다. 이제 웨브 갯수를 줄이기 위해서, 트러스를 선택한 후 왼편 특성창에서 [기타 / 최대 패널 폭] 항목을 6,000으로 지정해준다. 자세한 트러스 입력방법은 3장, 4장에서 설명하였다.

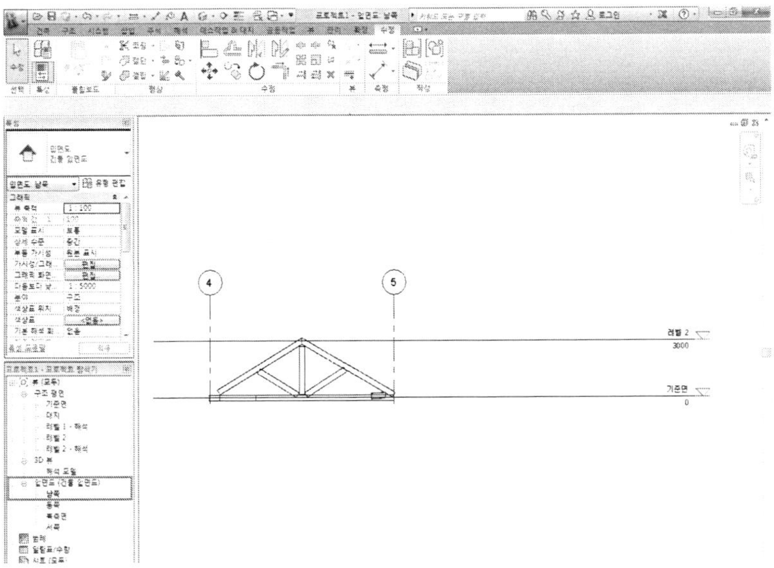

**트러스 보기**

프로젝트 탐색기 / 입면도 / 남쪽

원하는 형태로 완성된 왕대공 트러스 모델을 확인할 수 있다.
상하현재의 모양에 따라 겹쳐지는 부재가 발생할 수 있으며, 확인해 개별적으로 삭제해줄 필요가 있다.

## 지지점 설정하기 | Supports

**지지점 입력위치 보기**

프로젝트 탐색기 / 모든 뷰

어느 뷰에서든 [해석모델 뷰]를 포함하고 있을 때 입력 가능

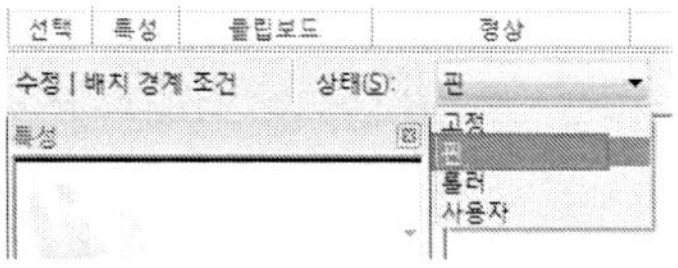


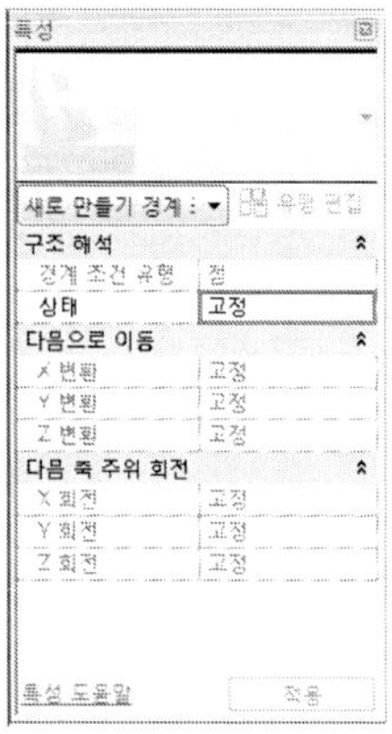


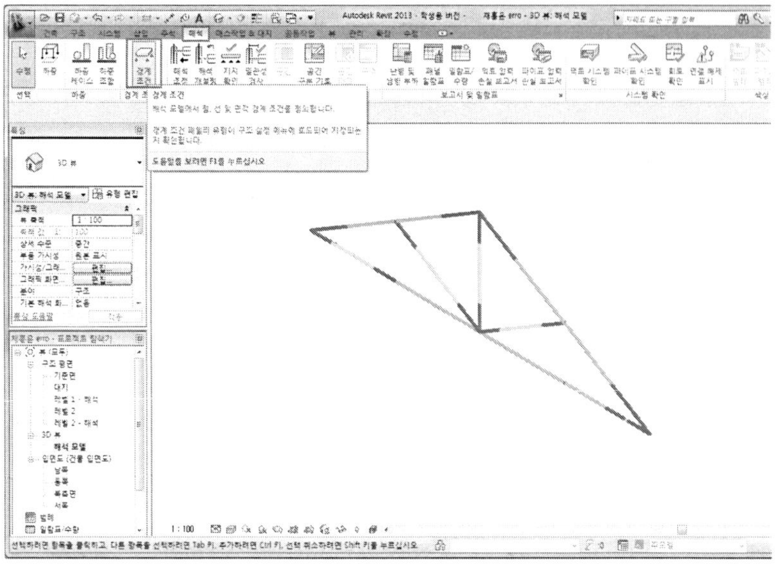

이제 완성된 트러스 모델의 지지점을 설정하여야 한다. [해석 / 경계조건] 메뉴를 클릭하면, 왼편에 그림에 나타낸 것처럼 상단의 옵션바나 왼편 특성창에 구속조건을 결정할 수 있는 메뉴가 나타난다. 이것을 조정해 지지점을 설정한다.

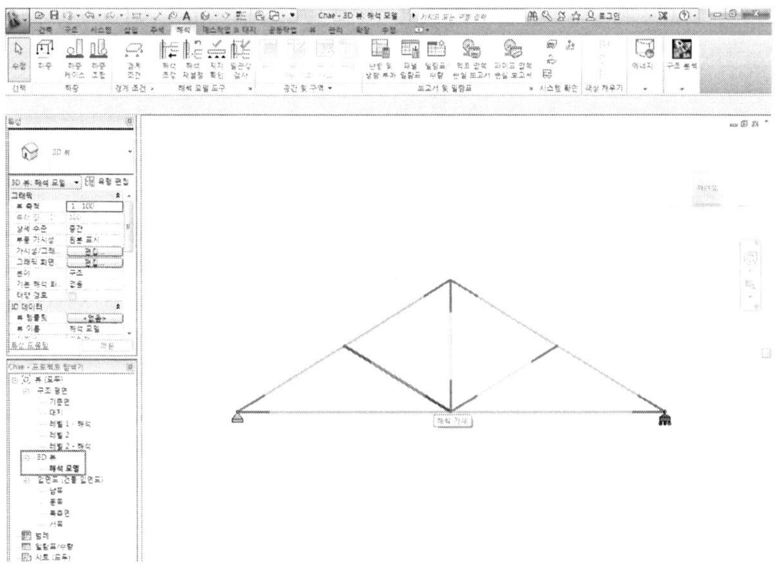

**경계조건 설정하기**

- 해석 / 경계조건 /
  - ㄴ 특성창에서 원하는 지지방식을 선택
    - ㄴ 지점에 클릭

단순지지의 트러스 지지점을 설정하였다.

## 구조해석하기 | Structural Analysis with Robot Structural Analysis Program

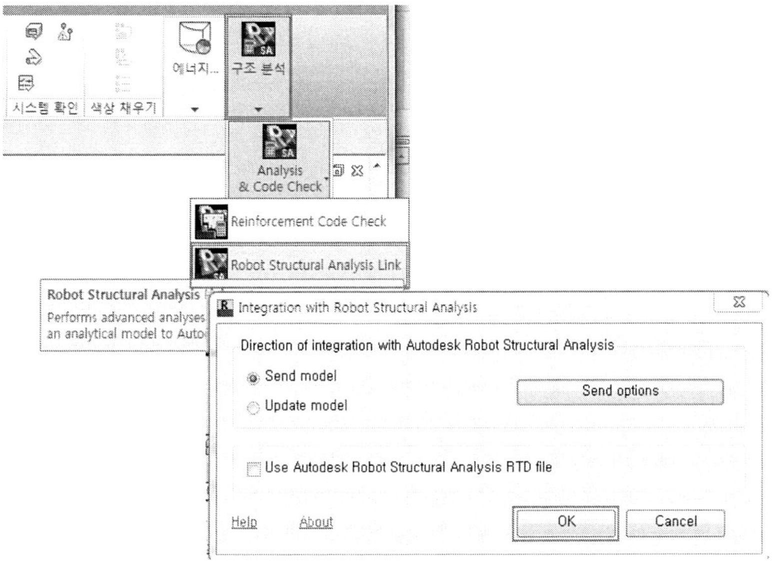


[해석 / Structural Analysis / Analysis & Code Check / Robot Structural Analysis Link]를 선택해 해석프로그램으로 모델을 보낸다.

### 해석프로그램으로 연결하기

프로젝트 탐색기 / 모든 뷰

어느 뷰에서든 구조해석으로 진행할 수 있다.

### 해석프로그램으로 연결하기

- 해석 / Structural Analysis / Analysis & Code Check
  └ Robot Structural Analysis Link

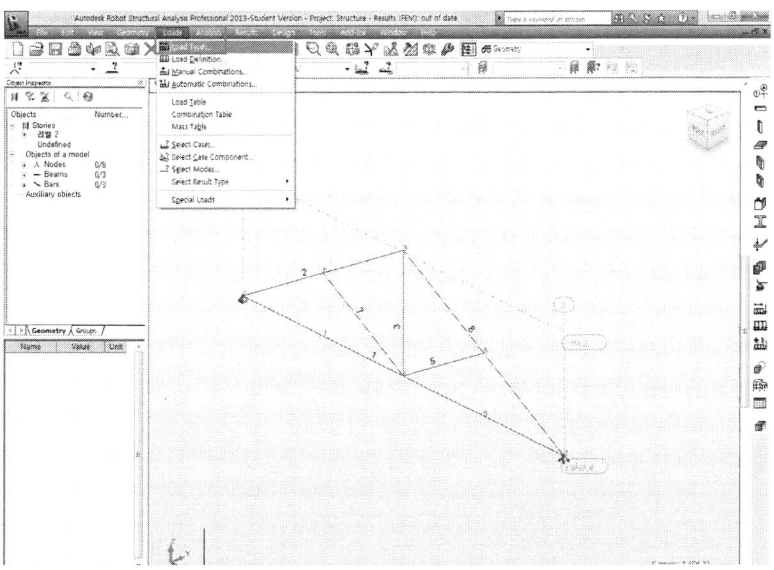

해석프로그램으로 모델을 보내면 자동으로 Robot Structural Analysis 프로그램이 실행되고, 윗 그림과 같이 왕대공 트러스 해석모델이 나타난다. 여기서 하중을 입력하기 위해 상단의 메뉴중에 [Load / Load Type]을 선택해 하중종류를 설정해준다.

### Robot Structural Analysis 프로그램 화면

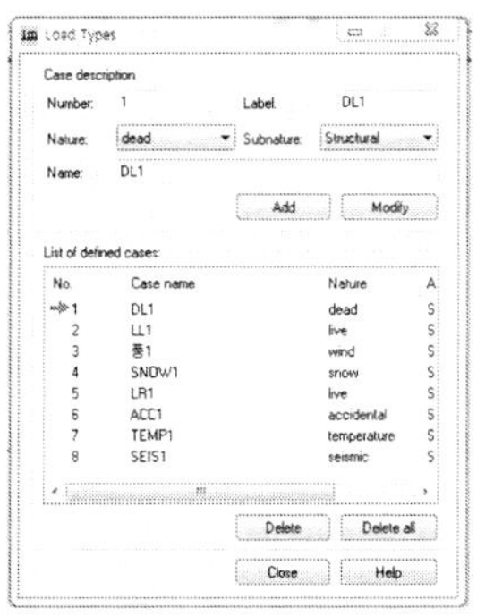

### 하중종류 설정하기

- Loads / Load Types

### Robot Structural Analysis 프로그램 화면

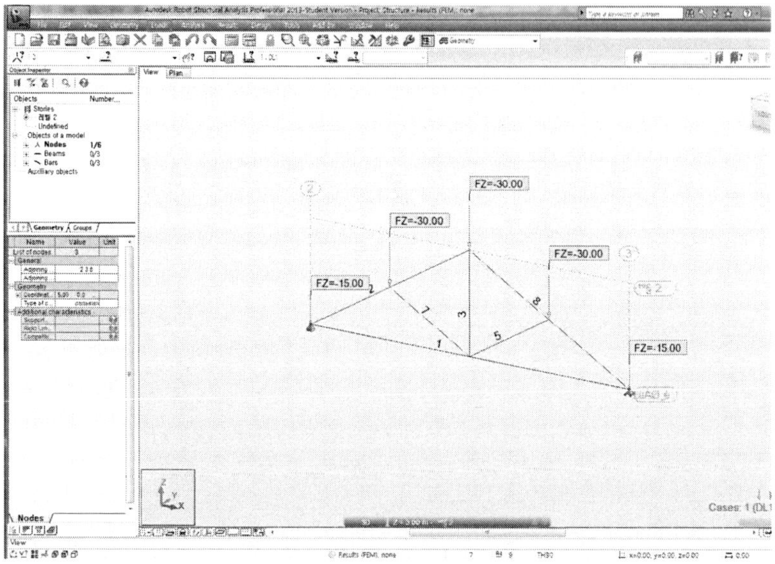


### 집중하중 입력하기

- Loads / Load Definition
  - ㄴ Node / Nodal load
    - ㄴ 원하는 하중값 입력 / Add
      - ㄴ 원하는 부재에 하중 적용

하중종류 외에도 트러스 모델에 하중을 입력하고 하중조합 등을 설정한다. 트러스에 가해지는 하중은 보와는 달리 집중하중으로 입력된다.

### 부재 축력도 보기

Results / Diagrams for bar
ㄴ NTM / Fx

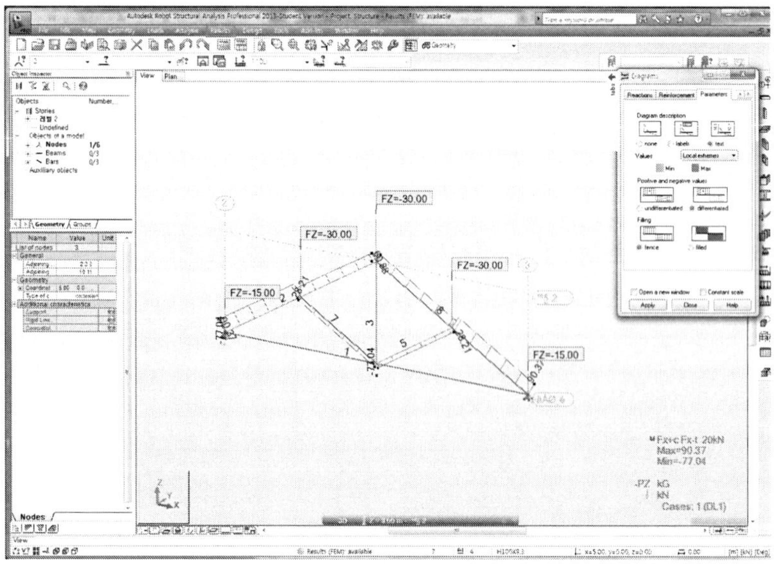


트러스 해석결과 반력 및 부재 축력을 확인할 수 있다.

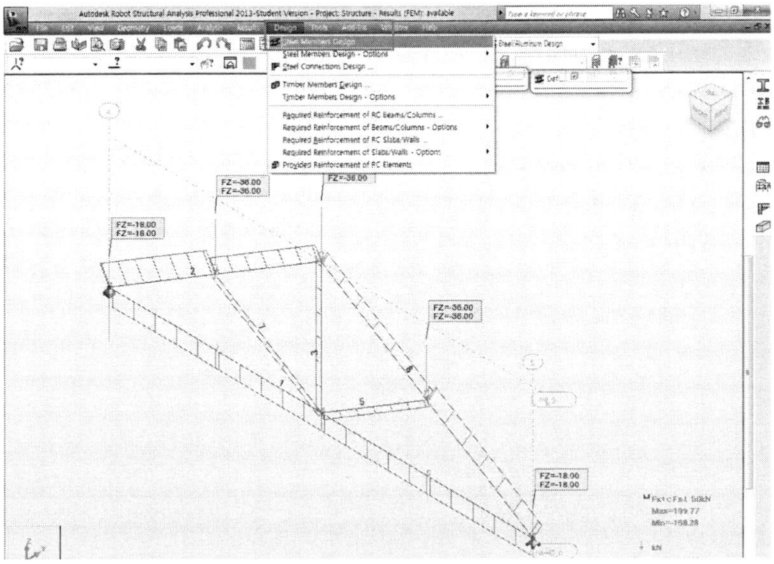

부재력에 적정한 철골부재를 설계하기 위해 상단에 있는 [Design / Steel Members Design] 메뉴를 이용한다.

### 철골부재 디자인 창 보기

Design / Steel members design

### 철골 부재 설계하기

- Design / Steel Members design

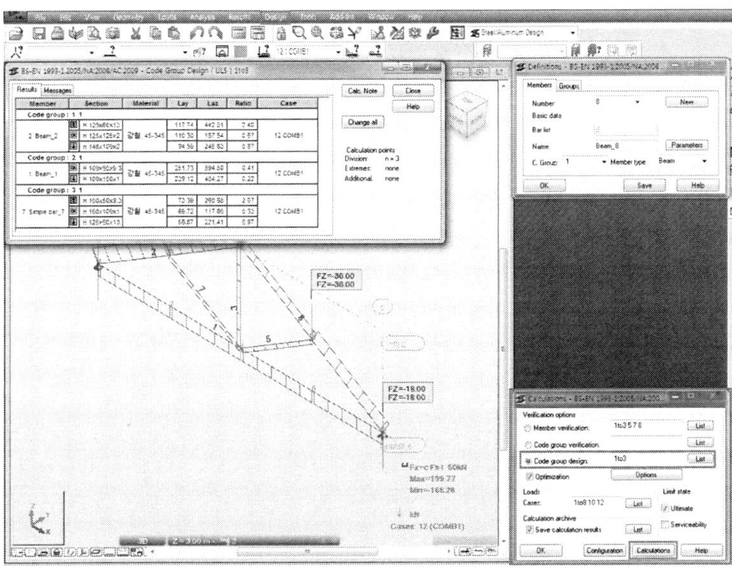

오른쪽에 있는 부재계산 창 [Calculations]에서 [Code group design]을 이용해 부재력에 맞는 부재를 설계한다. 여기서는 산형보는 H−194×150×6×9로 설계하고, 경사압축 부재는 H−125×60×6×8로, 인장재는 H−100×50×5×7로 설계하였다.

### 철골 부재 설계하기

- Calculations
  - └ Code group design
    - └ Calculations

## 구조해석으로 결정된 부재를 레빗모델에 업데이트하기 | Update to Revit

**부재변경 업데이트하기**

- 레빗프로그램 화면
  프로젝트 탐색기 / 모든 뷰

**부재변경 업데이트하기**

- 해석 / Structural Analysis / Analysis&Code Check
  └ Robot Structural Analysis Link
    └ Update Model
      └ OK

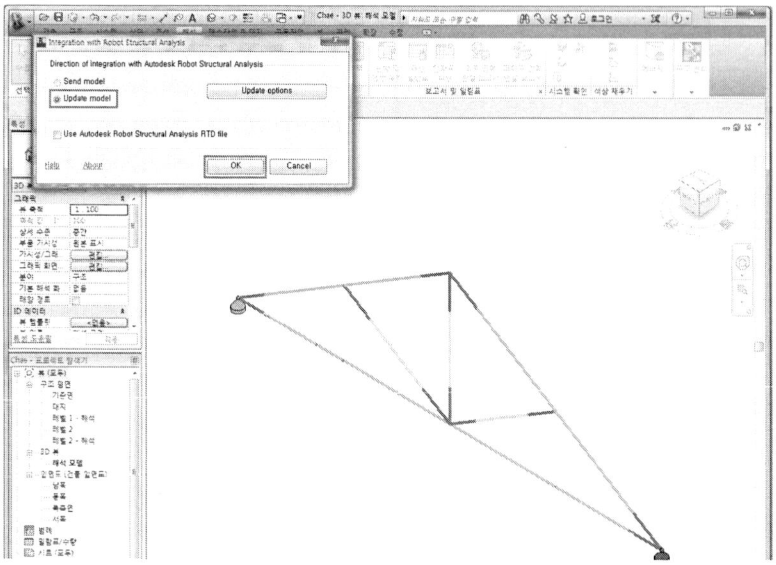


해석과 부재설계가 완료되면 다시 레빗모델로 돌아와서 변경된 사항을 모델에 업데이트한다.

**완성된 트러스 보기**

프로젝트 탐색기 / 입면도 / 남쪽

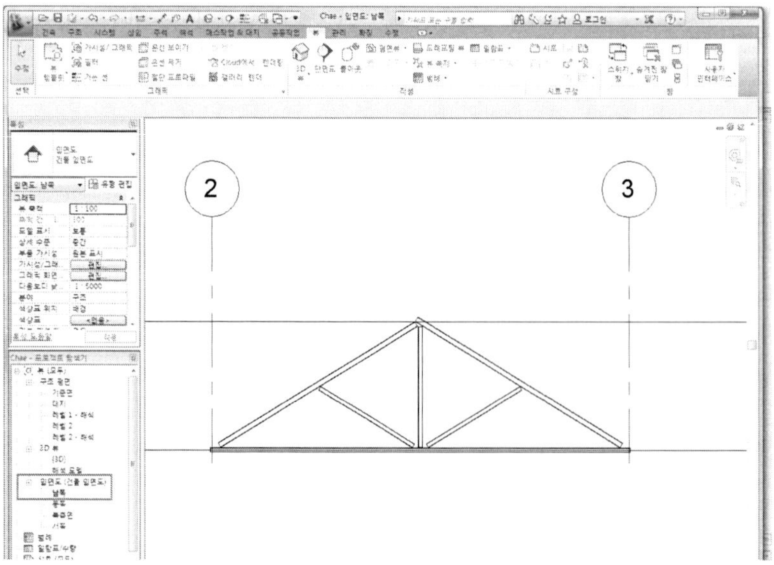


구조해석을 통해 설계된 부재로 업데이트 된 트러스 모델

## 구조부재 물량 산출하기 – 일람표 만들기 | Schedules

구조 프레임 일람표

| 유형 | 레벨 | 구조 재료 | 길이 | W | 중량 |
|---|---|---|---|---|---|
| H125X13.2 | | STEEL | 2915 | 13.20 kg/m | 38.48 kg |
| H125X13.2 | | STEEL | 2915 | 13.20 kg/m | 38.48 kg |
| H125X13.2: 2 | | | 5831 | | 76.97 kg |
| H194X30.6 | | STEEL | 5831 | 30.60 kg/m | 178.43 kg |
| H194X30.6 | | STEEL | 5831 | 30.60 kg/m | 178.43 kg |
| H194X30.6: 2 | | | 11662 | | 356.85 kg |
| H 100x50x9.3 | | STEEL | 10000 | 9.30 kg/m | 93.00 kg |
| H 100x50x9.3 | | STEEL | 3000 | 9.30 kg/m | 27.90 kg |
| H 100x50x9.3: 2 | | | 13000 | | 120.90 kg |
| 총계: 6 | | | 30493 | | 554.72 kg |

**작성된 일람표 보기**

뷰 / 작성 / 일람표
ㄴ 일람표 / 수량

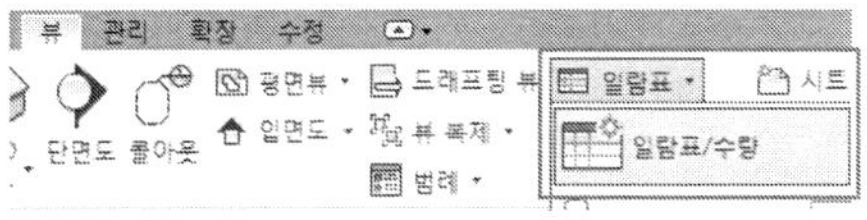


값을 알고 싶은 항목을 채택해 일람표를 작성하면 설계에서 요구하는 부재 물량을 파악할 수 있다.
세 가지 부재로 설계된 부재의 길이와 물량을 확인할 수 있으며, 554.72kg의 총중량을 확인할 수 있다.

| 직선형상 | | 산형형상 | |
|---|---|---|---|
| A. 고정보 | B. 겔버보 | C. 산형보 | D. 왕대공 트러스 |
| 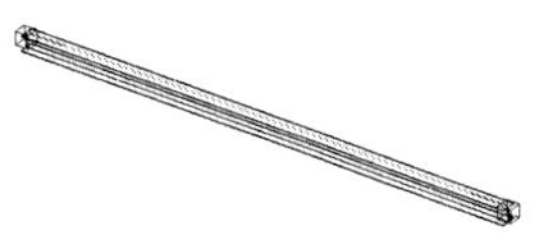 | 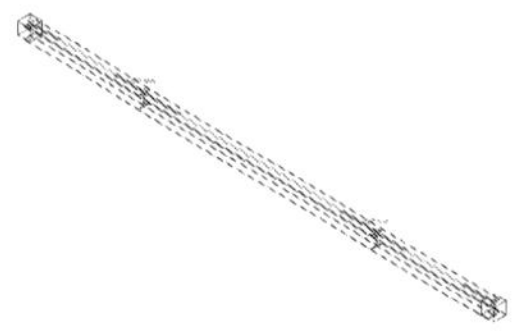 |  | 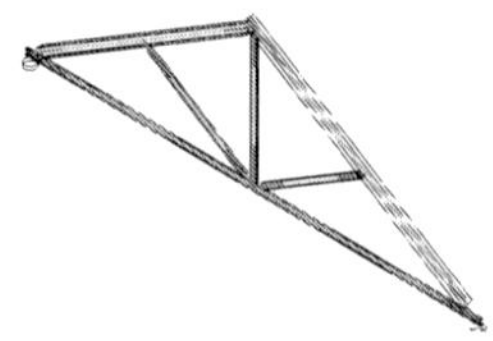 |
| 총중량 740kg | 총중량 336.5kg | 총중량 468.8kg | 총중량 554.7kg |
| - 하나의 부재로 설치가 용이<br>- 양단의 고정접합이 요구됨 | - 두 가지의 부재가 동원<br>- 접합부가 증가되나 내민보와 조합되었을때, 장스팬에서 시공의 용이성 있음 | - 공간체적이 증가됨<br>- 고정접합이 요구됨 | - 모든 접합이 힌지로 용이함<br>- 여러 부재의 구성으로 시공이 번거로움 |

매우 간단한 구조물이지만 레빗을 이용해 다양한 구조계획을 수행한 결과, 즉각적으로 구조체의 형태 및 공간변화를 3D로 파악할 수 있음은 물론, 구조해석과 부재의 물량을 동시에 파악할 수 있음을 알 수 있다. 사례로 다룬 네 가지 모델에서는 간단한 형태와 접합 등만이 변수였으나, 구조체의 배열과 구성이 다양해질수록 검토해야 할 변수는 늘어나게 된다. 이러한 도구의 활용이 보다 합리적이고 효과적인 구조체의 설계를 도울 수 있을 것이다.

뿐만 아니라, 레빗 스트럭춰로 구축된 모델은 레빗 아키텍춰로 연동된다. 건축에서 변경되는 사항에 따라 구조모델링으로 연동해오는 것도 용이하며, 구조체에서 설계된 구조모델링의 정보 또한 바로 건축모델로 연동된다. 건축모델에서 즉각적으로 3D 및 2D 도면화시키는 것이 가능함은 물론, 부재의 물량에서 끝나는 것이 아니라 공사계획과 공사비 예측시스템으로 연결되리라는 것도 쉽게 짐작할 수 있다.

기본적인 도구의 가치와 활용방법을 파악하면 쓰임새는 날로 늘어날 것이다.
구조디자인에 있어서, 건축과 어우러지는 3차원적인 디자인 아이디어 도출도 어려웠고 난이도 높은 구조해석과 부재설계로 디자인을 검토하는 일은 더욱 용이치 않았다. 이 레빗을 활용한 구조디자인 도구 탐색이 구조디자인의 길을 넓혀줄 기회가 될 것이다.

다음 장에서부터 상세한 레빗모델 구축과정과 구조디자인 활용방법을 보일 것이다.

# Ⅱ 철근콘크리트구조 모델링

## Reinforced Concrete Structure Model

매우 간단한 구조체를 예로 들어 레빗으로 모델링해보자. 기본적인 레빗의 모델링 기능을 익힐 수 있을 것이며, 레빗 모델링의 역할과 BIM 도구의 가능성을 이해할 수 있을 것이다. 먼저 구조체 중에 가장 광범위하게 볼 수 있는 2층의 철근콘크리트 골조를 예로 하여, 철근콘크리트 골조의 모델링 방법과 구조해석으로 연결하는 과정을 살펴보자.

# 01 구조체 모델링하기 [철근콘크리트조]

Developing Structural Model - R.C. Structure

레빗(Revit Structure) 프로그램을 이용해 2층의 철근콘크리트 골조모델을 만든다.

## 프로그램을 시작한다 – 새 프로젝트를 연다 | Opening Dialog Box

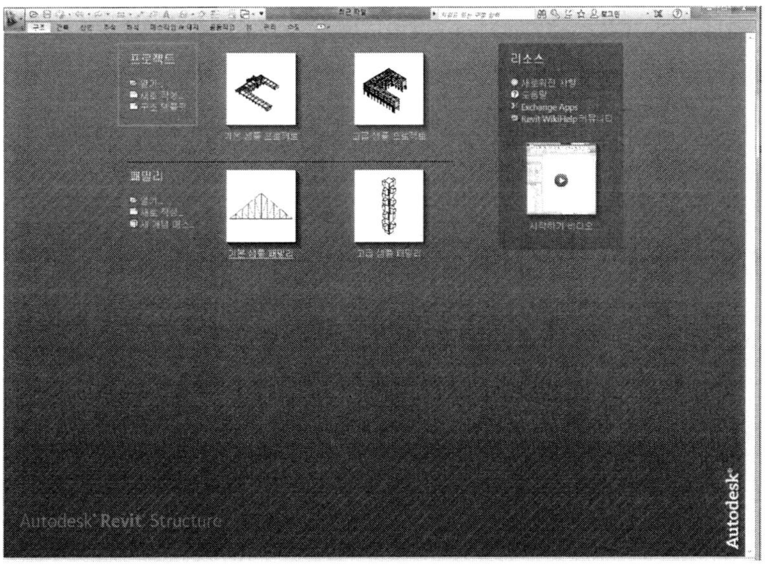


Revit Structure를 구동시킨다

구조 템플릿 실행

새 프로젝트를 만들기 위해, Autodesk사가 구조모델링에 필요한 몇 가지 기본적인 기능을 사전에 마련해놓은 [구조 템플릿]을 이용해 시작해보자.

## 프로그램을 시작한다 – 화면구성의 이해 | Understanding the User Interface

### 구조 템플릿 실행화면

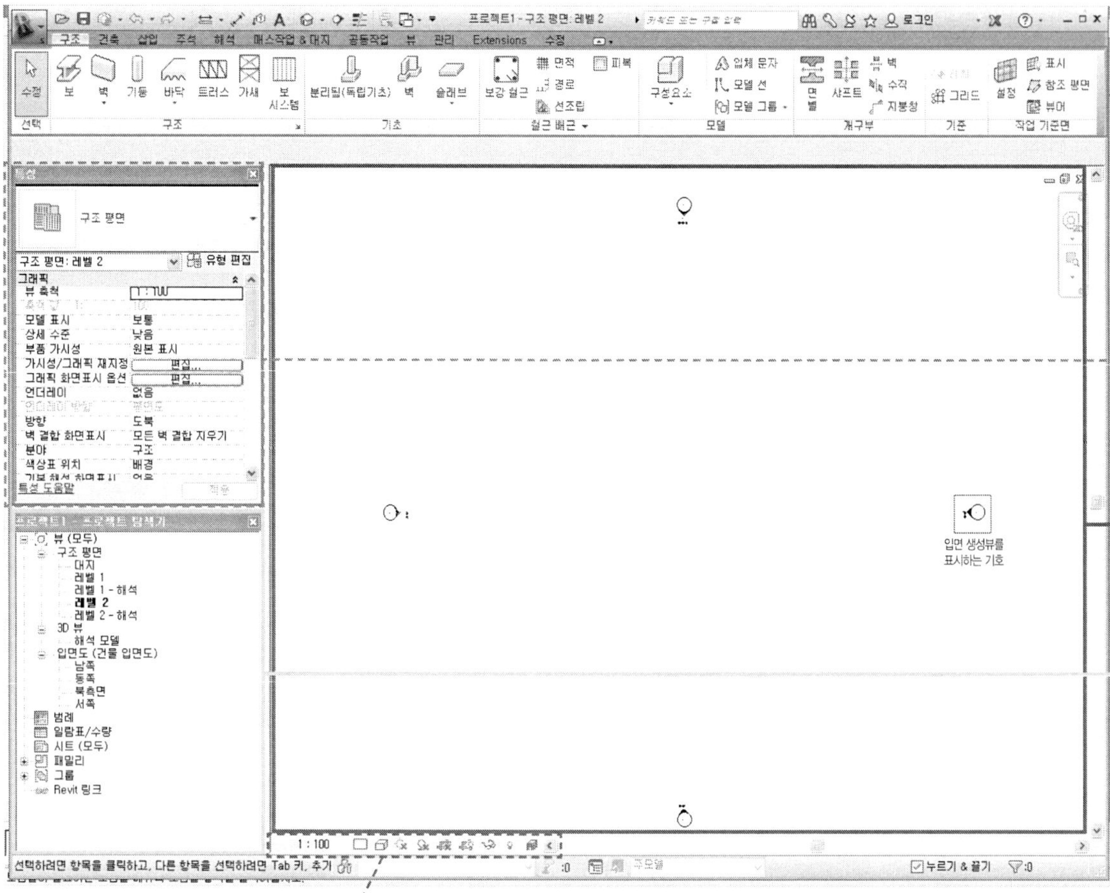


**뷰조절 막대**

축척, 모델의 표현형식, 일부 보이기 등 뷰를 조절하는 기능의 아이콘들이 있다.

**리본메뉴**

모든 명령을 실행하고 설정하는 메뉴판.
각 명령을 클릭하면 하위메뉴로 메뉴판이 바뀐다.

**특성창**

우측의 드로잉 영역에서 선택한 개체의 모든 특성을 보여주고 조정할 수 있게 하는 창

**프로젝트 탐색기**

보고자 하는 뷰, 열어보고 싶은 패밀리, 일람표 등, 모든 보고자하는 것을 찾을 수 있게 해주는 탐색기

**드로잉 영역**

모델과 정보가 보여지며 작업을 수행할 수 있는 영역. 여러 창으로 배열해볼 수도 있다.

[구조 템플릿]을 실행하면 4면의 입면을 볼 수 있는 입면표시 기호가 있는 기본화면이 나타난다. 여기서 파일저장하기를 수행해 프로젝트 파일명을 결정하고 시작하는 것이 바람직하다.

## 레벨과 그리드 | Level and Grid

컴퓨터 안에 집을 지으려면 작업할 수 있는 기준이 필요하다. 건물 수직높이의 기준은 레벨을 이용해 그리고, 수평면상의 기준은 그리드를 이용해 그린다.

**레벨 보기**

프로젝트 탐색기 / 입면도 / 남쪽

**Tip 파일 저장하기**

모델링을 시작하는 단계에서 파일이명나 프로젝트이름을 결정해 [파일저장하기]를 먼저 수행하는 것이 바람직하다.

특히, 저장할 때 [파일형식]을 확인하여 [프로젝트 파일(*.rvt)]로 저장하는 것에 주의한다.
향후 새로운 프로젝트에서 활용하기 위한 템플릿을 만들고 싶을 때는 저장 시에 [파일형식]에서 [템플릿 파일(*.rte)]로 저장한다.

왼쪽에 [프로젝트 탐색기]에서 [남쪽] 입면을 보자. 기본 템플릿에서 설정해 놓은 두 개의 기본레벨이 보인다. 이 레벨을 기준으로 건물의 각 층 평면을 볼 수 있기 때문에 구조물의 층높이에 따라 레벨을 설정할 필요가 있다. 레벨은 항상 입면뷰를 열어 그린다.

**레벨 만들기**

– 구조 / 기준 / 레벨

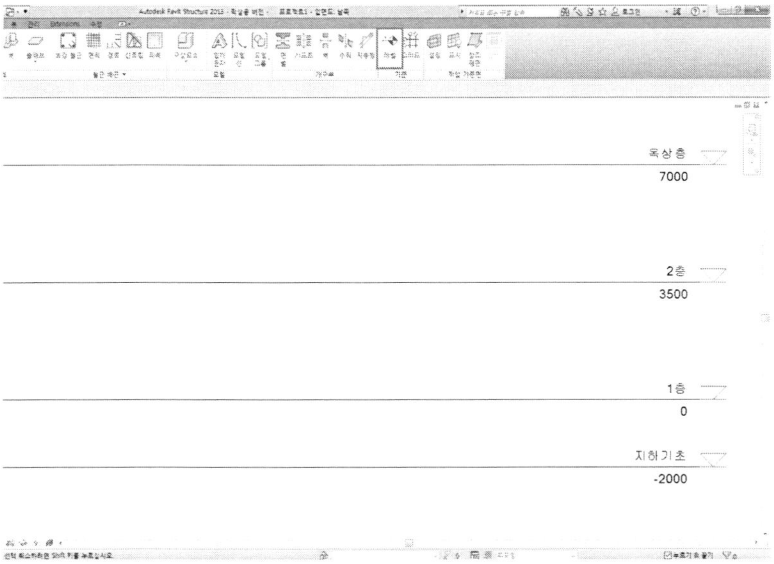


**레벨 보기**

프로젝트 탐색기 / 입면도 / 남쪽

**레벨 만들기**

– 구조 / 기준 / 레벨
ㄴ 그리기(부록 1 참조)

본 예제에서는 지하기초, 1층, 2층, 옥상층의 총 4개의 바닥을 레벨로 구성하였는데, 1층 바닥 레벨을 기준으로 지하기초는 -2,000, 1층과 2층의 층고는 각각 3,500으로 레벨을 정의하였다. 레벨을 정의한 후에는 각 층 레벨의 용도에 맞게 레벨의 이름을 변화시켜준다.

## 레벨과 그리드 | Level and Grid

그리드는 건물의 수평면 상에서 부재위치의 기준을 설정하기 위해 만든다. 그리드는 도면에서의 중심선과 같은 역할을 한다고 이해할 수 있다. 본 예제에서는 캐드파일을 이용하여 그리드를 설정해본다.

**평면 보기**

프로젝트 탐색기 / 구조평면 / 1층

**Tip** 이 책의 모델링과정에 필요한 도면과 모델링 파일은 저자의 블로그 "http://blog.naver.com/archijuna"에서 제공하고 있음.

**도면 삽입하기**

- 삽입 / CAD 가져오기(활성창 형성)
  - └, 하부 옵션 조정
    - └, 도면 선택 후 확인

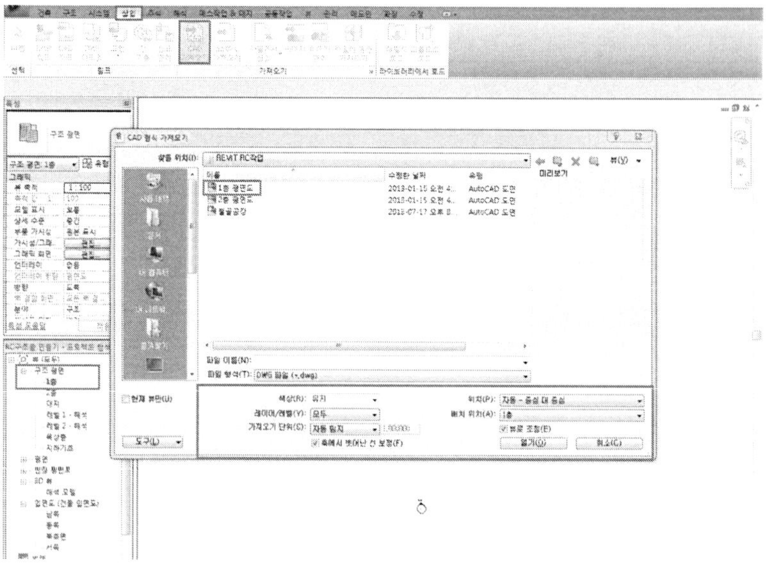

예제 도면 캐드파일을 불러오기 위하여, [삽입 / CAD가져오기] 메뉴를 선택하면 위와 같은 활성창이 열린다. 활성창에서 아래의 하부 옵션을 조정한 후 원하는 도면(1층 평면도)을 선택하여 삽입시킨다. 여기서는 활성창 하단에서 [색상 : 유지], [레이어/레벨 : 모두], [단위 : 밀리미터], [위치 : 자동-중심 대 중심], [배치위치 : 1층]을 선택해 불러들이기로 한다.

**삽입한 평면보기**

프로젝트 탐색기 / 구조평면 / 1층

**Tip 캐드화일을 가져올 때**

여기서는 [CAD 가져오기]를 사용했는데, 이때는 원본 CAD 화일과는 별도에 레빗에 저장되어 존재하는 정보가 된다.
그러나, [삽입 / 링크 / CAD 링크]로 링크시키기는 방법도 있는데, 이때는 CAD 화일과 링크되어 있기 때문에 CAD 화일이 변경되었을 경우 여기에 삽입해놓은 파일에서도 즉각적으로 바뀐 정보를 제공한다. 또한 삽입된 캐드화일을 [삽입 / 링크 / 링크관리]에서 일괄 삭제하거나 조정하는 관리가 가능해 작업효율성을 높여준다.

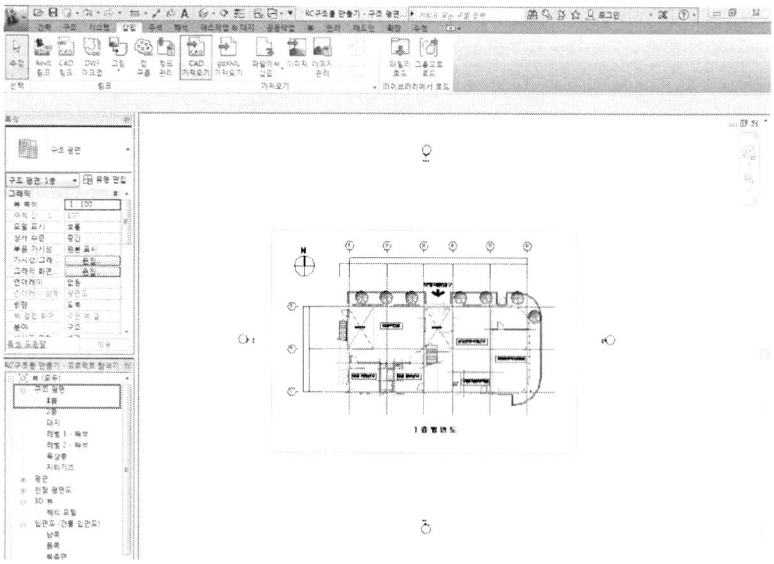

삽입된 캐드도면이 1층 레벨 면에 나타난다.
(경우에 따라서는 엉뚱한 곳에 가 있을 수도 있어 중앙으로 옮겨주는 작업이 필요하기도 하다.)

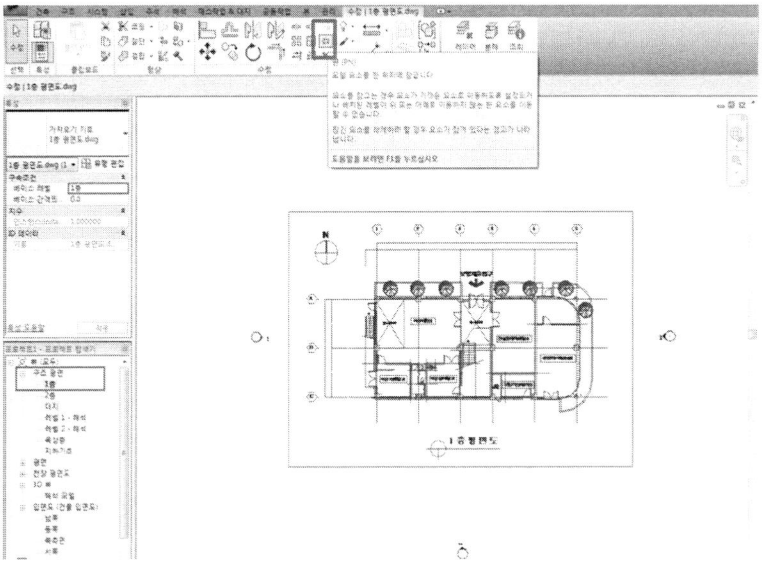

**삽입한 평면보기**

프로젝트 탐색기 / 구조평면 / 1층
불러온 캐드도면 선택

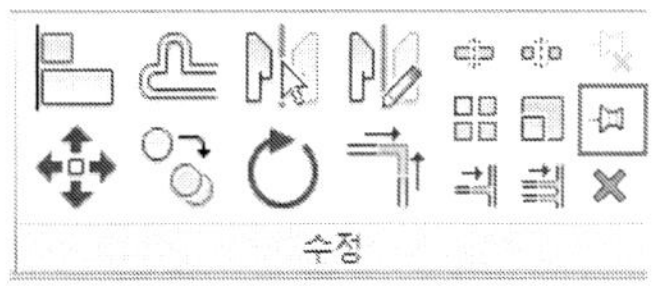


캐드도면을 선택하면 파란색으로 변하는데, 이때 [수정]탭에 있는 [핀]을 선택해 이 그림을 고정시킨다. (움직이지 않는 것이 추가 모델링을 하기 편해서 하는 것이지 반드시 해야 하는 작업은 아니다.)

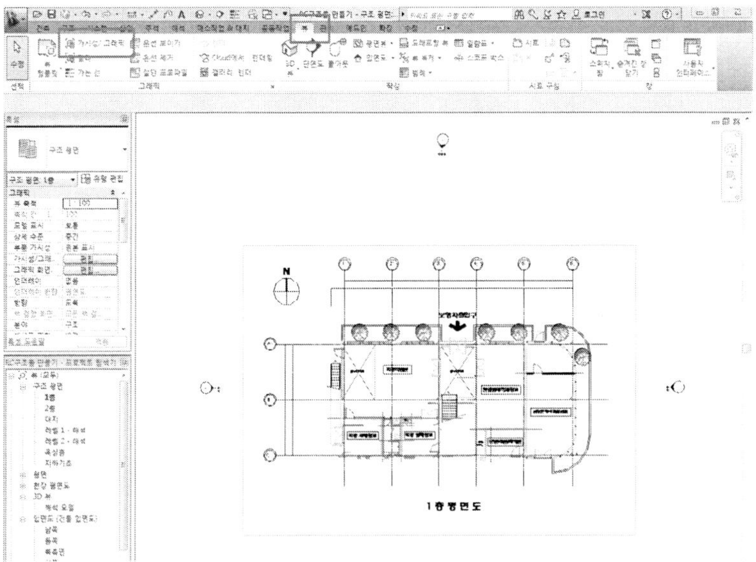

**Tip [가시성/그래픽] 메뉴는**

여기서는 소개한 [가시성/그래픽] 메뉴는 드로잉 영역에 보이거나 숨기는 거의 대부분의 기능을 조정할 수 있는 메뉴이다.
따라서 매우 빈번하게 사용되는 메뉴이고, 잘 숙지되면 모델링기술을 한층 업그레이드 할 수 있다.
단축메뉴로 'VV', 'VG'를 입력해 쉽게 메뉴창을 부를 수 있다.

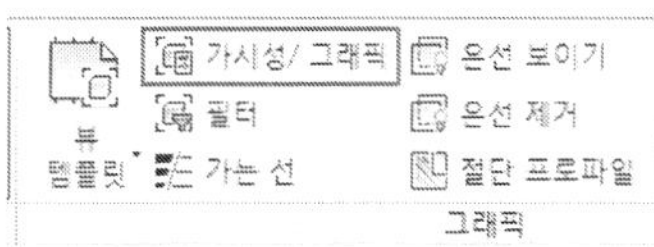


바닥에 그려진 그림이 너무 선명하면 본 그림을 방해하는 경우도 있으므로 약간 색상을 흐리게 바꾸는 것도 필요하겠다.
[뷰 / 그래픽 / 가시성/그래픽 ]에서 [가져온 카테고리]를 선택한다. 가져온 캐드화일의 이름이 있다. 여기서 [중간색]을 체크한다. 색이 옅어진 것을 확인할 수 있다.

## 레벨과 그리드 | Level and Grid

**그리드 그리기 보기**

프로젝트 탐색기 / 구조평면 / 1층

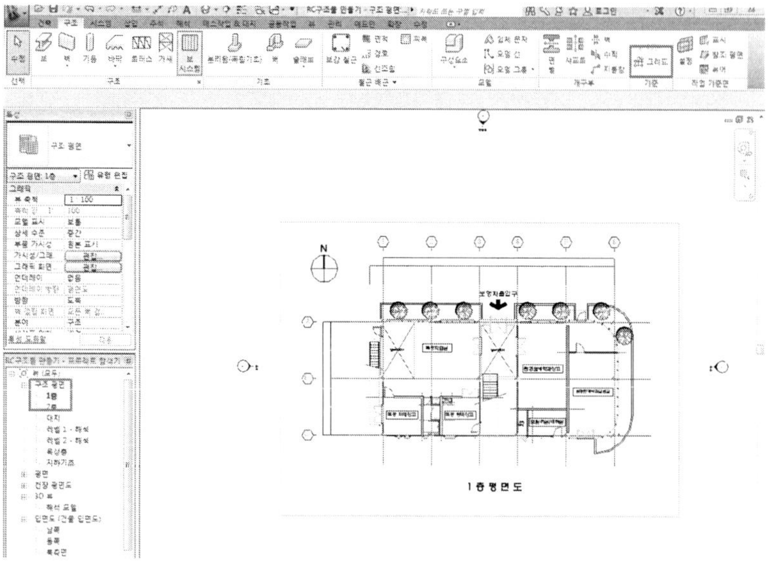

**그리드 그리기**

– 구조 / 기준 / 그리드(부록 1 참조)

삽입한 캐드도면을 깔아둔 레벨에서 그리드를 그리기 위해 [기준 / 그리드] 메뉴를 클릭한다.

**그리드 그리기 보기**

프로젝트 탐색기 / 구조평면 / 1층

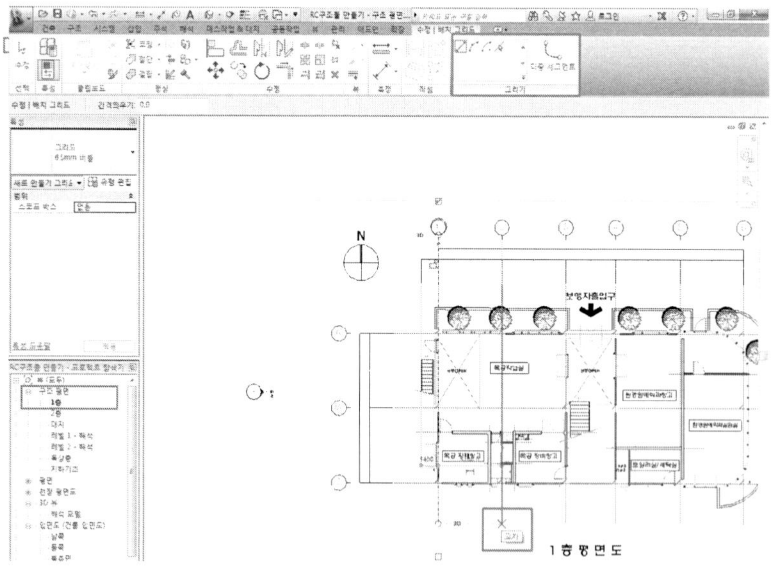

**그리드 그리기**

– 구조 / 기준 / 그리드

└ 그리기(부록1 '그리드 그리기' 참조)

그리드 그리기 상태의 메뉴 위쪽 오른편에서 [직접그리기 ⧄] 선택해 직접 X와 Y축의 그리드선을 그려나간다. 삽입한 캐드도면의 중심선이 스냅으로 선택가능하기 때문에 쉽게 캐드 중심선 위치와 동일하게 그릴 수 있다.

이와 같이 캐드도면에 작성된 것과 동일하게, X1~6까지의 그리드와 Y1~3의 그리드를 그린다.

그리드 선을 그리는 방법에는 다양한 방법이 있고 표현효과 등도 다양하게 변화시킬 수 있는데, 부록 1을 참조하도록 한다.

# 레벨과 그리드 | Level and Grid

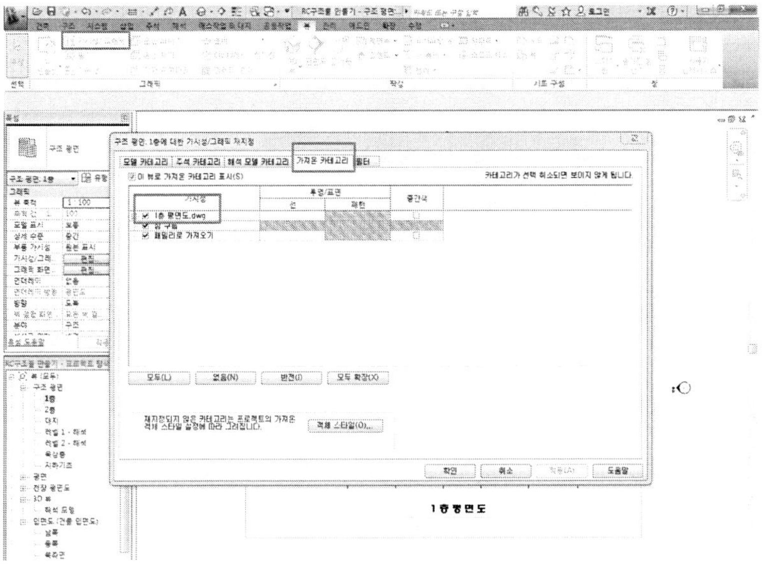

**가시성 설정 보기**

뷰 / 그래픽 / 가시성 / 그래픽

**캐드도면 가시성 설정**

- 가시성/그래픽 창
  - 가져온 카테고리 선택
    - 1층 평면도 체크 해제

캐드화일을 참조하여 그리드를 그렸으면, 그리드만 남겨서 이후 모델링을 진행한다. 캐드화일을 삭제해버리는 것도 가능하겠지만, 이후 참조할 때 필요할 수도 있으니, 가시성 설정으로 안 보이게 하는 것도 좋겠다.
가시성 설정창을 열고 [가져온 카테고리]의 해당 캐드화일의 체크를 해제하도록 한다.

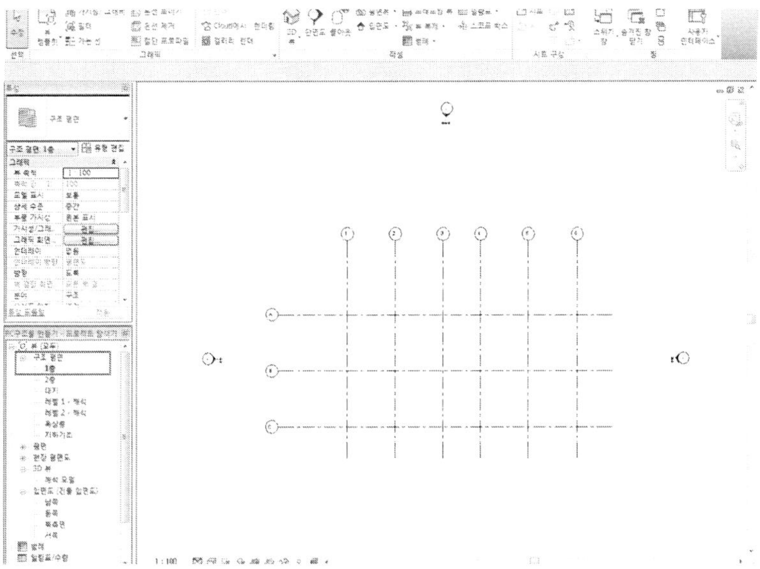

**그리드 보기**

프로젝트 탐색기 / 구조평면 / 1층

캐드도면은 숨겨지고 그리드만 보인다.
이렇게 그려진 그리드는 모든 레벨에서도 동일하게 볼 수 있다.

## 기초 만들기 – 지지점 설정하기 | Footing / Supports

기준(레벨과 그리드)을 다 만들었으면, 기준 틀에 맞추어 구조부재를 넣어 골조를 만들자. 제일 먼저 지면에 닿는 기초를 만든다. 본 예제에서는 독립기초 형식의 모델링을 보인다.

**기초 그리기 보기**

프로젝트 탐색기 / 구조평면 / 지하기초

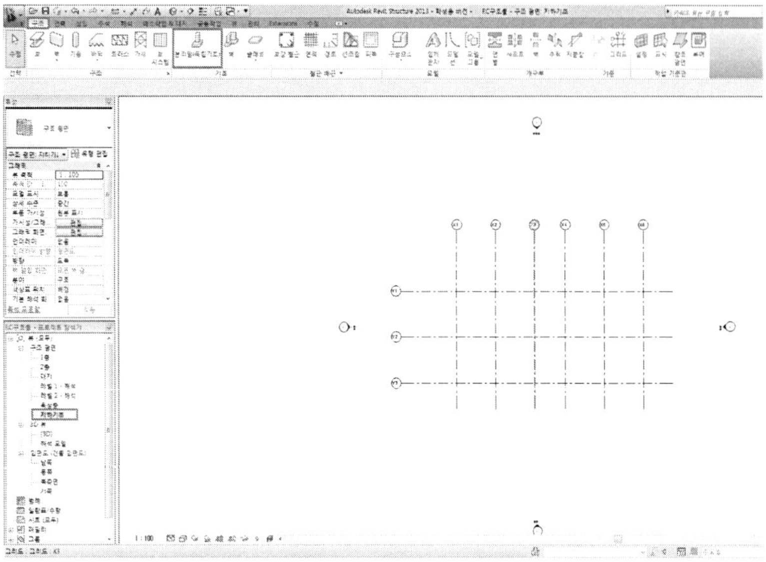

**기초 만들기**

– 구조 / 기초 / 독립기초

기초를 그리기 위해서는 기초가 위치하는 [지하기초] 레벨을 열어 작업을 한다. [지하기초] 레벨을 클릭하면 위와 같이 이미 작업한 그리드가 나타난다. 여기서 상단 메뉴에서 [구조 / 기초 / 독립기초]를 선택한다.

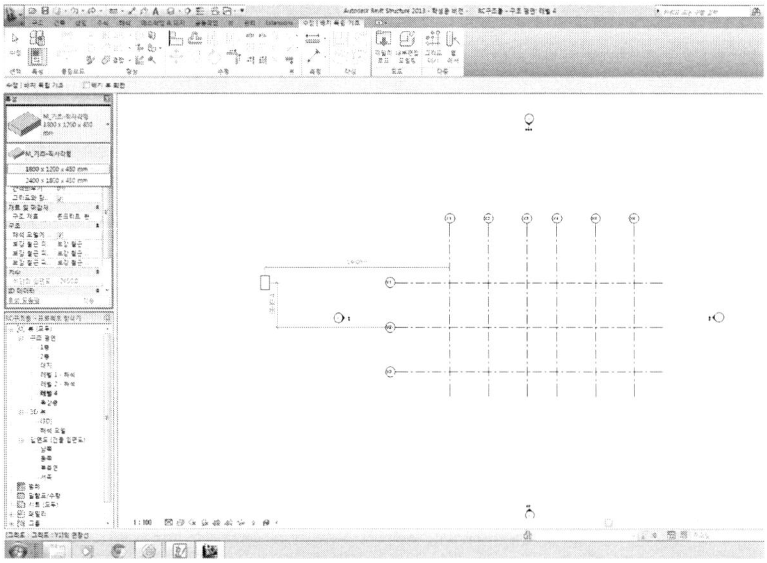

**기초 만들기**

–특성창 : 기초 고르기

└ 그리드 교점에 배치하기

[독립기초]를 선택하면 상단이 하부메뉴로 바뀌면서 좌측에는 기초의 특성창이 나타난다. 이 특성창에서 원하는 사이즈의 콘크리트 독립기초를 선택한다. 본 예제에서는 [1800×1200×450]를 선택한다. 원하는 사이즈가 없을 경우에는, '패밀리'라고 불리는 부재유형을 불러와야 하는데, [패밀리 로드]에 관한 방법은 부록 2를 참조한다. 원하는 사이즈를 기초판을 선택한 후, 그림과 같이 그리드 교점에 배치한다.

## 수직부재 만들기 – 기초기둥 만들기 | Structural Columns

기초 위로 수직부재를 세운다. 벽과 기둥이 수직부재에 해당하는데, 여기서는 1층 바닥 아래에 있는 기초기둥을 만들어보자.

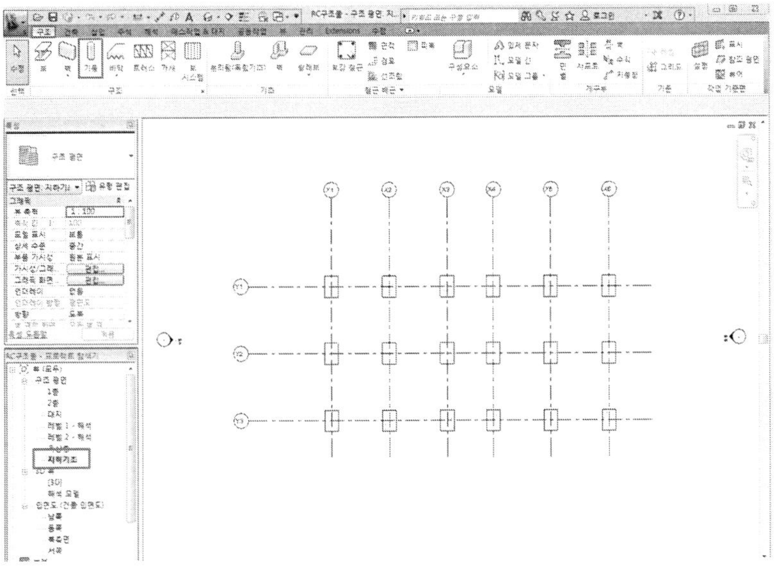

**기둥그리기 보기**

프로젝트 탐색기 / 구조평면 / 지하기초

**기초 기둥 만들기**

– 구조 / 구조 / 기둥

기둥은 평면뷰나 3D 뷰에서 만들어 넣을 수 있다. 여기서는 [지하기초] 레벨을 기준으로 그린다. 아까 입력한 기초판이 보인다.
기둥입력을 위해서 [구조 / 구조 / 기둥] 메뉴를 선택한다.

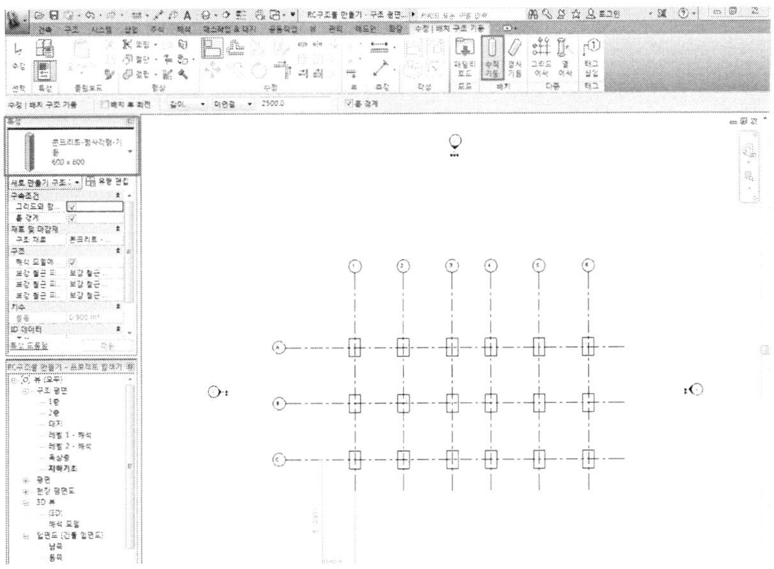

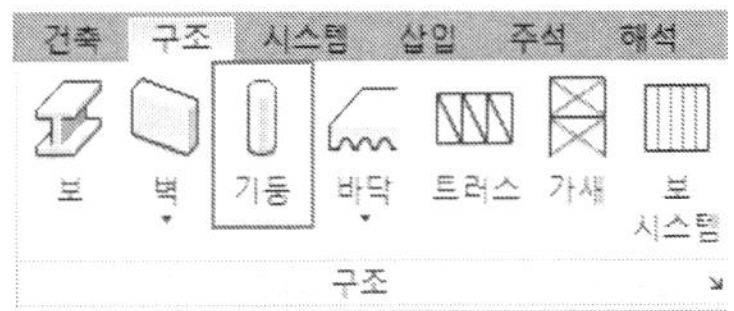


**기초 기둥 만들기**

– 구조 / 구조 / 기둥
ㄴ 배치 / 수직기둥
– 특성창 : 부재 고르기

기둥은 입력 전에 하부메뉴에서 [수직기둥]인지 [경사기둥]인지 선택해야 한다. 본 예제는 여기서 [수직기둥]을 선택한 후 그리드의 교점 등에 클릭하여 그려 넣을 수 있는데, 그려넣기 전에 입력하고자 하는 기둥의 모양과 재질(특성)을 결정해야 한다. 왼쪽에 기둥 특성창이 나타나므로 여기서 원하는 사이즈와 재질의 기둥을 선택한다. 원하는 부재가 없으면 다른 부재입력과 동일하게 패밀리를 로드하거나, 유형을 변경한다. (부록 2 참조)
여기서는 '600×600' 사이즈의 콘크리트 기둥을 선택했다.

## 수직부재 만들기 – 기초기둥 만들기 | Structural Columns

**기초기둥 입력 위치보기**

프로젝트 탐색기 / 구조평면 / 지하기초
구조 / 구조 / 기둥

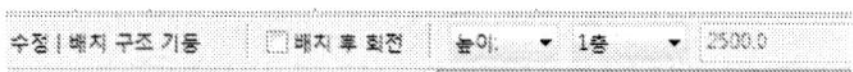

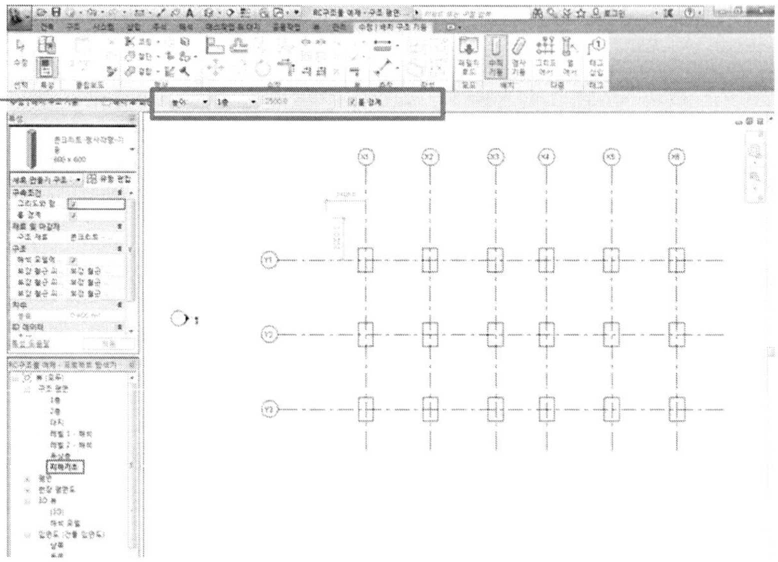

**Tip 옵션바**

실행 중인 명령이나 선택된 요소의 옵션을 설정하게 해주는 입력도구. 어느 명령어나 이 부분을 주의 깊게 살펴보면 입력이 용이해진다.

**기초기둥 만들기**

– 기둥 높이 레벨 입력

기둥을 배치하기 전에 상단의 옵션바에서 기둥의 [높이]를 선택하고 입력할 기둥의 상단이 되는 레벨을 입력한다. 여기서는 '1층' 레벨이 된다. (레빗 스트럭춰에서는 슬래브의 두께를 고려치 않아도 물량계산이 중복되지 않는다고 하고, 별도의 결합작업이 필요 없다고 한다.)

**기초기둥 만들기**

– 구조 / 구조 / 기둥
  └ 배치 / 수직기둥
– 특성창 : 부재 고르기
  └ 그리드 교점에 배치하기

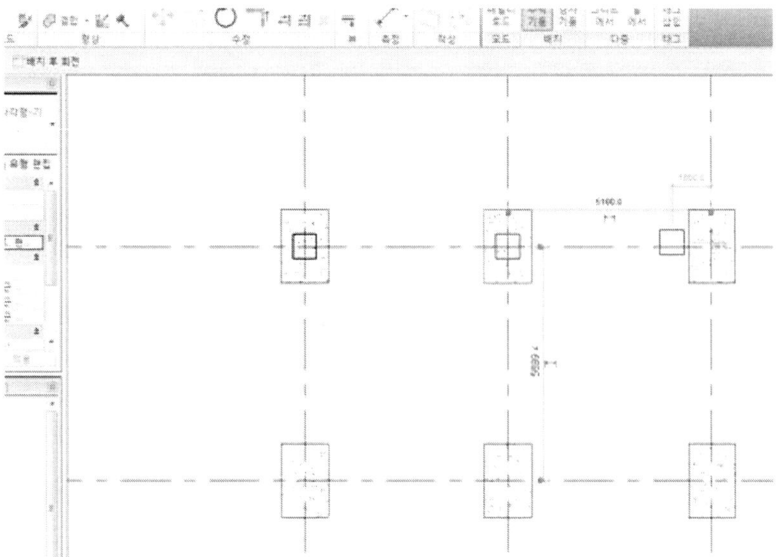

그리드 교차점에서 클릭으로 생성시키거나 또는 [다중 / 그리드]를 클릭한 후 그리드를 하단에서부터 마우스로 드래그하면 교차점에 자동생성 되기도 한다. (부록 2 참조)

## 수평부재 만들기 – 보 만들기 | Structural Framing

기초부의 기둥이나 벽 등, 수직요소를 만들었으면 수직부재에 결합하는 수평부재, 즉 보나 바닥을 만들어 보자. 기둥에 연결되는 1층 바닥보를 만든다.

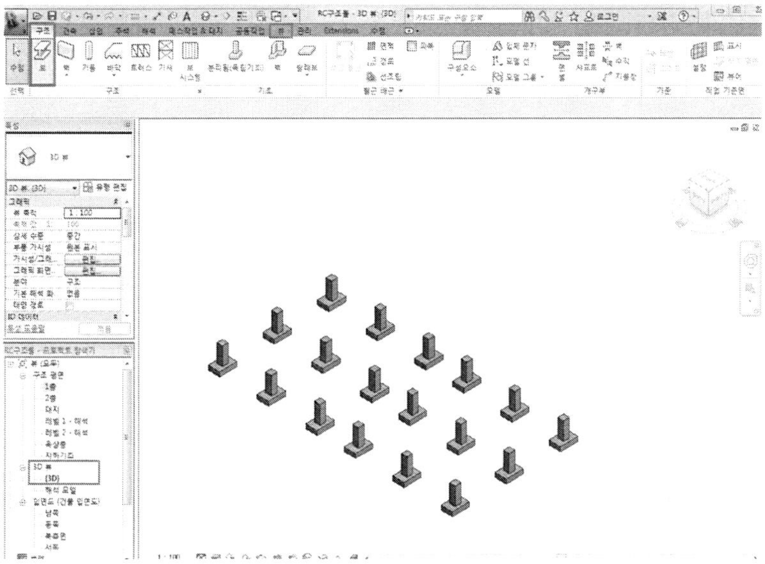

**보 만들기 보기**

프로젝트 탐색기 / 3D 뷰 / 3D

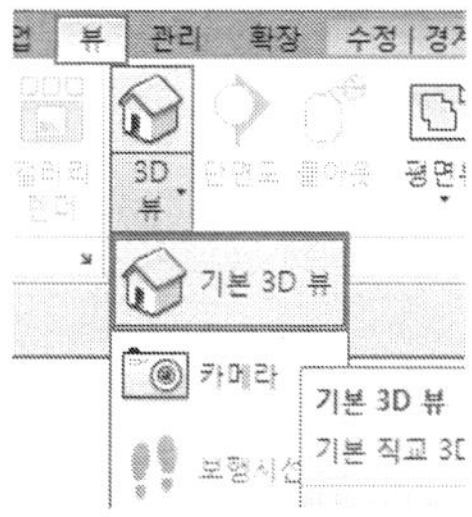


**1층 바닥보 만들기**

– 구조 / 구조 / 보

보는 평면레벨이나 3D 상태에서 그릴 수 있다. 여기서는 3D 창을 열었는데, [프로젝트 탐색기]에 [3D] 도면이 없는 경우에는 새로 생성해야 한다. [뷰 / 작성 / 3D 뷰]를 선택하고 그 하위 메뉴의 [기본 3D 뷰]를 선택한다. 상단의 보 그리기 메뉴를 선택해보았다. 그러면 아래와 같이 하위 메뉴로 바뀌면서 왼쪽에 보 부재 특성창이 나타난다.

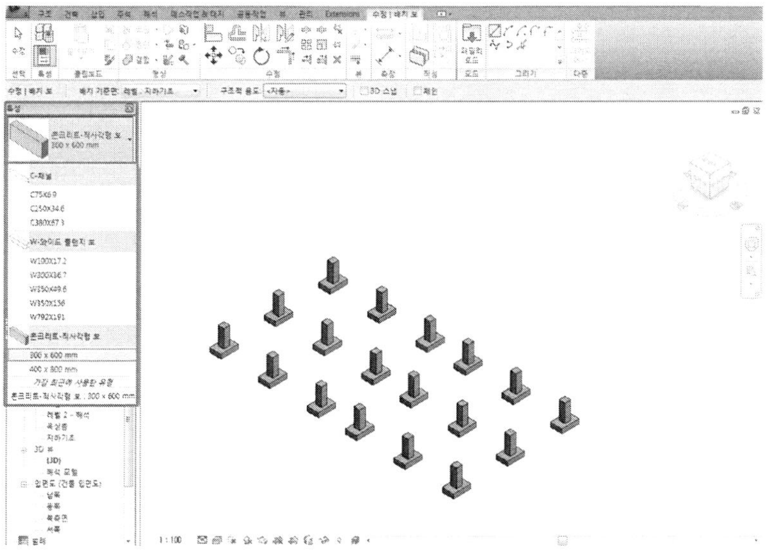

**보 만들기 보기**

프로젝트 탐색기 / 3D 뷰 / 3D
구조 / 구조 / 보

**1층 바닥보 만들기**

– 특성창 : 부재 고르기

'400×600' 단면의 콘크리트 보를 입력하고자 하는데, 현재 왼쪽 특성창에서 원하는 사이즈의 보가 없다. 그러면 동일한 유형의(다른 특성은 동일한데 사이즈만 다른) 패밀리[콘크리트 직사각형 보 300×600]를 선택한 후, [유형편집]에서 원하는 보 부재로 바꿔 입력한다.
아예 유사한 유형이 탐색창에 없을 수도 있는데, 그러면 원하는 유형의 패밀리를 새로 불러와야 한다. (부록 2 참조)

## 수평부재 만들기 – 보 만들기 | Structural Columns

**보 만들기 보기**

프로젝트 탐색기 / 3D 뷰 / 3D
구조 / 구조 / 보
특성창 / 유형편집

**보 만들기**

– 특성창 / 유형편집
 └ 복제 또는 이름 바꾸기

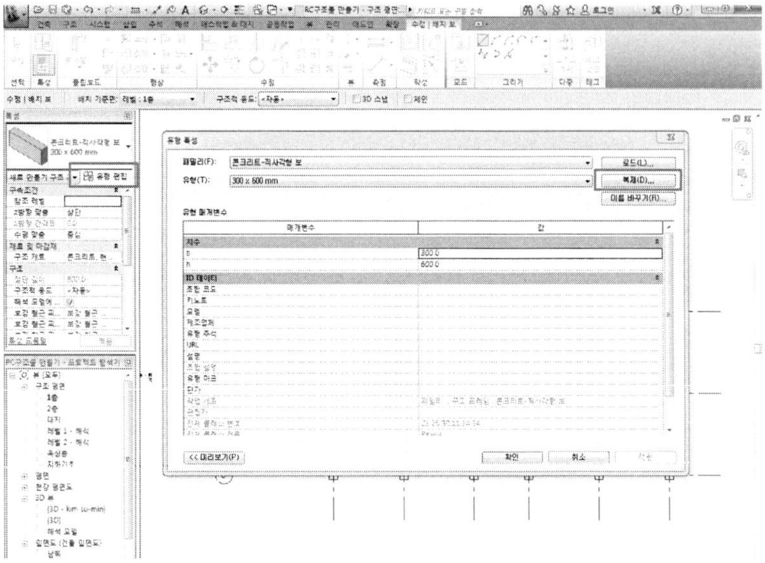

원하는 400×600 보패밀리를 만들기 위해 유사 유형인 [콘크리트직사각형 보 300×600]패밀리를 선택한 후 상단의 [유형편집]을 누르면 위와 같은 [유형특성] 창이 뜨면서 유형을 새로 만들거나 변경할 수 있게 해준다. 여기서 새 유형으로 복제를 선택해보자.

**보 만들기 보기**

구조 / 구조 / 보
특성창 / 유형편집 / 복제

**보 만들기**

– 특성창 / 유형편집
 └ 복제 또는 이름 바꾸기
  └ 치수나 이름 변경

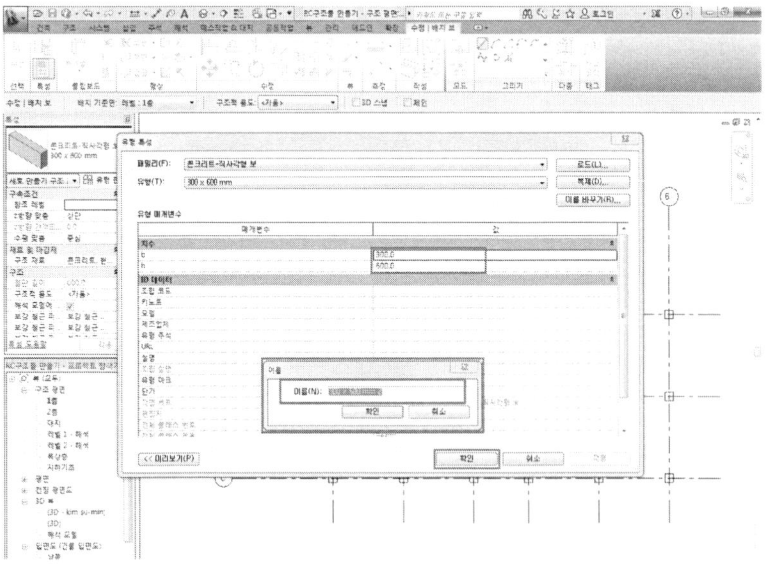

이름창에 원하는 패밀리 유형이름을 결정해 써주고, 사이즈 매개변수 값 b를 '400'으로 변경해, 원하는 '400×600' 콘크리트 보 패밀리를 마련한다. 복제해 새 패밀리를 만들지 않고 경우에 따라서는 [이름바꾸기]로 현재의 패밀리의 이름과 속성을 변경하는 것도 가능하다. (이러한 부재입력 방법은 거의 모든 부재에서 동일한 방식이므로 부록2를 참조한다.)

## 수평부재 만들기 – 보 만들기 | Structural Framing

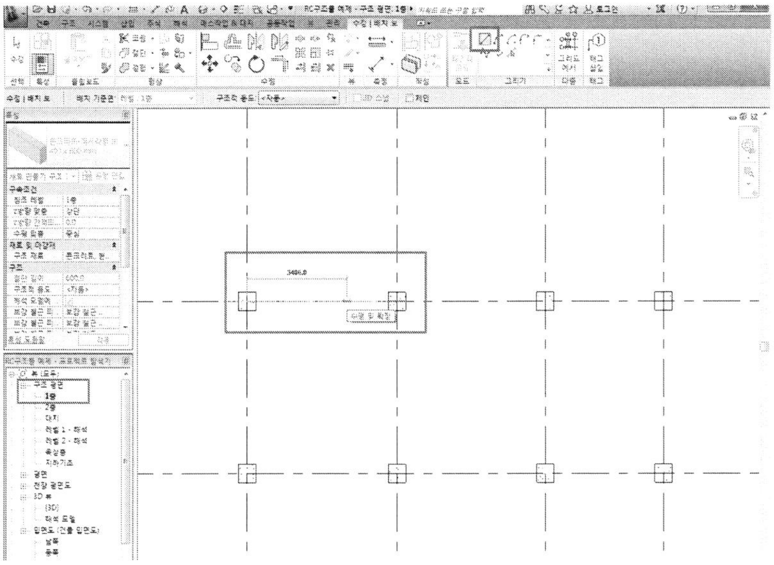

**보 만들기 보기**

프로젝트 탐색기 / 구조평면 / 1층
구조 / 구조 / 보

1층 레벨에 있는 보를 그려넣고자 프로젝트 탐색기에서 1층 창을 열었다. 이전에 변경한 '400×600'의 보가 선택되어 있는 것이 왼편에 보인다.
상단 오른쪽에 있는 [선그리기 ▱]를 선택한 후 보가 위치한 시작점과 끝점을 선택한다. 그리드 교점을 직접 클릭하여 원하는 위치에 보를 그릴 수 있다.

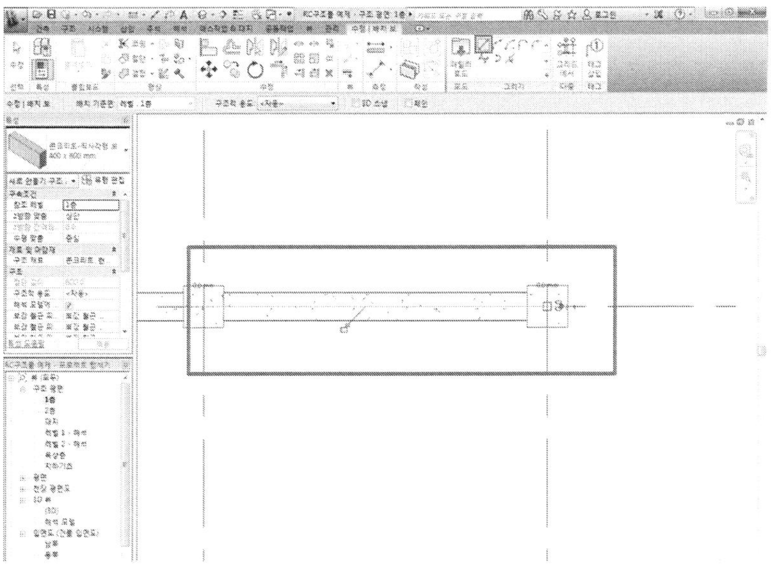

**보 만들기**

– 구조 / 구조 / 보
└ 그리드 교점에 배치하기

이때 각 기둥의 외측선이 아닌 중심선을 선택하는 것이 중요하다. 왜냐하면 기둥의 중심선과 보의 중심이 연결되어야 해석프로그램으로 모델을 보냈을 때 기둥과 보가 연결되기 때문이다. 그리드 선을 이용해 자동으로 입력할 수도 있고, 하나의 열에 보를 입력한 후 복사해서 여러 열의 보를 그릴 수도 있다.

## 수평부재 만들기 – 보 만들기 | Structural Framing

**보 그리기 보기**

프로젝트 탐색기 / 구조평면 / 1층
구조 / 구조 / 보

**그리드 이용해 보 그리기**

- 구조 / 구조 / 보
  - └ 수정 | 배치 보 / 다중 / 그리드에서
    - └ 마우스로 그리드 선택

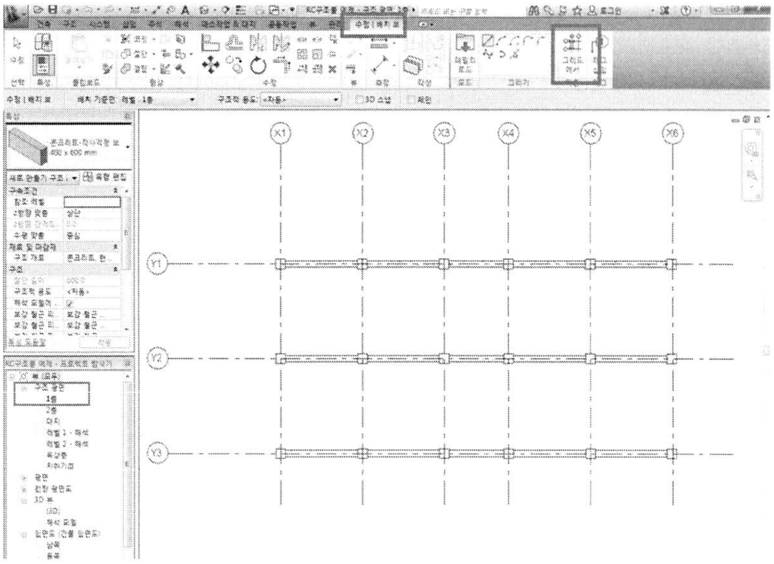

직접 그려넣기 외에도 그리드를 선택해서 보를 한 번에 입력하는 방법도 있는데, 상부의 메뉴에서 [그리드에서]를 선택하고 보를 입력하고 싶은 그리드를 오른쪽에서부터 드래그해 선택한다. 그리드의 색상이 파랗게 변하는 것을 확인할 수 있다.

**보 그리기 보기**

프로젝트 탐색기 / 구조평면 / 1층
구조 / 구조 / 보

**그리드 이용해 보 그리기**

- 구조 / 구조 / 보
  - └ 수정 | 배치 보 / 다중 / 그리드에서
    - └ 그리드 선택 후 완료버튼

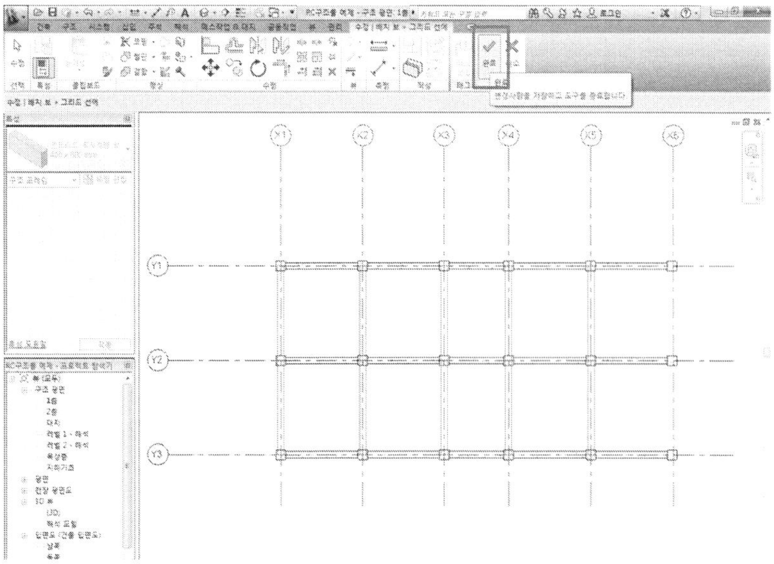

상단에 있는 완료버튼을 누르면 선택했던 그리드에 보가 생성된 것을 확인할 수 있다.

## 수평부재 만들기 – 보 만들기 | Structural Framing

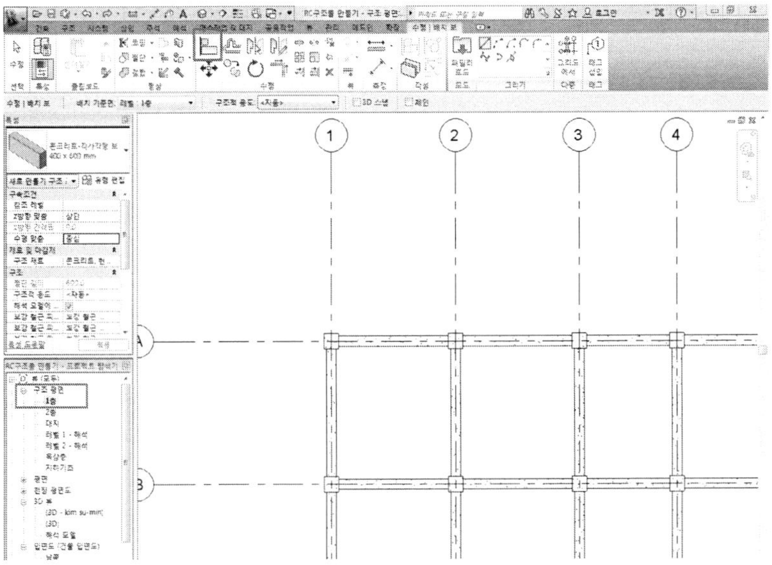

**1층 바닥보 보기**

프로젝트 탐색기 / 구조평면 / 1층

중심선에 배치된 보는 보폭의 길이가 기둥변의 길이보다 작을 경우 보의 외측면이 기둥면과 일치되지 않는다. 그러나 실제 건축되는 기둥과 외측보는 외측면을 동일하게 하는 경우가 많기 때문에, 경우에 따라서는 [정렬] 명령어를 이용해 기둥 끝선에 보 측면을 맞춰주는 작업이 필요하다.

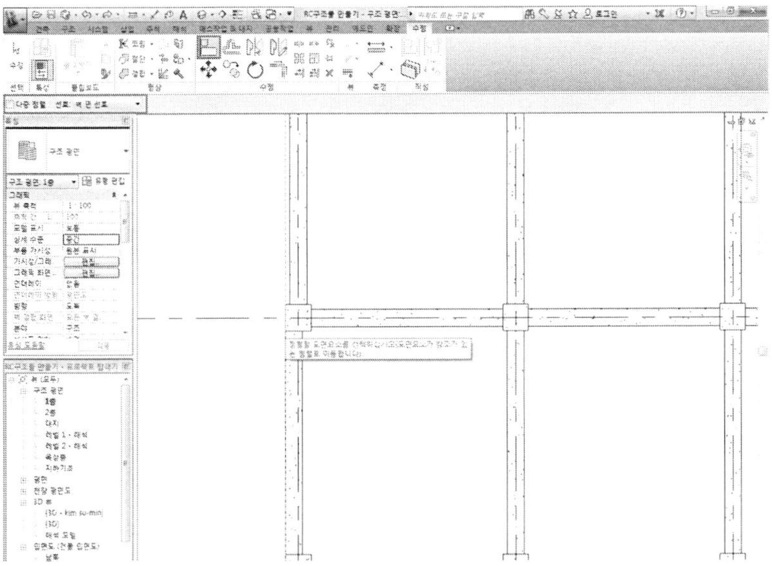

**Tip 다중정렬**

[정렬] 명령어를 이용할 때 상단의 옵션바의 [다중정렬]을 활용하면, 하나의 기준에 여러 개의 개체를 정렬할 수 있다.

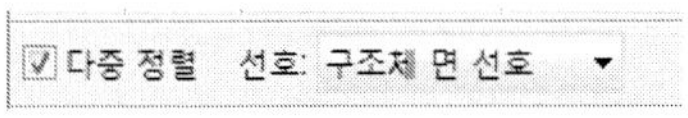


**가장자리 보 정렬하기**

– 구조 / 구조 / 보

└ 수정 / 수정 / 정렬

[정렬] 명령어를 클릭하고 정렬의 기준이 되는 기둥면을 먼저 클릭한 후, 그곳에 맞추고자 하는 보를 선택한다.

## 수평부재 만들기 – 보 만들기 | Structural Framing

### 1층 바닥보 모델 확인

프로젝트 탐색기 / 3D 뷰 / 3D

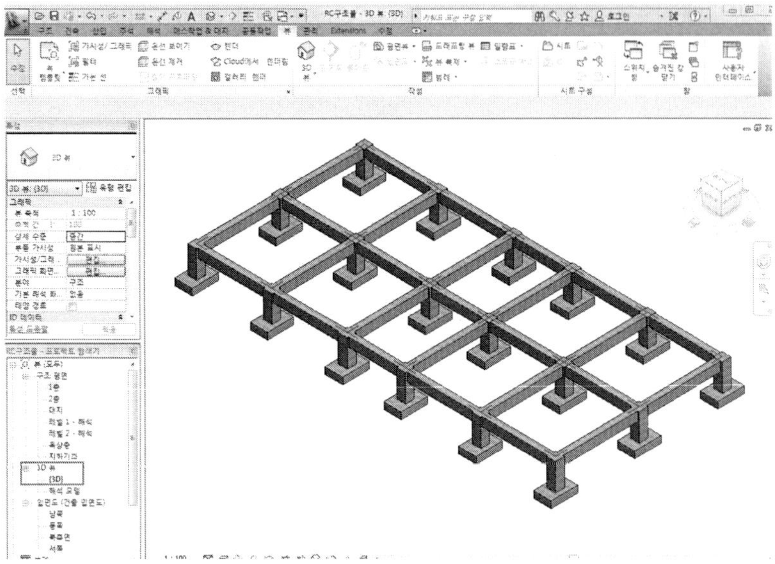

지금까지의 작업으로 1층 바닥보까지 입력된 모델을 [3D] 뷰를 통해 확인해 본다.

### 1층 구조의 해석선 확인

프로젝트 탐색기 / 3D 뷰 / 3D

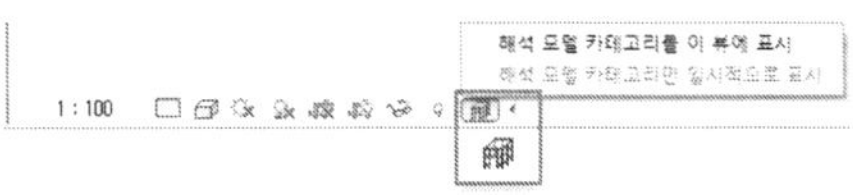


**해석선 표시 활성화**

– 하부 옵션바
└ 해석모델 카테고리를 이 뷰에 표시

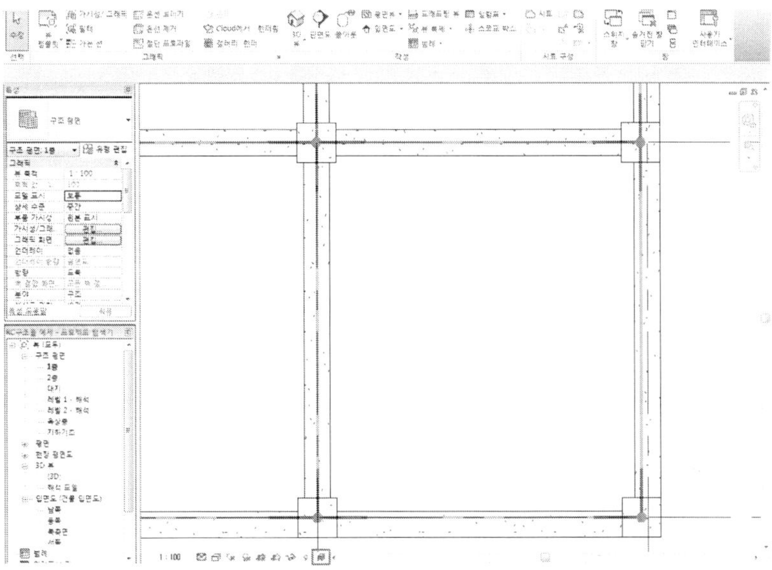

실은 보이는 골조의 모습과 달리 구조해석용 모델은 각 절점과 속성가진 해석선으로 간략화된다. 그래서 레빗에서는 해석모델을 실제 골조모습 안에 함께 보이게 할 수도 있고, 단독으로 해석모델만 보이게 할 수도 있다. 하단의 아이콘 중에 뷰를 조절하는 기능이 있다.

## 수평부재 만들기 – 바닥 만들기 | Floor Slabs

보를 모델링하였으니, 이번에는 보 위에 철근콘크리트 1층 바닥판을 만든다.

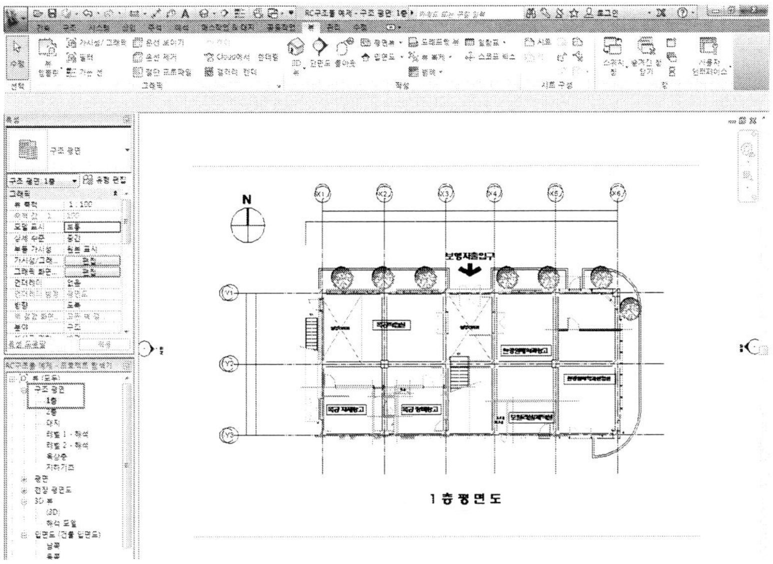

**1층 바닥 만들기 보기**

프로젝트 탐색기 / 구조평면 / 1층
가시성설정 / 캐드화일 체크

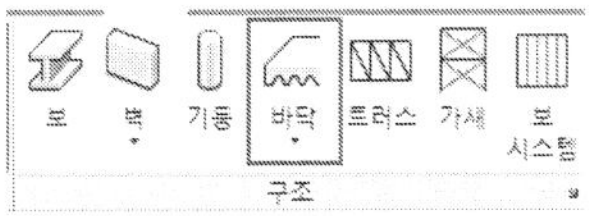


**바닥 만들기**

– 구조 / 구조 / 바닥 / 바닥 : 구조

바닥도 역시 평면 레벨이나 3D 상태에서 그릴 수 있다. 여기서는 1층 레벨을 선택하고, 바닥의 위치를 참조하기 위해 다시 캐드도면을 불러와 보이게 한 후, [바닥 / 바닥 : 구조] 명령어를 선택해 바닥 그리기를 시작했다.

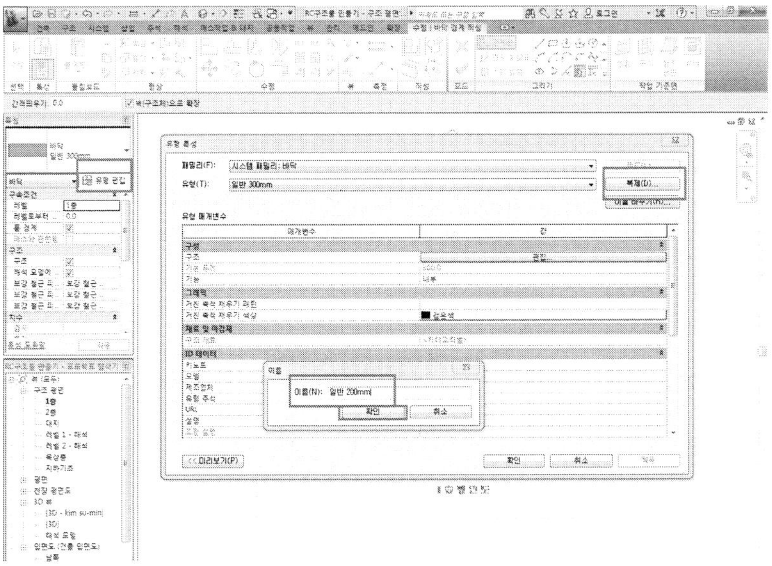

**바닥 만들기**

– 특성창 / 유형 편집
 └ 복제 또는 이름 바꾸기
  └ 이름 변경

명령어를 선택하면 위와 같이 왼편 특성창에 바닥부재가 등장한다. 기본형으로 [바닥 일반 300mm] 패밀리가 있는데, 이를 이용해 두께 200mm의 콘크리트 슬래브를 입력하고자 한다. 보나 기둥에서처럼 [유형편집]을 누르고, [복제]를 선택한 후 '일반 200mm'으로 변경해 새 유형을 만든다.

## 수평부재 만들기 – 바닥 만들기 | Floor Slabs

**바닥유형 편집보기**

구조 / 구조 / 바닥 / 바닥 : 구조
특성창 / 유형편집
└ 복제 또는 이름 바꾸기

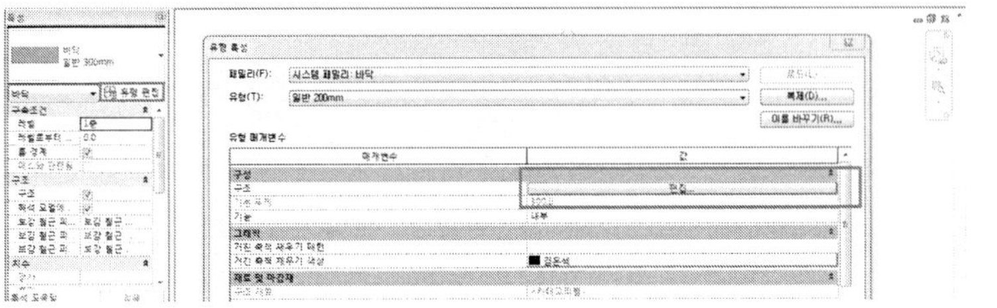

**바닥유형 변경하기**

– 특성창 / 유형편집
└ 매개변수 값 수정
└ 확인

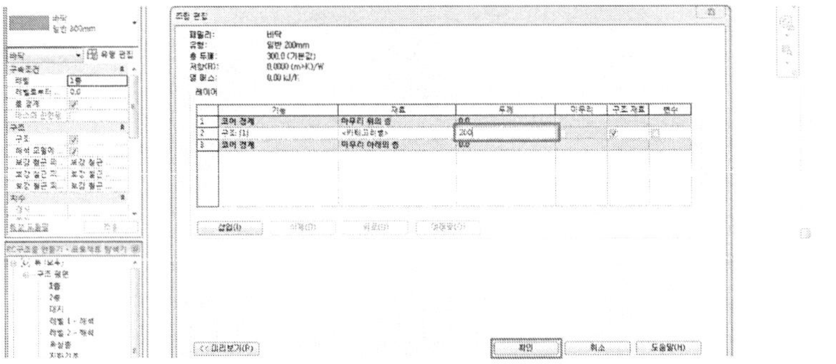

새 유형의 이름을 변경하였으면 슬래브 바닥판 두께를 원하는 200으로 변경한다. [유형특성] 창의 매개변수 [구조]의 [편집]을 누르면 윗 화면과 같이 두께를 수정할 수 있는 표가 나온다. 여기서 '200'으로 수정해 새로운 유형 '바닥 일반 200mm'라는 새 유형을 만들어 사용한다.

**바닥 만들기 보기**

구조 / 구조 / 바닥 / 바닥 : 구조

**바닥 그리기**

– 구조 / 구조 / 바닥 / 바닥 : 구조
└ 수정 | 바닥경계 작성 / 그리기
└ 바닥경계 그린 후 완료

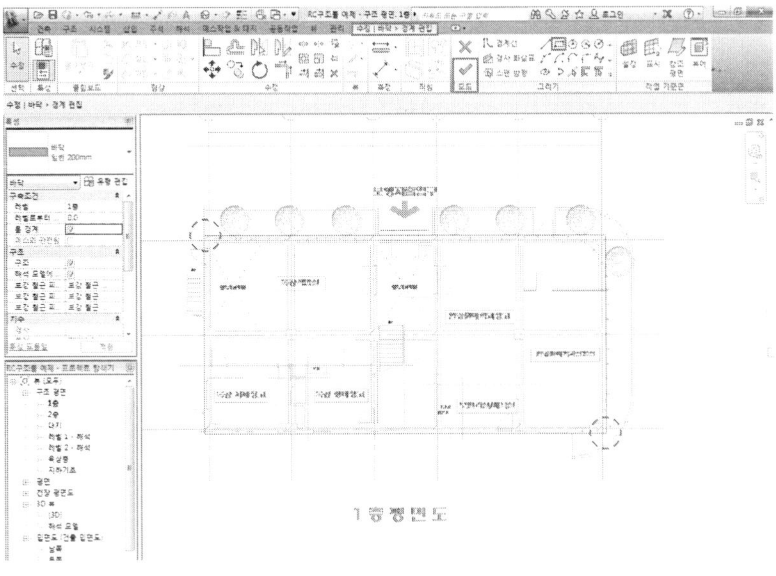

상단에 하위 리본메뉴에 있는 [그리기]의 타입 중에 적당한 명령어를 선택해 바닥의 가장자리 경계를 그린다. 여기서는 사각형의 두 점을 클릭해 정의하는 모양 ▭ 을 선택하고 캐드도면을 참조해 두 꼭지점을 찍어 그렸다. 바닥경계 그리기를 완료한 후에는 상단에 있는 메뉴 탭의 모드에서 [완료✔]를 선택해 완료한다.

## 수평부재 만들기 – 바닥 만들기 | Floor Slabs

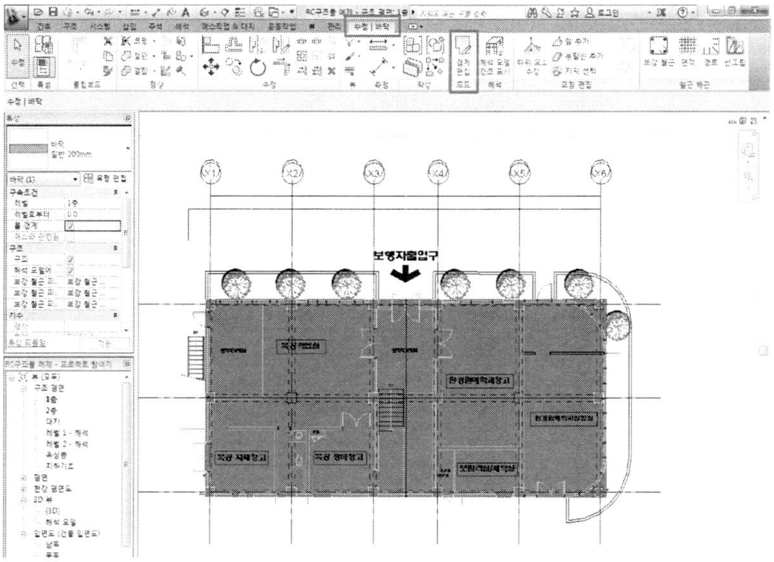

**1층 바닥 만들기 보기**

프로젝트 탐색기 / 구조평면 / 1층

직사각형의 콘크리트 슬래브가 완성된 것을 볼 수 있다.
그런데 이 건축물은 오른쪽 측면의 슬래브 형상이 곡면으로 계획되어 있어 슬래브 형상을 곡선으로 변경하고자 한다. 상단의 [경계편집] 메뉴를 이용하여 모서리를 곡선형상으로 모델링한다.

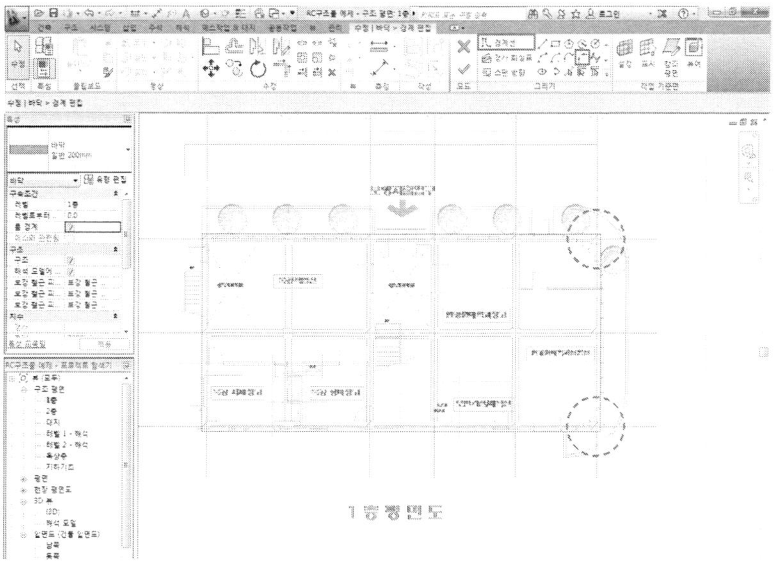

**바닥 형상 수정하기**

– 구조 / 구조 / 바닥 / 바닥:구조
└ 수정 | 바닥 경계편집 / 경계선
└ 선택 후 곡면 모델링

경계선을 선택하고 우측의 툴박스에서 모깎기 호를 선택한다.

## 수평부재 만들기 – 바닥 만들기 | Floor Slabs

**1층 바닥 만들기 보기**

프로젝트 탐색기 / 구조평면 / 1층
구조 / 구조 / 바닥 / 바닥 : 구조
└ 수정 | 바닥 경계편집 / 경계선

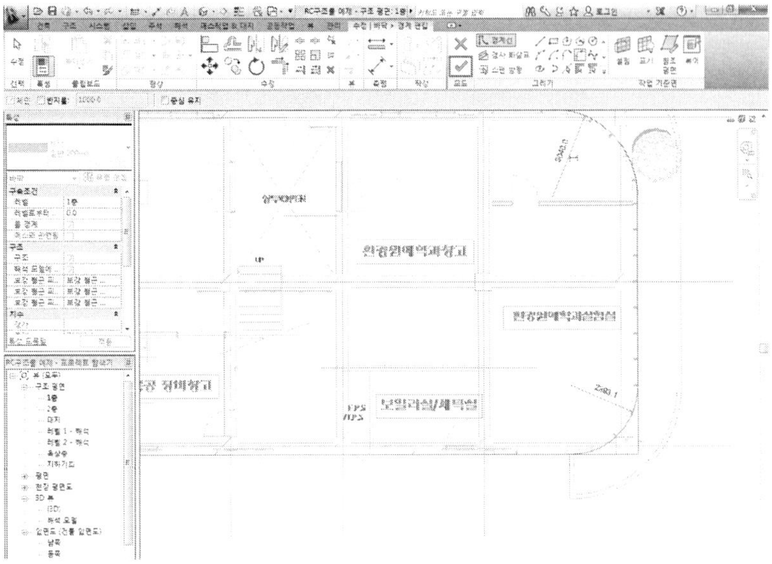

| 모깎기를 원하는 모서리를 선택한 후 도면의 형상에 맞게 곡면을 형성한다.

**바닥 형상 수정하기**

– 구조 / 구조 / 바닥 / 바닥:구조
└ 수정 | 바닥 경계편집 / 경계선
└ 선택 후 곡면 모델링
└ 완료

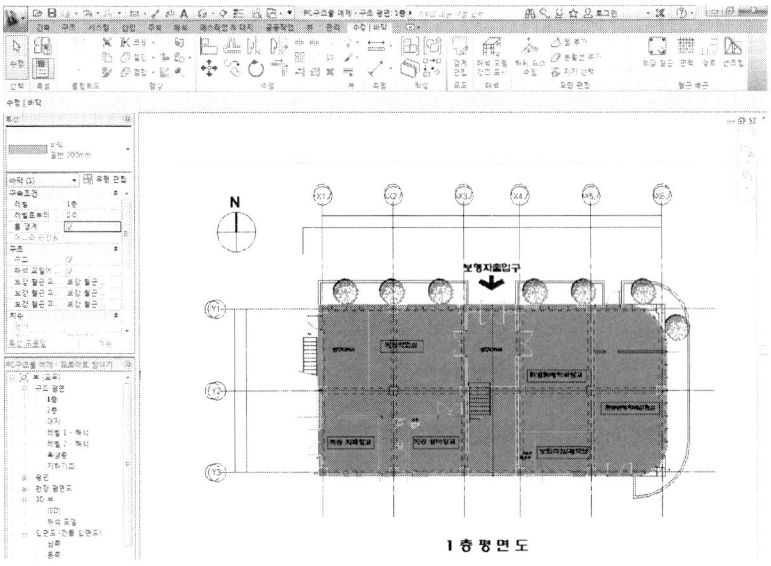

| [완료] 버튼을 누르면 작성된 1층 바닥 슬래브가 푸른색으로 표시된다.

## 1층 기둥 만들기 | Structural Columns

작성한 하부구조 위에 1층 상부구조체를 모델링한다. 먼저 1층 기둥을 모델링하고자 하는데, 여기서는 기초기둥과 마찬가지로 1층 평면도를 기준으로 하여 기둥위치를 찾아 입력하는 방법으로 모델링해보기로 한다.

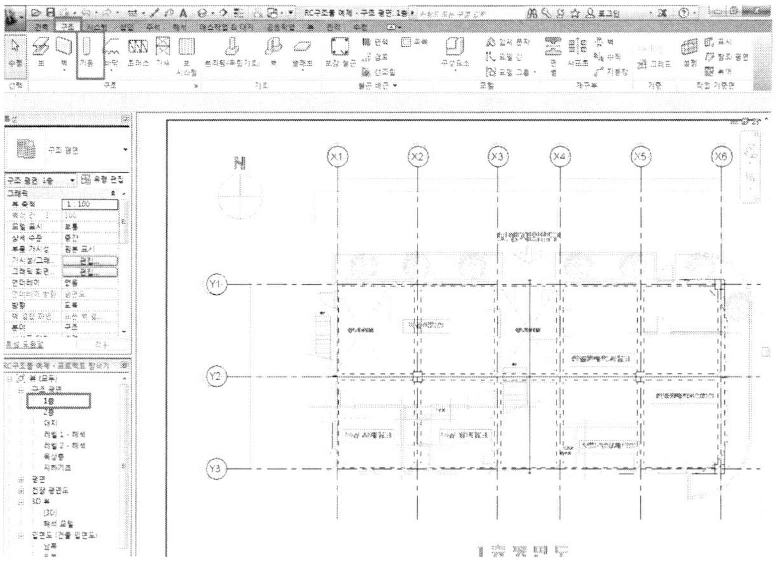

**1층 기둥 입력 위치 보기**

프로젝트 탐색기 / 구조평면 / 1층
가시성 설정
└, 1층 평면도 체크

**1층 기둥 만들기**

– 구조 / 구조 / 기둥

화면과 같이 1층 레벨 평면뷰를 열고 가시성설정을 통해 기준이 되는 캐드 평면도를 보이게 한다. 그리고 여기서 기초기둥 작성과 마찬가지로 [구조 / 구조 / 기둥] 메뉴를 이용해 모델링한다.

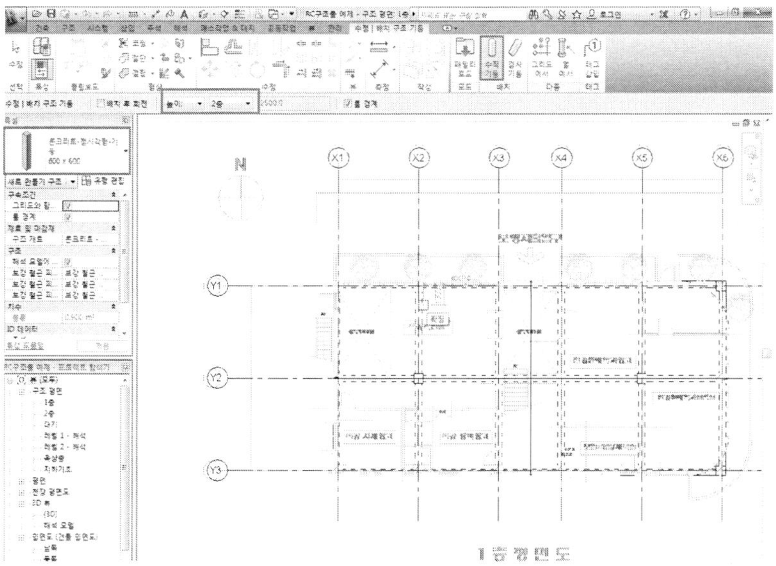

**1층 기둥 만들기**

프로젝트 탐색기 / 구조평면 / 1층
구조 / 구조 / 기둥

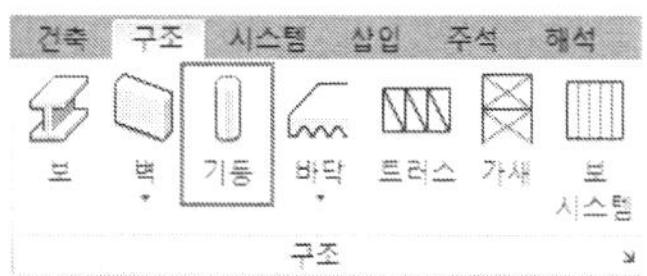


**1층 기둥 만들기**

– 수정 | 배치구조기둥 / 배치 / 수직기둥
└, 옵션바에서 높이 조정

하부메뉴에서 [수직기둥]을 선택하고 왼편의 특성창에서 '600×600'의 정사각형 콘크리트 기둥이 선택된 것을 확인한다. 입력하는 기둥높이를 결정하기 위해서는 상단의 옵션바에서 [깊이] 혹은 [높이]를 설정하는데, 현재 입력하는 위치가 1층 레벨이고 이 레벨로부터 높이 세워지는 기둥을 입력할 것이므로 [높이]를 선택해 기둥의 상단이 연결될 '2층' 레벨을 선택해준다.

# 1층 기둥 만들기 | Structural Columns

**1층 기둥 만들기**

프로젝트 탐색기 / 구조평면 / 1층
구조 / 구조 / 기둥

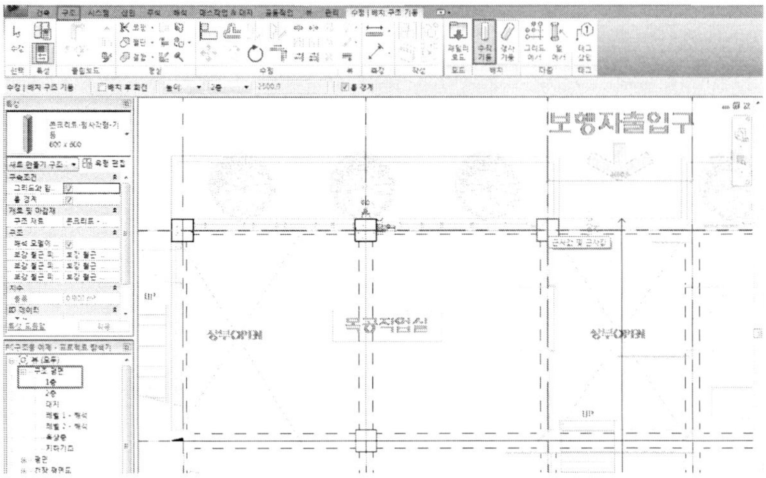

**1층 기둥 만들기**

- 수정 | 배치구조기둥 / 배치 / 수직기둥
  └ 위치에 기둥 입력

설정된 기둥부재를 원하는 위치에 입력해보자. 아래의 캐드도면을 참조해 1층 기둥 위치에 입력해 나간다.

**원형기둥 패밀리 불러오기**

- 삽입 / 라이브러리에서 로드 / 패밀리로드

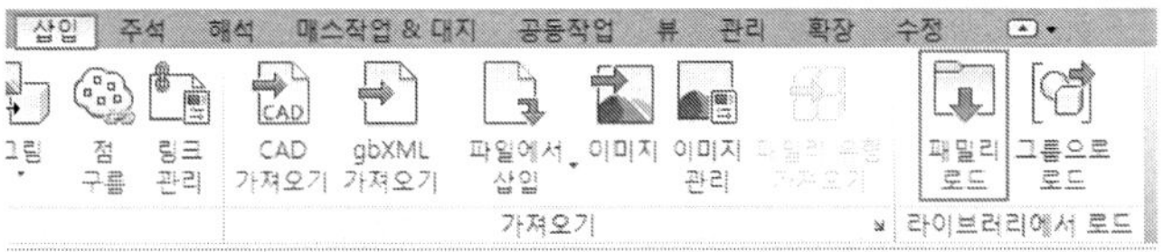


오른쪽에는 원형기둥이 모델링되어야 하는데, 현재 불러져 있는 기둥유형 중에는 원형기둥이 없다. 이럴 때는 [삽입 / 패밀리로드] 메뉴를 이용해 원형기둥 패밀리를 새로 불러와야 한다.

**원형기둥 패밀리 불러오기**

- 삽입 / 패밀리로드
  └ 구조폴더 선택

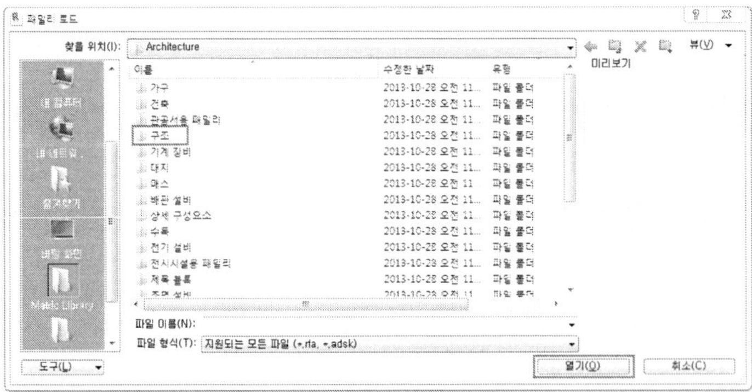

구조부재를 선택하는 것이므로 여기서 [구조] 폴더를 선택한다.

**원형기둥 패밀리 불러오기**

- 삽입 / 패밀리로드
  └ 구조폴더 선택
    └ 기둥폴더 선택

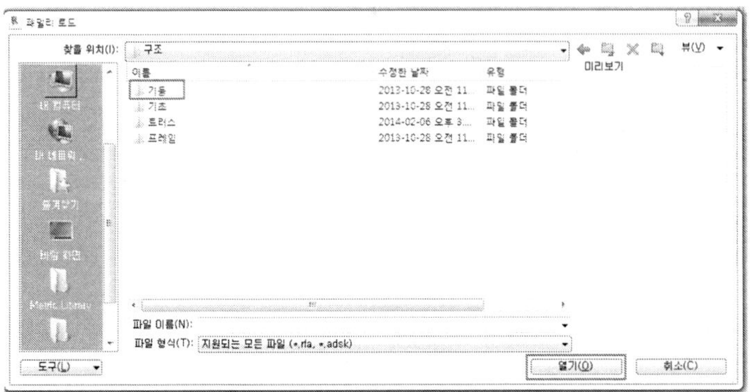

[기둥] 폴더를 선택한다. 부재성격에 맞는 카테고리를 지키는 것이 중요하다.

## 1층 기둥 만들기 | Structural Columns

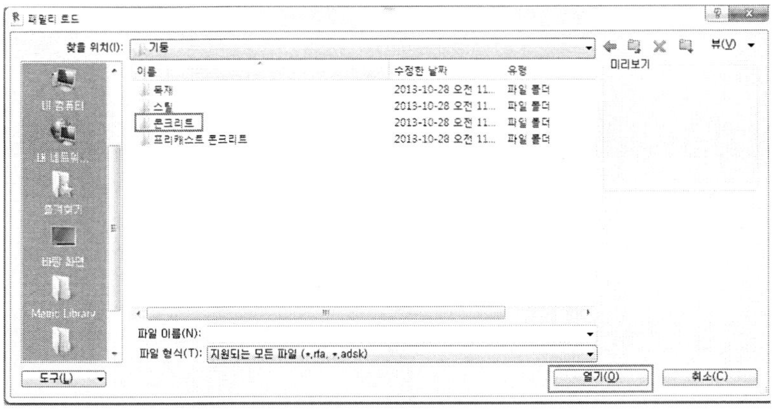


원형기둥 패밀리 불러오기

- 삽입 / 패밀리로드
  - └, 구조폴더 선택
    - └, 기둥폴더 선택
      - └, 콘크리트폴더 선택

원하는 재료가 콘크리트이므로 [콘크리트] 폴더를 클릭한다.

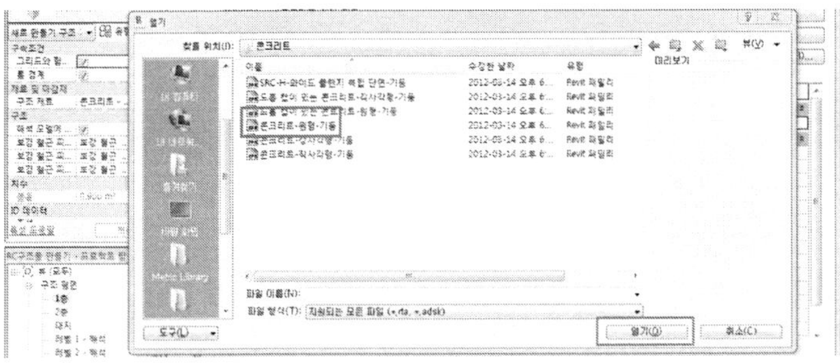

패밀리가 있는 폴더 중 [구조 / 기둥 / 콘크리트] 폴더를 찾아가면 레빗프로그램에 기본으로 제공된 [콘크리트-원형-기둥] 패밀리를 찾아 로드할 수 있다.

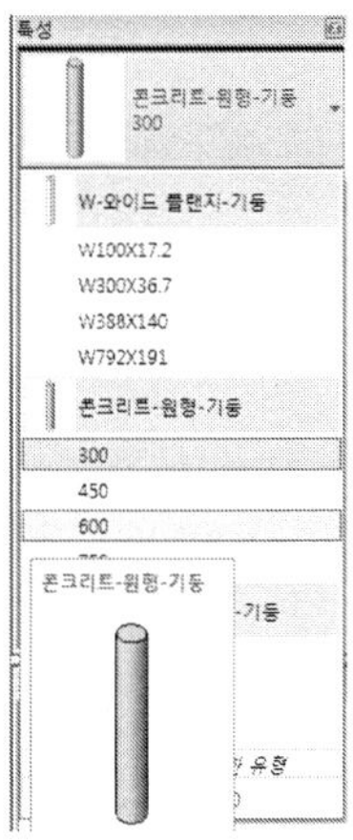


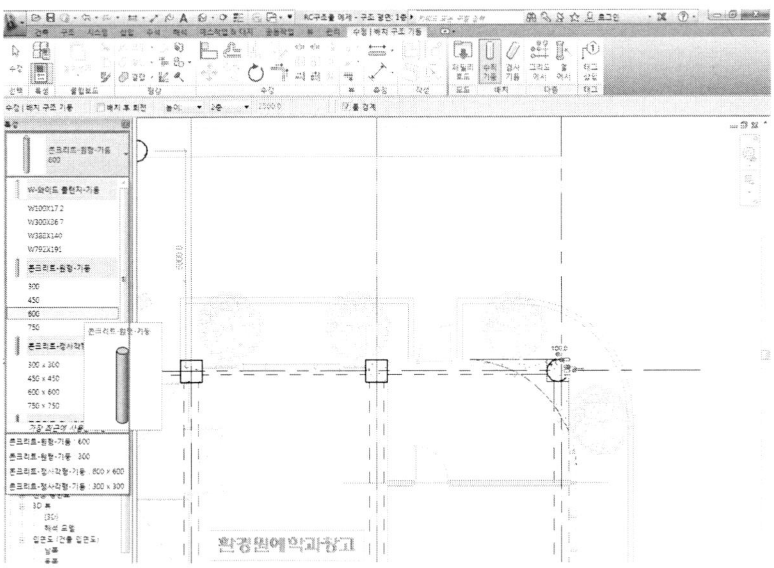

1층 원형기둥 만들기

- 구조 / 구조 / 기둥
  - └, 배치 / 수직기둥
- 특성창 : 부재고르기
  - └, 위치에 입력하기

패밀리를 로드하면 왼쪽 특성창에 로드한 원형기둥이 나타난다. 여기서 원하는 기둥직경 '600'을 선택한다. 만약 원하는 기둥지름이 존재하지 않을 경우는 [유형편집]을 이용해 새로운 유형을 만든다. 특성창에서 원하는 원형기둥으로 바뀐 것을 확인하고 평면상에서 원하는 곳에 모델링한다.

## 2층 바닥보 만들기 | Structural Framing

완성한 1층 기둥 위로 2층 바닥보가 얹어지게 된다. 2층 바닥보는 2층 레벨에 위치시키는데, 입력방법은 1층 바닥보와 거의 유사하다.

**평면 보기**

프로젝트 탐색기 / 구조평면 / 2층

**도면 삽입하기**

- 삽입 / CAD 가져오기(활성창 형성)
  - ㄴ 하부 옵션 조정
    - ㄴ 도면 선택 후 확인

2층바닥의 보나 슬래브를 입력하기 위해서는 2층 평면도를 참조할 필요가 있다. 그래서 1층과 동일하게 2층 캐드파일을 불러 삽입해 참고하고자 한다. 먼저 프로젝트 탐색기에서 2층을 선택한다.
[삽입 / CAD 가져오기] 메뉴를 선택하고, 활성창 하단에서 [색상 : 유지], [레이어/레벨 : 모두], [단위 : 밀리미터], [위치 : 자동-중심 대 중심], [배치 위치 : 2층]을 선택해 2층 평면도를 불러들인다.

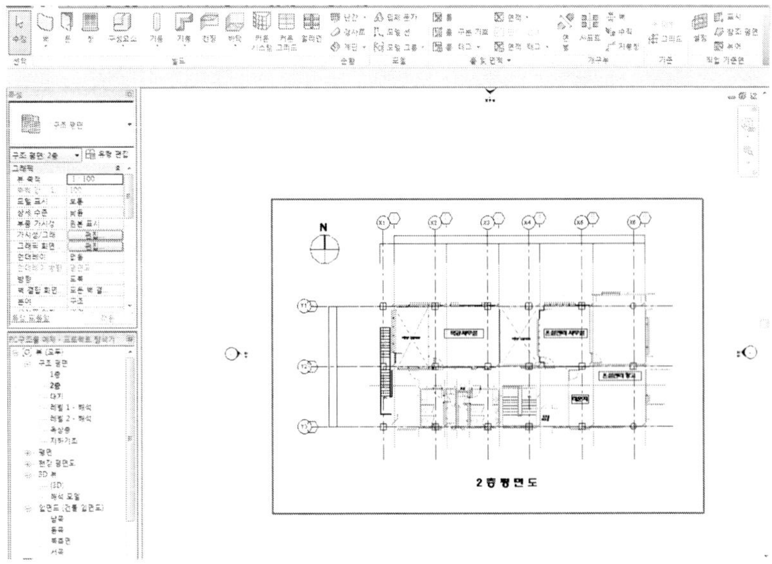

다음과 같이 2층 캐드 도면이 불러진 같을 확인할 수 있다. 만약 그리드가 일치하지 않으면 [수정] 탭에서 이동을 통하여 그리드를 일치시킨다.

## 2층 바닥보 만들기 | Structural Framing

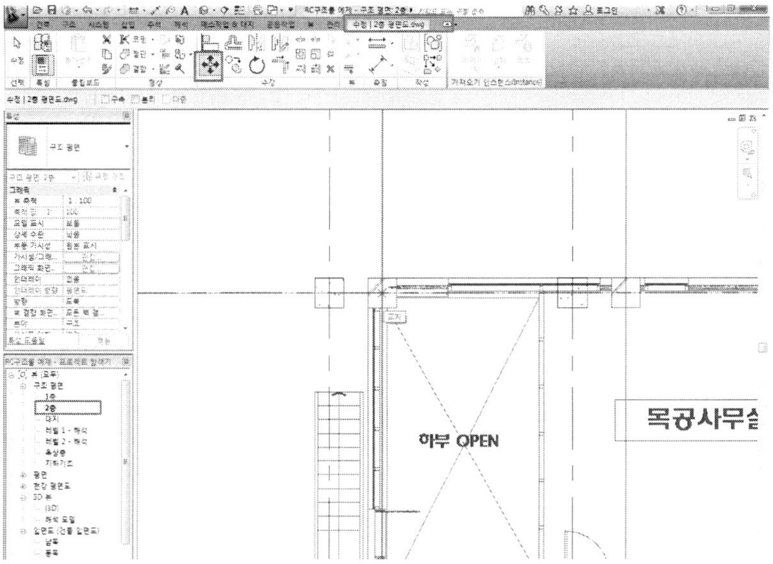

기존에 그려놓았던 그리드와 어긋나 있는 부분이 있다면, 불러온 캐드 도면을 선택한 후(파란색으로 변함) [이동] 기호를 선택해 그리드에 맞추어 이동시킨다.

**평면 보기**

프로젝트 탐색기 / 구조평면 / 2층
삽입 / CAD 가져오기
└, 삽입된 2층 평면도 선택

**도면 이동하기**

– 수정 | 2층 평면도.dwg
└, '이동'기호
└, 도면 선택 후 이동

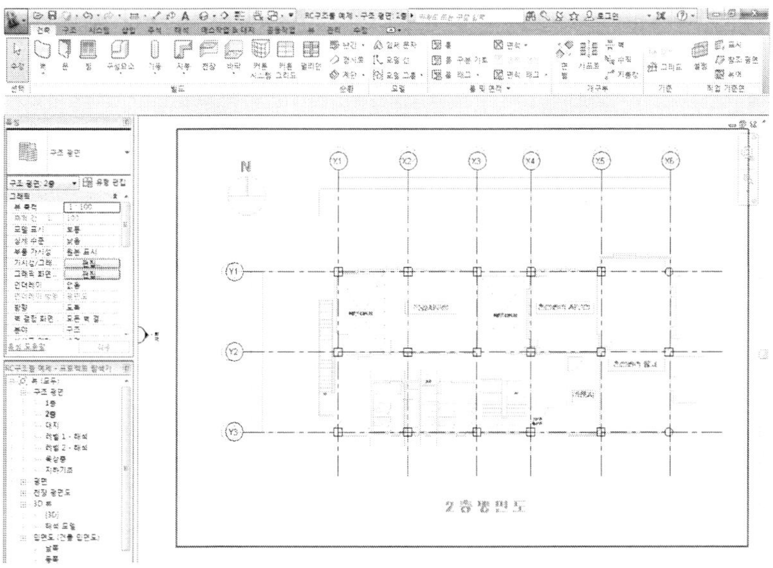

2층 평면도 캐드화일이 삽입되어 보여지고 있는 모습.

**삽입된 평면 보기**

프로젝트 탐색기 / 구조평면 / 2층

## 2층 바닥보 만들기 | Structural Framing

**평면 보기**

프로젝트 탐색기 / 구조평면 / 2층

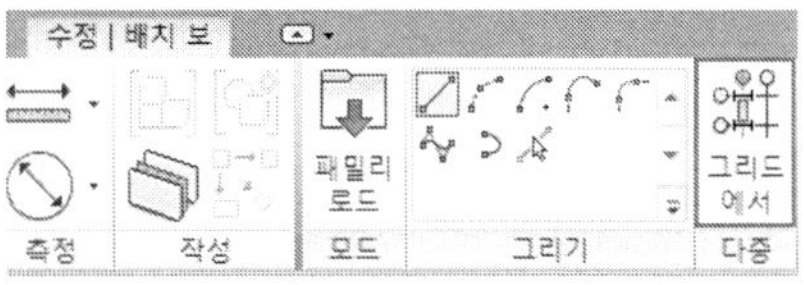


**2층 바닥보 만들기**

- 구조 / 구조 / 보
  ㄴ 수정 | 배치 / 다중 / 그리드에서

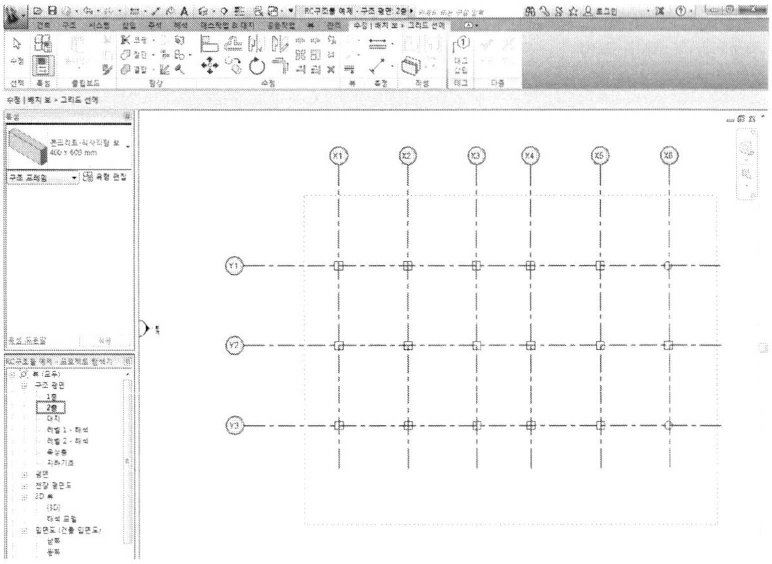

1층 바닥에서 입력했던 것처럼 [그리드에서]를 이용해 그리드를 선택해 한 번에 여러 보를 그리는 방법으로 보를 입력한다. 보를 그릴 때 삽입된 2층평면도가 필요없을 때는 가시성 설정의 조정을 통해 안 보이게 해둘 수도 있다. 완료버튼을 누르면 2층 바닥보가 그리드를 따라 완성된 것을 볼 수 있다.

**가장자리 보 정렬하기**

- 구조 / 구조 / 보
  ㄴ 수정 / 수정 / 정렬

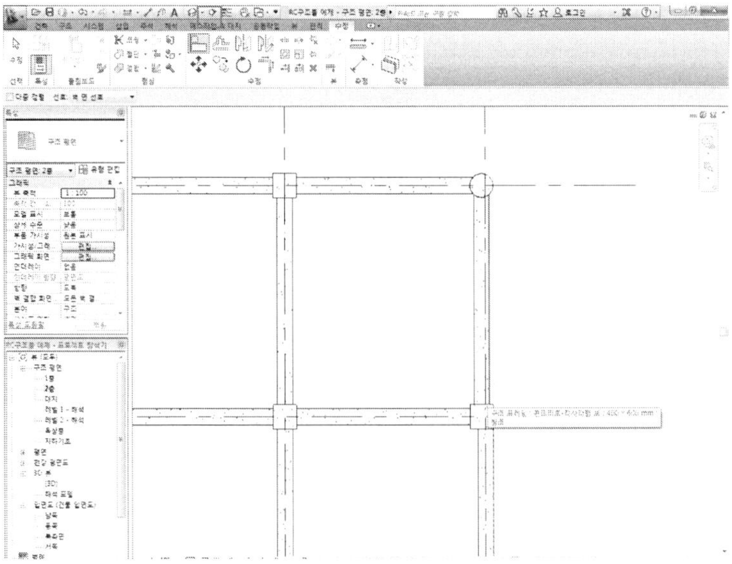

2층 바닥 보 또한 기둥외측선에 맞추어 정렬할 필요가 있다.
상단의 [정렬] 메뉴를 이용하여 가장자리 보 위치를 정렬한다. 정렬시킬 기준면을 먼저 클릭하고, 맞추고자 하는 보를 클릭한다.

## 2층 바닥슬래브 만들기 | Floor Slabs

2층 바닥보를 완성한 후 그 위에 위치하는 2층 바닥 슬래브를 모델링한다. 이미 삽입하여 준비해 둔 2층 평면도를 참고하여 모델링을 실시한다.

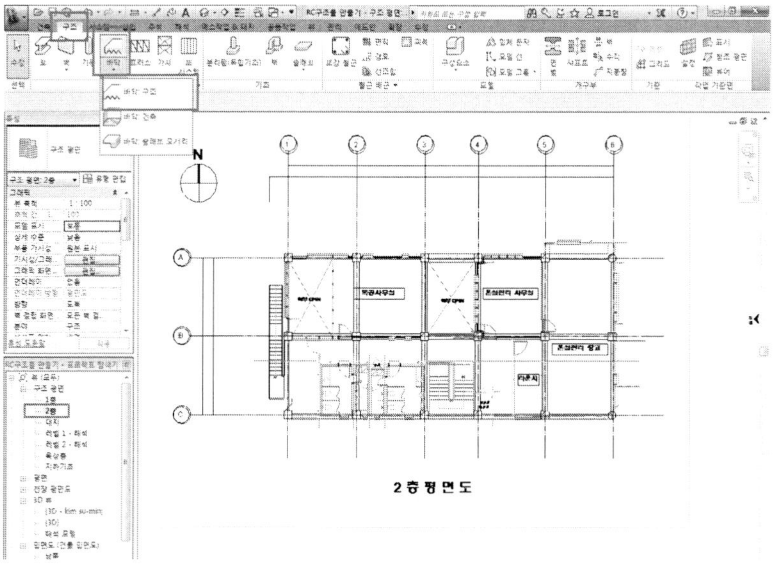


**2층바닥 만들기 보기**

프로젝트 탐색기 / 구조평면 / 2층
가시성 설정
└, 2층 평면도 체크

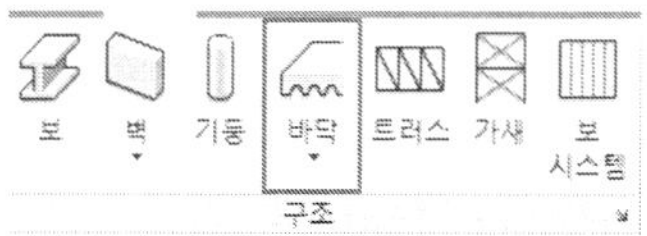


**바닥 만들기**

– 구조 / 구조 / 바닥 / 바닥 : 구조

슬래브를 모델링하기 위하여 다시 2층 평면도를 참조할 수 있도록 가시성 설정을 조정하였다.
그리고 [구조 / 구조 / 바닥 / 바닥 : 구조]를 선택해 슬래브를 입력한다.

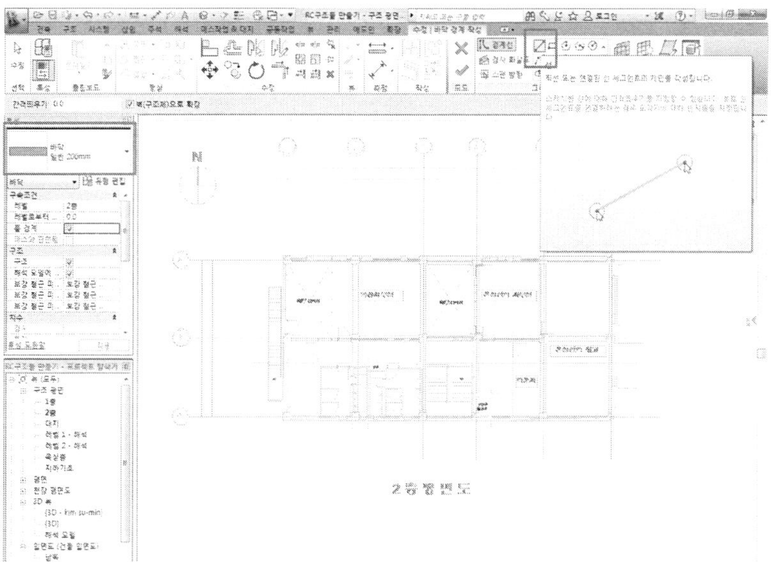

**2층바닥 만들기 보기**

프로젝트 탐색기 / 구조평면 / 2층
구조 / 구조 / 바닥 / 바닥 : 구조

**바닥 그리기**

– 구조 / 구조 / 바닥 / 바닥 : 구조
└, 수정 | 바닥경계 작성 / 그리기
└, 바닥경계 그리기

왼편 특성창에 200mm 바닥이 설정되어 있는 것을 확인하고, 상단 그리기 탭에서 그리기 메뉴를 선택하여 바닥이 위치하는 경계를 그린다.
[그리기◻] 메뉴를 선택해 참조도면의 외곽선을 따라 바닥경계를 그려보기로 한다.

## 2층 바닥슬래브 만들기 | Floor Slabs

**2층바닥 만들기 보기**

프로젝트 탐색기 / 구조평면 / 2층
구조 / 구조 / 바닥 / 바닥 : 구조

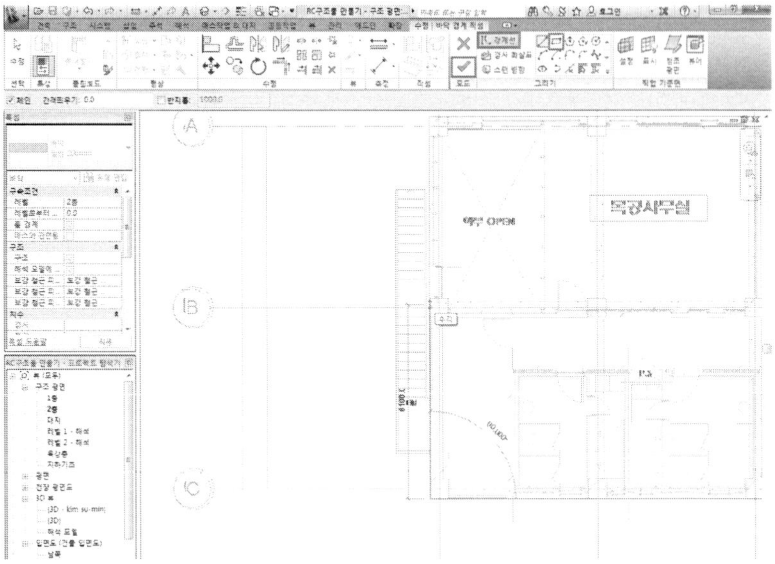

**바닥 그리기**

- 구조 / 구조 / 바닥 / 바닥 : 구조
  └ 수정 | 바닥경계 작성 / 그리기
    └ 바닥경계 그린 후 완료

[두 점으로 그리기]를 이용해 바닥의 경계를 그리고 있는 모습이다. 모든 경계를 다 그려준 후에 [완료✔]를 선택하면 다음 그림과 같이 바닥 슬래브 모델링이 완성된다.

**입력한 모델 확인하기**

프로젝트 탐색기 / 3D 뷰 / 3D

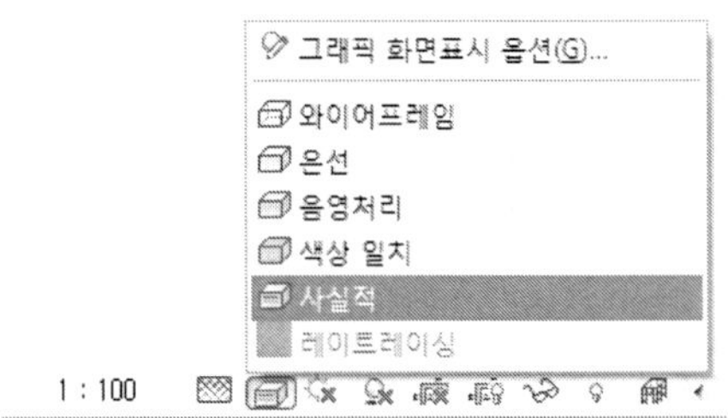


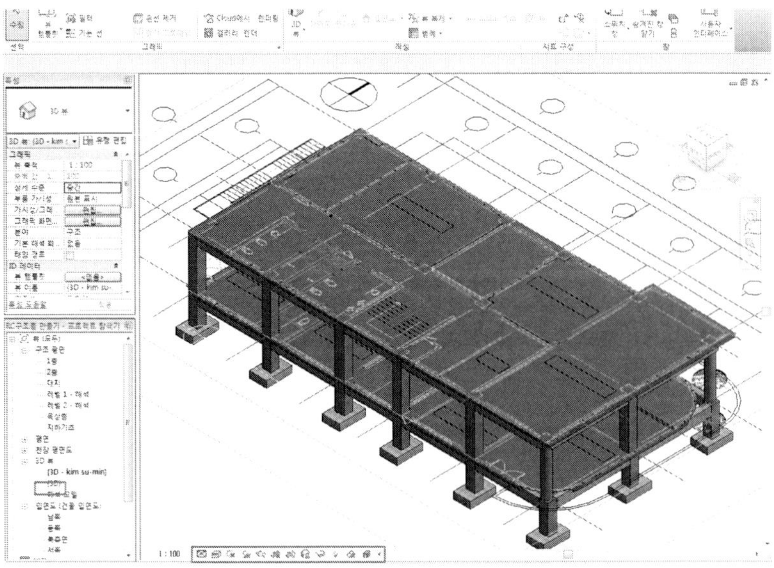

프로젝트 탐색기에서 [3D] 보기를 통해 기초부터 2층 바닥까지 입력된 모델의 모습을 확인할 수 있다.
하단의 옵션바에서 모델의 이미지를 조절할 수 있다. 위 이미지는 [사실적]을 선택한 화면이다.

## 2층 만들기 – 아래층을 복사해서 만들기 | Copying Model to Other Levels

상부층의 부재는 이제까지 입력한 방법처럼 여러 방식으로 만들 수 있겠지만 여기서는 이전에 완성한 아래층의 부재를 복사해 입력해본다. 이 경우는 물론 상하층 동일한 부재가 많을 때 유용하다.

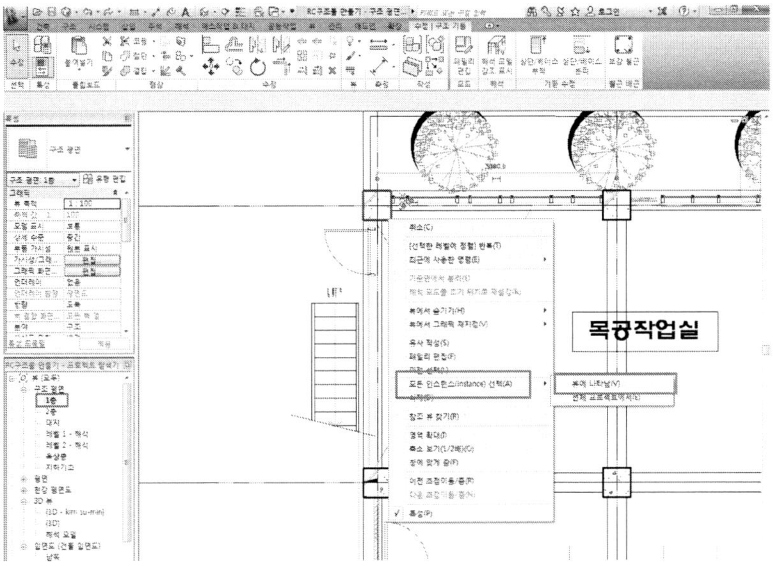


**1층바닥 보기**

프로젝트 탐색기 / 구조평면 / 1층

**복사할 부재 선택하기**

복사대상 부재 하나 선택
– 부재선택 후 우클릭
  └ 모든 인스턴스 선택
    └ 뷰에 나타남 선택

1층에 있는 기둥을 선택하여 복사하기로 한다. 왼쪽 상단에 있는 기둥을 선택하고 마우스 우클릭한 후, 새로 나타나는 메뉴 중 [모든 인스턴스 선택]에서 [뷰에 나타남]을 클릭한다.

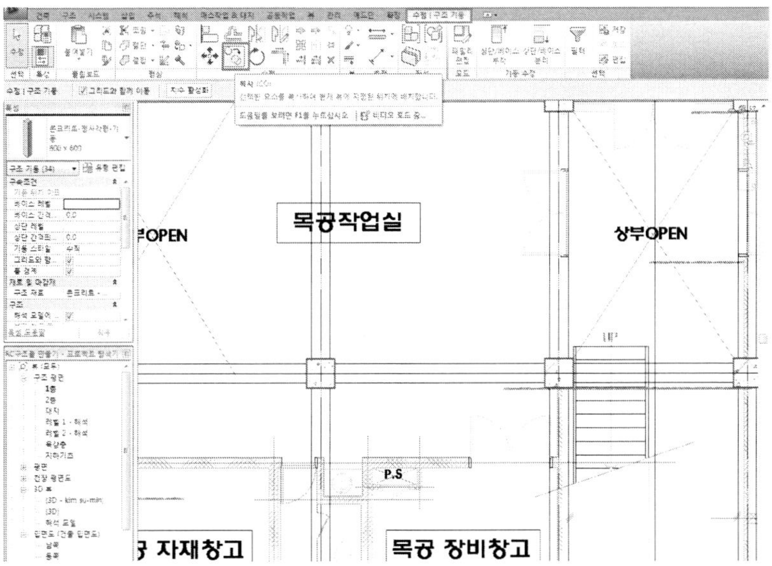


**선택된 부재 복사하기**

– 수정 | 구조기둥
  └ 복사 선택

그러면 처음 선택된 하나의 기둥과 속성(인스턴스가 동일한 부재)이 동일한 1층 레벨의 모든 기둥부재가 파란색으로 활성화되는 것을 확인할 수 있다. 또한 상단 탭이 [수정|구조기둥]으로 변경되는 것을 확인할 수 있다. 상단의 수정탭에서 [복사]를 선택해 일단 복사한다.

## 2층 만들기 – 아래층을 복사해서 만들기 | Copying Model to Other Levels

**1층바닥 보기**

프로젝트 탐색기 / 구조평면 / 1층

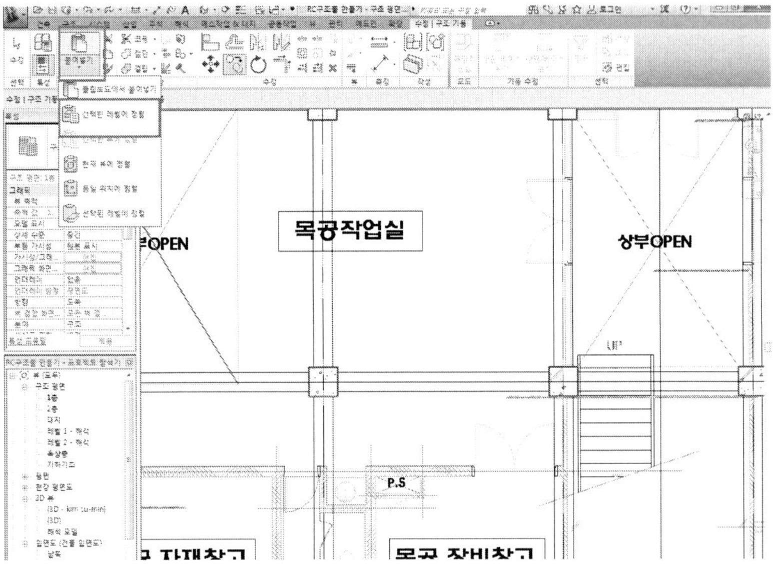


**복사된 부재 붙여넣기**

- 수정 | 구조기둥
  └ 클립보드 / 붙여넣기 선택
    └ 붙여넣을 위치 선택

복사한 부재를 붙여넣기 위해서 상단메뉴 중 [클립보드 / 붙여넣기]를 선택하자. 하위메뉴가 보인다. 붙여넣을 위치를 선택할 수 있게 해주는 것이다. 1층 레벨 위에 있는 1층 기둥을 복사했고, 이것을 2층 레벨 위로 위치하는 2층 기둥으로 붙여 넣을 것이기 때문에 [선택한 레벨에 정렬]을 클릭한다. 그러면 왼쪽에 보이는 하위창이 나타나면서 붙여넣을 레벨을 선택할 수 있게 해준다. [2층] 레벨을 선택하고 확인을 클릭한다.

**입력한 모델 확인하기**

프로젝트 탐색기 / 3D 뷰 / 3D

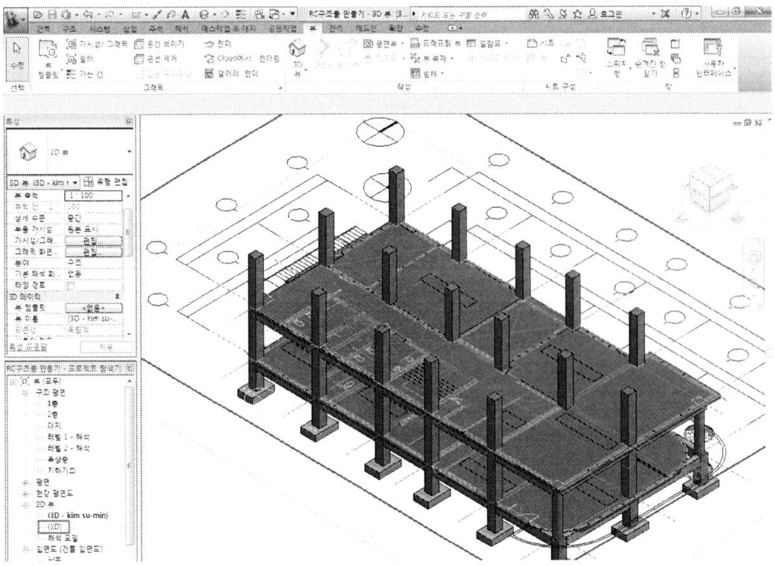

3D 뷰를 통해 2층 레벨에 1층 기둥이 복사된 것을 확인할 수 있다. 보와 바닥슬래브도 마찬가지 방식으로 1층의 구조부재를 복사해서 모델링을 진행한다.

## 완성된 모델 | Completed Model

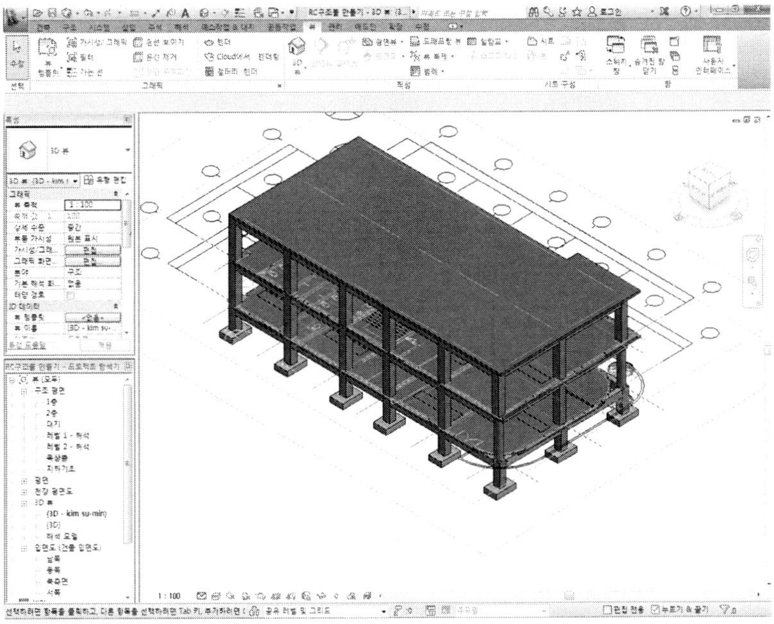

### 입력한 모델 확인하기

프로젝트 탐색기 / 3D 뷰 / 3D

# 02 구조모델을 해석하기

Analysing Structural Model

모델링을 통해 구조체의 형태와 구성을 결정하였다면, 이 구조체에 하중이 가해졌을 때 구조부재에 작용하는 힘의 흐름을 해석해낼 수 있어야 한다. 레빗 스트럭춰에서 만들어진 구조모델은 일련의 구조해석 전용프로그램과 연계되어 모델정보를 해석프로그램에 바로 전달하고 해석 및 부재디자인을 수행하는 데 활용된다. 현재 여러 구조프로그램과 호환이 가능하지만, Autodesk사에서 레빗 스트럭춰와 연계된 해석프로그램으로 Robot Structural Analysis Professional(이하 로봇)이라는 프로그램이 소개되고 있으므로, 여기서는 이 프로그램을 이용하여 레빗 스트럭춰에서 완성한 구조모델의 해석 연계방법에 대하여 보이도록 하겠다.

## 해석을 위한 준비 – 레빗에서 해석을 위한 조정을 한다 | Analytical Adjust

구축한 모델이 구조해석에 적정하게 모델링되었는지 해석모델을 확인하는 작업이다.

### 해석모델 확인하기

프로젝트 탐색기 / 3D 뷰 / 3D

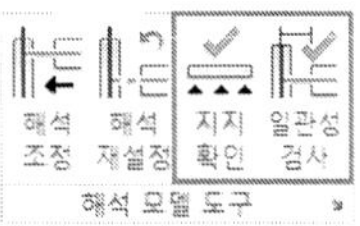


### 해석모델 검토

- 해석 / 해석모델도구 / 지지확인
- 해석 / 해석모델도구 / 일관성검사

**Tip 지지확인 검사**

모델설정이 적정치 못할 때에는 간혹 경고 메세지에 오류가 뜨기도 하는데, 이것은 해석선의 연결이 제대로 되지 않았거나, 지지점의 설정이 되어 있지 않을 때 발생할 수 있다. 모델 작성 시 주의가 필요하다.

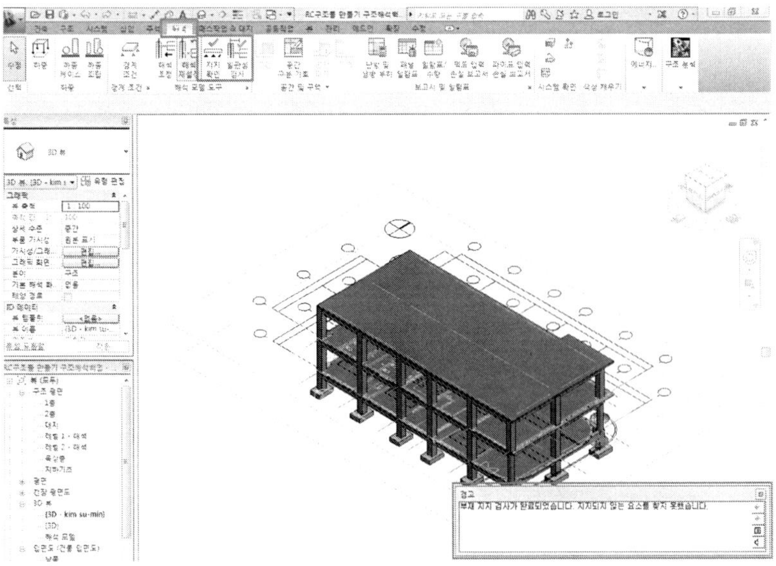

먼저 상단의 [해석]탭으로 이동한다. [해석 / 지지확인]을 통해 오류가 없는지 먼저 검토한다. 기초가 없거나 경계조건을 정의하지 않은 경우에는 오류 메세지가 나타난다. 또한 [해석 / 일관성검사]를 실시하여 해석선 연결상태를 점검한다. 지지점 확인과 일관성 검사가 완료가 되게 되면 화면의 하단에 완료메세지가 생성된다.

## 하중 설정하기 – 하중케이스와 하중조합 설정 | Load Case & Load Combination

구조해석을 위해서는 먼저 구조물에 가해지는 하중이 정의되어야 한다. 구조물에 가해지는 하중은 고정하중, 활하중, 적설하중 등 다양한 종류(하중케이스)가 있고 각기 하중계수와 하중값이 주어져야 한다. 여기서는 하중케이스의 설정법과 하중계수를 적용하는 과정을 보인다.

**하중케이스 설정하기**

해석 / 하중 / 하중케이스

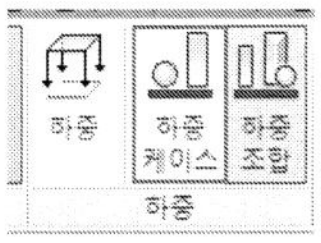


**하중케이스 설정**

– 해석 / 하중 / 하중케이스

└ 하중케이스 추가 및 삭제

[해석 / 하중 / 하중케이스]를 선택하면 윗 화면처럼 하중케이스 입력화면이 등장한다. 여기서 건물에 작용하는 하중의 종류를 설정하고 조정할 수 있다. 기본적으로 많이 작용하는 고정하중, 활하중, 풍하중, 설하중 등 8개의 하중케이스가 입력되어 있다. 이들 중 일부를 삭제할 수도 있고 필요할 경우 [추가]로 입력할 수 있다.

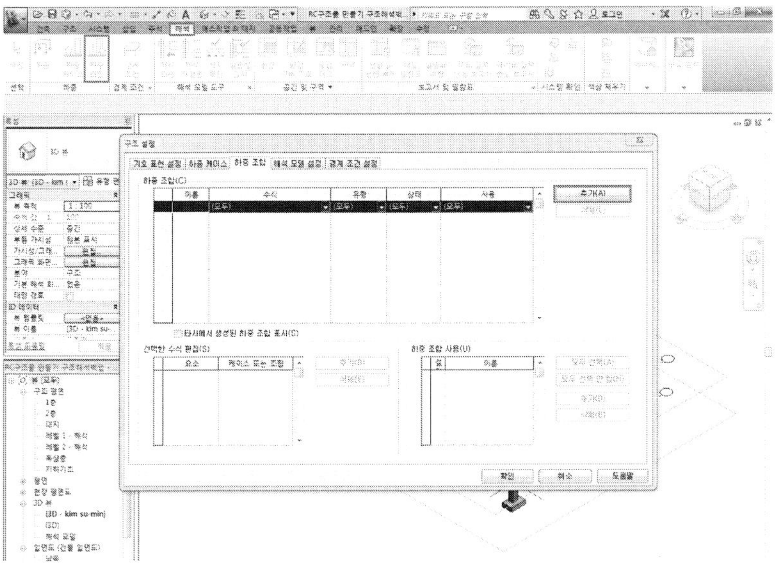

**하중조합 설정하기**

해석 / 하중 / 하중조합

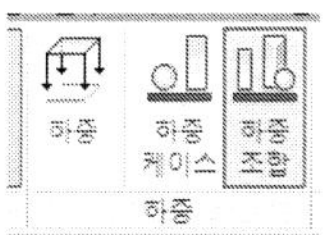


**하중조합설정**

– 해석 / 하중 / 하중조합

└ 추가

[해석 / 하중 / 하중조합]을 선택하면 역시 하중조합을 선택할 수 있는 창이 나타난다. 여기에는 디폴트 조합이 없는데, 오른쪽의 추가 버튼을 선택한 후 이름에 하중조합명을 입력하여 추가한다.

## 하중 설정하기 – 하중케이스와 하중조합 설정 | Load Case & Load Combination

**하중조합 설정하기**

해석 / 하중 / 하중조합

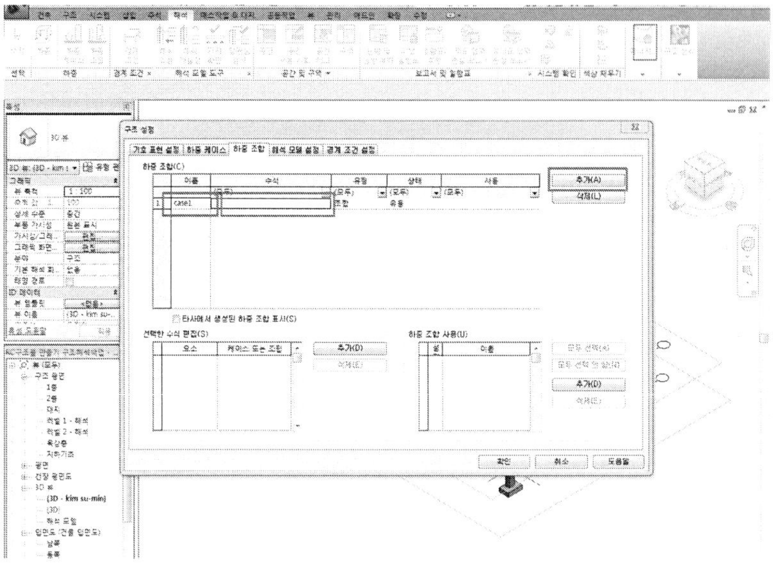

추가를 눌러 하중조합명을 'case1'이라고 입력하였다. 오른쪽 [수식]란을 클릭하고, 하단의 [선택한 수식 편집]에서 추가버튼을 눌러 이 하중조합에 포함시킬 하중케이스와 하중계수를 결정한다.

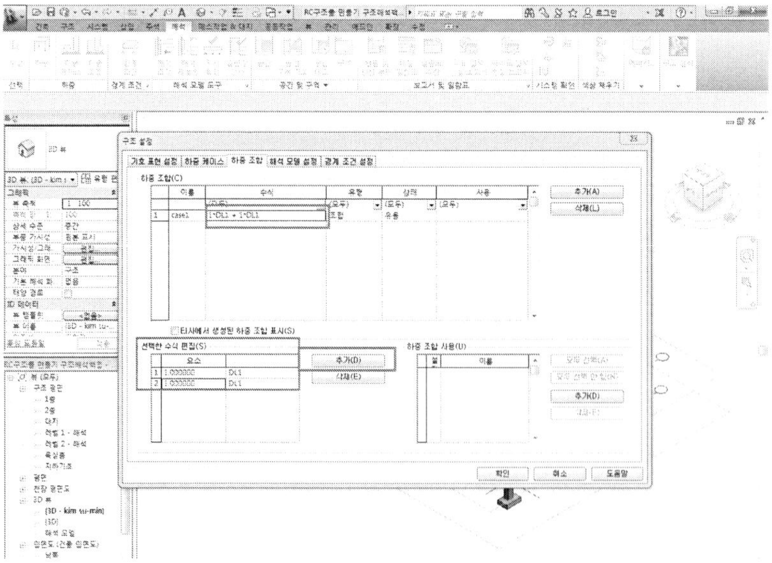

여기서는 하단의 [선택한 수식 편집]에서 추가버튼을 이용하여 1.2 계수를 가진 고정하중(DL1)과 1.6계수를 가진 활하중(LL)을 조합한다. [선택한 수식 편집]에서 추가버튼을 눌러 하중케이스를 나타나게 한 후 계수값이나 하중케이스 각 항목을 클릭하면 원하는 대로 수정할 수 있다.
이렇게 하면 상단의 [하중조합]의 수식에 1.2DL1+1.6LL이라는 하중조합이 이루어진 것을 볼 수 있을 것이다.
이외에도 해석에 필요한 여러 하중조합을 추가하여 설정할 수 있다.

## 하중 설정하기 – 면하중 입력하기 | Load Definition

하중케이스와 조합이 정의되었으면 이제 구조물에 가해지는 하중을 입력하기로 한다. 면하중, 선하중, 집중하중 등 여러 종류의 하중이 있지만, 여기서는 레빗에서 가장 효과적으로 입력할 수 있는 면하중을 입력하기로 한다.

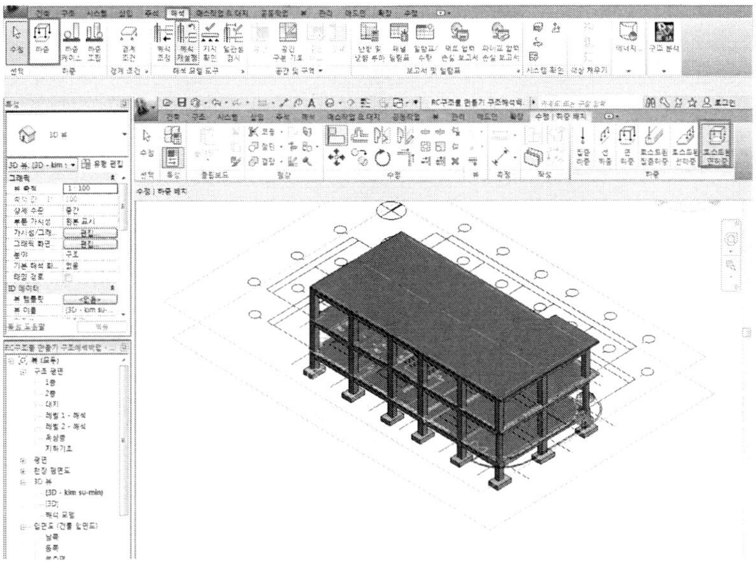

**하중입력 보기**

프로젝트 탐색기 / 3D 뷰 / 3D
구조평면 / 각층 평면레벨

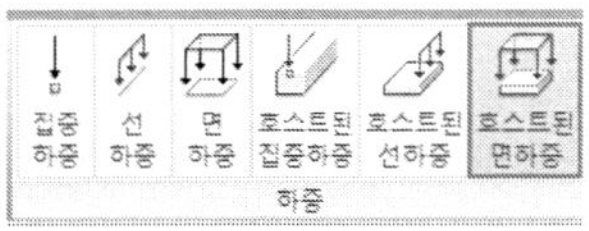


**고정하중 입력하기**

– 해석 / 하중 / 하중
  ㄴ 호스트된 면하중

상단의 메뉴에서 [해석 / 하중 / 하중]을 선택하면 그림에 첨부한 이미지와 같은 하위메뉴가 나타나면서 다양한 종류의 하중타입을 고를 수 있다. 면하중을 입력하기 위하여 여기서 오른쪽의 [호스트된 면하중]을 선택한다.

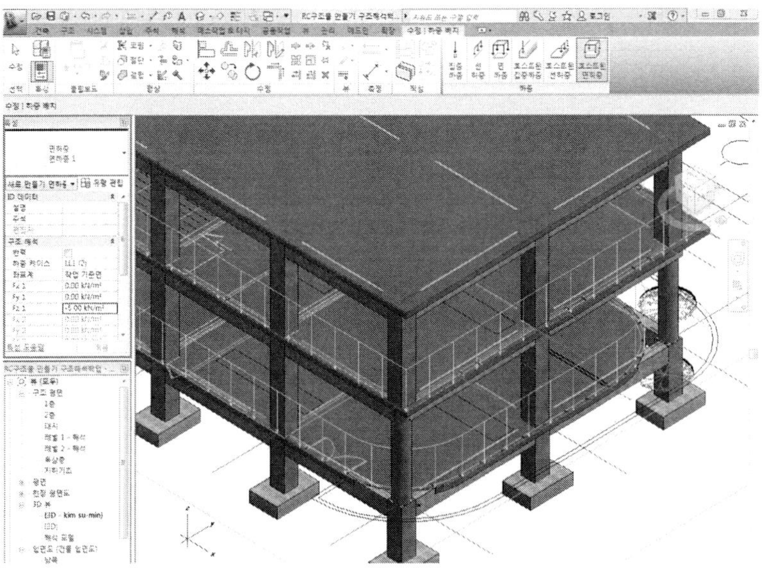

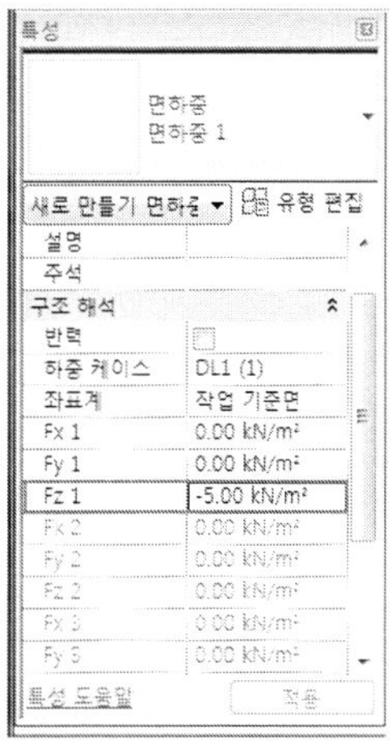


**면하중 입력하기**

– 면하중 특성창
  ㄴ 하중케이스 설정 확인
    ㄴ Fz 하중 입력

왼쪽에 나타나는 면하중 특성창에서 이 하중에 해당하는 하중케이스를 지정하고 하중이 작용하는 방향으로 하중값을 입력한다. 여기서는 고정하중에 대하여(하중케이스 DL1) Z축 하향방향으로 –5kN/m$^2$이 작용하도록 입력하였다. 그리고 나서 이 하중이 가해질 1층 바닥과 2층 바닥을 모델에서 클릭해 각각 선택한다. 노란색으로 하중이 형성된 것을 볼 수 있다.

## 하중 설정하기 – 면하중 입력하기 | Load Definition

**하중입력 보기**

프로젝트 탐색기 / 3D 뷰 / 3D
구조평면 / 각층 평면레벨

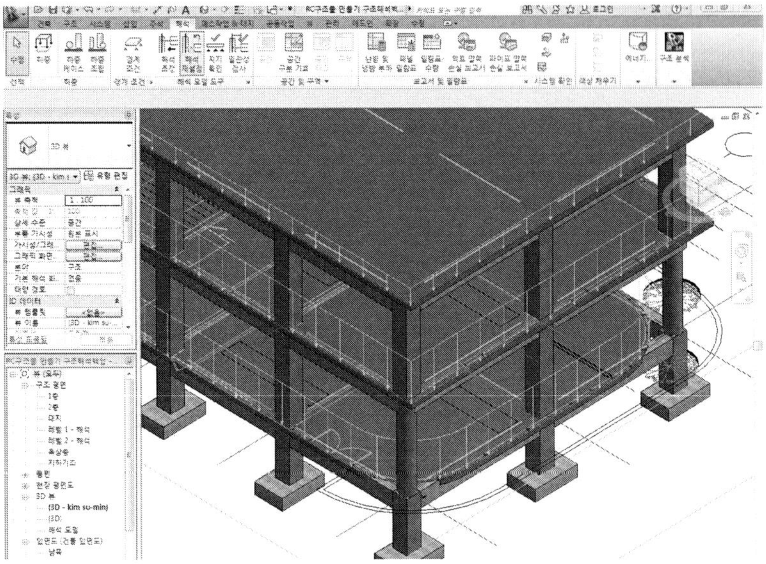

**활하중 입력하기**

– 해석 / 하중 / 하중
└, 호스트된 면하중

마찬가지 방식으로 층별로 변화하는 하중값이나 고정하중 외에도 활하중(LL)하중을 특성창에서 항목을 변경하고 값을 수정해 입력하면 하중이 입력된다.

## 해석프로그램으로 해석하기 | Structural Analysis with Robot Structural Analysis Professional Program

하중입력이 완료되면 Robot Structural Analysis Professional 프로그램으로 링크시켜 구조해석을 수행한다. 구조해석 프로그램과 연동하기 위해서는 로봇프로그램과 연결해주는 Extension프로그램을 먼저 설치하여야 한다.

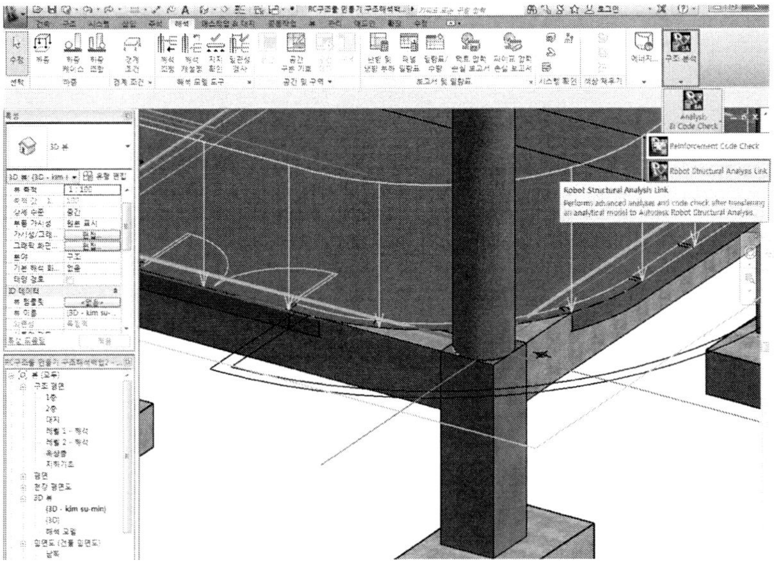

완성된 모델을 구조프로그램으로 보내기 위해 [해석 / Structural Analysis / Analysis & Code Check]을 선택한다. 그리고 하위메뉴에서 [Robot Structural Analysis Link]를 선택한다.

**모델링 상태 보기**

프로젝트 탐색기 / 3D 뷰 / 3D

**해석프로그램과 연동하기**

– 해석 / Structural Analysis / Analysis & Code Check
└ Robot Structural Analysis Link

**Tip 해석 연동프로그램 다운받는 법**

http://apps.exchange.autodesk.com 홈페이지를 방문해본다.
여기는 Autodesk사 프로그램을 지원하는 다양한 확장프로그램을 다운받을 수 있다.

[시작할 스토어 선택 / Autodesk Revit / (왼편의)빠른링크 / 구조설계 / [Structural Analysis Toolkit 2014] 프로그램] 다운로드

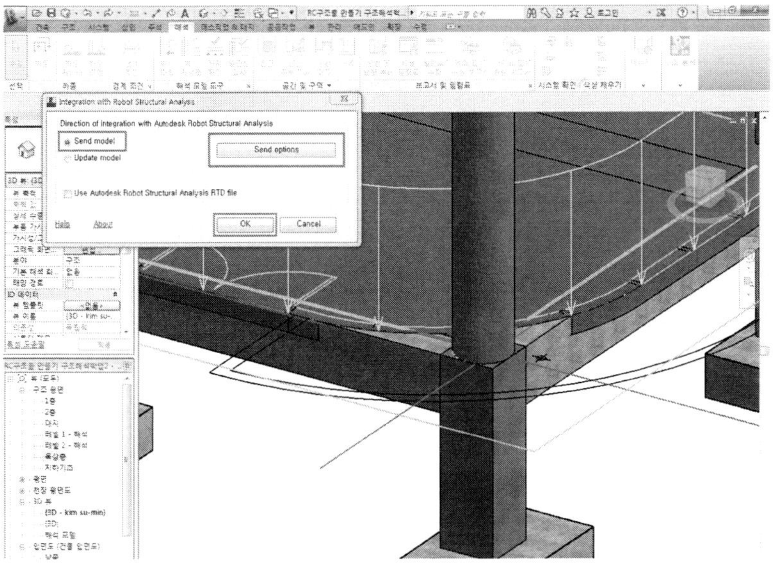

나타나는 창에서 [Send model]을 선택해 모델을 해석프로그램으로 보내게 되는데, 여기서 [Send options]를 통해 일부 옵션을 설정할 수 있다. 모델의 부분만을 보낼 수도 있고, 부재자중을 포함시키거나 무시할 수도 있다. [Execute model correction in Robot]을 선택하여 연동기능을 강화하는 등 선택사항을 결정한 후, [OK]를 눌러 연동을 진행한다.

**해석프로그램 연동 설정보기**

해석 / Structural Analysis / Analysis & Code Check
└ Robot Structural Analysis Link

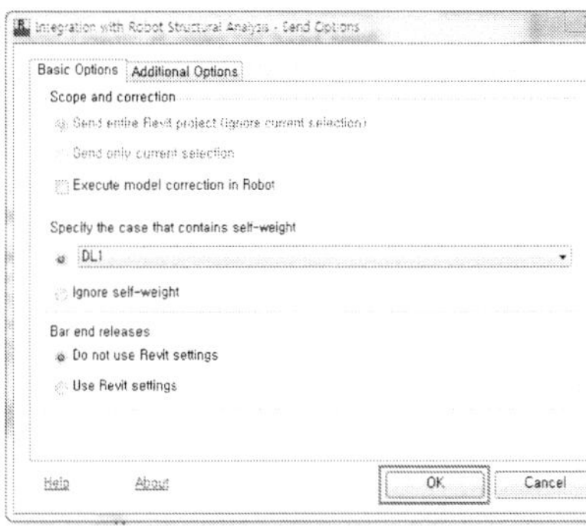

## 해석프로그램으로 해석하기 | Robot Structural Analysis Professional Program

### 해석프로그램과 연동상태 보기

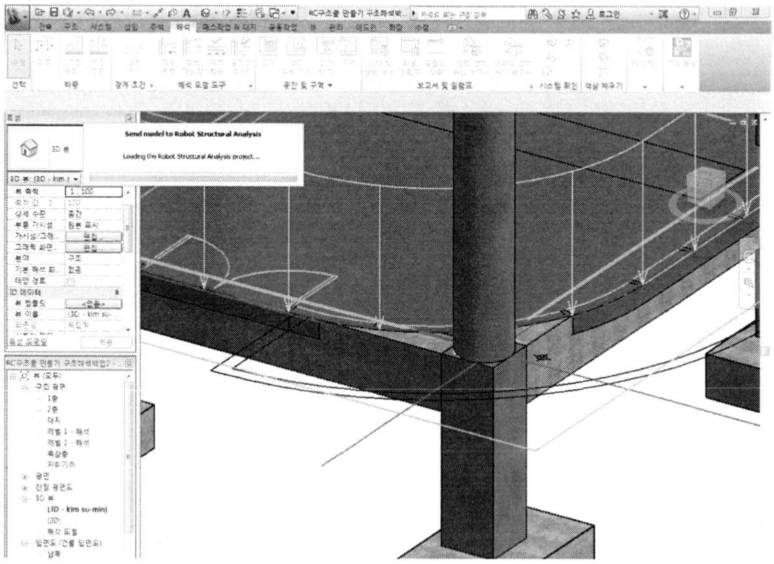

그림과 같이 Robot프로그램으로 연결이 진행되고 있는 것이 나타난다. 연결이 완료되면 Robot Structural Analysis Professional 프로그램이 자동으로 활성화되고 아래와 같이 모델이 나타난다.

### 해석프로그램에 반영된 모델

Robot Structural Analysis Professional 프로그램 링크 후 자동생성

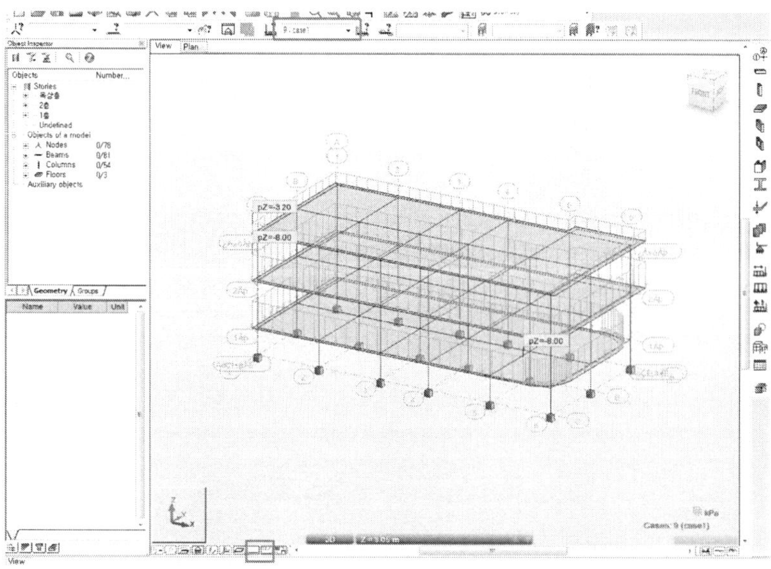

레빗에서 설정한 모델이 잘 반영되었는지 확인한다. 상단의 하중탭에서 case1을 선택한 후 하단의 옵션바에서 Load symbol과 Load value를 선택하면 레빗에서 입력한 하중조합과 하중값이 반영된 것을 확인할 수 있다.

## 해석프로그램으로 해석하기 | Robot Structural Analysis Professional Program

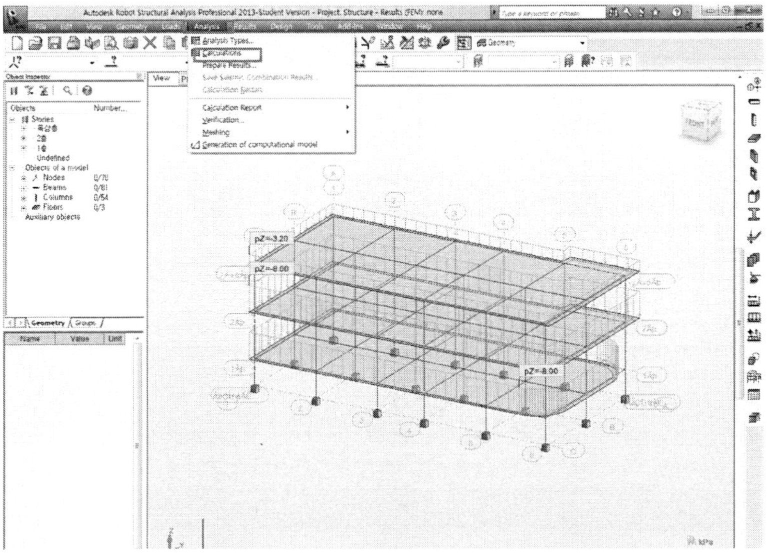

해석하기

– Analysis / Calculations

이 프로그램에는 구조해석을 위한 여러 설정과정과 모델링도구와 하중입력도구가 마련되어 있다. 그러나 여기서는 레빗에서 설정된 내용을 이용해 바로 해석과정으로 진행하는 것을 간단히 보인다. [Analysis / Calculations]을 선택해 해석을 진행한다.

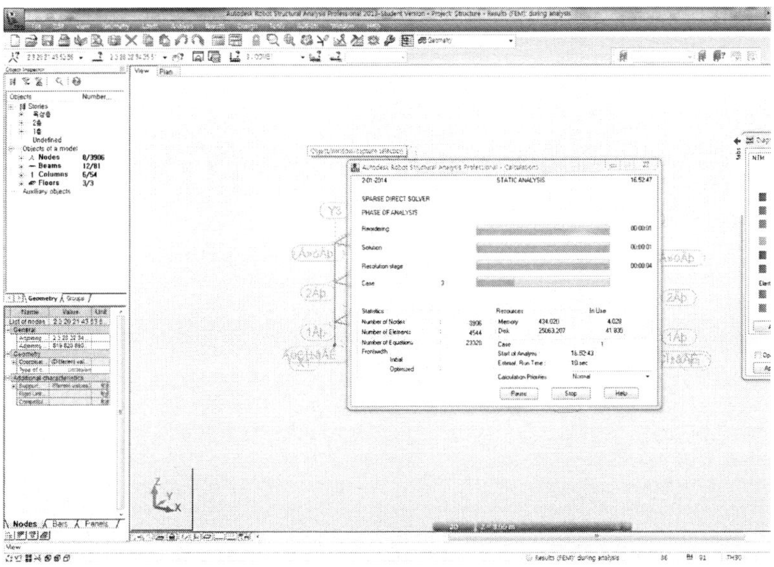

해석과정 보기

모델링에 오류가 없을 때는 해석이 진행되는 과정을 확인할 수 있다. 이 과정은 다른 구조해석프로그램을 활용하는 것과 크게 다르지 않으며, 구조해석을 위한 제반조건과 모델링이 적합하지 않으면 해석은 이루어지지 않는다. 일반적인 구조해석프로그램과 동일한 원리이므로 프로그램을 탐색해가며 구조해석을 수행할 수 있다.

보다 자세한 로봇프로그램의 활용방법은 3장 철골구조 모델링에서 보였다.

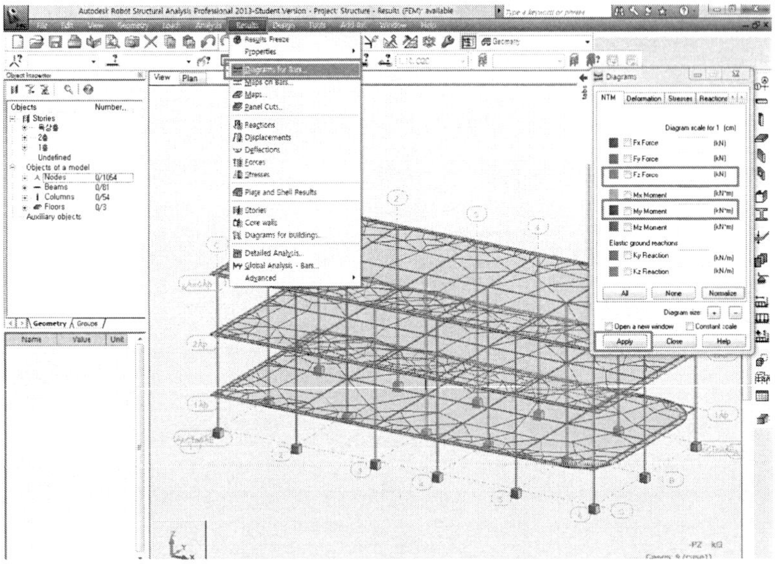

**해석결과 보기**

– Results / Diagrams for bars

해석 결과는 [Result / Diagrams for bars]를 선택하면 손쉽게 확인할 수 있다. 선택하면 오른쪽에 보이는 것처럼 선택창[Diagrams]이 활성화되는데 [NTM] 항목에서 전단력(Fz)이나 주모멘트(My) 등을 활성화해서 화면의 모델로 확인할 수 있다.

**해석결과 My 보기**

Result / Diagrams for bars
└ NTM
　└ My 활성화

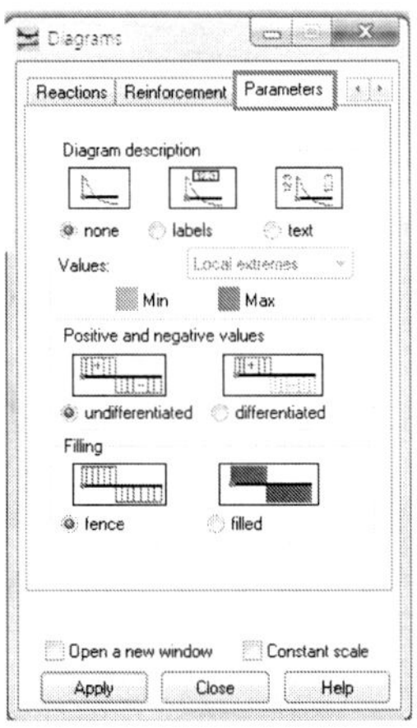


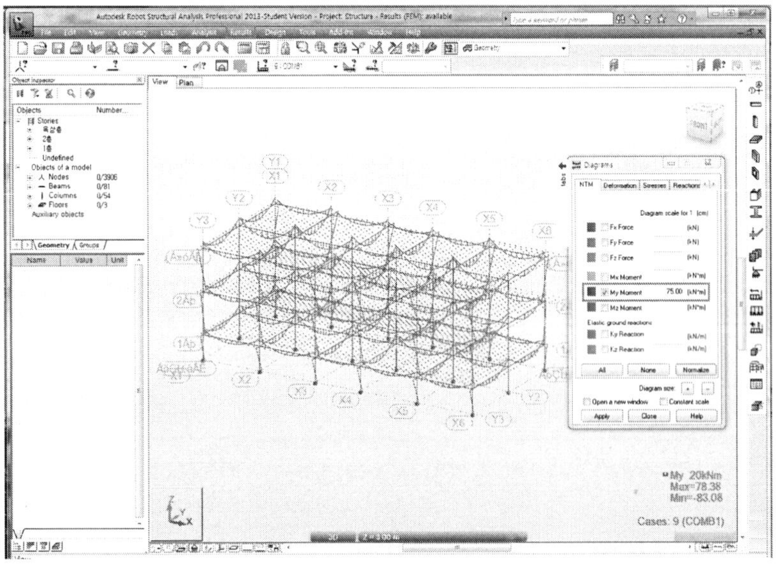

주모멘트 다이어그램을 볼 수 있다. 오른쪽 [Diagrams] 창의 탭을 움직여 보면 반력, 변형 등도 쉽게 확인해볼 수 있으며, 최외측에 [Parameters]를 이용하면 부재력값 또한 표시할 수 있다. 해석이후에는 철근콘크리트 부재 단면과 철근배근 설계로 이어지고, 계산된 철근 배근량이 레빗모델로 다시 반영되는 기능을 가지고 있는데, 국내기준이 반영되어 있지 않아 현재로서는 활용이 어렵다.

모델링을 DXF 화일로 내보내기
– File / Save as

로봇프로그램은 레빗에 연동되는 구조해석과 부재 디자인 프로그램으로서 여러 효과적인 기능을 가지고 있는 프로그램이다. 그러나 현재는 우리나라의 국내 구조설계기준을 반영하고 있지 않아 구조부재 통합디자인에 어려움이 있을 수밖에 없다.
다른 대안으로 레빗과 연동성은 떨어지지만, 로봇프로그램에서 모델을 DXF화일로 출력하여 다른 기존의 구조프로그램으로 연결하여 해석하는 방법도 사용할 수 있다. 다시 말하면, 구조디자인 모델링을 완성한 이 DXF 화일을 구조엔지니어에게 전달하여 기존의 방법으로 구조계단을 의뢰할 수도 있다는 이야기다. 다른 구조해석프로그램을 통해 디자인 된 부재속성을 로봇모델에 수동으로 입력하면, 변경된 내용이 바로 레빗으로 업데이트 될 수 있고, 이것은 더 나아가서는 레빗아키텍처로 반영되어 전체의 통합디자인을 가능하게 할 것을 기대할 수도 있다.
그러나 이러한 방법은 아직 BIM설계가 의도하는 바를 완성하였다고 보기 어려운 측면이 있어, 앞으로 국내기준을 반영한 보다 효과적인 연결 프로그램의 지원이 필요하다고 하겠다.

아직 완성된 BIM의 구현은 멀고도 험한 여정이 남겨져 있다는 느낌이다.

레빗과 구조해석프로그램 간의 구체적인 연동설계과정은 외국기준을 이용하기는 하지만, 다음의 3장의 철골설계에서 구체적으로 보이기로 하겠다.

# III 철골구조 모델링

## Steel Structure Model

이번에는 철골구조의 사례를 레빗과 로봇프로그램을 이용해 설계해보기로 한다. 2층은 데크플레이트로 구성되고 지붕층은 트러스로 구성된 사례를 통해 다양한 구조계획을 할 수 있도록 하였다. 철골은 구조부재 설계과정이 철근콘크리트보다 비교적 단순하므로, 여기서는 구조해석 이후 부재 디자인은 물론, 레빗에 다시 반영하여 시공정보를 얻어내는 과정을 좀 더 상세히 살펴보기로 한다.

# 01 구조체 모델링하기 [철골구조]

Developing Structural Model / Steel Structure

철골구조 역시, 레빗(Revit Structure)프로그램을 이용해 원하는 철골 골조모델을 만든다.

## 프로그램을 시작한다 – 새 프로젝트를 연다 | Opening Dialog Box

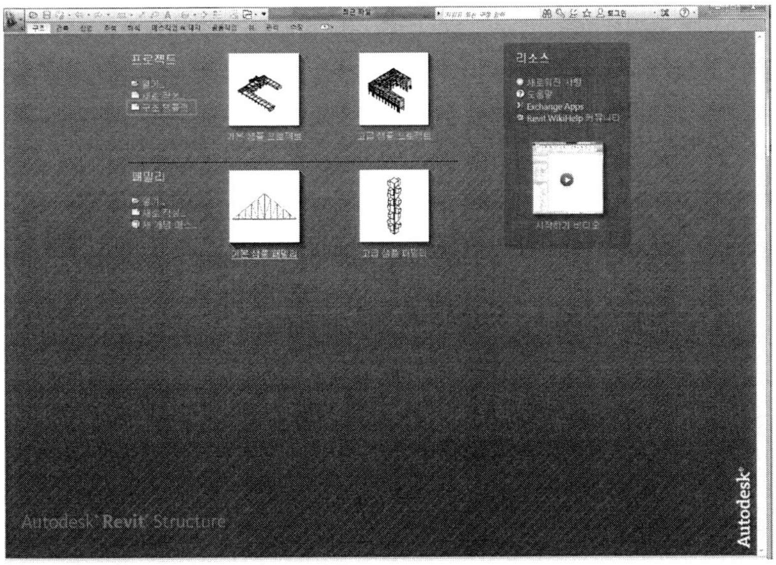

Revit Structure를 구동시킨다.
구조 템플릿 실행

여기서도 [구조 템플릿]을 이용해 시작해보자.
이번에는 캐드파일을 불러오지 않고 직접 모델링한다.

## 프로그램을 시작한다 – 새 프로젝트를 연다 | Opening Dialog Box

**구조템플릿이 실행된 화면**

프로젝트 탐색기 / 구조평면 / 레벨2

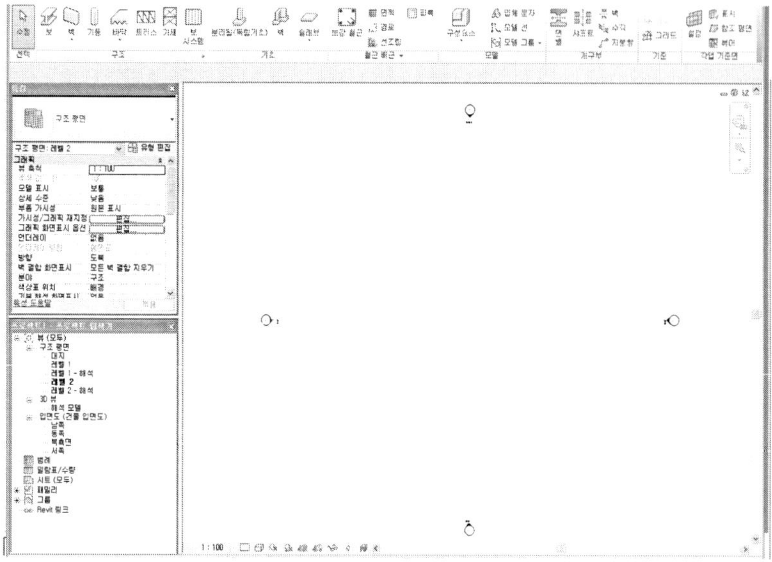

[구조 템플릿]을 열었을 때의 모습.
평면에 해당하는 각 [레벨]을 클릭해 보면 위 그림과 같이, 4면의 입면을 볼 수 있는 기호가 기본적으로 설정된 화면이 나타난다.

**구조템플릿이 실행된 화면**

프로젝트 탐색기 / 입면도 / 남쪽

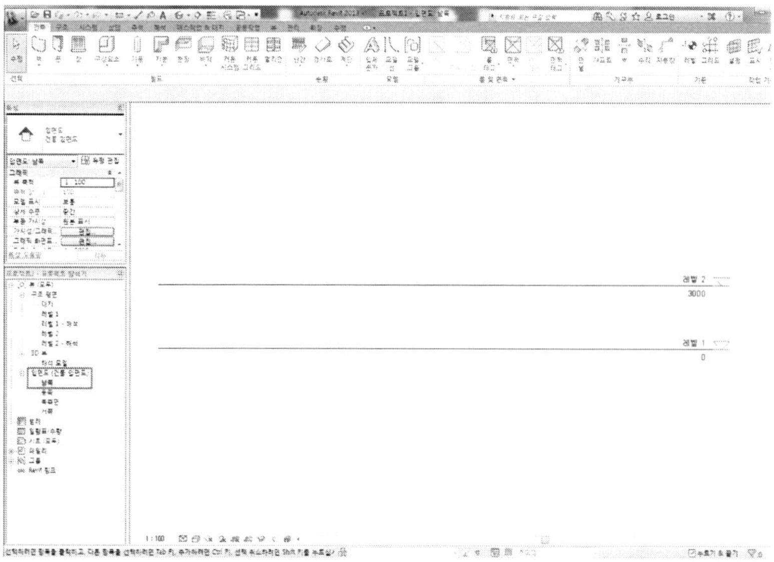

왼편 하단의 프로젝트 탐색기에서 입면에 해당하는 [입면도 / 남쪽]을 클릭하면 위 그림과 같이, 남측에 해당되는 입면이 나타나는데, 기본적으로 두 개의 레벨이 설정되어 있는 화면을 볼 수 있다.

## 레벨과 그리드 | Level and Grid

필요한 레벨과 그리드를 그려 구조물의 입력기준을 마련한다.

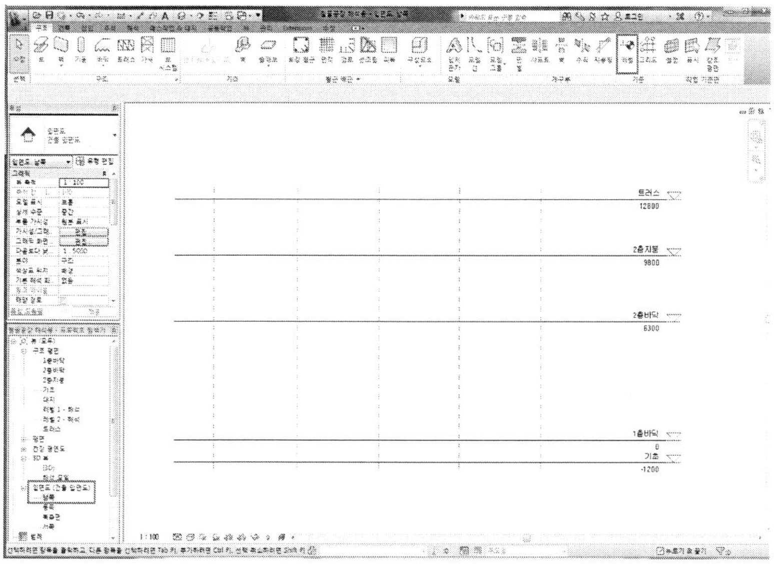

**레벨 보기**

프로젝트 탐색기 / 입면도 / 남쪽

**레벨 만들기**

- 기준 / 레벨
  - ㄴ 그리기(높이를 결정해 그리기) 또는
  - ㄴ 그리기(기존 레벨선택 그리기)
    - ㄴ 평면뷰와 연결시키기

레벨을 원하는 구조물에 맞게 설정한다. 입면을 보이게 한 후(단면뷰나 입면뷰를 열어서) 그린다.
기초상부면(기초)과 1층바닥, 2층바닥, 처마높이(2층지붕), 지붕최고높이(트러스)를 레벨로 지정하였다. (부록 1 참조)

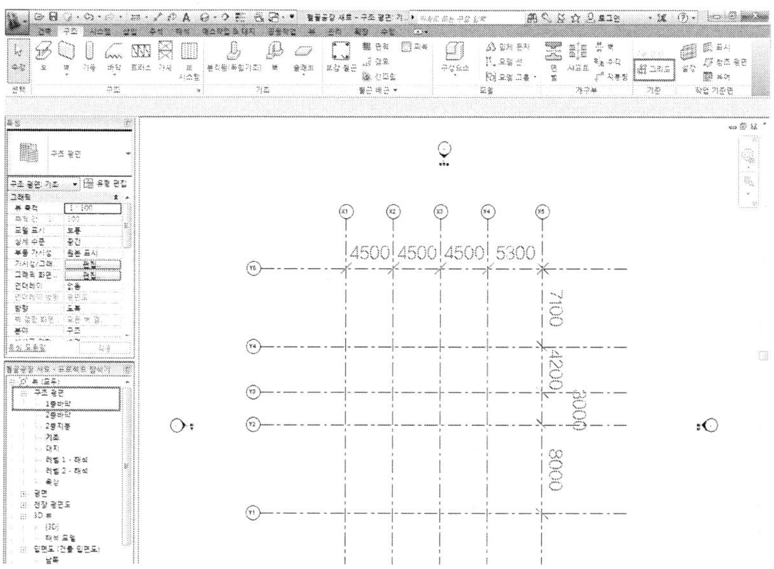

**그리드 그리기 보기**

프로젝트 탐색기 / 구조평면 / 1층 바닥

**그리드 그리기**

- 기준 / 그리드
  - ㄴ 그리기(선 그리기와 동일하게 그리기)
  - ㄴ 선 선택으로 그리기
    (옵션바 – 간격 띄우기에 수평거리 기입)

그리드는 평면에서의 기준을 만드는 것이기 때문에 임의의 레벨 뷰를 선택하여 그리도록 한다. 여기서는 프로젝트 탐색기에서 [1층 바닥]을 선택하여 그렸고, Y1~Y5의 수평기준선과 X1~X5의 수직기준선을 그려 그리드를 완성하였다.

## 기초 만들기 – 지지점 설정하기 | Footing / Supports

수직구조부의 하단에 기초를 만든다.

**기초 그리기 보기**

프로젝트 탐색기 / 구조평면 / 기초

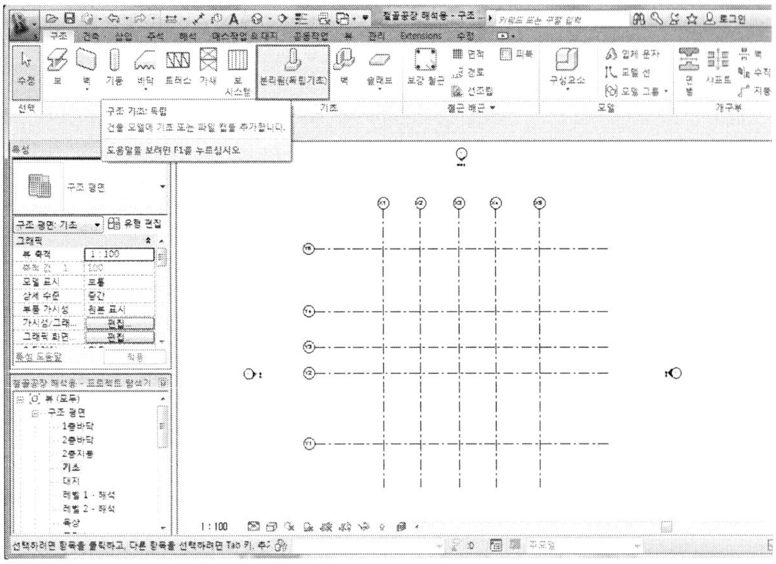

**기초 만들기**

- 구조 / 기초 / 독립기초
  - ㄴ 특성창 : 기초 고르기

기초가 위치할 레벨인 [기초] 레벨을 열고, [구조 / 기초 / 독립기초]를 선택해 기초를 입력한다.

왼편의 특성창에서 원하는 기초부재를 선택해서 그리드 교차점에 기초를 입력한다. 특성창에 부재를 선택하면 왼편에 보이는 것처럼 선택할 수 있는 부재리스트가 나타나는데, 여기에 원하는 부재타입이 없는 경우에는 [패밀리로드]나 [유형편집]을 통해 설정해 사용해야 한다(부록2 참조).

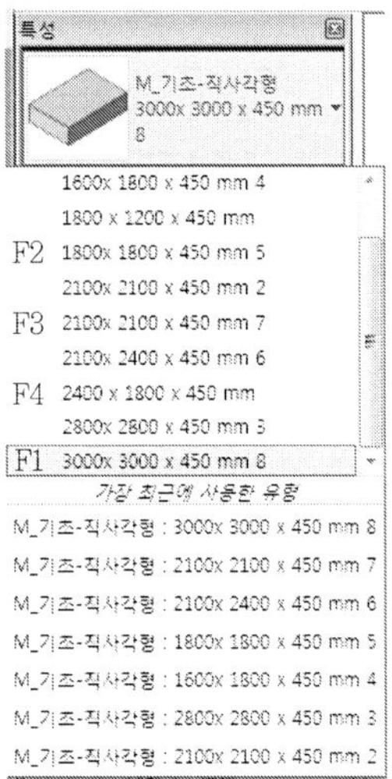


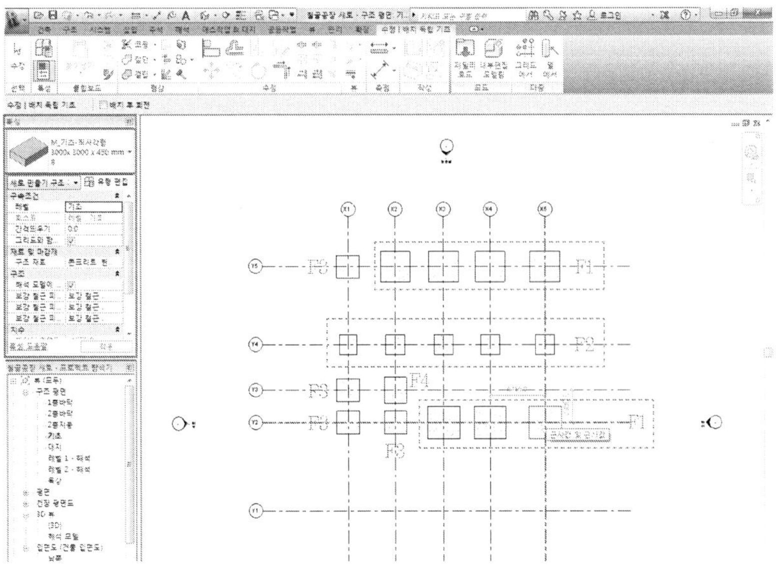


**기초 만들기**

- 구조 / 기초 / 독립기초
  - ㄴ 특성창 : 기초 고르기
    - ㄴ 그리드 교점에 클릭해 배치하기

기초부재를 선택한 후 마우스를 그리드에 기초부재 마우스를 가져다 대면 그리드가 파란색으로 변한다. 가로세로 그리드가 둘 다 파란색으로 변했을 때, 클릭하면 그리드에 교차점에 기초부재가 삽입된다. 여기서 입력한 기초판 사이즈를 기호로 표기하였다.

## 수직부재 만들기 –기초기둥 만들기 | Structural Columns

기초판 위에 1층 바닥 하부에 있는 철근콘크리트 기초기둥을 만들어 세운다.

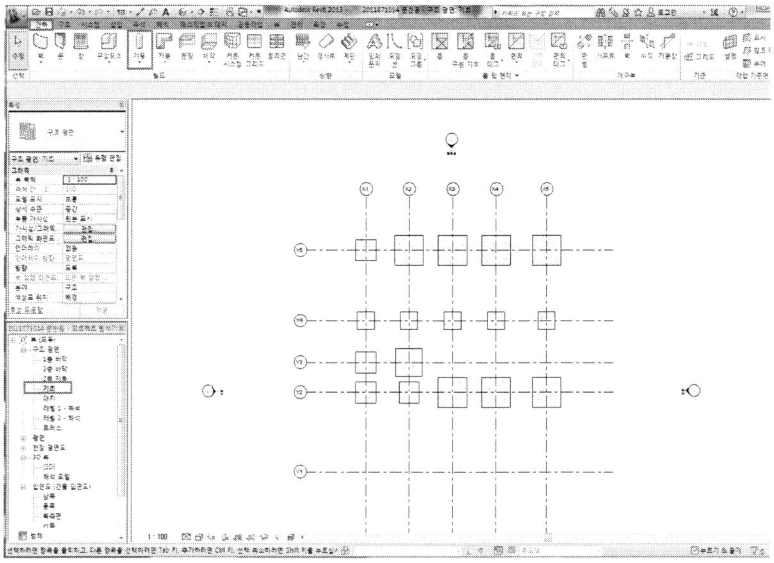

**기둥 입력 위치 보기**

프로젝트 탐색기 / 구조평면 / 기초

**기초 RC기둥 만들기**

- 구조 / 구조 / 기둥
  - ㄴ 배치 / 수직기둥

기초기둥은 [기초]평면 레벨을 열고, [구조 / 구조 / 기둥] 명령어를 실행해 그리드 교점에 클릭하여 그려 넣을 수 있다.

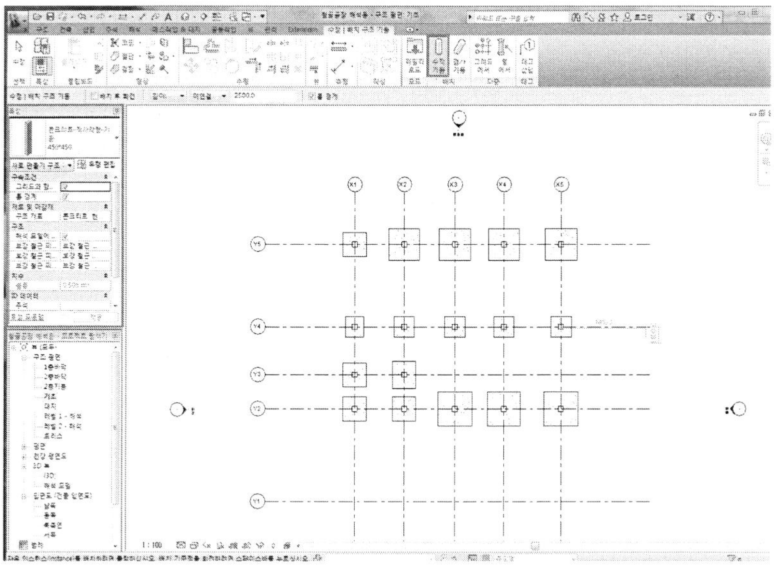

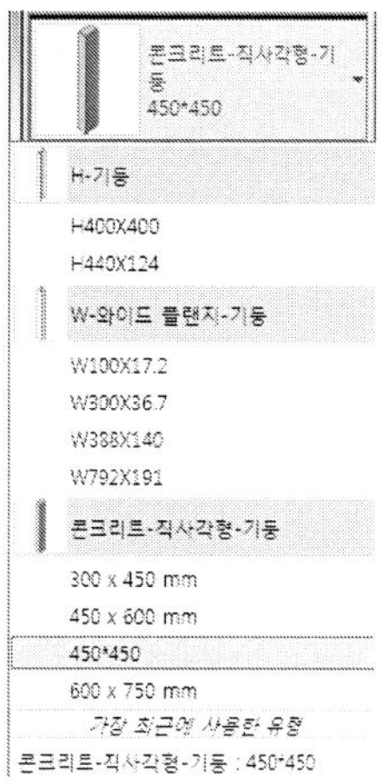


**기초 RC기둥 만들기**

- 구조 / 구조 / 기둥
  - ㄴ 배치 / 수직기둥
- 특성창 : 부재 고르기
  - ㄴ 입력하기

[기둥]메뉴를 클릭하면 위와 같이 하부메뉴가 나타나는데, 여기서 먼저 입력하고자 하는 기둥의 모양과 재질(특성)을 왼편 특성창에서 패밀리 유형으로 결정해야 한다. 여기서는 450×450 콘크리트 기둥을 선택하였다.

기둥 입력방법은 다른 부재입력방법과 유사하게 직접 클릭해 입력하거나 그리드를 이용해 입력할 수 있다(부록2 참조).

입력한 기둥부재의 주축방향을 바꾸고 싶으면, 기둥을 선택한 뒤 키보드의 스페이스키를 눌러 축방향을 전환한다.

## 수평부재 만들기 – 보 만들기 | Structural Framing

철근콘크리트 기초기둥을 연결하는 1층 바닥의 철근콘크리트 보를 만든다.

**보 입력 위치 보기**

프로젝트 탐색기 / 구조평면 / 1층 바닥

**1층 바닥 보 만들기**

– 구조 / 구조 / 보

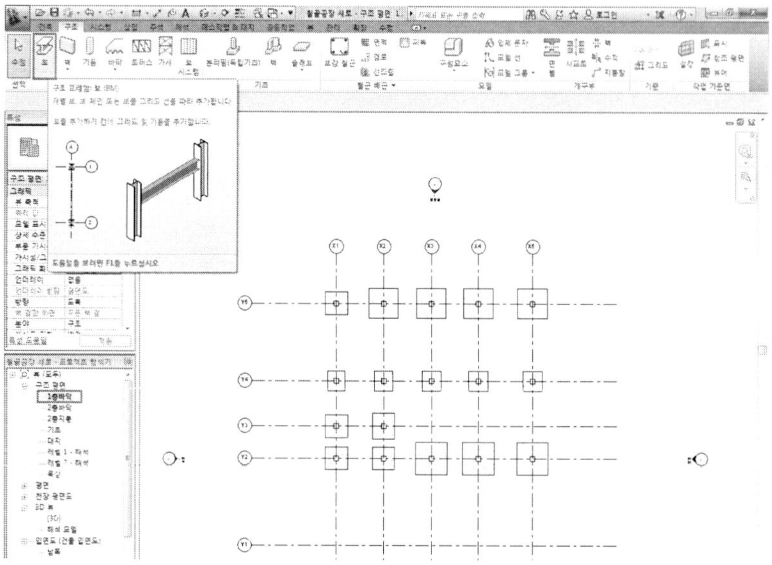

보가 위치할 [1층 바닥]레벨을 열고 [구조 / 구조 / 보] 메뉴를 이용해 보를 입력한다.

**1층바닥 보 만들기**

– 구조 / 구조 / 보

– 특성창 : 부재 고르기

ㄴ 입력하기

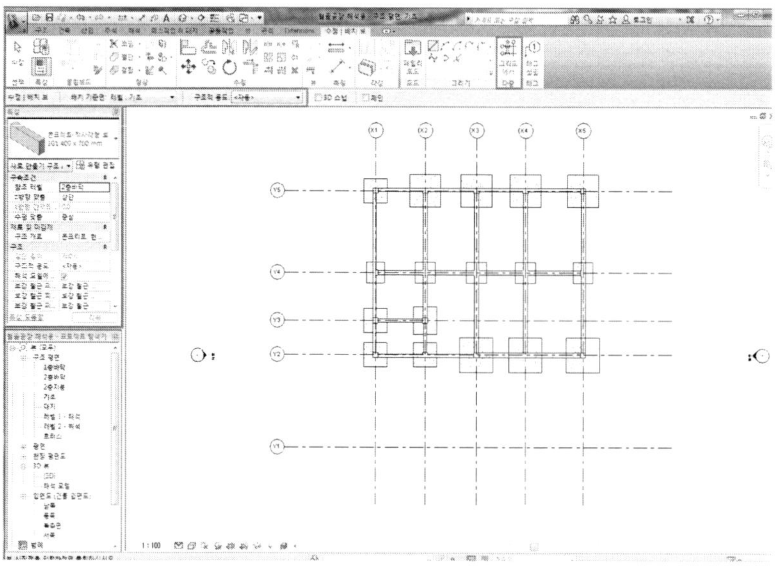

다른 부재들 입력방법과 동일하게, 왼쪽에 나타나는 특성창에서 부재를 고르고 그리드에 맞춰 입력한다. 여기서는 400×700 콘크리트 보를 선택하고 그리드를 이용해 입력하였다. 세부 입력방법은 역시 부록을 참조한다.

## 수평부재 만들기 – 바닥 만들기 | Floor Slabs

철근 콘크리트 보위에 두께 150mm의 철근콘크리트 1층 바닥판을 만든다.

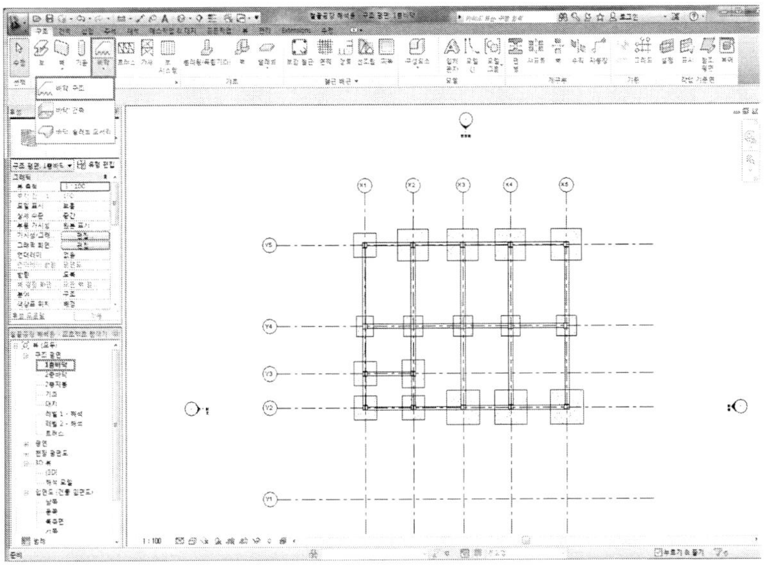

**바닥 입력 위치 보기**

프로젝트 탐색기 / 구조평면 / 1층 바닥

**1층 바닥 만들기**

- 구조 / 구조 / 바닥
  ㄴ 바닥 : 구조

바닥판이 위치할 [1층 바닥] 레벨을 열고 [구조 / 구조 / 바닥] 메뉴를 클릭하고 하부메뉴에 [바닥 : 구조] 메뉴를 이용해 바닥을 그린다.

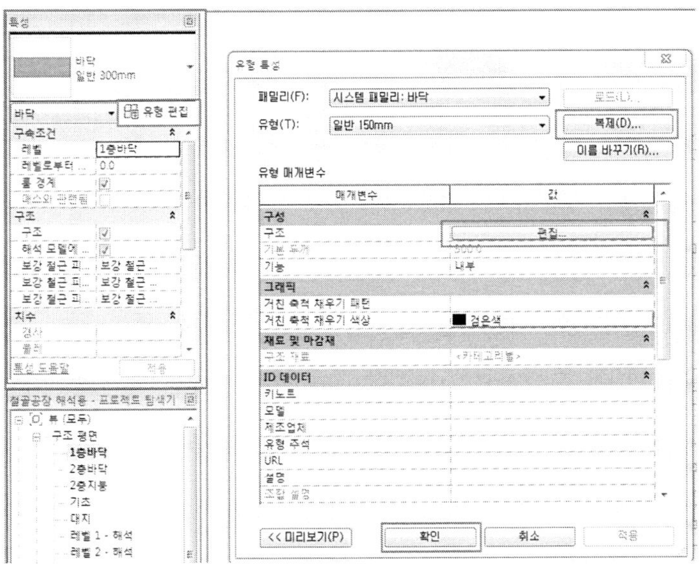

**1층바닥 만들기**

- 구조 / 구조 / 바닥
  ㄴ 바닥 : 구조
- 특성창 : 부재 고르기
  ㄴ 유형 편집하기

다른 부재들과 마찬가지로 왼편에 나타나는 특성창에서 원하는 슬래브 두께를 선택해야 한다. 처음에 로드된 슬래브 패밀리의 두께가 300이므로 다른 부재들과 동일한 방식으로 [유형편집]을 이용해 150mm를 가진 새로운 유형을 추가한다. [유형특성] 창에서 [복제]를 클릭하고 [유형 매개변수 / 값 / 구조]의 [편집]을 선택한다. 그러면 왼편에 보인 [조합편집]이라는 새 창이 뜨는데, 여기서 [두께]를 조정할 수 있다. 150으로 조정하고 [확인]을 누른다.

## 수평부재 만들기 – 바닥 만들기 | Floor Slabs

**바닥 입력 위치 보기**

프로젝트 탐색기 / 구조평면 / 1층 바닥

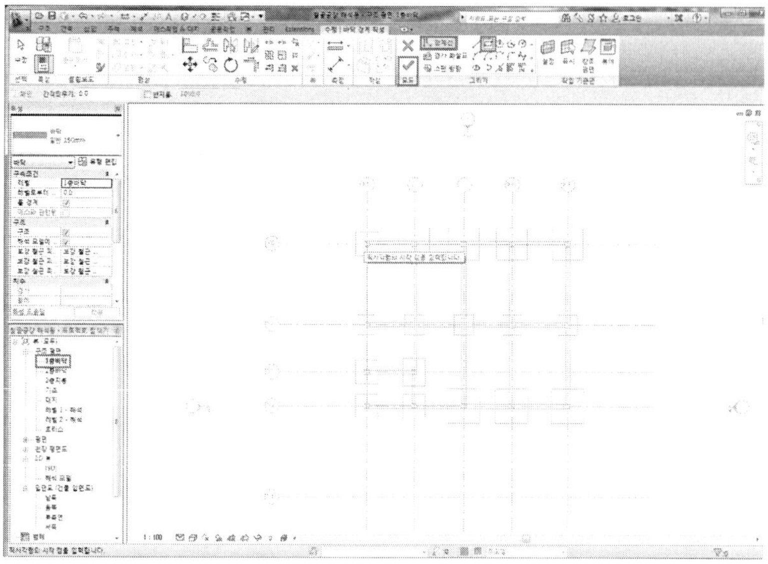

**1층바닥 만들기**

– 구조 / 구조 / 바닥
 └, 바닥 : 구조
  └, 그리기
   └, 완료

상단의 [그리기 ▭] 메뉴에서 [경계선]을 선택하고 사각형 두 점을 지정하는 기능을 이용해 사각형 양 꼭지점을 클릭해 슬래브를 그린다. [완료 ✔] 를 선택해 슬래브를 완성한다.

**입력된 바닥 보기**

프로젝트 탐색기 / 구조평면 / 1층 바닥

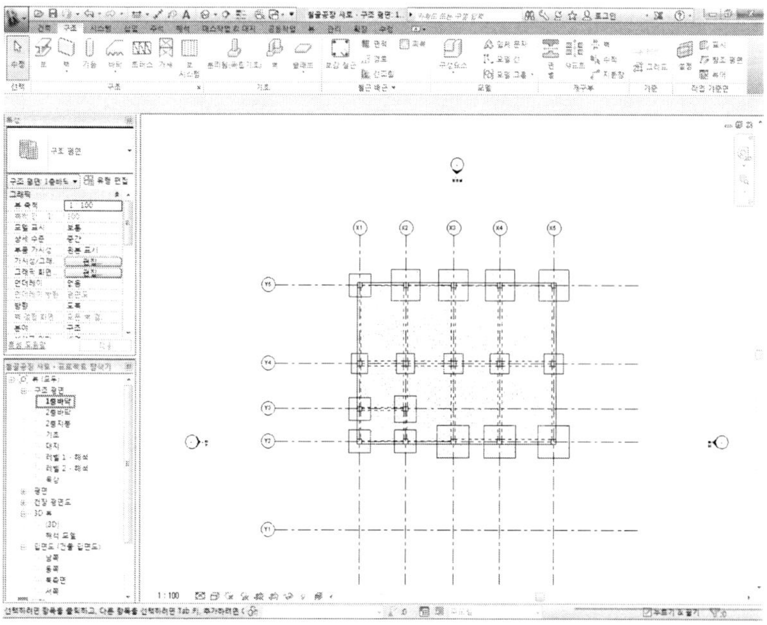

## 1층 철골기둥 만들기 | Structural Columns

1층바닥까지 완성되었으므로, 이제 1층에 철골기둥을 세운다.

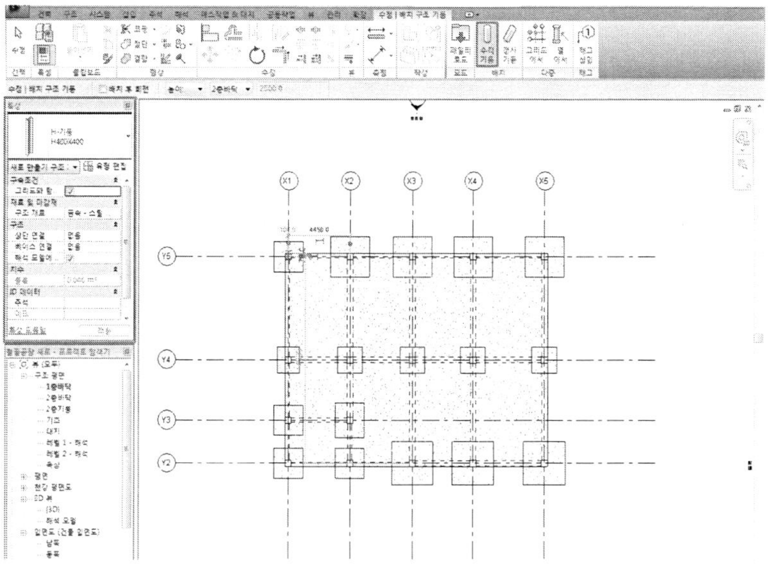

**1층 철골기둥 입력 위치 보기**

프로젝트 탐색기 / 구조평면 / 1층 바닥

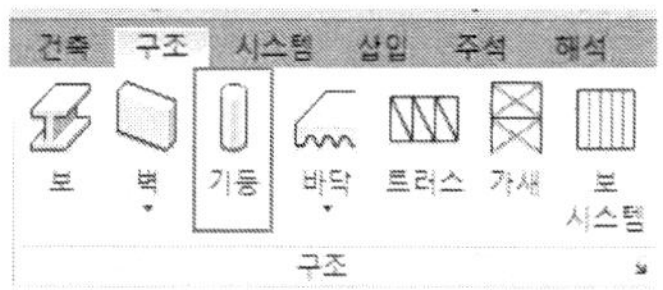


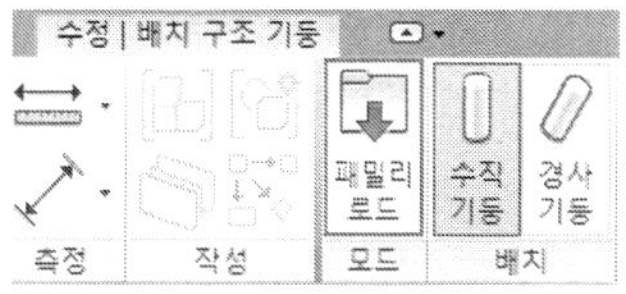


**1층 철골기둥 만들기**

- 구조 / 구조 / 기둥
  ㄴ 배치 / 수직기둥

프로젝트 탐색기에서 [1층 바닥] 레벨을 열고, 이전의 철근콘크리트 기둥입력과 동일한 방식으로 1층 철골기둥을 입력한다.
입력하고자 하는 철골부재는 왼편 특성창에서 선택해야 하는데, 원하는 철골부재가 없을 경우에는 [패밀리로드] 메뉴를 이용해 철골기둥부재 패밀리를 불러온다.

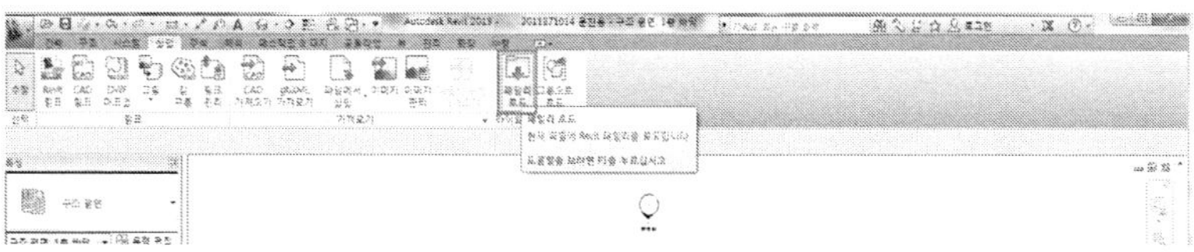

**패밀리로드 보기**

구조 / 구조 / 기둥

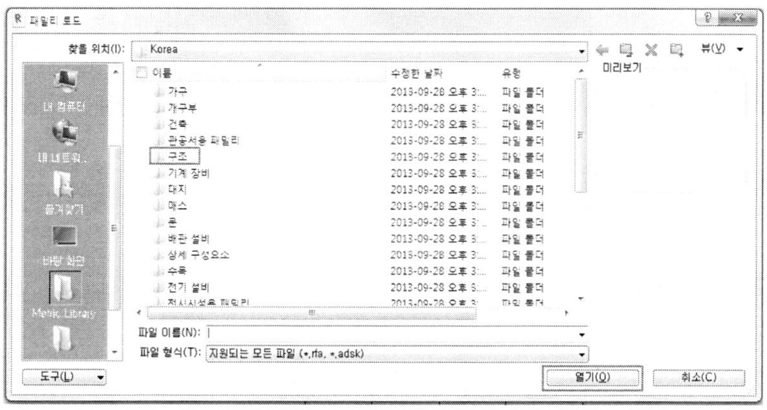

**패밀리로드하기**

수정 | 배치 구조기둥 / 모드 / 패밀리로드

새로운 부재 유형의 기둥패밀리를 불러오기 위해 [수정 | 배치 구조기둥 / 모드 / 패밀리로드] 메뉴를 선택한다. 그러면 화면에 [패밀리로드] 창이 나타나는데 여기서 [구조 / 기둥 / 스틸] 폴더를 차례로 선택해 원하는 철골기둥패밀리를 찾는다.

## 1층 철골기둥 만들기 | Structural Columns

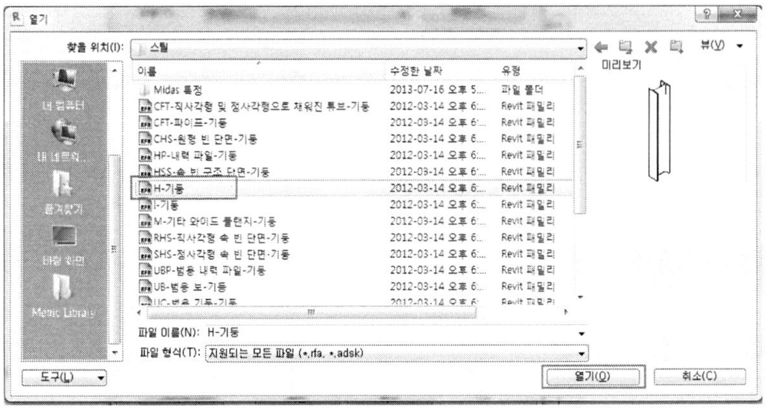

H형강의 철골기둥 패밀리 [H-기둥.rfa]를 선택하였다.

**철골기둥 패밀리 선택하기**

- 패밀리 화일을 찾아 선택
  - ㄴ 열기

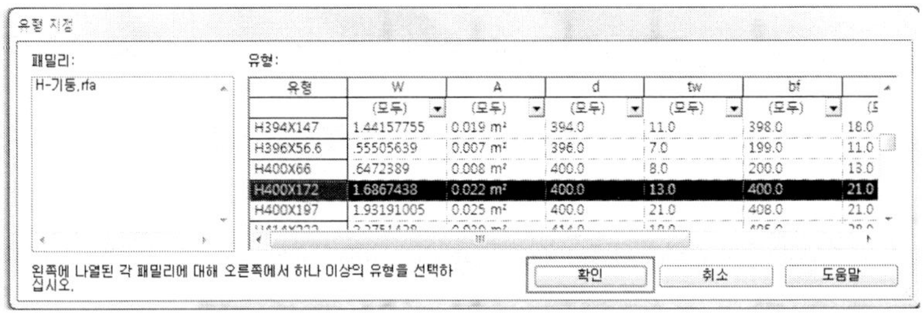

레빗에서 제공된 H형강 패밀리는 '카탈로그' 패밀리이기 때문에 윗 그림과 같이 다양한 사이즈의 부재패밀리 리스트가 나타난다. 여기서 원하는 사이즈를 골라 [확인]을 누르면, 현재 진행하고 있는 프로젝트로 기둥 패밀리가 로드된다.

**1층 철골기둥 입력 위치 보기**

프로젝트 탐색기 / 구조평면 / 1층 바닥

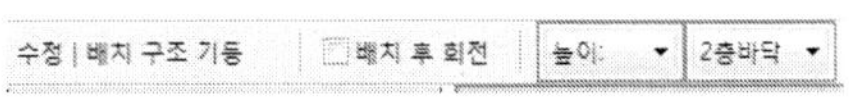


**1층 철골기둥 만들기**

- 구조 / 구조 / 기둥
  - ㄴ 배치 / 수직기둥
    - ㄴ 다중 / 그리드에서

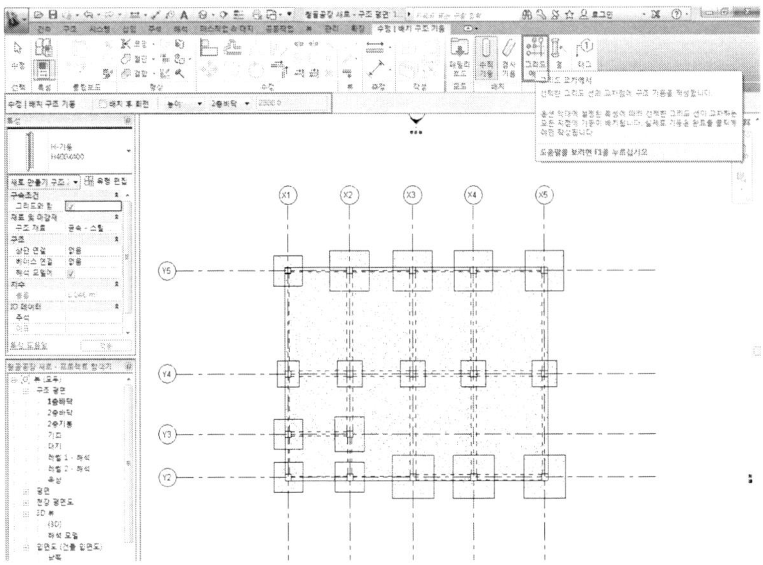

철골기둥 부재를 선택했으면 원하는 위치에 입력하면 된다. 여기서는 그리드에 자동 생성되는 방식으로 입력했는데, 상단메뉴에서 [다중 / 그리드에서]를 선택하고, 모델에서 입력하기 원하는 그리드를 선택한다.

## 1층 철골기둥 만들기 | Structural Columns

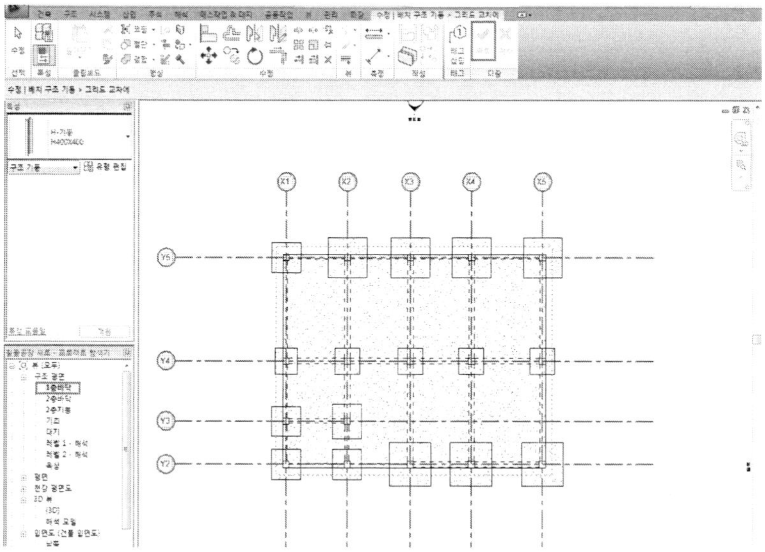

**1층 철골기둥 입력 위치 보기**

프로젝트 탐색기 / 구조평면 / 1층 바닥

**1층 철골기둥 만들기**

- 구조 / 구조 / 기둥
  - ㄴ 배치 / 수직기둥
    - ㄴ 다중 / 그리드에서

입력할 그리드를 선택하면 위 화면처럼 그리드가 파란색으로 활성화되는 것을 볼 수 있다. [완료]를 누르면 선택한 그리드 교차점에 자동으로 기둥이 생성된다.
생성하기 이전에 1층 바닥을 기준으로 위로 세워지는 기둥을 입력하는 것이므로, 왼쪽페이지 그림처럼 상단 옵션바에 있는 항목을 [높이]로 [2층 바닥]에 구속되도록 하는 것을 먼저 확인할 필요가 있다.

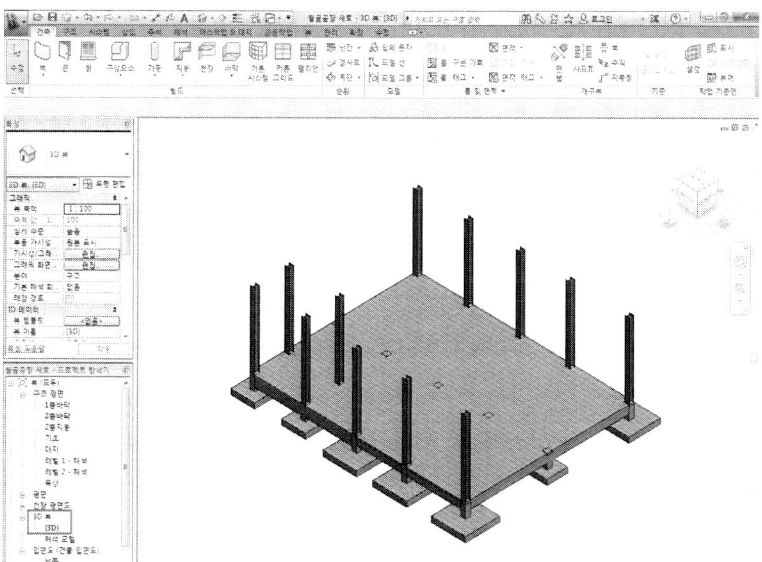

**1층 철골기둥 보기**

프로젝트 탐색기 / 3D 뷰 / 3D

**기둥 주축 변환하기**

- 입력한 기둥 선택
  - ㄴ 스페이스 키

기둥을 입력한 후, 기둥부재의 주축 방향을 바꿀 필요가 있으면 기둥을 선택한 뒤 키보드의 스페이스키를 눌러 전환한다.

## 2층 바닥보 만들기 | Structural Framing

세워진 1층 철골기둥 상단을 연결하는 2층 바닥의 철골 보를 만든다.

**참조평면 그리기**

프로젝트 탐색기 / 구조평면 / 2층 바닥

**참조평면 만들기**

– 구조 / 작업 기준면 / 참조평면

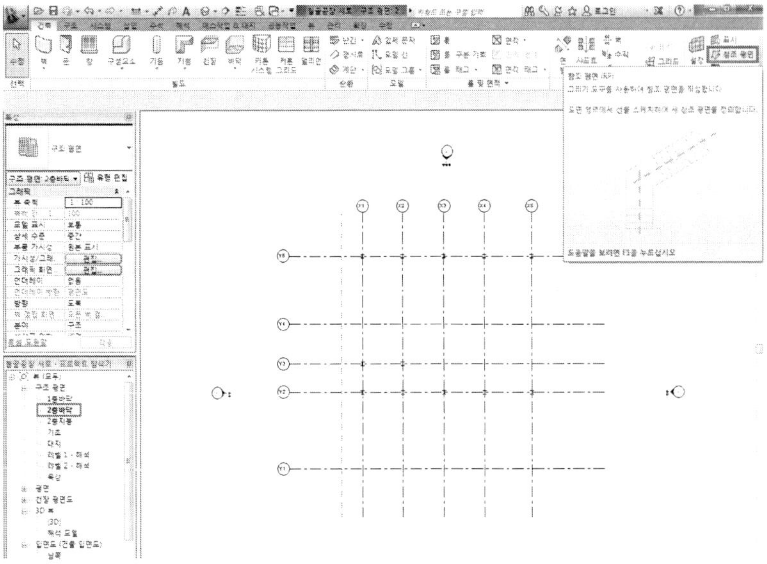

2층 바닥보는 그리드가 있는 기둥 간을 연결하는 큰 보도 있지만 그리드 사이에도 작은 보가 있고 간 사이도 불규칙하므로 2층 작은 보가 들어갈 위치에 참조평면을 그리고 그 참조평면을 기준으로 하여 보를 그려넣고자 한다. 참조평면 그리는 방법은 그리드 그리기와 유사한데, 메뉴에서 [구조 / 작업 기준면 / 참조평면]을 선택해 그린다.

**2층바닥 철골보 입력 보기**

프로젝트 탐색기 / 구조평면 / 2층 바닥

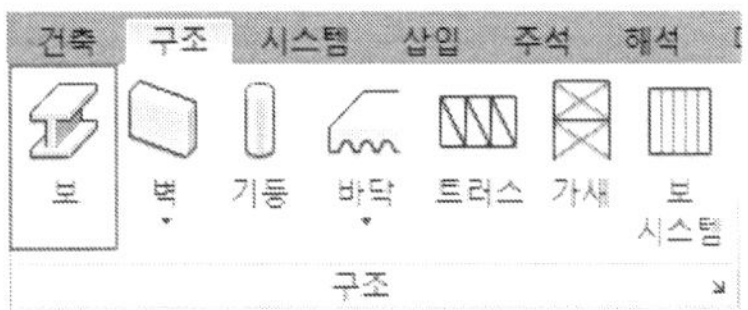


**2층바닥 철골보 만들기**

– 구조 / 구조 / 보
 └ 패밀리로드

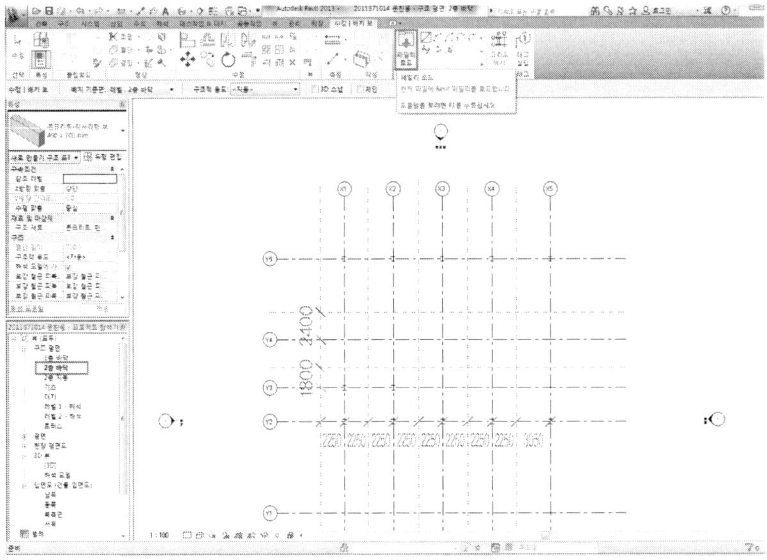


참조평면을 모두 그린 후 2층 바닥보를 입력하기 위해 [구조 / 구조 / 보] 메뉴를 클릭하고, 원하는 보 부재를 입력하게 위해 기둥에서와 마찬가지로 패밀리를 로드한다.

입력한 참조평면의 위치는 그림의 스케치를 참조한다.

## 2층 바닥보 만들기 | Structural Framing

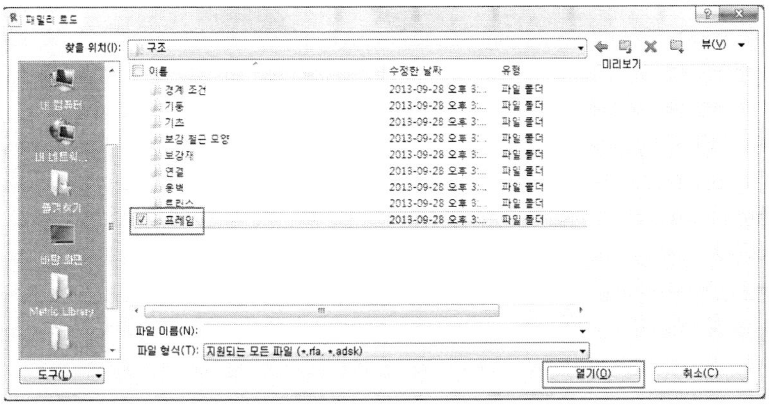


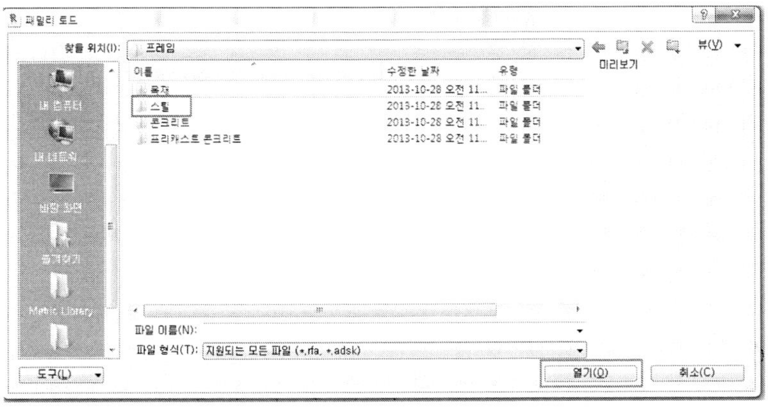


기둥에서와 마찬가지로 [패밀리로드]창에서 [구조 / 프레임 / 스틸] 폴더를 선택해 원하는 철골부재 패밀리를 찾는다.

### 패밀리로드 보기

수정|배치 보 / 모드 / 패밀리로드

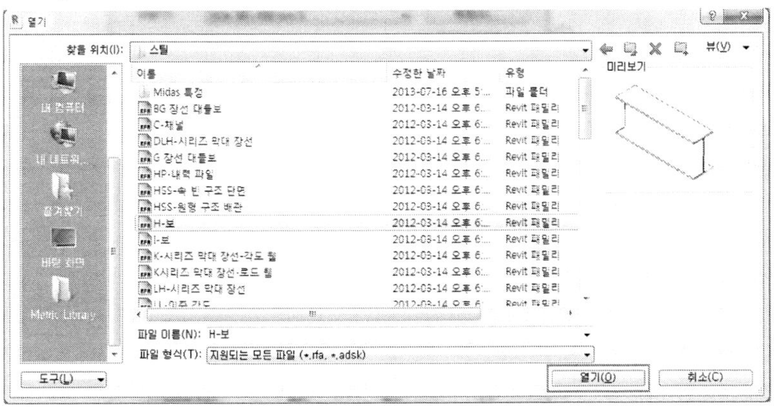


원하는 다양한 철골보 부재유형이 패밀리로 마련되어 있음을 알 수 있다. 여기서는 H형강의 철골보 패밀리 [H-보.rfa]를 선택하였다.

### 철골보 패밀리 선택하기

- 패밀리 화일을 찾아 선택
  └, 열기

## 2층 바닥보 만들기 | Structural Framing

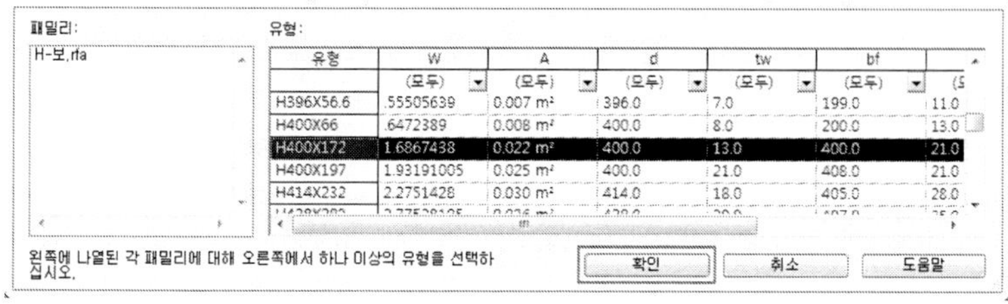


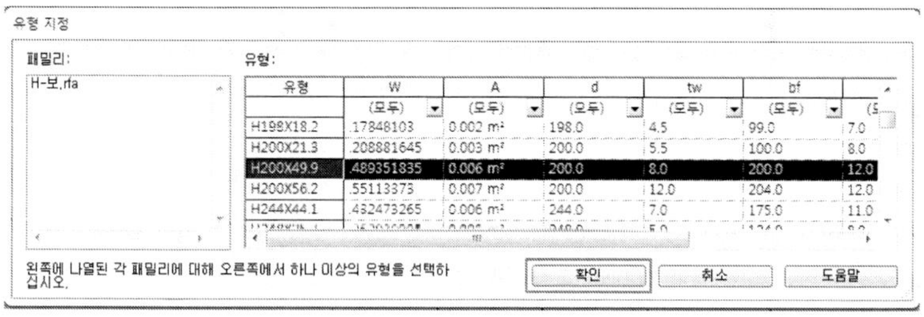


**철골보 패밀리 선택하기**

- 패밀리 파일을 찾아 선택
  - ㄴ 열기
    - ㄴ 카테고리에서 원하는 부재 선택
      - ㄴ 확인

H형강 역시 '카탈로그' 패밀리이기 때문에 부재패밀리 리스트가 나타나고 여기서 원하는 사이즈를 골라 로드하게 된다.
여기서는 기둥과 동일한 H-400×172 부재를 선택했고, 향후 지붕에서 사용하려고 하는 H-200×49.9 부재도 추가로 선택하여 로드하였다.

**2층 바닥 철골보 입력 보기**

프로젝트 탐색기 / 구조평면 / 2층 바닥

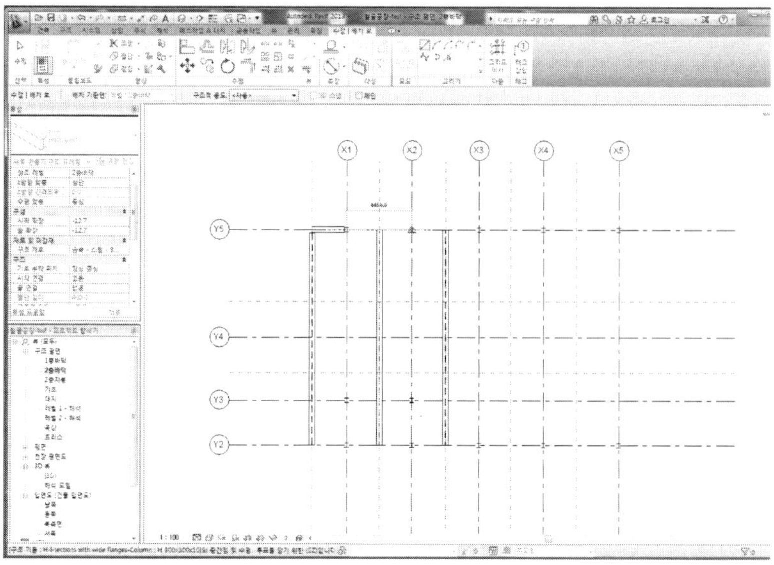

**2층 바닥 철골보 만들기**

- 구조 / 구조 / 보
  - ㄴ 참조평면과 그리드를 따라 배치

기준선을 마련하고 부재유형을 로드하였으면, [구조 / 구조 / 보]의 메뉴를 이용해 철골보를 2층 바닥에 그려넣는다.

## 2층 바닥보 만들기 | Structural Framing

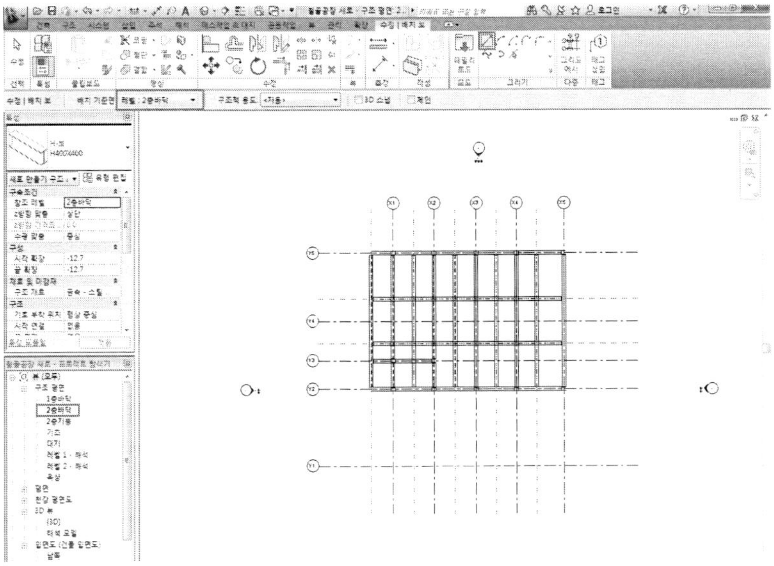

**2층 바닥 철골보 입력 보기**

프로젝트 탐색기 / 구조평면 / 2층 바닥

2층 바닥 철골보를 모두 그려넣은 모습이다. 보를 그려넣을 때는 상단 옵션바에 있는 [배치기준면]을 확인하고, 해석선이 연결될 수 있도록 부재 중심선간을 연결할 수 있도록 주의하며 그린다.

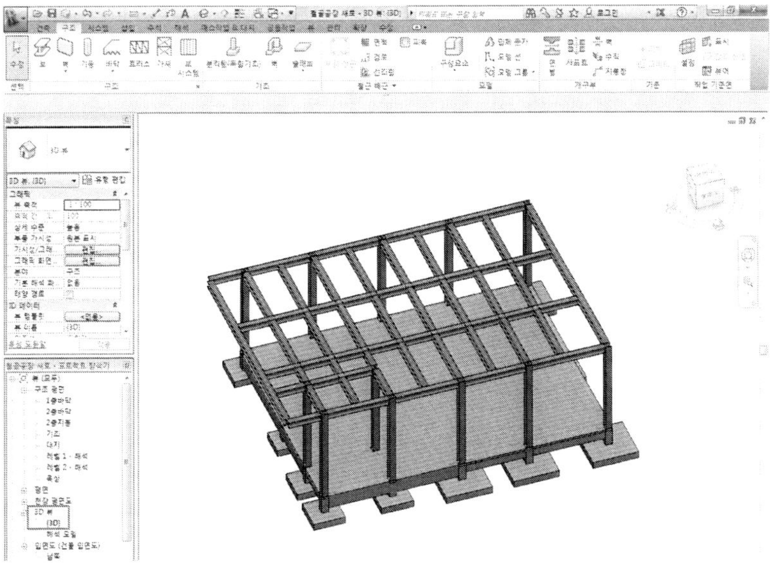

**입력한 모델 보기**

프로젝트 탐색기 / 3D 뷰 / 3D

2층 바닥보까지 완성된 모델 모습을 3D 뷰에서 확인할 수 있다.

## 2층 바닥슬래브 만들기 – 데크플레이트 | Floor Slabs

2층바닥은 데크플레이트로 가정하였다. 콘크리트부분의 두께는 125mm, 금속데크높이는 50mm인 데크플레이트를 모델링하기로 한다.

**바닥 입력 위치 보기**

프로젝트 탐색기 / 구조평면 / 2층 바닥

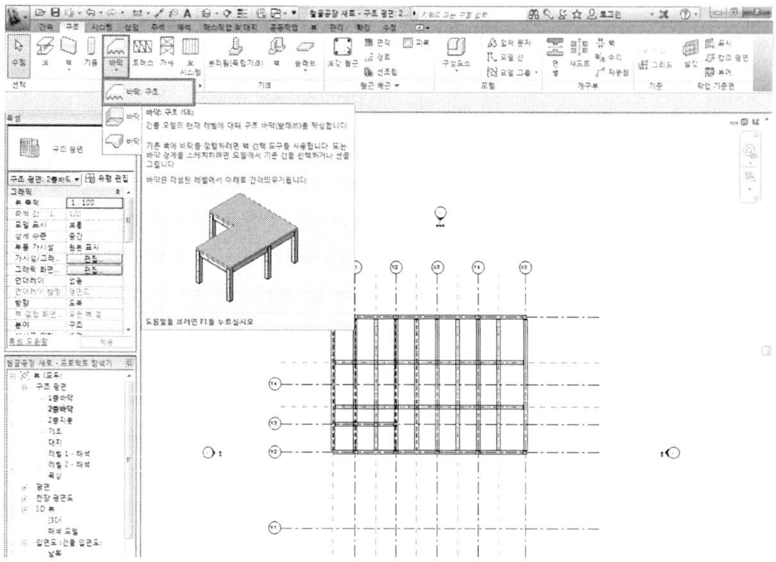

**2층 바닥 만들기**

- 구조 / 구조 / 바닥
  - ㄴ 바닥 : 구조
    - ㄴ 특성창에서 부재 선택하기

바닥을 그리기 위해 [구조 / 구조 / 바닥 : 구조] 메뉴를 선택하고 왼편의 특성창에서 원하는 데크슬래브 유형을 선택한다.

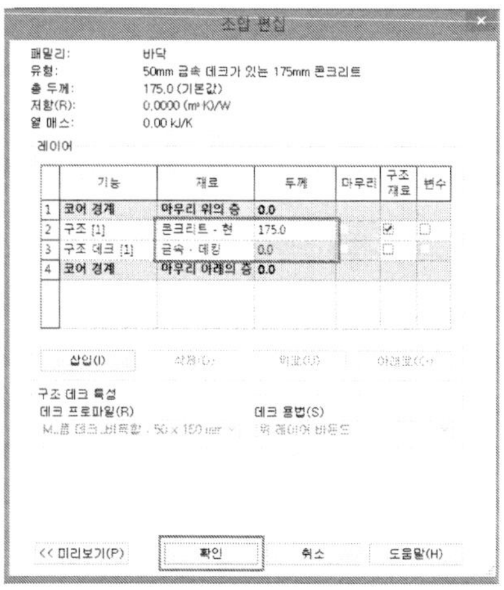

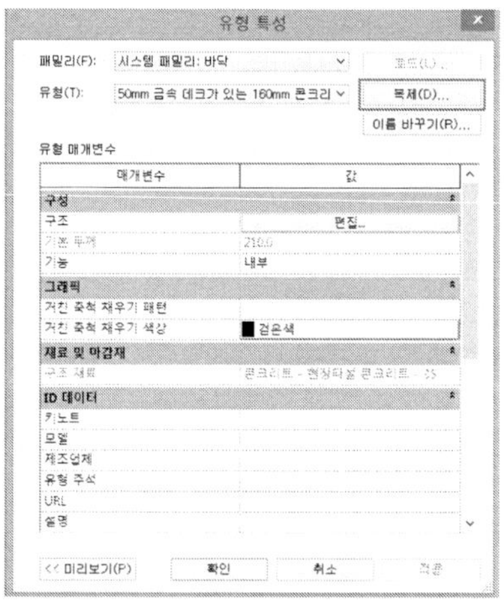

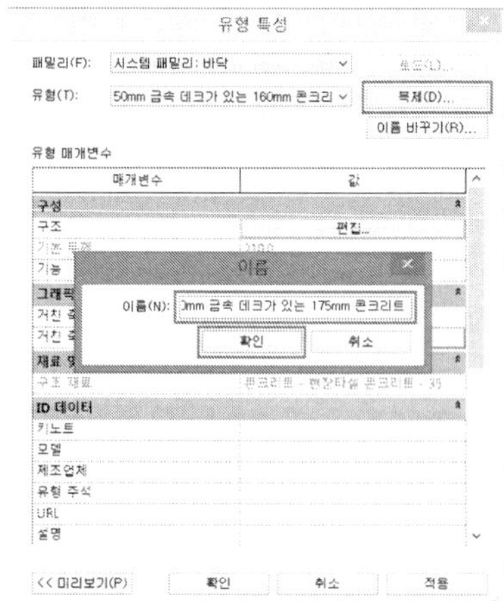

입력하고자 하는 슬래브와 동일한 유형이 없으므로, 일단 [50mm 금속데크가 있는 160mm 콘크리트]를 선택한다. [유형편집]을 눌러 [유형특성] 창을 띄우고 [복제]를 하여 만들려고하는 데크플레이트의 이름을 입력한다. [편집]을 클릭해 세부정보를 수정한다. [50mm 금속데크가 있는 175mm 콘크리트]로 명칭을 수정하고, 콘크리트 125mm, 금속데크 50mm으로 설정한다. [구조 데크 특성 / 데크 프로파일]을 이용해 금속데크판의 속성도 변경할 수 있다.

## 2층 바닥슬래브 만들기 – 데크플레이트 | Floor Slabs

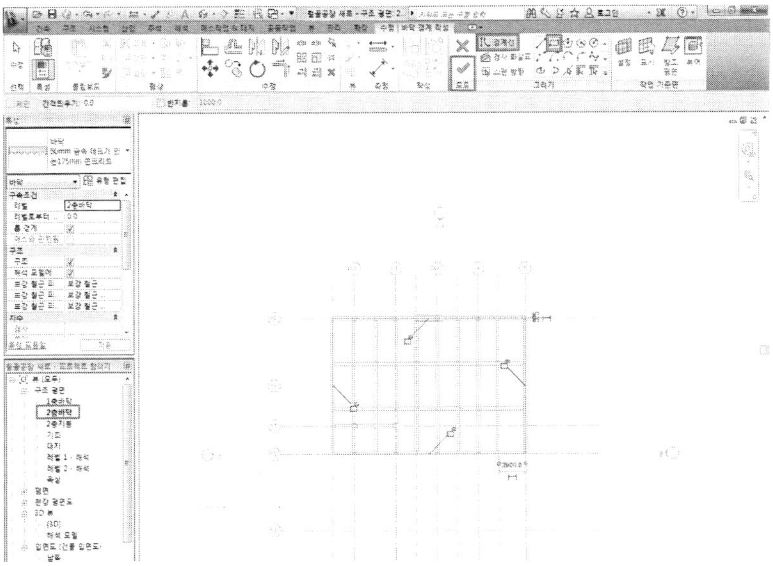

**바닥 입력 위치 보기**

프로젝트 탐색기 / 구조평면 / 2층 바닥

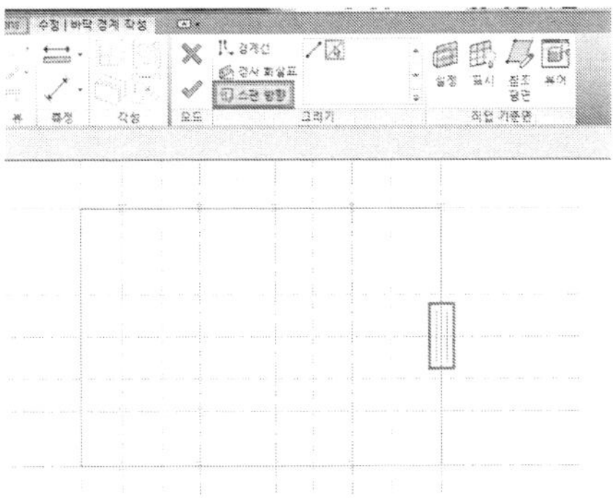

**2층바닥 만들기**

- 구조 / 구조 / 바닥
  - ㄴ 바닥 : 구조
    - ㄴ 특성창에서 부재 선택하기
      - ㄴ 경계선 선택
        - ㄴ 그리기
          - ㄴ 완료

1층 슬래브를 작업했을 때와 마찬가지로 [경계선]과 [그리기]를 이용해 데크플레이트 영역을 설정하고 그린다. 그리고 [완료 ✔ ]를 선택해 슬래브를 완성한다. 오른편의 그림처럼 [그리기 / 스팬방향] 메뉴를 이용하면 데크플레이트의 골방향을 수정할 수 있다. 원하는 방향의 분홍색 테두리를 클릭하면 된다.

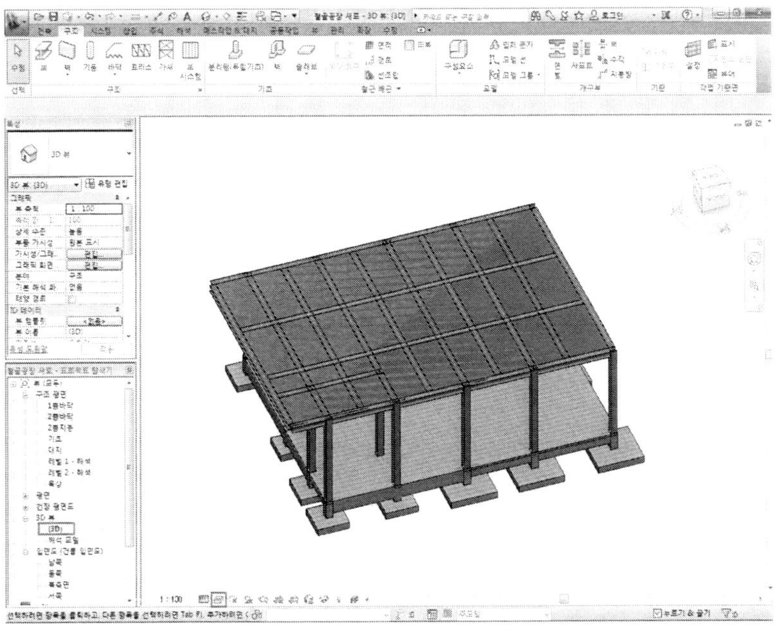

**입력한 모델 보기**

프로젝트 탐색기 / 3D 뷰 / 3D

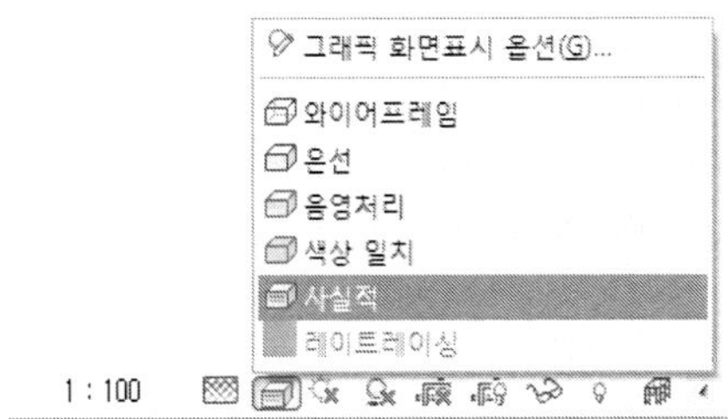


2층 바닥까지 완성한 모습을 3D로 볼 수 있다.
이미지를 하단 옵션바에서 [사실적]으로 변경하였다.

## 2층 만들기 | Copying Models to Other Levels

유사한 형식을 가진 다층골조의 경우, 완성된 골조를 복사하여 상부층을 만드는 것이 편리하다.

**입면 보기**

프로젝트 탐색기 / 입면도 / 남쪽

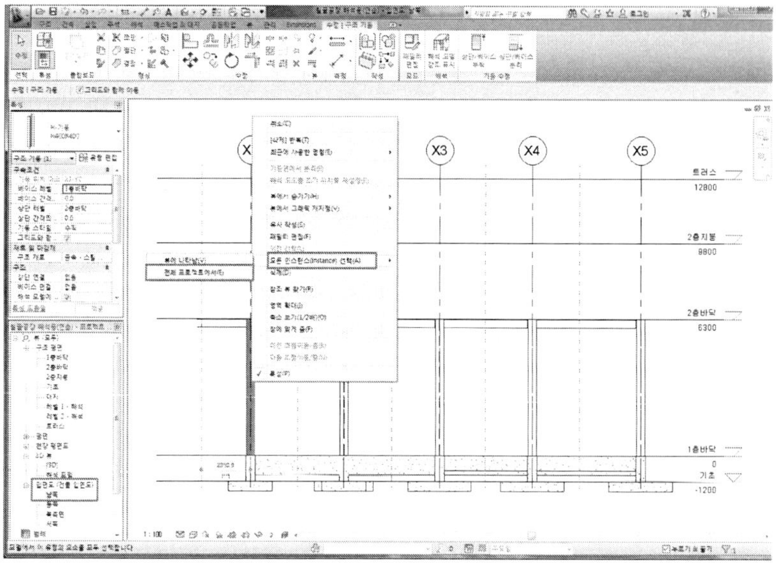

**1층 기둥 복사하기**

– 1층 기둥 선택하기

어느 뷰에서나 선택이 가능하지만 여기서는 [남쪽] 뷰로 입면을 보였다. 기둥을 하나 선택해 우클릭하고 [모든 인스턴스 선택 / 전체프로젝트에서]를 선택하면 전체 모델에서 동일한 특성을 가지는 유형이 선택된다.

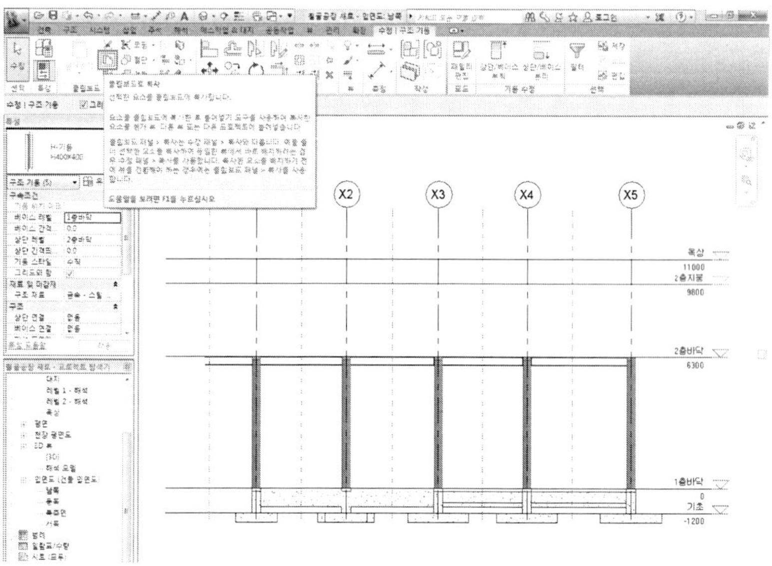

**1층 기둥 복사하기**

– 1층 기둥 선택하기

└ 수정 | 구조기둥 / 클립보드 / 클립보드로 복사

원하는 부재가 선택되었으면 이를 상단의 [수정 | 구조기둥 / 클립보드 / 클립보드로 복사]를 이용해 복사해둔다.

## 2층 만들기 | Copying Models to Other Levels

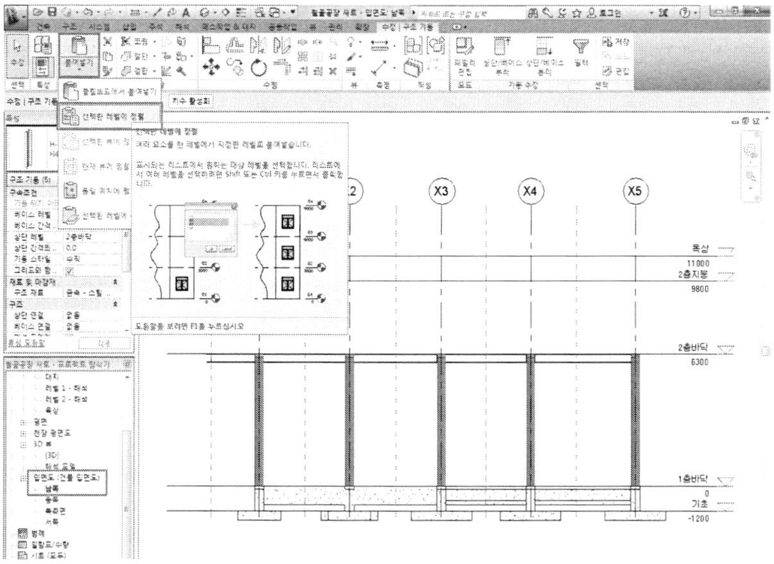

### 입면 보기

프로젝트 탐색기 / 입면도 / 남쪽

### 1층기둥 복사하기

– 수정 | 구조기둥 / 클립보드 / 붙여넣기

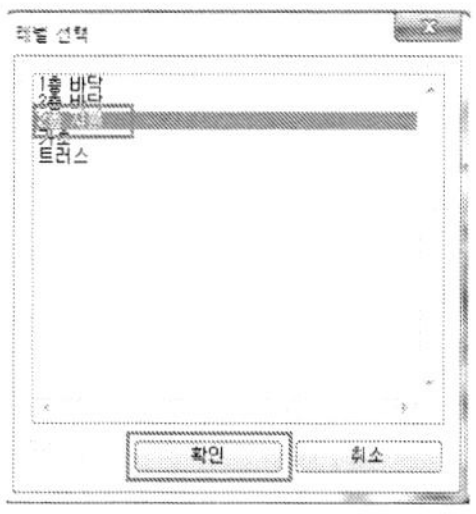


클립보드에 복사해 놓은 것을 [수정 | 구조기둥 / 클립보드 / 붙여넣기] 메뉴를 이용해 붙여넣는다. 우측에 나타낸 것처럼 이 메뉴의 하부메뉴에는 붙여넣는 정렬방법이 몇가지 나타나는데, 이 중에서 [선택한 레벨에 정렬]을 이용해 원하는 위치에 간단히 붙일 수 있다. 2층 기둥을 만들 것이므로 왼편에 보이는 선택창에서 [2층 지붕]을 선택한다.

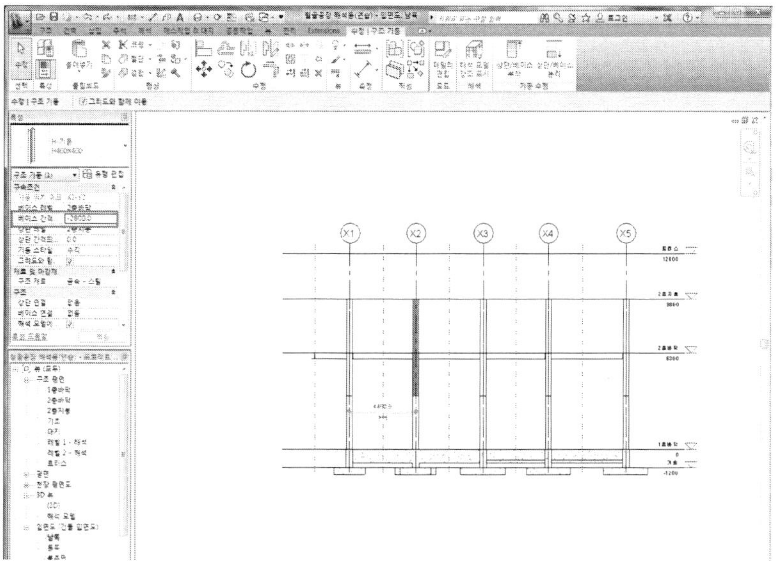

### 입면 보기

프로젝트 탐색기 / 입면도 / 남쪽

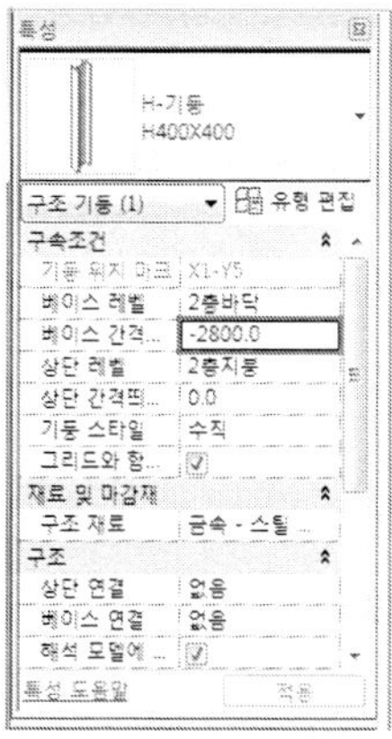


예제의 모델에서는 1층 기둥과 2층 기둥의 길이가 다르기 때문에 복사해 만든 2층 기둥의 아래가 1층과 겹치는 것을 볼 수 있다.
왼쪽의 특성창에서 베이스 레벨이 [2층 바닥] 레벨에 위치할 수 있도록 [베이스 간격]을 0으로 수정해준다.

## 2층 만들기 | Copying Models to Other Levels

**입면 보기**

프로젝트 탐색기 / 입면도 / 서쪽

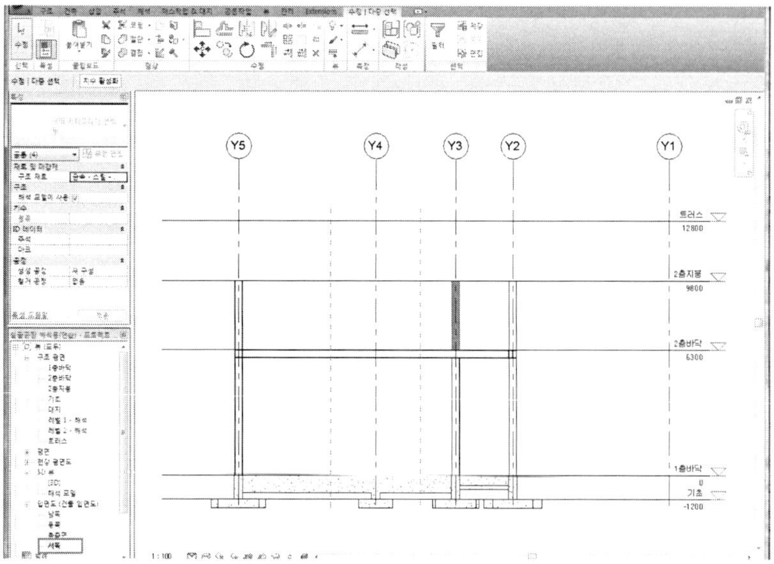


1층과 동일하게 복사된 내부기둥은 선택해 삭제하였다.

**완성된 모델 보기**

프로젝트 탐색기 / 3D 뷰 / 3D

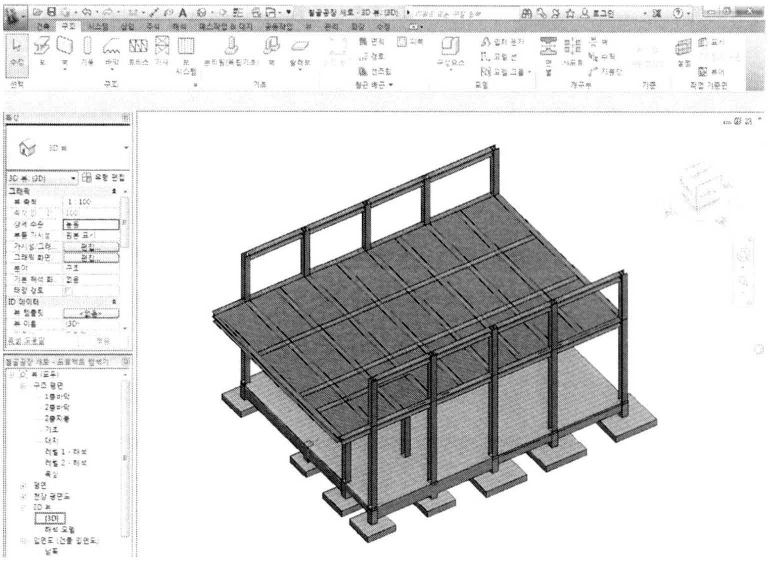

동일한 방법으로 2층 바닥의 보를 복사하여 기둥과 동일한 방법으로 2층기둥 상부, [2층 지붕] 레벨에 붙여 완성한 모델의 모습이다.

## 지붕 만들기 – 트러스 만들기 | Trusses

2층의 지붕을 이루고 있는 트러스를 모델링하여 입력한다.

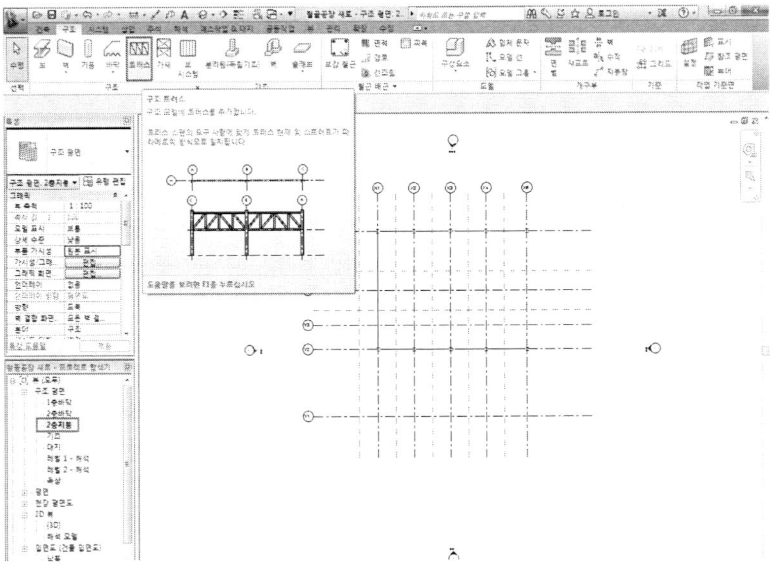

**트러스 입력 화면**

프로젝트 탐색기 / 구조평면 / 2층 지붕

**트러스 그리기**

– 구조 / 구조 / 트러스

트러스도 보그리기와 유사하게 레벨화면을 열고, [구조 / 구조 / 트러스] 메뉴를 이용하여 입력한다. 여기서는 트러스가 놓여질 [2층 지붕] 레벨을 열고 트러스 명령을 클릭한다.

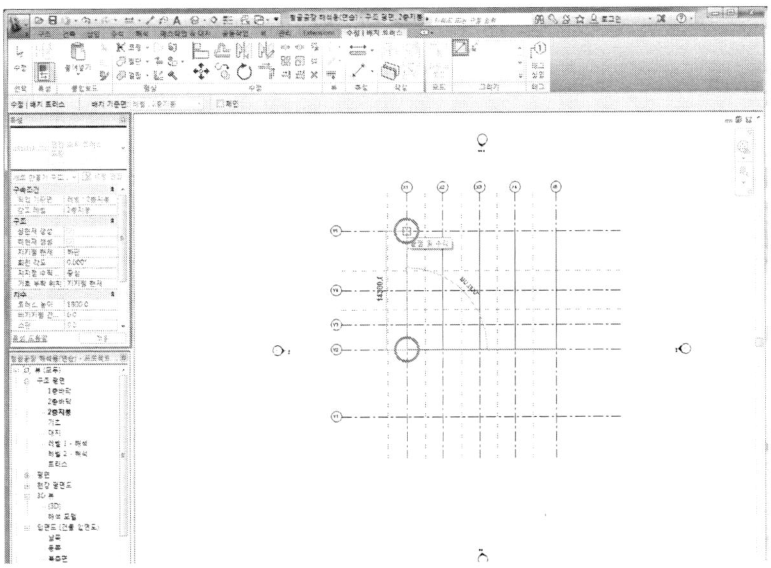

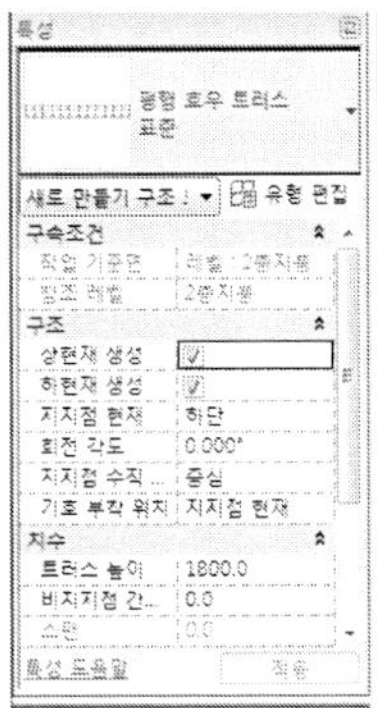

**트러스 그리기**

– 구조 / 구조 / 트러스

ㄴ 특성창 : 트러스 유형 고르기

ㄴ 지점 클릭해 그리기

왼편 특성창에서 원하는 트러스 패밀리를 선택할 수 있다. 패밀리로드가 필요할 때는 다른 부재입력법과 동일하게 [모드 / 패밀리로드]를 선택하고 [구조 / 트러스] 폴더 중에 있는 트러스 패밀리를 선택해 로드한다. 여기서는 [평행 호우 트러스 표준] 패밀리를 선택하고 Y2 지점과 Y5 지점을 클릭해 트러스를 그렸다.

# 지붕 만들기 – 트러스 만들기 | Trusses

**트러스 수정 화면**

프로젝트 탐색기 / 입면도 / 서쪽
└, 트러스 선택

**트러스 수정하기**

– 구조 / 구조 / 트러스

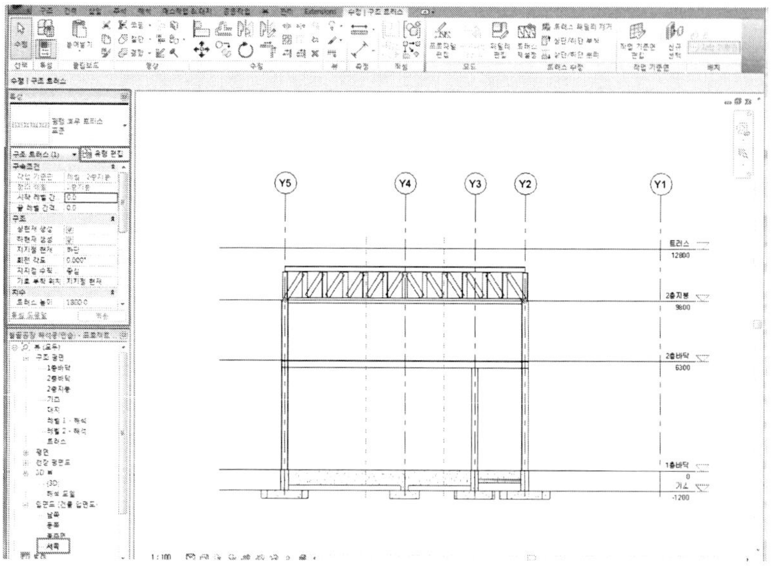


입력한 트러스를 [서쪽]입면을 이용해 확인해보자. 우리가 원하는 박공형의 트러스가 아니다.
원하는 트러스로 수정하기 위해 트러스를 선택해보면, 윗 화면처럼 트러스 메뉴의 하위메뉴와 트러스 유형을 수정할 수 있는 특성창이 나타난다.

**트러스 유형수정 화면**

특성창 / 유형 편집

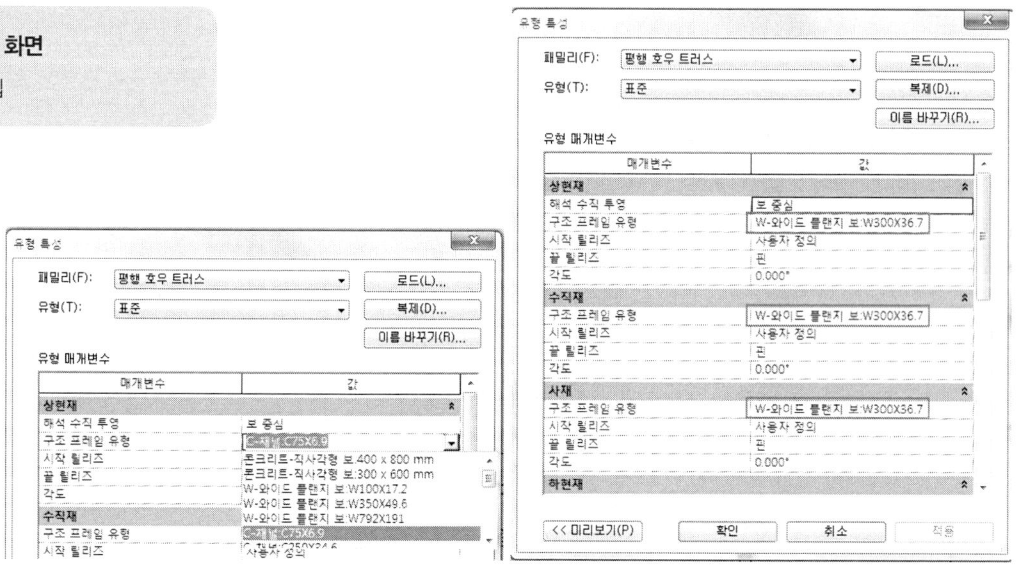


특성창의 [유형편집]을 클릭하면 위와 같은 [유형특성] 창이 나타난다. 여기서 [구조프레임 유형]을 수정해 트러스 각 현재의 속성을 변화시킨다.
(미리 [패밀리로드]로 불러놓은 부재타입으로만 수정할 수 있다.)

## 지붕 만들기 – 트러스 만들기 | Trusses

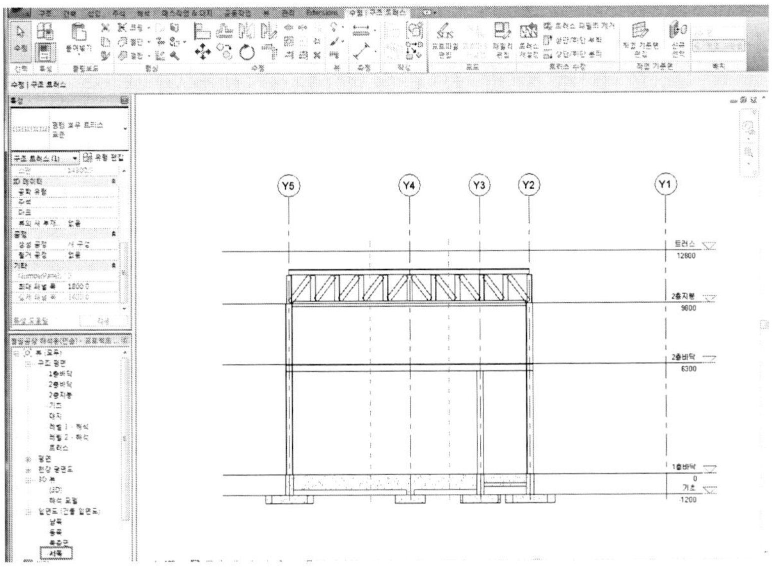

**트러스 수정 화면**

프로젝트 탐색기 / 입면도 / 서쪽
└ 트러스 선택

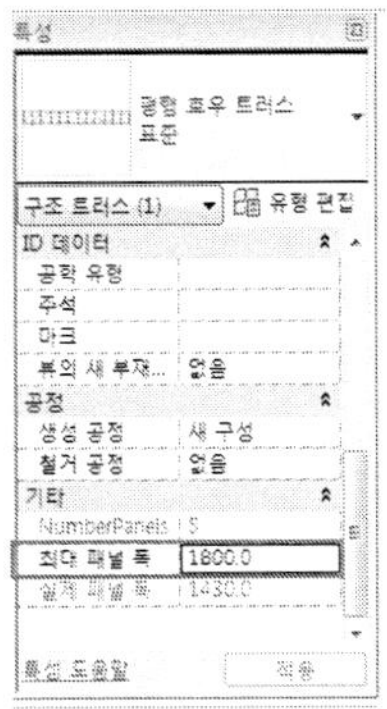

트러스의 특성창에서 웨브패널의 개수를 변화시킬 수 있다. 특성창의 하단에 [기타 / 최대 패널 폭] 항목의 있는 치수를 [1800]으로 늘려서 웨브패널의 개수를 총 10개로 수정하였다.

**트러스 웨브패널 개수 수정**

– 특성창 : 기타 / 최대 패널 폭
└ 수정치수 입력

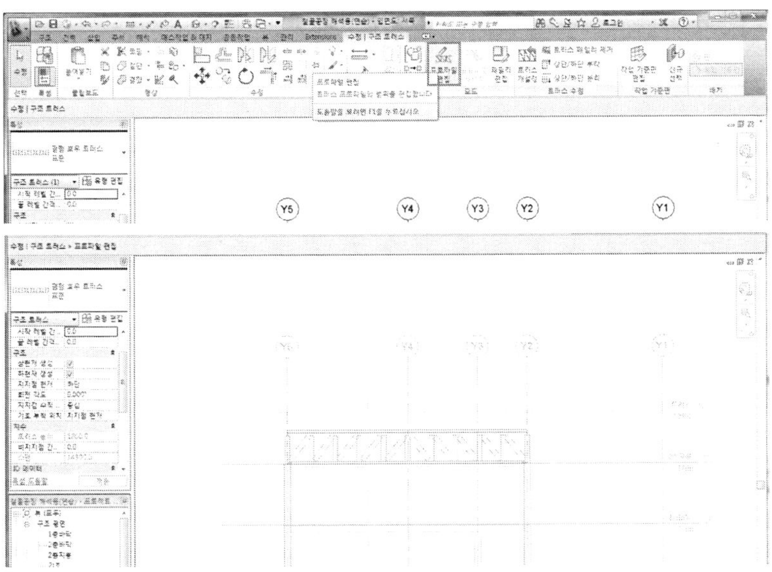

**트러스 수정 화면**

프로젝트 탐색기 / 입면도 / 서쪽
└ 트러스 선택

**트러스 입면형상 수정**

– 수정 | 구조트러스 / 모드 / 프로파일 편집

트러스의 입면형상을 수정하기 위해서 트러스 하위메뉴 중에 [프로파일 편집]을 클릭한다. 그러면 붉은색과 파란색으로 편집이 가능한 상하현재 선이 나타난다.

## 지붕 만들기 – 트러스 만들기 | Trusses

**트러스 입면수정 화면**

프로젝트 탐색기 / 입면도 / 서쪽
└, 트러스 선택
└, 프로파일 편집

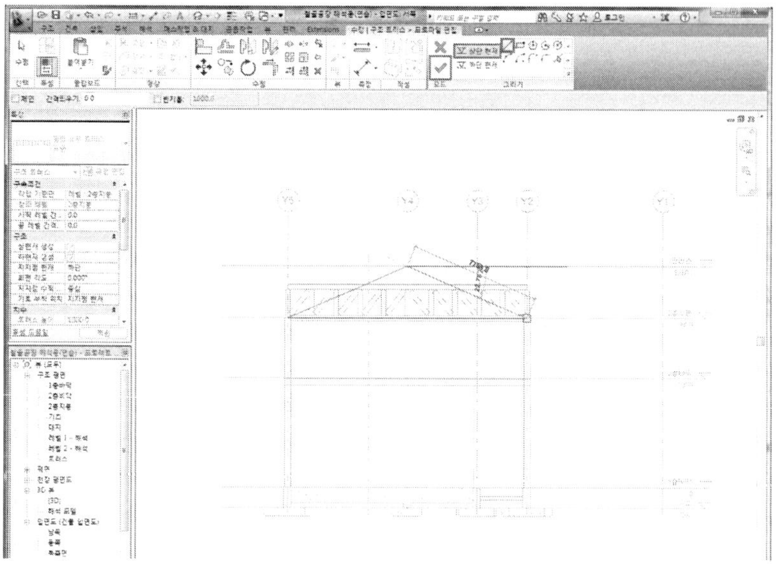

**트러스 입면형상 수정**

– 수정 | 구조트러스 / 모드 / 프로파일 편집
└, 상단 현재 편집

[상단 현재 편집]을 클릭한 후 원래 있던 평행하는 상단현재선은 선택해 지우고, 산 모양의 상현재를 새로 그린다. 산형 트러스의 높이를 정확하게 맞출 수 있도록 미리 레벨을 그려두는 것이 바람직하다.

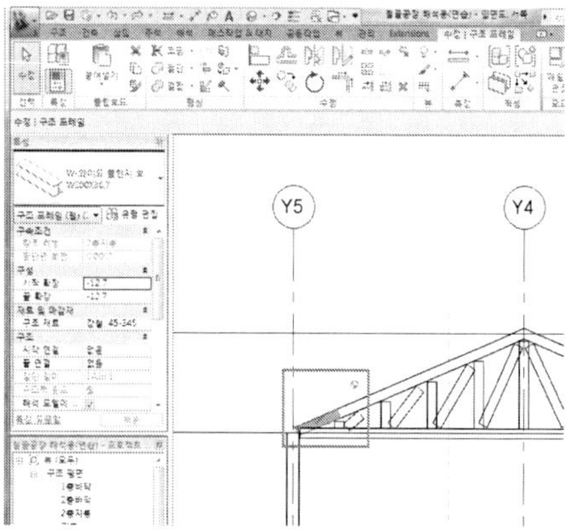

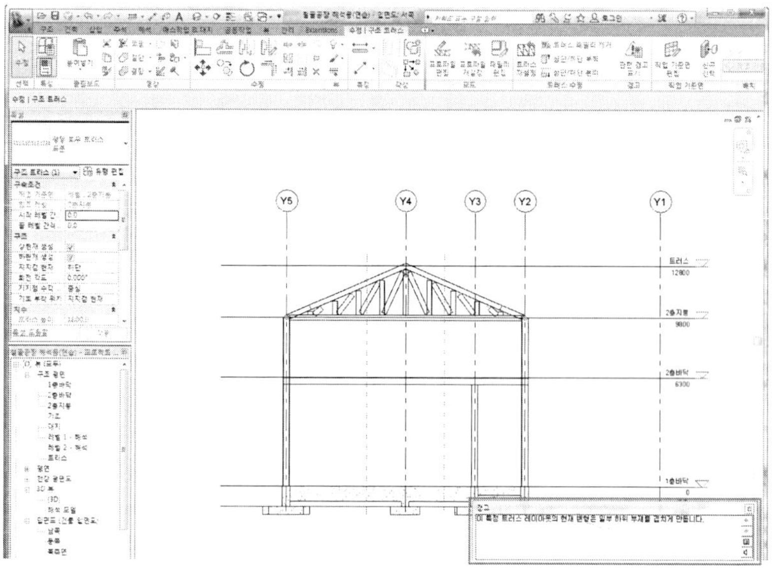

프로파일 편집을 완료하고 [완료 ✔ ]를 누르면 윗 그림과 같이 자동으로 박공형의 트러스가 완성된다.

하단에 겹치는 부재가 있다는 경고메세지가 보이는데, 평행하던 현재가 경사지면서 양 끝단에 있던 경사재가 상현재에 겹쳐져 모델링된 것을 짐작할 수 있다. 'tab' 키를 누르고 삭제하려는 부재를 선택하면 왼편의 이미지처럼 'del' 키로 삭제할 수 있다.

## 지붕 만들기 – 트러스 만들기 | Trusses

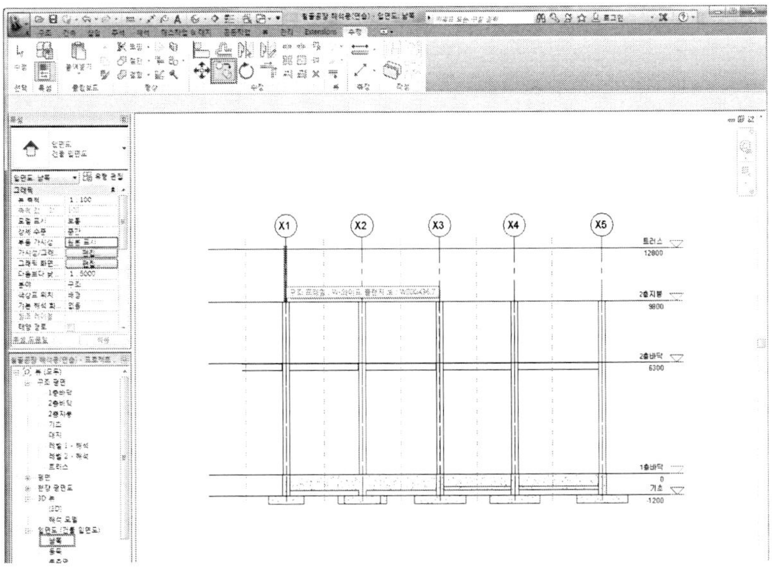

**트러스 복사하기**

프로젝트 탐색기 / 입면도 / 남쪽

완성한 하나의 트러스를 여러 개 복사해서 입력할 수 있다. [수정 / 수정 / 복사] 메뉴를 클릭하고, 복사할 트러스개체를 선택한다. 선택이 완료된 후 스페이스키를 누르면 파란점선이 생겨 선택된 것을 알 수 있게 해주는데, 이때 복사기준점을 선택할 수 있다.

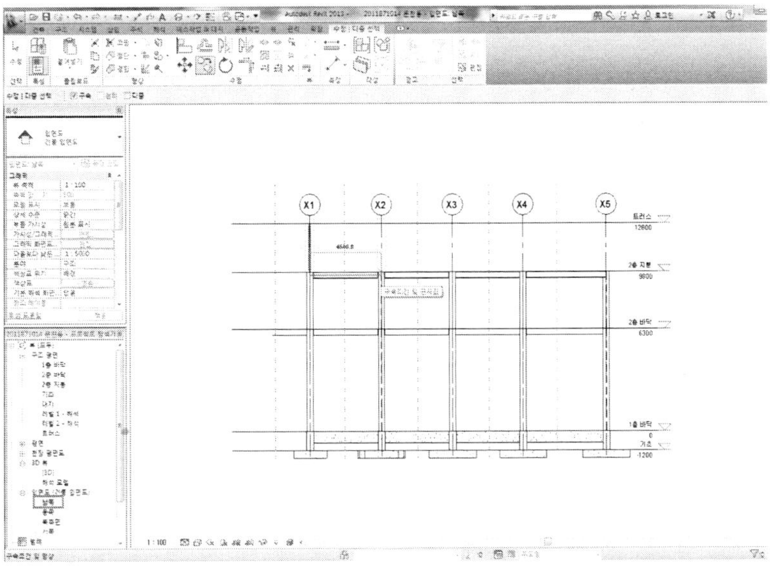

**트러스 복사하기**

– 수정 / 수정 / 복사

복사 개체의 기준점을 [2층 지붕] 레벨과 트러스중심점으로 선택하였고, 옆으로 포인트를 옮겨서 X2 그리드 열에 위치하도록 클릭해준다. 동일한 방법으로 X1에서 X5열까지 트러스를 복사해 입력해준다.

## 지붕 만들기 – 트러스 만들기 | Trusses

**입력된 트러스 보기**

프로젝트 탐색기 / 입면도 / 남쪽

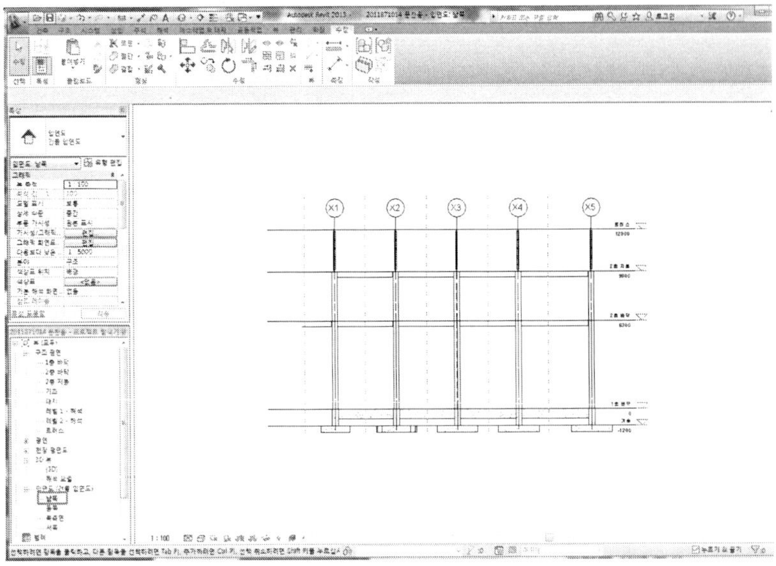

| 복사되어 정렬된 트러스 모습을 볼 수 있다.

**입력된 트러스 보기**

프로젝트 탐색기 / 3D 뷰 / 3D

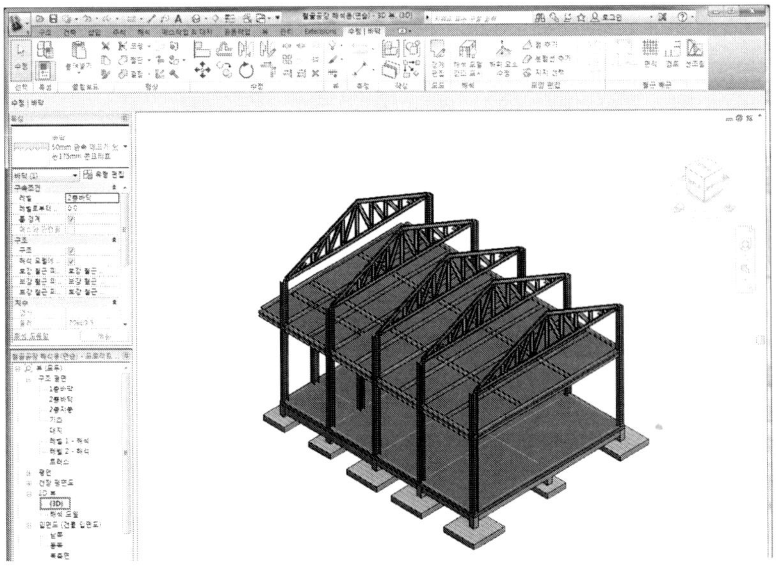

| 입력된 트러스와 전체 모델의 모습을 3D 뷰로 확인할 수 있다.

## 지붕 만들기 – 트러스 연결보 만들기 | Roof

지붕면을 이루고 있는 트러스 사이의 연결보를 모델링하여 입력한다.

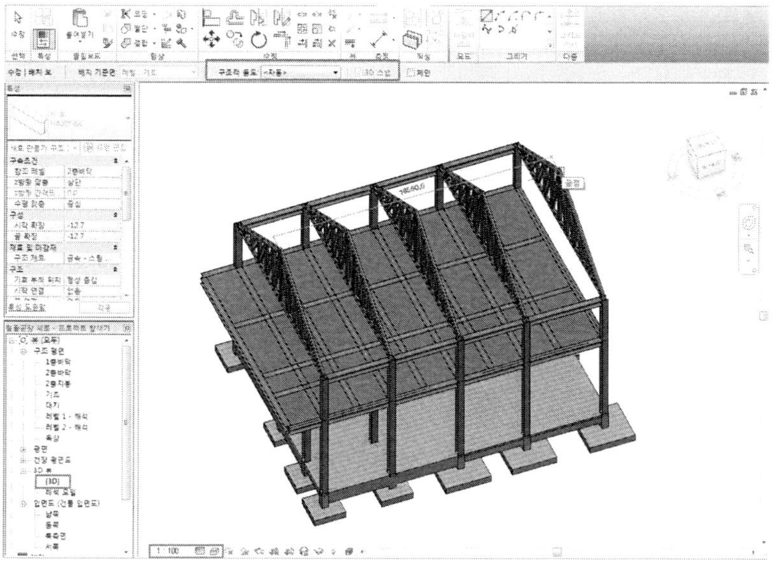

**보 입력 위치 보기**

프로젝트 탐색기 / 3D 뷰 / 3D

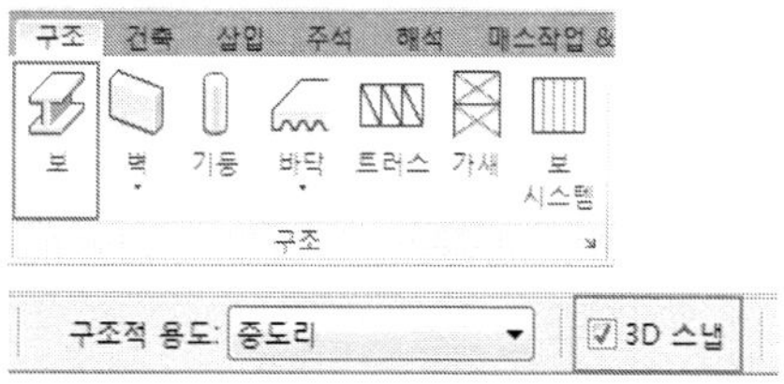


**지붕 연결보 만들기**

– 구조 / 구조 / 보

수평바닥면에 입력하던 이전의 보들과는 달리, 경사진 면의 보는 레벨을 참조하기가 쉽지 않으므로, 3D 뷰를 열고 [구조 / 구조 / 보] 메뉴를 이용해 입체적으로 입력한다.
특성창에서 이미 앞에서 로드한 H–200×49.9 사이즈의 보를 선택하고, 상단 옵션바에서 3D 스냅에 체크한다. 보의 연결지점을 클릭하여 보를 입력한다. 3D 스냅 입력 시에는 뷰상태를 하단의 옵션바에서 1:100 [와이어프레임]을 선택한 화면을 이용하는 것이 편리하다.

시작점으로 가져가면 붉은색 □ 표시로 엔드점을 클릭할 수 있음이 나타난다.

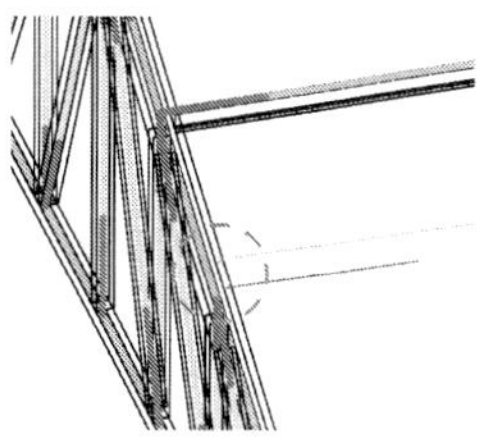

시작점을 클릭한 후 끝점으로 가져가면 붉은색 ×표시로 교차점을 클릭할 수 있음이 나타난다.

**Tip** 3D 스냅으로 입력할 때에는 화면에 따라 입력이 잘 되지 않는 경우도 발생한다. 다이나믹 뷰를 움직여 입력이 가능한 뷰를 만드는 것이 우선. 그리고 연결하려하는 절점에 마우스를 가져가면 여러 스냅점이 나타나는데, 가능한 정확한 위치를 찾아 입력해 해석 연결의 오차를 줄이도록 한다.

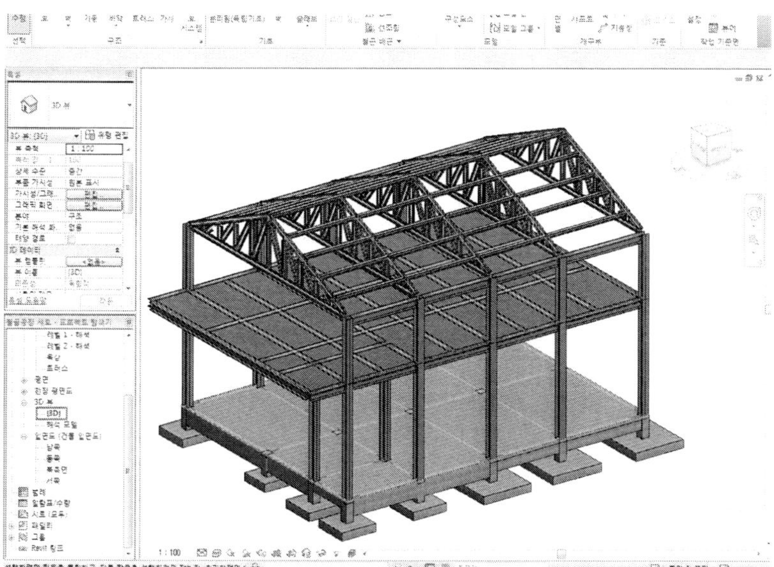

이제까지 입력한 구조모델 전체를 3D 뷰로 확인할 수 있다.

# 02 구조모델을 해석하기

Analysing Structural Model

철골구조에서도 Robot Structural Analysis Professional과 연동하여 레빗으로 작성한 구조모델을 해석하는 과정을 보이도록 한다.

## 해석을 위한 준비 – 레빗에서 해석을 위한 조정을 한다 | Analytical Adjust

**해석모델 확인하기**

프로젝트 탐색기 / 3D 뷰 / 3D

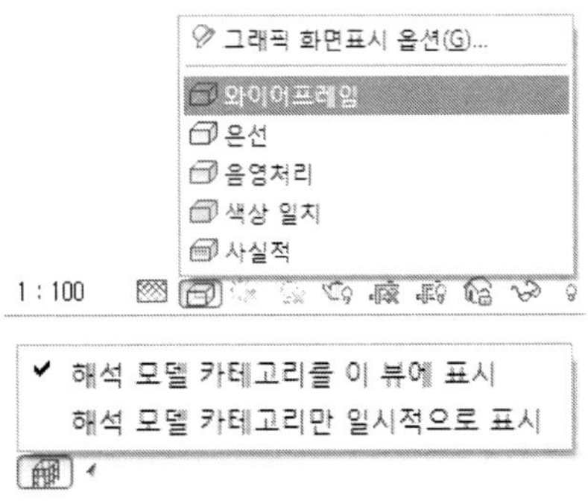


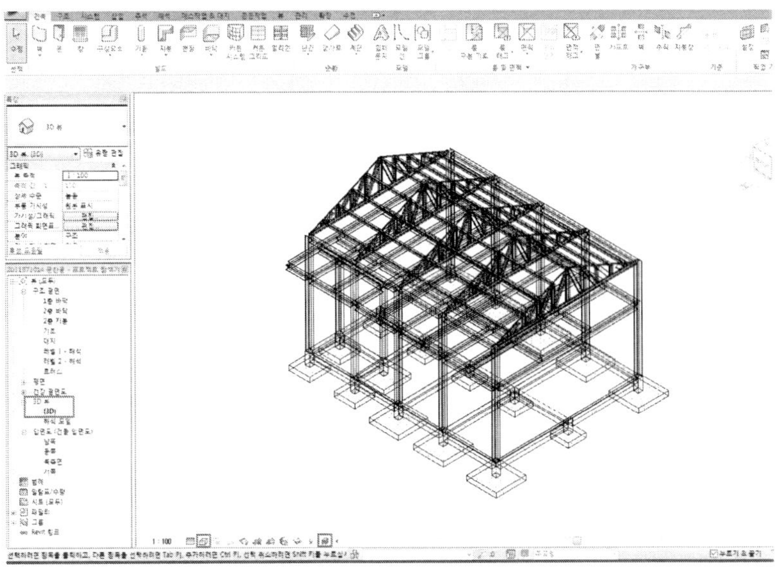

완성된 모델을 해석모델로 활용하기 위하여 레빗에서 몇 가지 조정이 필요하다. 모델 안에 내재되어 있는 해석모델을 확인하려면, 하단의 옵션바에서 [와이어프레임]을 선택하고 오른쪽 끝 아이콘에서 [해석 모델 카테고리를 이 뷰에 표시]를 선택해 확인할 수 있다.

## 해석을 위한 준비 – 레빗에서 해석을 위한 조정을 한다 | Analytical Adjust

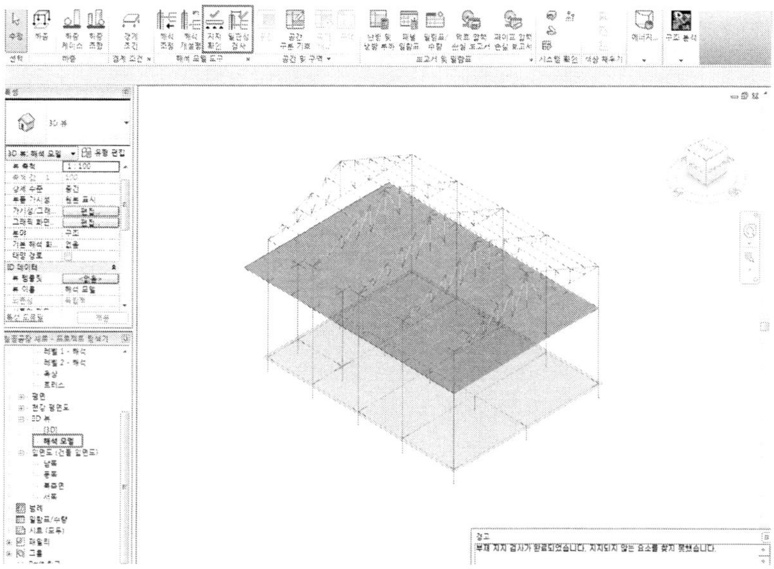

**해석모델 확인하기**

프로젝트 탐색기 / 3D 뷰 / 해석모델

**해석모델 검토하기**

- 해석 / 해석모델도구 / 지지 확인
- 해석 / 해석모델도구 / 일관성 확인

또한 [프로젝트 탐색기]에서 [해석모델] 뷰를 보면 해석모델을 좀 더 선명하게 볼 수 있다. 그리고 [해석 / 해석모델도구 / 지지확인]과 [해석 / 해석모델도구 / 일관성검사]를 수행하면 부재지지 여부를 알림창으로 확인할 수 있다.

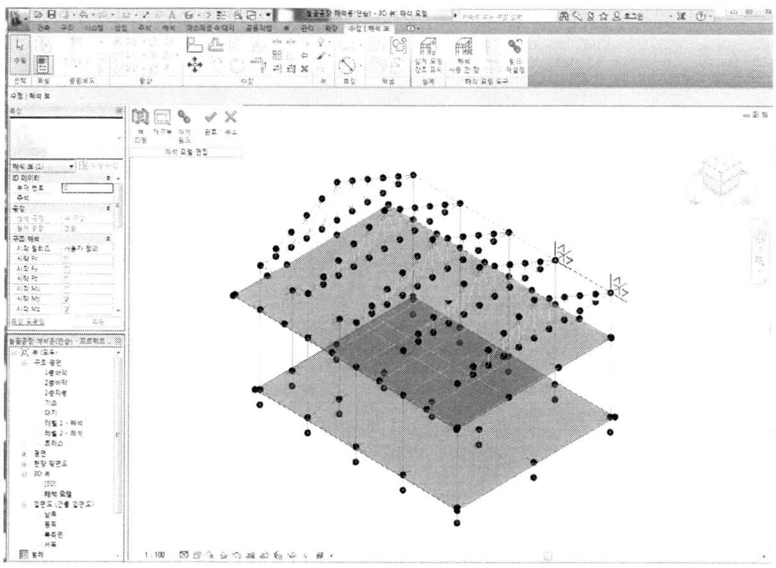

**해석모델 확인하기**

프로젝트 탐색기 / 3D 뷰 / 해석모델
해석 / 해석모델도구 / 해석조정

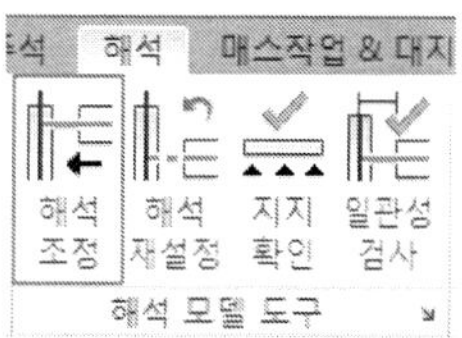


**해석선 연결 조정하기**

- 해석 / 해석모델도구 / 해석조정
  └ 부재 선택
    └ 접합점 조정

[해석 / 해석모델도구 / 해석조정]을 수행하면 윗 화면과 같이 접합노드가 표현되는데, 여기서는 연결상태를 확인할 수 있고 부재를 선택해 접합점을 변경시킬 수도 있다.

## 하중 설정하기 – 하중케이스와 하중조합 설정 | Load Case & Load Combination

R.C.조 사례에서 보인 것처럼 하중설정을 위해서는 먼저 하중케이스와 하중조합이 필요하다. 본 예제에서는 레빗에서 하중케이스와 하중조합만을 설정하고, 하중입력은 로봇프로그램에서 하기로 한다.

**하중케이스 설정하기**

해석 / 하중 / 하중케이스

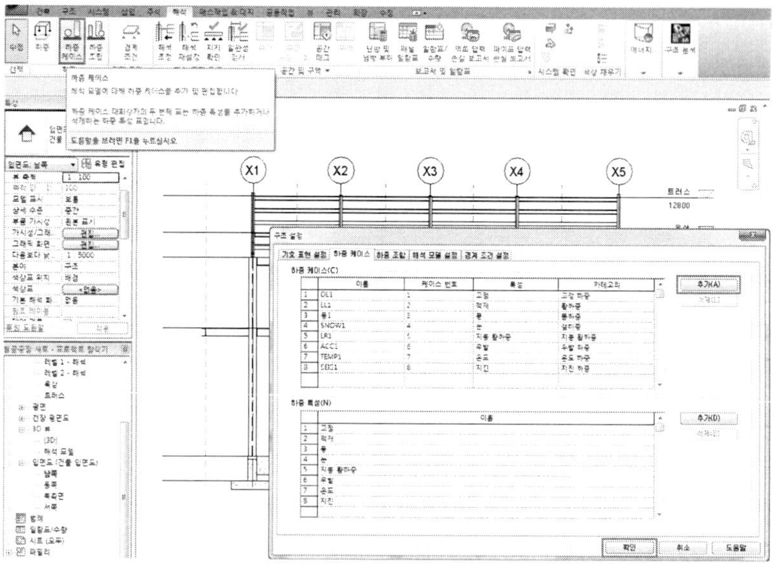

**하중케이스 설정**

– 해석 / 하중 / 하중케이스
└, 하중케이스 추가 및 삭제

[해석 / 하중 / 하중케이스] 메뉴를 클릭하면 위와 같은 하중케이스 작성창이 나타난다. 레빗에서 기본으로 설정되어 있는 하중케이스들이 나타나는데, 이를 삭제하거나 필요 시 추가버튼을 이용해 하중케이스를 추가한다.

**하중조합 설정하기**

해석 / 하중 / 하중조합

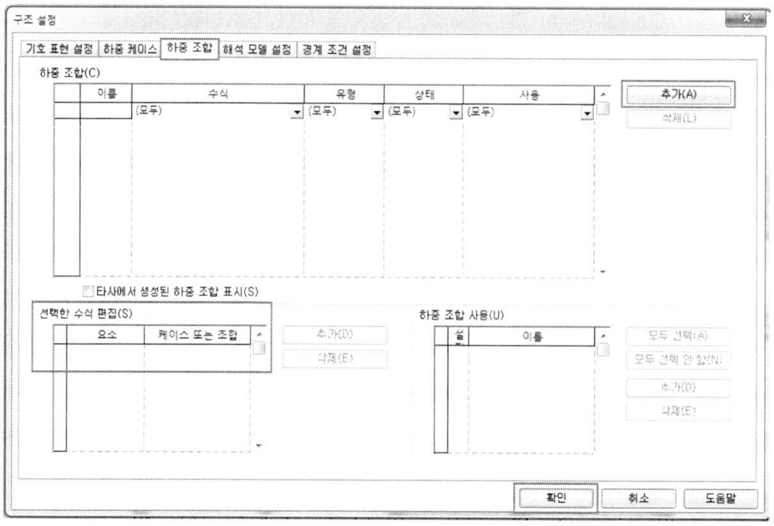

**하중조합설정**

– 해석 / 하중 / 하중 조합
└, 추가

설정한 하중케이스는 해석과 부재설계 시 여러 하중계수와 함께 조합하여 사용된다. [해석 / 하중 / 하중조합] 메뉴를 이용해 이때 필요한 조합을 기입하고 수식편집으로 계수를 적용할 수 있다. 철근콘크리트 모델링에서 보인 과정을 참조한다.

## 해석프로그램으로 해석하기 | Structural Analysis with Robot Structural Analysis Program

완성한 구조모델을 구조해석 프로그램으로 전달하여 해석을 수행한다. R.C.사례에서 설명한 바와 같이 Robot Structural Analysis Professional 프로그램과 연결해주는 Extension 프로그램이 설치된 상태에서 연동 구동 가능하다.

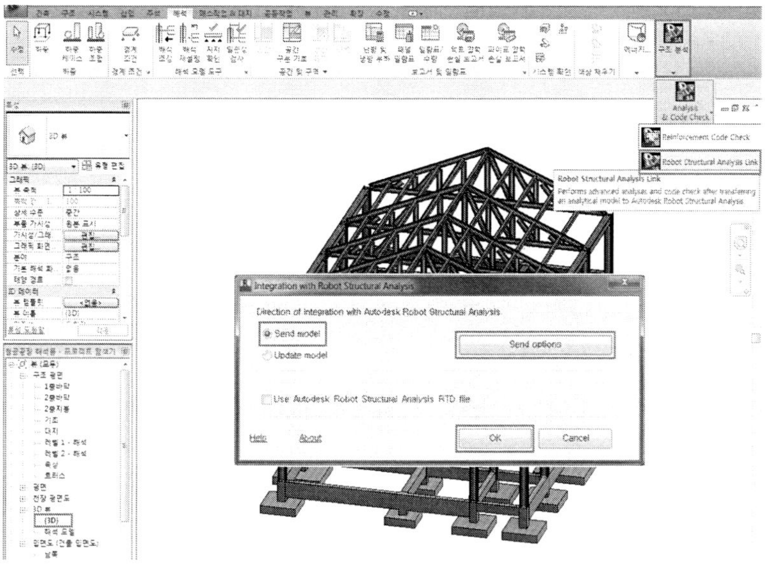


**모델링 상태 보기**

프로젝트 탐색기 / 3D 뷰 / 3D

**해석프로그램과 연동하기**

– 해석 / 구조분석 / Analysis & Code Check
 ㄴ Robot Structural Analysis Link
  ㄴ Send model

Extension 프로그램을 설치하고 [Robot Structural Analysis Link]를 선택했을 때 나타나는 선택창의 [Send model]을 이용해 해석프로그램으로 모델을 보낸다.

이때 [Send options]을 선택해 여러 세부조건을 조정할 수 있는데, 여기서는 각 층의 바닥판을 제외한 모든 구조체를 선택한 후, 선택한 부재만을 해석프로그램으로 전송하는 옵션을 선택하였다.

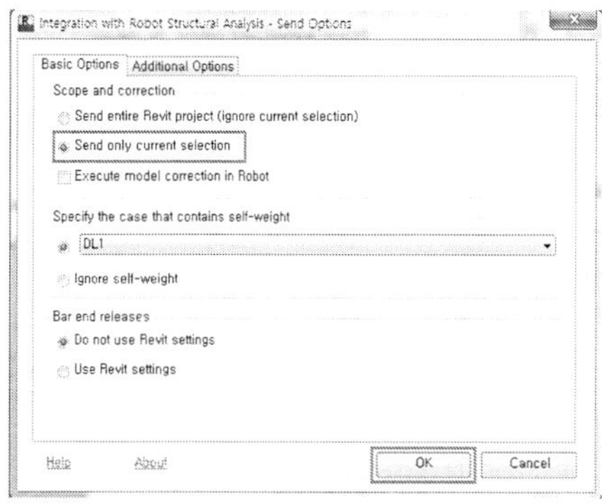


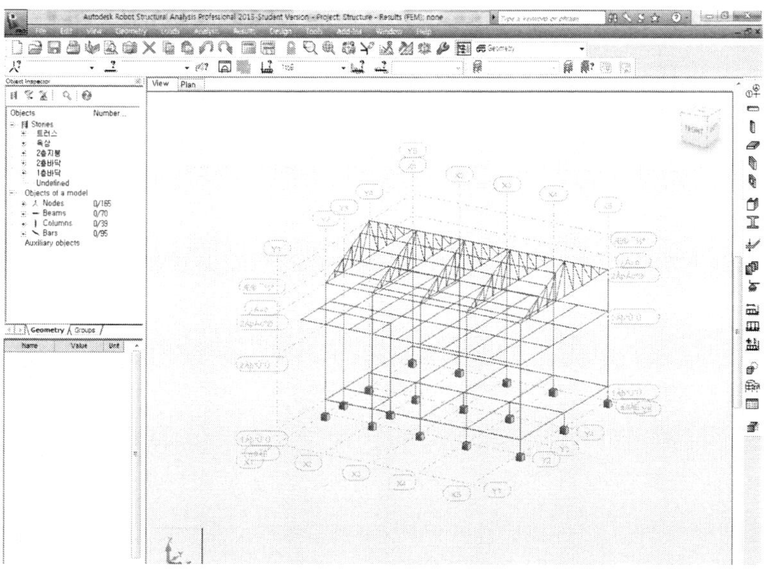

**Robot Structural Analysis Professional 프로그램 활성화**

모델을 보내면, Robot Structural Analysis Professional 프로그램이 자동으로 활성화되면서 위와 같은 창으로 구조해석모델이 나타난다.

## 해석프로그램에서 하중 입력하기 | Load Definition

본 사례에서는 하중을 로봇프로그램에서 입력하기로 한다. 1층 바닥과 2층 바닥은 면하중으로 입력하고 트러스는 집중하중으로 입력하는 방법을 보인다.

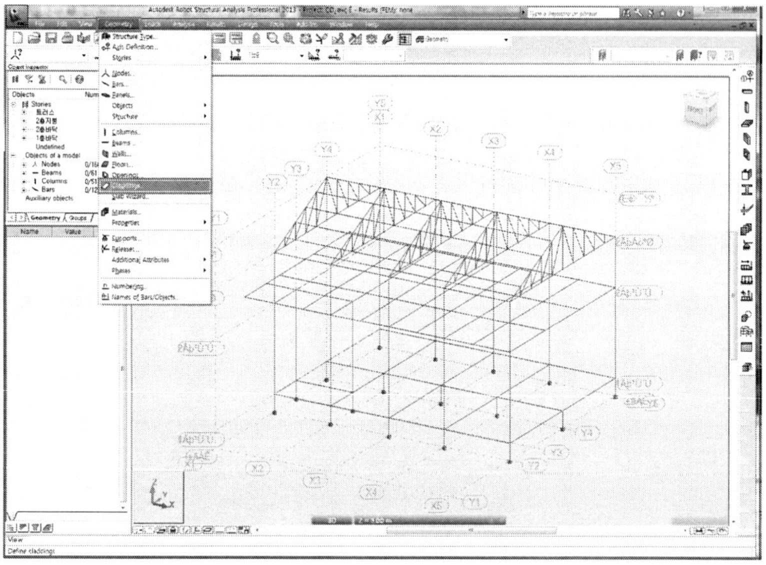

**면하중 입력하기 / Claddings 만들기**
– Geometry / Claddings

면하중을 입력하기 위해서는 하중을 입력할 면의 범위를 먼저 상단 메뉴에 있는 [Geometry / Claddings]으로 지정하고, 후에 그 클래딩 면을 선택해 쉽게 면하중을 입력한다.

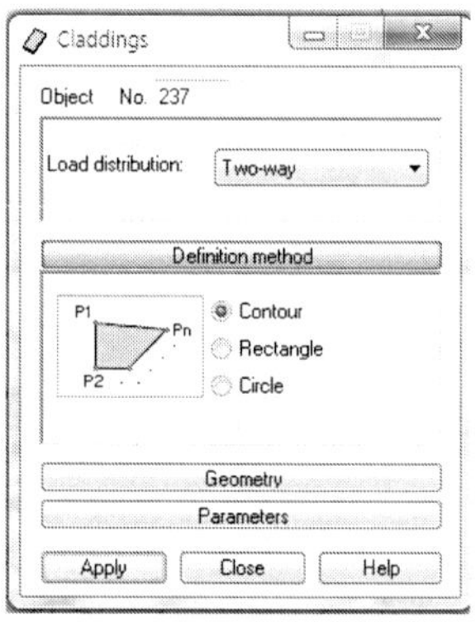


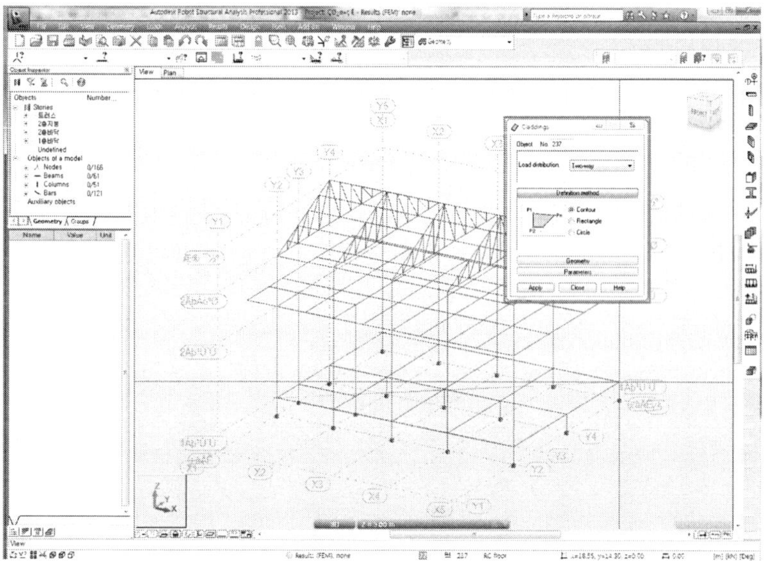

**면하중 입력하기 / Claddings 만들기**
– Geometry / Claddings
ㄴ 면 정의하기

[Geometry / Claddings]를 실행하면 왼편에 보인 것처럼 면의 각 꼭지점을 찍어 면을 정의하는 창이 나타난다. 하중을 입력하고자 하는 범위의 면의 꼭지점을 찍어 하중면을 정의한다. 선택을 마쳤으면 항상 [Apply]를 누른다.

## 해석프로그램에서 하중 입력하기 | Load Definition

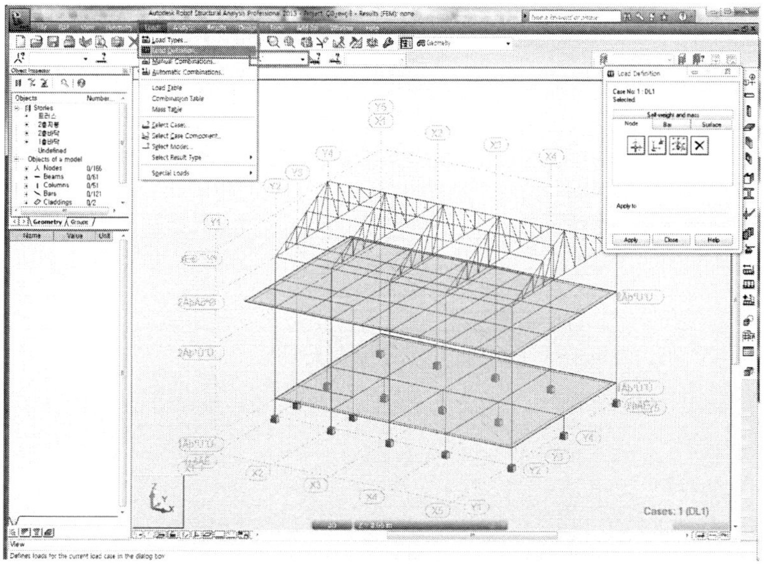

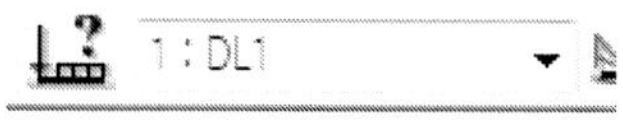


**면하중 입력하기**

– Load / Load Definition

클래딩 영역설정을 완성하면 윗 그림과 같이 면이 설정된 것이 나타난다. 하중입력에 앞서 입력하는 하중의 하중케이스를 상단 옵션바에서 설정한다. 여기서는 고정하중으로 DL1으로 설정하였다. 그리고 [Load / Load Definition] 메뉴를 선택한다.

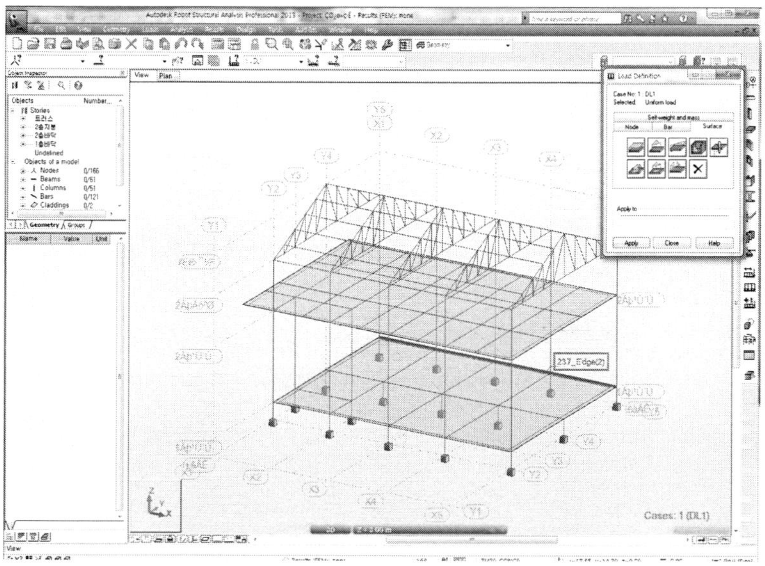

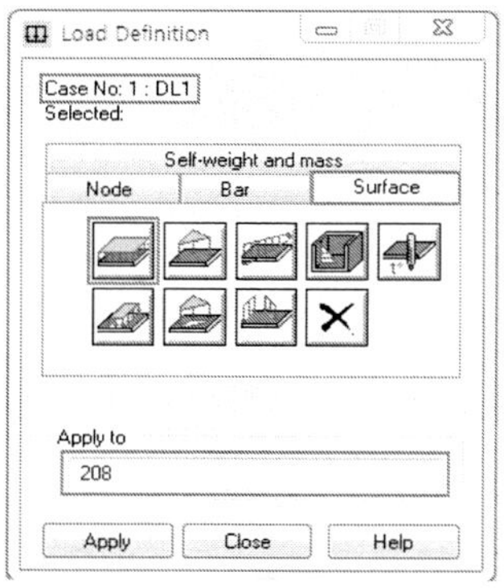


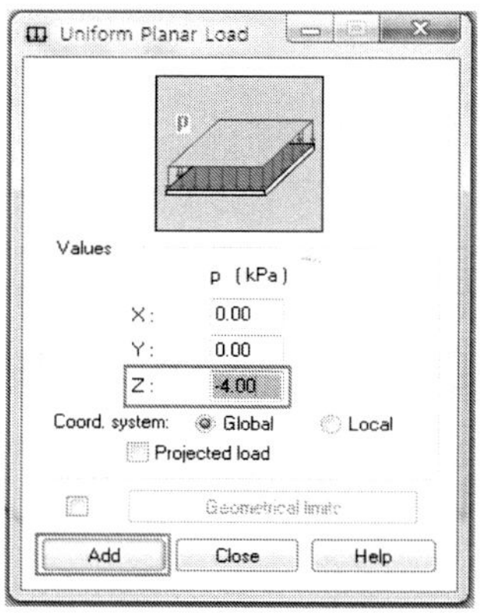


메뉴선택 후 나타나는 [Load Definition] 메뉴에서 [Surface]를 선택하고 원하는 하중유형을 선택한다. 여기서는 [Uniform Planar Load]를 선택했고, 다음 나타나는 창에 Z방향으로 −4 kN/m²값을 입력했다. [Apply to]에 커서를 놓고 그림과 같이 클래딩 가장자리로 가면 하중을 입력할 면을 선택할 수 있다.

## 해석프로그램에서 하중 입력하기 | Load Definition

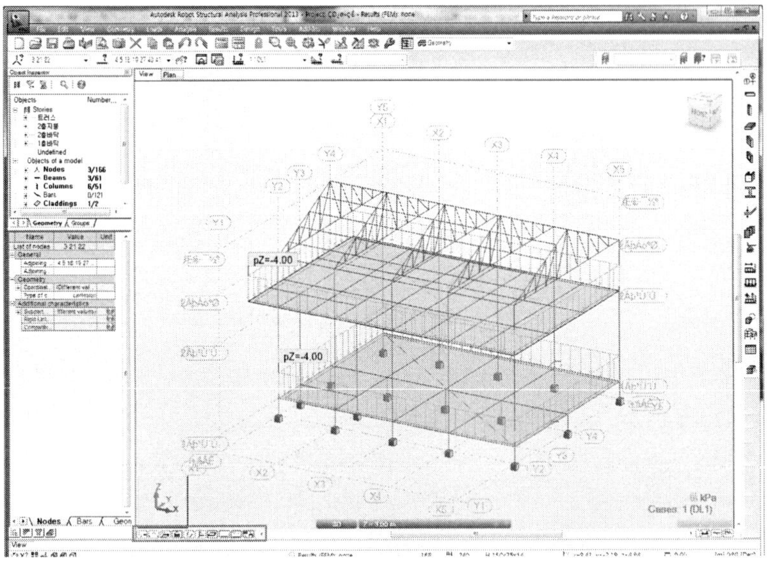

**하중 입력 확인**

하부 옵션바 / 하중재하, 하중값 표시

화면하단에 있는 옵션바의 아이콘을 클릭하면 입력한 하중 재하상태와 하중값을 볼 수 있다. 동일한 방식으로 사용하중(LL)값도 면하중으로 입력할 수 있다.

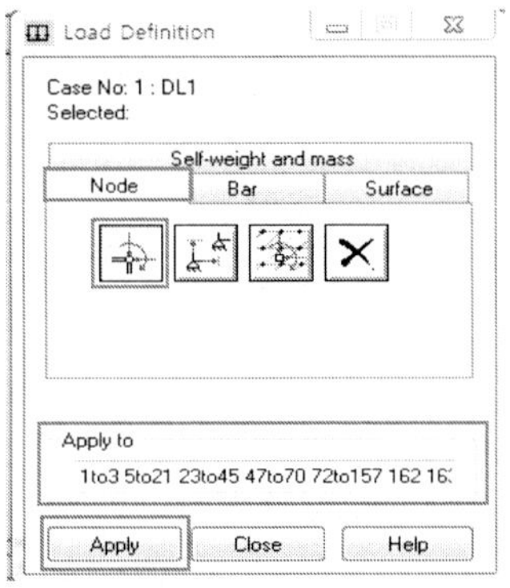


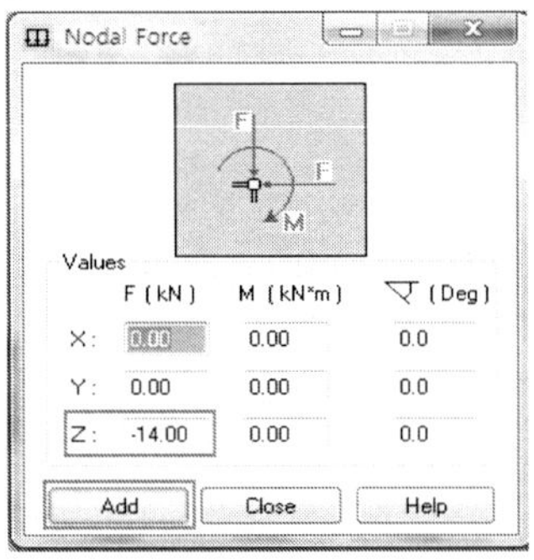


**트러스 집중하중 입력하기**

- Load / Load Definition
  └ Node

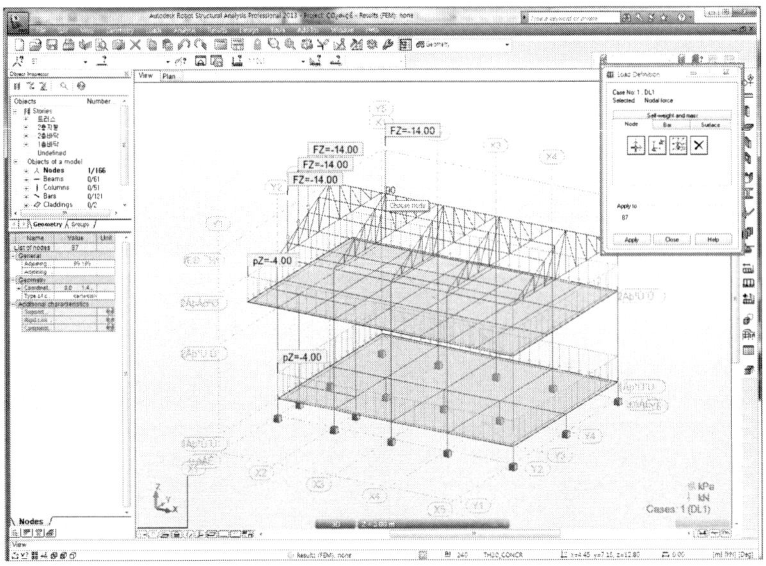


트러스 상부에 입력하는 집중하중은 [Load Definition]메뉴에서 [Node]를 선택하고 [Nodal Force]에서 원하는 하중유형과 값을 입력해준다. [Apply to]에 노드점을 입력하거나 모델에서 하중이 놓일 노드를 클릭해 집중하중을 입력한다.

## 해석하기 | Analysis

하중입력이 완료되었으면 구조해석을 수행한다.

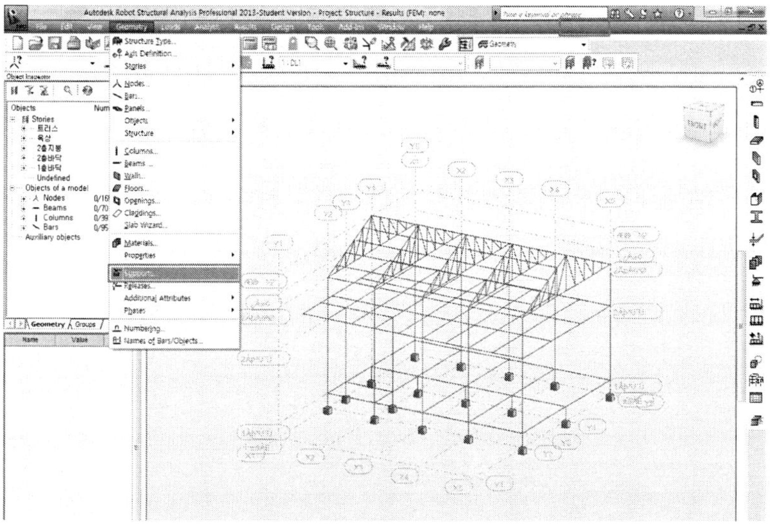

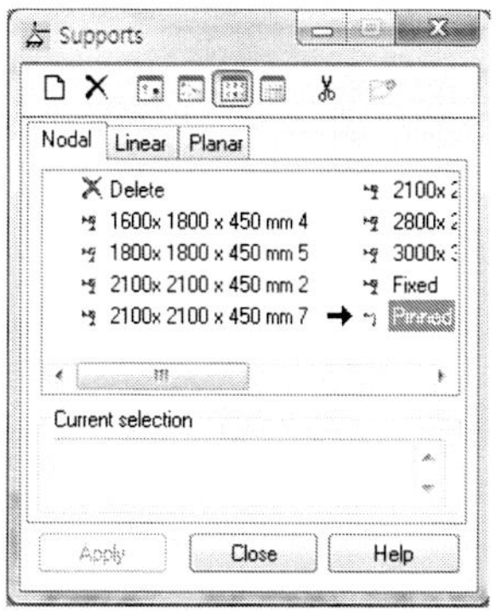


**지지점 확인하기**
– Geometry / Supports

해석을 위해서는 지지점을 설정할 필요가 있다. [Geometry / Supports] 메뉴를 이용하여 지지점에 입력하는데, 여기서는 레빗에서 설정한 지점지지 상태가 이미 반영되어 있는 것을 알 수 있다. 왼편에 나타낸 것처럼 하위메뉴창을 이용해 변경하거나 추가할 수도 있다.

구조모델을 해석하기 위해서는 이외에도 접합부 강성을 결정하거나 부재속성을 변경하는 등, 전제하여야 할 조건들이 다양하게 있다. 여기 사례에서는 모두 보이지 않았지만, 실제 구조설계를 위해서는 여타의 해석프로그램과 유사한 수준으로 모든 조건들이 조정되어야 할 것이다.

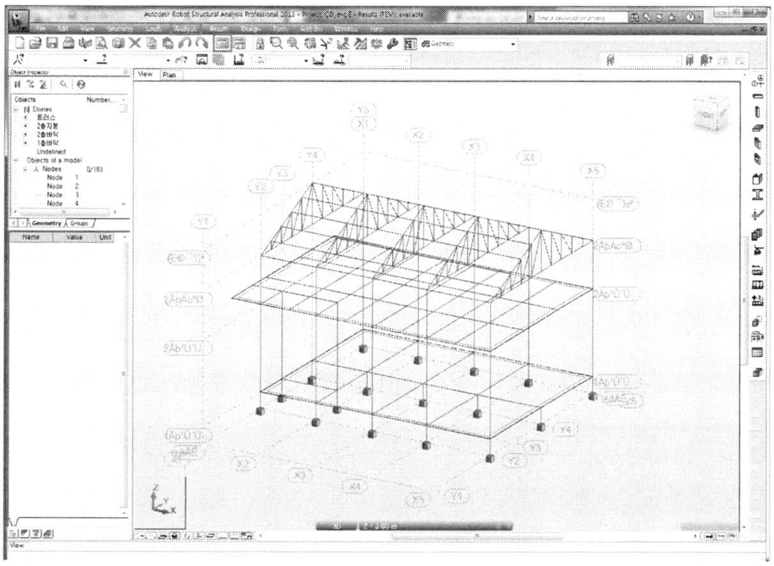

**해석하기**
– Analysis / Calculations

해석에 필요한 사항이 모두 가정되었으면 [Analysis / Calculations] 메뉴를 이용해 해석을 수행하도록 한다. 약간의 시간이 경과한 후 해석이 완료된다. 경고 메시지가 등장하기도 하고, 모델설정이 해석에 적절치 않을 경우, 해석이 불가능함을 알리는 메시지가 등장하기도 한다.

## 해석 결과보기 | Analysis & Results

구조해석 결과를 확인한다.

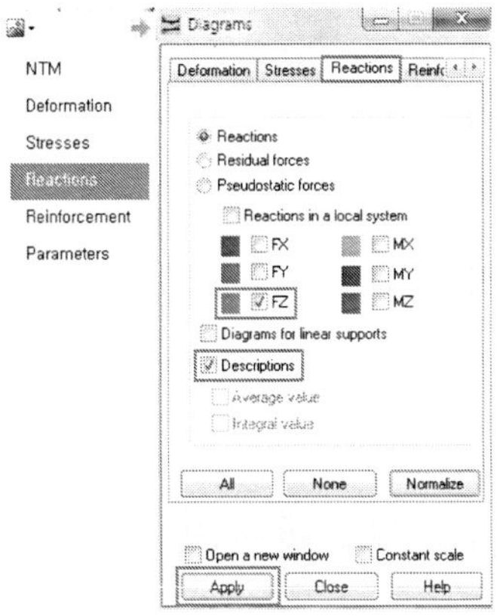


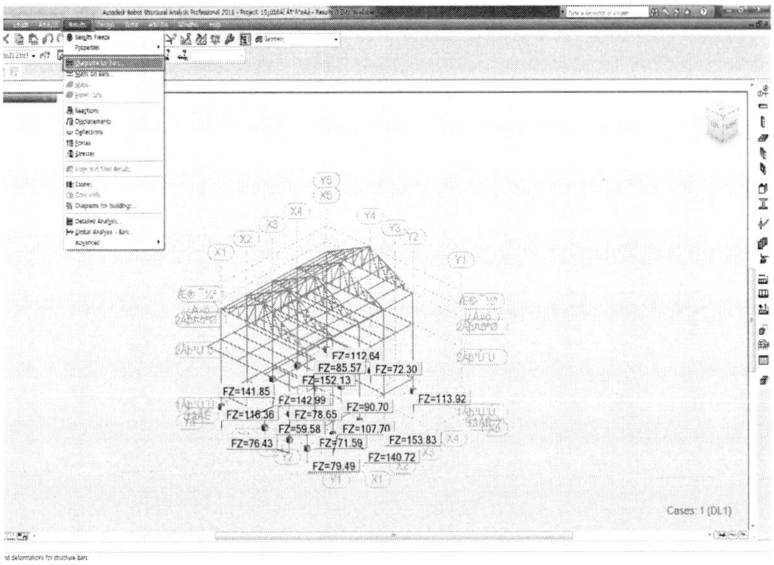


**반력 확인**

– Results / Diagrams for Bars

메뉴에서 [Results / Diagrams for Bars]를 선택하면 모든 해석결과를 볼 수 있는 창(왼쪽 그림)이 등장한다. 'tabs'에서 'Reactions'을 선택하면 반력을 볼 수 있다.

선택 창에서 보기 원하는 반력값의 기호를 체크하고(여기서는 Fz 선택), [Description]을 선택하면 반력값이 화면에 표시된다.

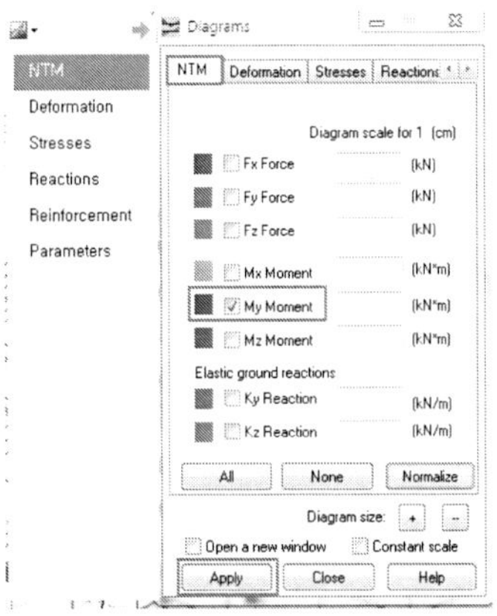


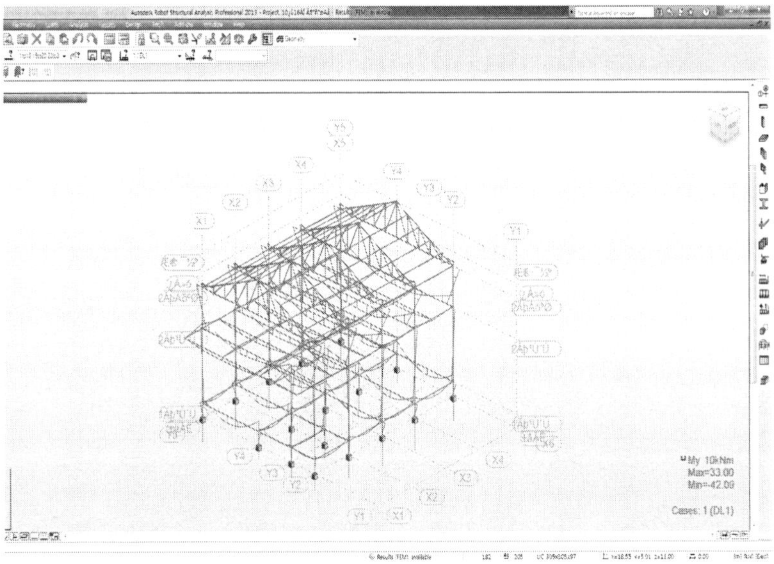


**부재력 확인하기(휨모멘트 My의 예)**

– Results / Diagrams for Bars

휨모멘트 부재력을 확인하기 위해서는, 역시 [Results / Diagrams for Bars] 메뉴에서 이번에는 'NTM' 탭을 선택한다. 선택 창에서 확인을 원하는 부재력의 기호를 체크한다(여기서는 My Moment를 선택).

[Diagram scale]을 조정해 화면에 보여지는 모멘트 다이어그램의 크기를 조정할 수 있다.

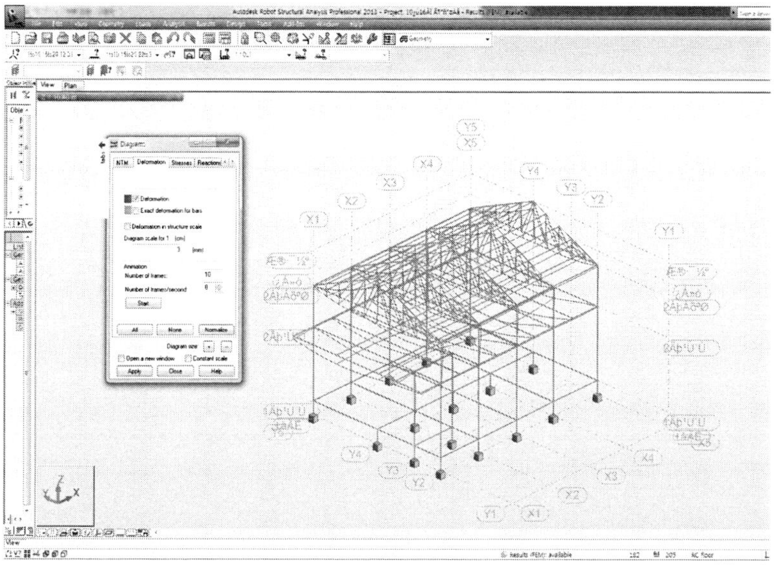

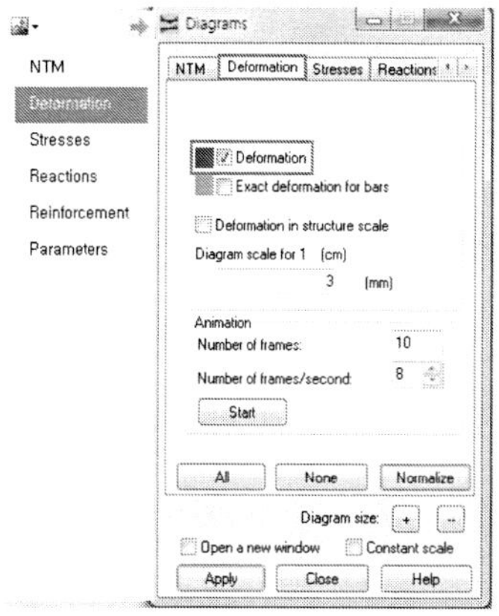


**변위 확인**

- Results / Diagrams for Bars

역시 동일한 [Results / Diagrams for Bars]을 선택했을 때 나타나는 [Diagrams] 창에서 [Deformation]을 선택한다. 변위값과 변형 애니메이션을 확인할 수 있다.

이미 표시된 기타 부재력이나 반력값 등은 체크를 해제해서 보이지 않게 할 수 있다.

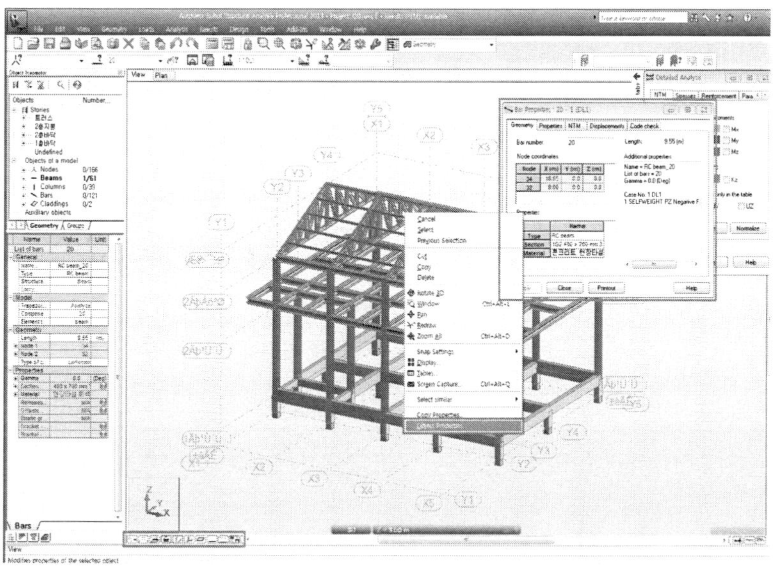

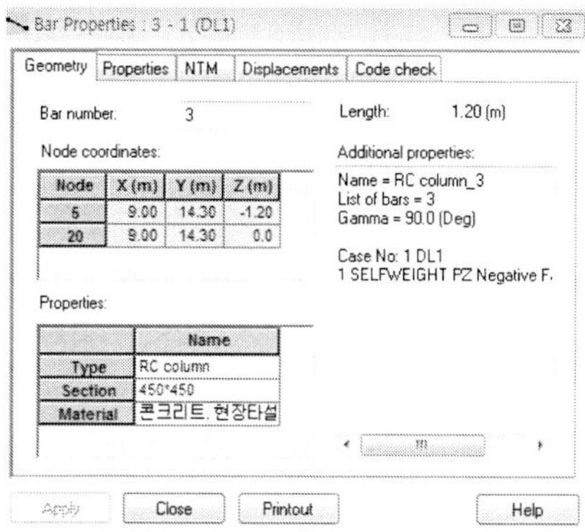

**부재별 상세해석결과 확인**

- 원하는 부재선택 후 우클릭
  └ Object Properties

먼저 부재를 선택하고 우클릭해 [Object Properties]를 클릭하면 해당부재의 자세한 속성 및 부재력 변위 등을 볼 수 있다.

부재형상을 실제 부재형상으로 보이고 싶으면 왼편에 보인 것처럼 하단의 옵션바에 있는 부재형상 아이콘[section shape]을 누른다.

# 03 철골 구조부재 설계하기

Steel Members Design

모델링 과정에서 설정한 부재는 임의로 가정된 부재들이었다. 해석을 통해 필요한 부재력을 알게 되었으니, 부재력에 적합한 부재설계를 로봇프로그램을 이용해 수행한다. 구조부재 설계에는 각기 나라별로 지정된 설계기준이 사용된다. 그러나 현재 로봇 프로그램에는 우리나라의 기준이 반영되어 있지 않은 실정이어서, 여기서는 한 예로 일본의 기준을 활용한 설계 과정을 보인다.

## 구조설계기준 및 환경설정하기 | Setting Preferences

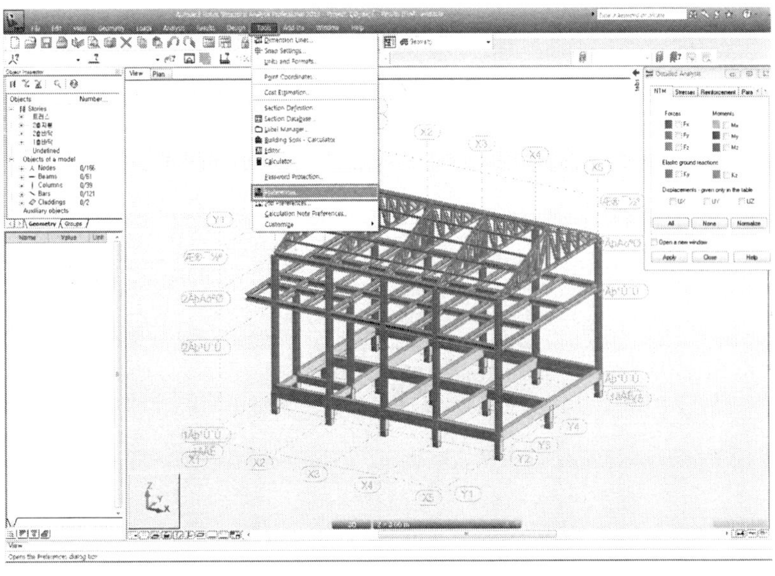

**설계기준 및 작업환경 설정**
– Tools / Preferences

[Tools / Preferences] 메뉴를 이용해 설계 작업환경을 설정한다. 옆의 화면처럼 사용지역이나, 언어 등을 선택할 수 있다.

## 구조설계기준 및 환경설정하기 | Setting Preferences

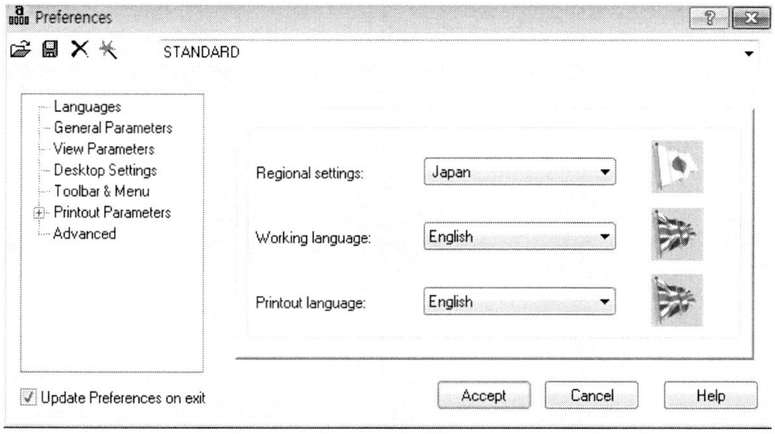


**설계기준 및 작업환경 설정**
– Tools / Preferences

우리나라는 반영되어 있지 않은 상태이므로 여기서는 지역을 일본으로 설정하고 사용언어는 영어로 설정하였다.

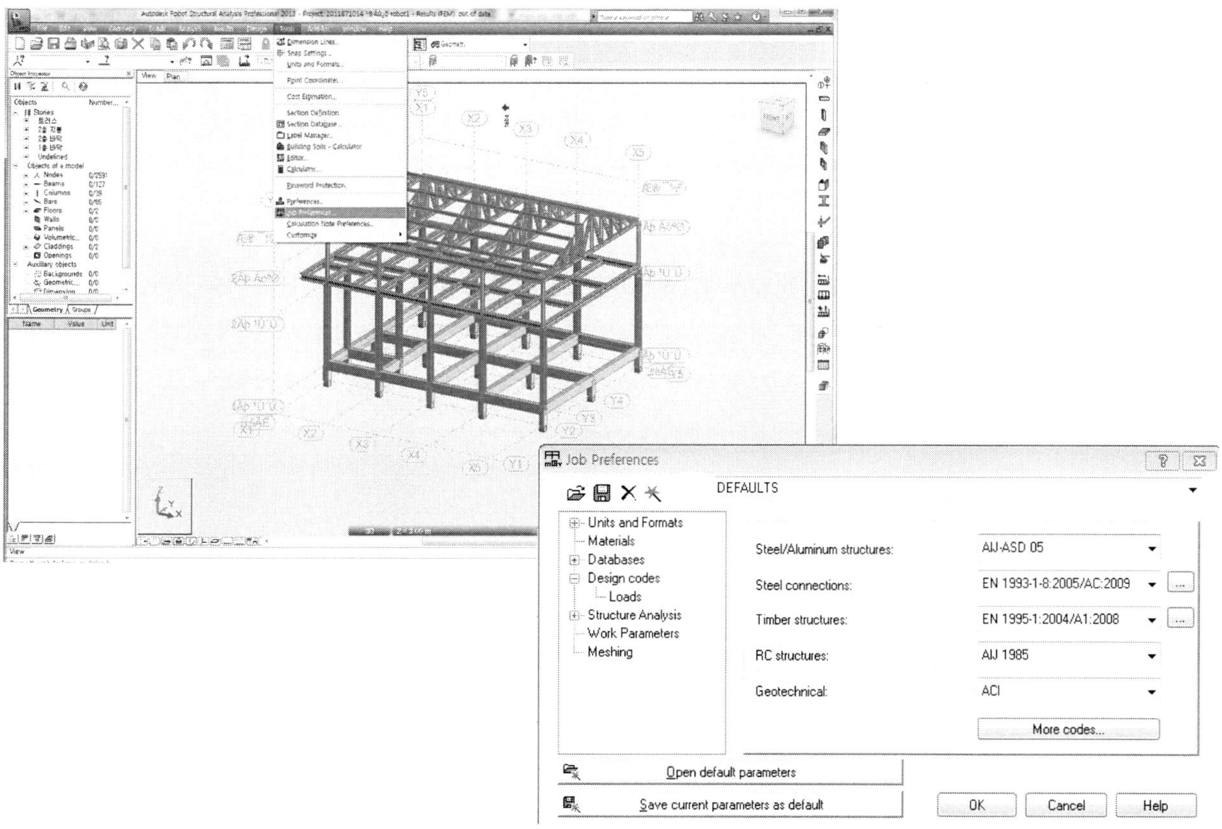


[Tools / Job Preferences]메뉴를 누르면 설정된 지역에 맞는 재료별 설계기준과 단위, 재료 등을 설정할 수 있다.

## 철골부재 설계하기 | Steel Members Design

**철골부재 설계**

– Design / Steel Members Design

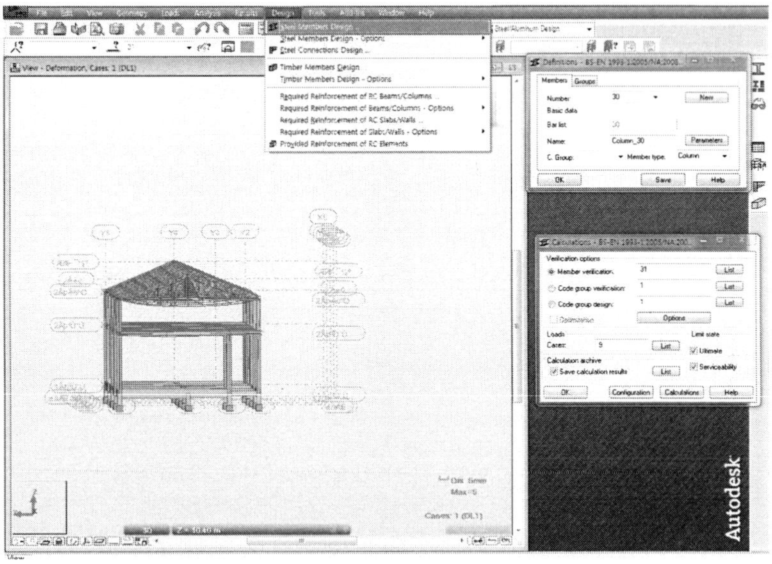

철골 부재설계는 [Design / Steel Members Design] 메뉴를 이용한다. 선택하면 부재설계를 할 수 있는 두 개의 창이 뜬다.

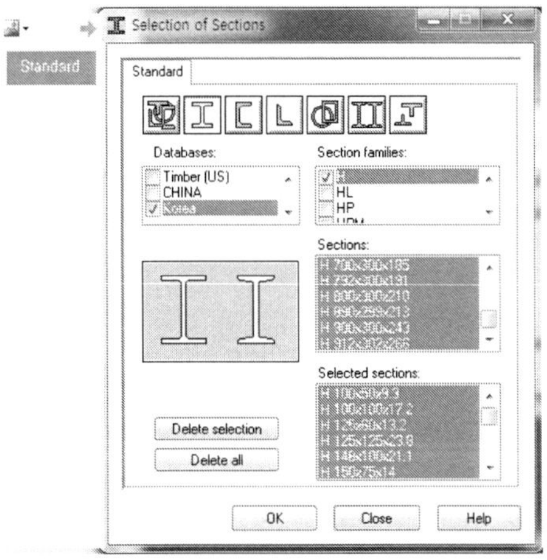


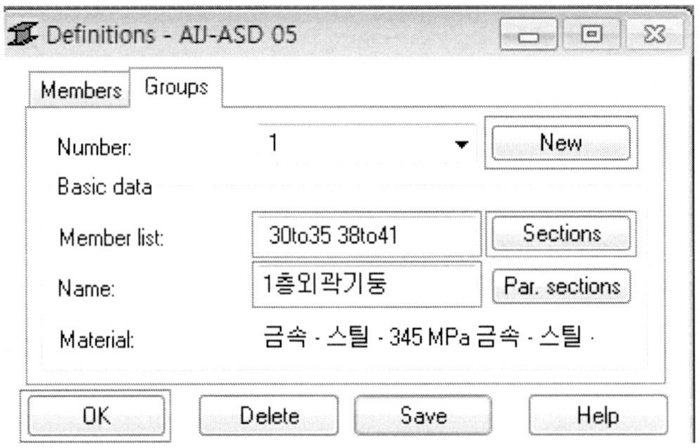


**철골부재 설계**

– Design / Steel Members Design

└→ Definitions

먼저, [Definitions] 창에서 [Groups]라는 탭을 눌러 디자인하고자 하는 부재 그룹을 설정한다. [New]를 이용해 그룹을 생성하고 그룹에 해당시키고 싶은 부재들을 [Member list]에 기입하고, [Name]에서 그룹을 설명하는 이름을 정해둔다. [Material]에서 원하는 재료를 선택한다. [Sections]를 클릭하면 다음과 같이 원하는 부재단면을 설정할 수 있는 화면이 등장한다.

여기서는 우리나라의 부재규격도 선택할 수 있다. 해당 그룹의 부재들에 설계하고 싶은 형강의 타입을 결정해 [OK] 해준다.

동일한 방식으로 각 부재를 그룹핑해 그룹을 설정한다. 구조계산 시 부재 기호를 미리 설정하는 것과 같은 맥락이다.

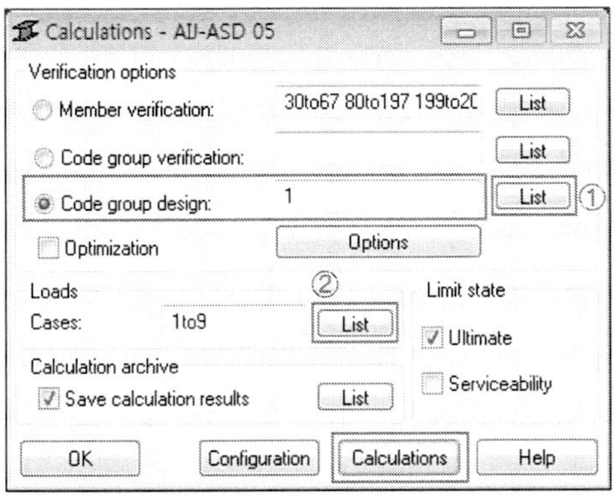


**철골부재 설계**

- Design / Steel Members Design
  - Calculations

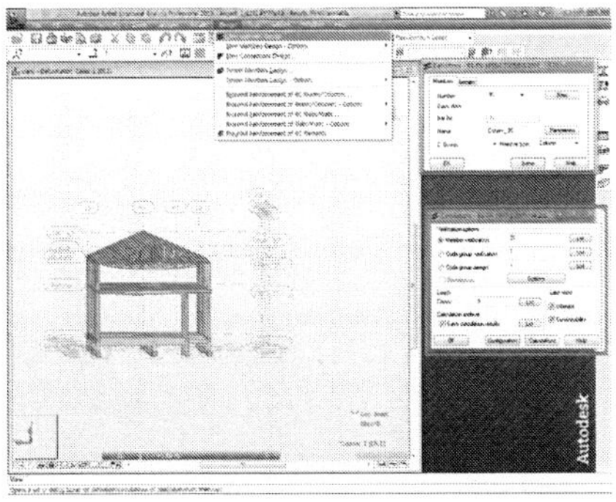

화면의 아래에 있는 [Calculations] 창에서는 위에서 설정한 그룹이나 각 부재의 능력을 검토하거나, 새로 설계하는 기능이 있다. [Member Verification] 메뉴는 개별부재의 검토, [Code group Verification] 메뉴는 위에서 그룹으로 설정한 부재들의 능력을 한꺼번에 검토할 때 사용한다. 부재력에 맞는 부재를 그룹별로 설계하기 위해서는 [Code group design] 메뉴를 사용한다.
각 메뉴의 공란에 검토하고자 하는 부재나 그룹의 번호를 기입하고 [Calculations]을 클릭하면 된다. 오른쪽의 List를 클릭하면 선택을 도와주는 창이 나타난다. (①번 설명 참조)

①

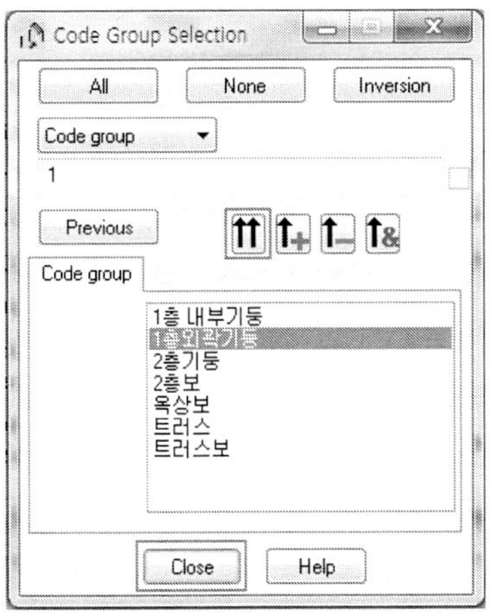


[Code group design] 메뉴의 오른쪽 [List]를 클릭하면 왼쪽 그림과 같은 선택창이 나타난다. 여기서는 먼저 설정해놓은 7개의 그룹이 나타나는 것을 볼 수 있다. 화살표를 이용해 설계하고자 하는 그룹을 선택한다.

②

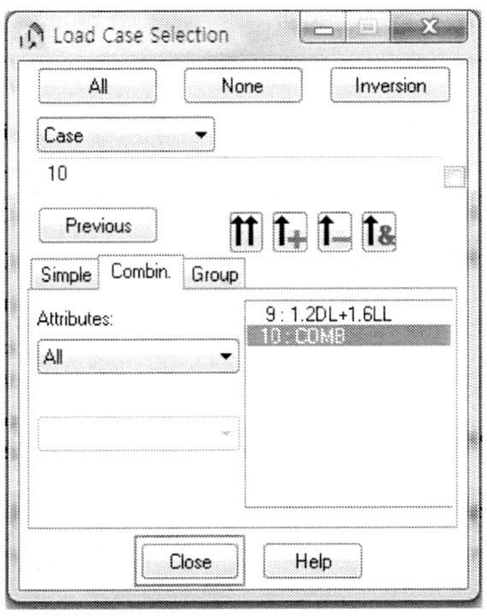


[Case]에서도 [List] 메뉴를 이용해 설계에 활용할 Load Case를 설정할 수 있다. 그 외에도 [Option] 메뉴에서도 부재설계의 여러 제한조건을 설정할 수 있다. 여러 조건을 설정했으면 [calculations]를 눌러 부재설계를 수행해보자.

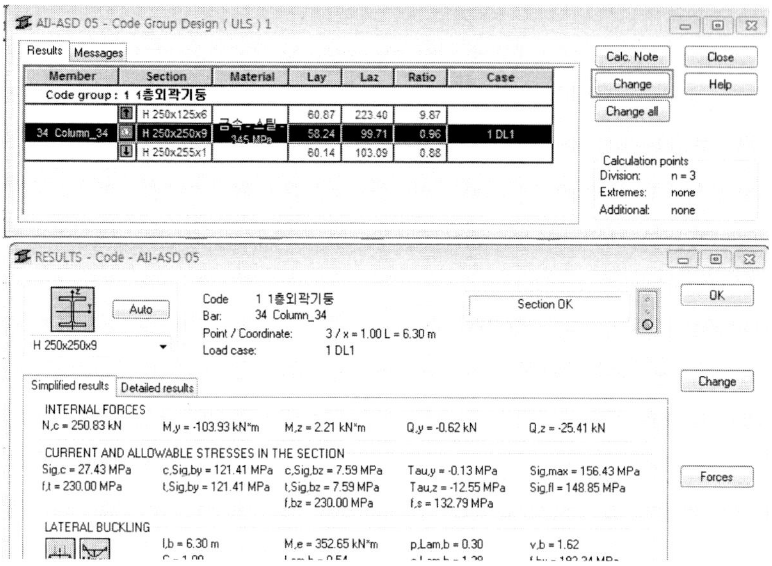

**철골 기둥 설계**

- Design / Steel Members Design
  - └ Calculations

[calculations] 후에는 상단의 창과 같이 부재설계 결과가 나타난다. 가능한 부재가 [ok]로 나타나고 이를 중심으로 내력이 부족한 유사한 부재는 적색으로 좀 더 여유가 있는 부재는 초록색으로 표시된다.
부재를 선택해 클릭하면 아래에 세부 계산내용도 보여준다. 계산결과를 참조해 적당한 부재를 선택해 [change]하면 모델의 부재를 변경할 수 있다.

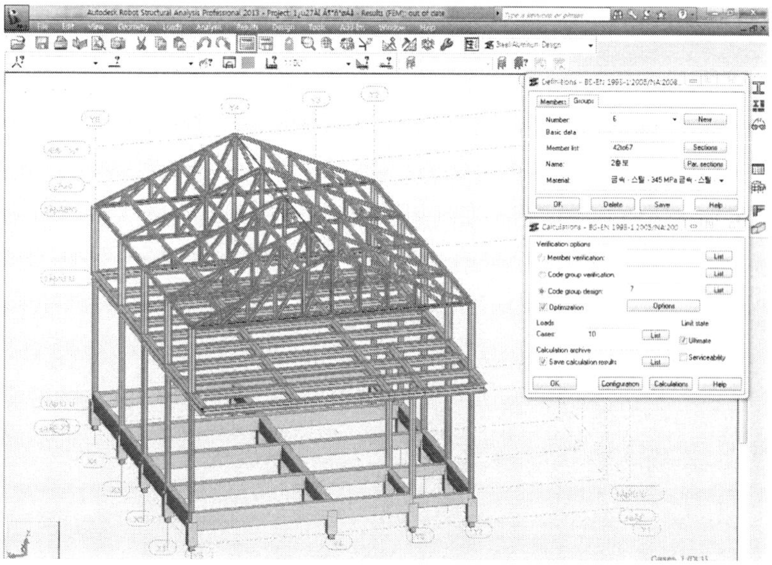

같은 방식으로 모든 그룹의 설계를 마치고 부재를 변경하여 나타낸 화면의 모습이다. 부재변경 후에는 [analysis]를 클릭해 재해석 과정을 거친다.

# 04 설계결과를 레빗으로 반영하기

Update to Revit Structure

로봇을 이용해 하중에 적합한 철골부재를 설계하였다. 이때 초기 모델링에서 설정한 부재와 설계내용이 변경되었을 가능성이 있다. BIM에서는 해석으로 설계변경된 내용을 레빗 구조모델링으로 반영시켜 건축전반의 설계자료로 활용한다.

## 로봇의 해석결과를 레빗으로 반영하기 | Update to Revit Structure

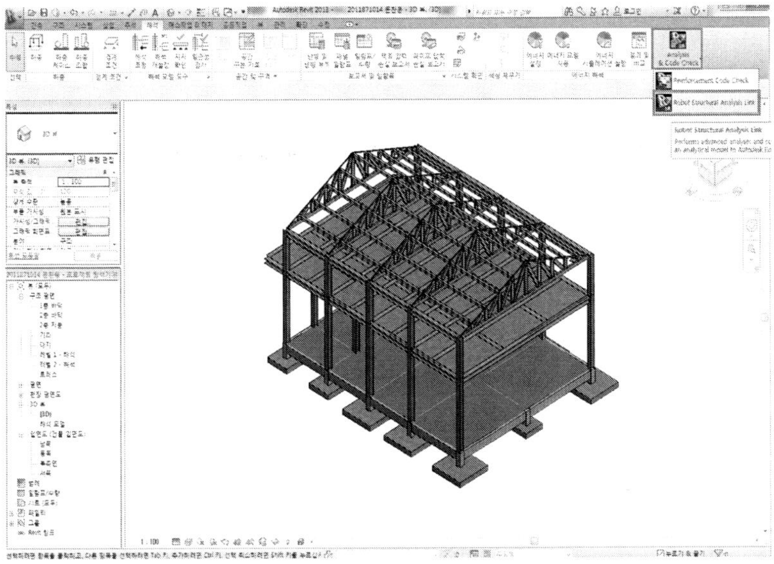

**해석모델 확인하기**

프로젝트 탐색기 / 3D 뷰 / 3D

**해석결과 업데이트**

– 해석 / 구조분석 / Analysis&Code Check
└ Robot Structural Analysis Link

해석이 완료되었으면, 해석을 통해 수정설계된 구조부재의 내용을 레빗 모델에 반영하여야 한다.

레빗으로 다시 돌아와 진행하던 레빗모델 화일을 연다. 그리고 로봇으로 보낼 때와 동일한 Extension 프로그램을 이용하는 것이므로, [해석 / 구조분석 / Robot Structural Analysis Link]를 선택한다.

## 로봇의 해석결과를 레빗으로 반영하기 | Update to Revit Structure

### 해석모델 확인하기

프로젝트 탐색기 / 3D 뷰 / 3D

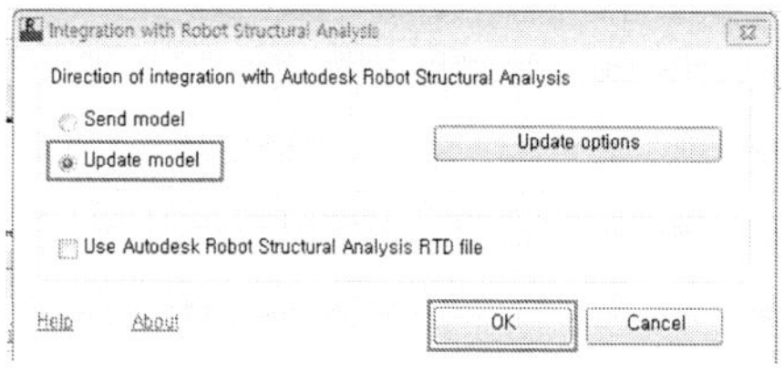


### 해석결과 업데이트

- 해석 / 구조분석 / Analysis&Code Check
  - └, Robot Structural Analysis Link
    - └, Update model

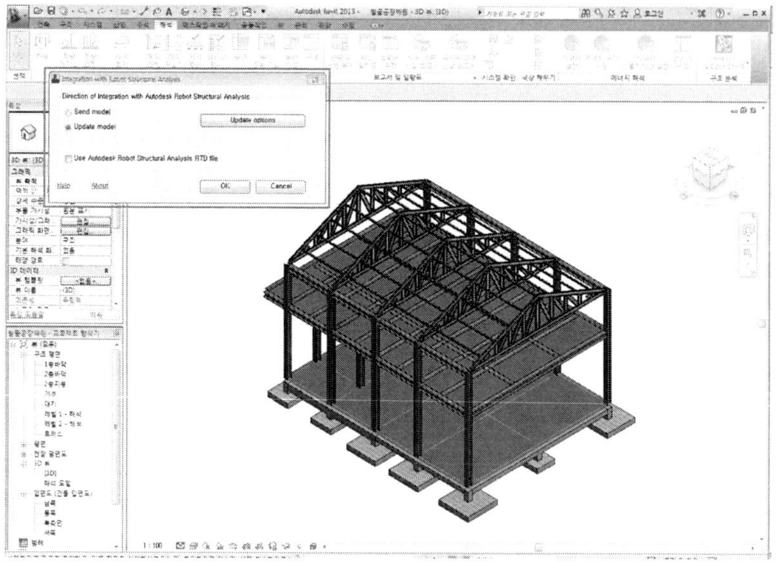

[Robot Structural Analysis Link]를 선택했을 때 나타나는 선택 창에서 이번에는 [Update model]을 이용해 해석결과를 레빗으로 가져온다.
이때 [options]을 선택해 세부조건을 조정할 수 있다.

### 변경된 모델보기

프로젝트 탐색기 / 3D 뷰 / 3D

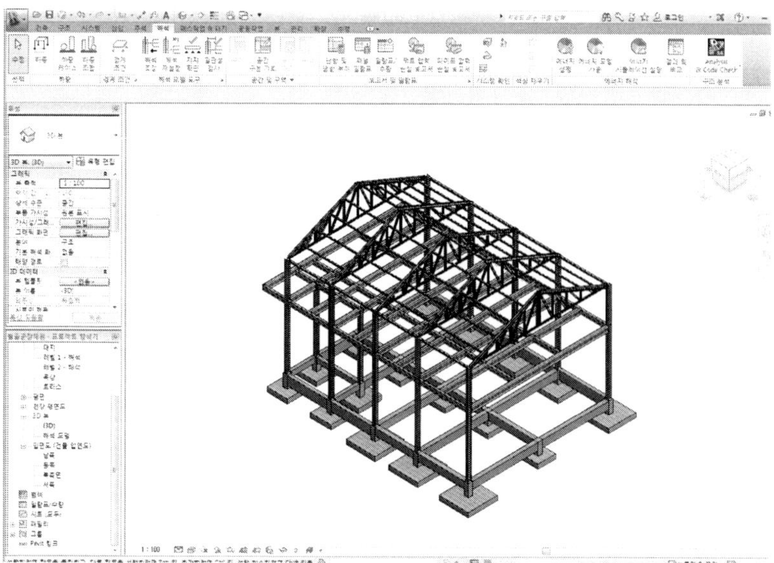

업데이트 후 부재속성이 변경된 모델의 모습을 확인할 수 있다.

05

# 일람표 작성하기

Schedules

해석프로그램을 활용해 하중에 적정한 구조모델을 만들었으면 설계된 구조물의 물량과 부재리스트를 레빗을 이용해 작성할 수 있는데, 이것을 일람표라고 한다.

## 일람표 작성하기 | Creating a Schedule

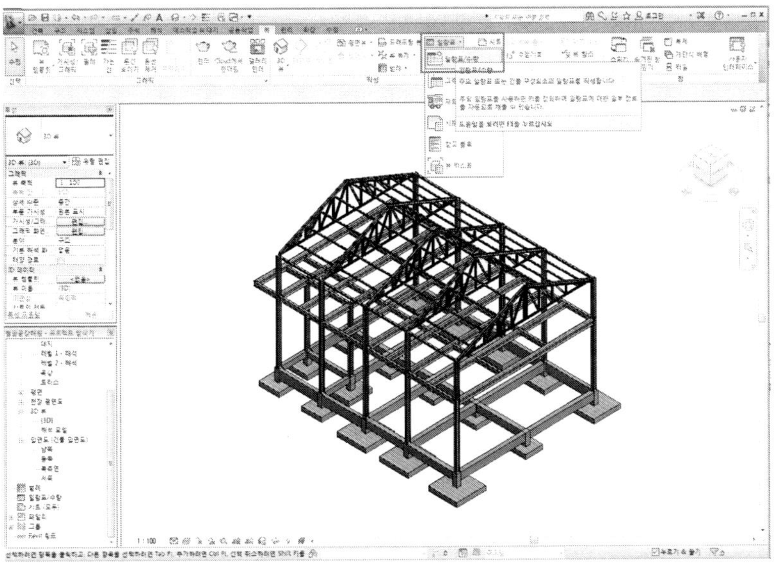

**일람표 만들기**

– 뷰 / 작성 / 일람표

└ 일람표/수량

이제 설계된 모델의 정보를 문서로 얻기 위해서 일람표 작성을 시도해보자. 기본적으로는 [뷰 / 작성 / 일람표] 메뉴를 이용해 만든다. 여기에 나타낸 것보다 세부적인 작성사항을 부록에 정리하기도 하였다.

## 자료 분류하기 – 구조재료 분류 주석달기 | Filling comments

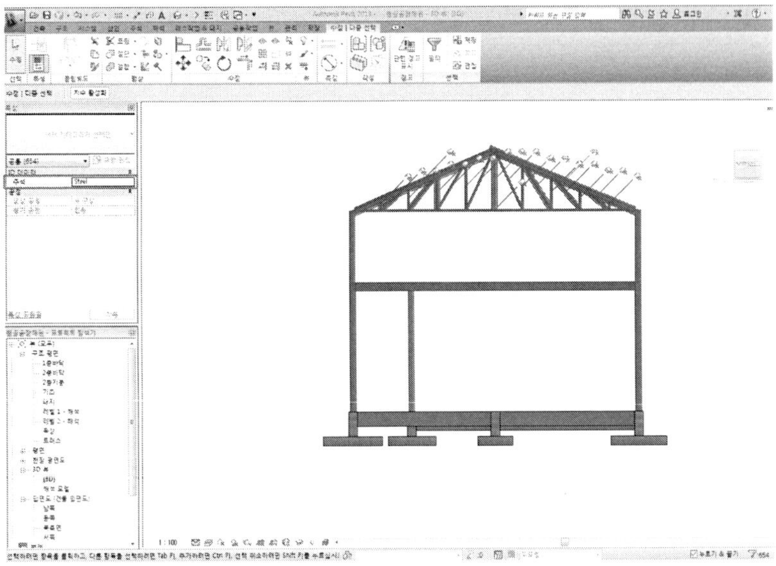

**구조재료 분류 주석달기**

부재 선택
ㄴ 특성창 : 주석에 표시하기
ㄴ 상부 Steel 지정

일람표 작성을 들어가기 전에 일람표에서 원하는 부재만의 자료만을 얻어내기 위해 사전에 모델의 특성을 [주석]을 통해 기입하면 편리하다. 여기서는 상부 철골부재와 하부 콘크리트부재를 구분하기 위하여 철골부재를 선택한 후, 나타나는 특성창의 [주석]에 재료를 'Steel'이라 기입하였다.

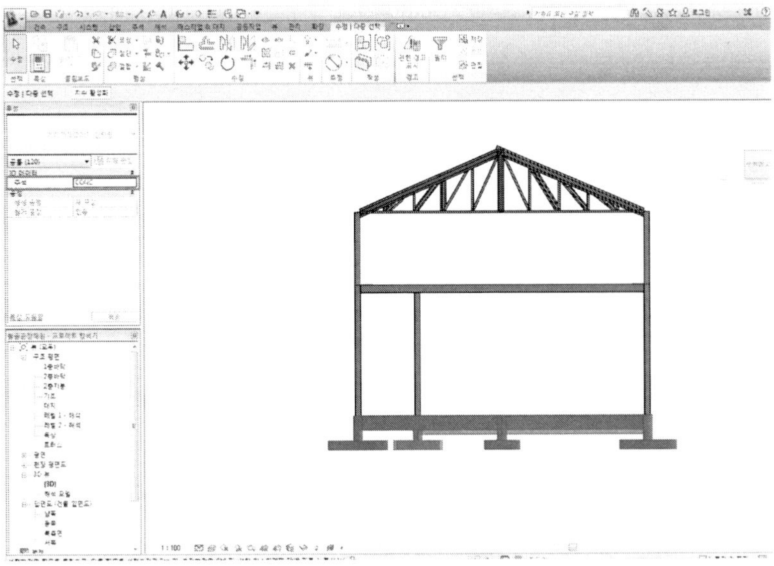

**구조재료 분류 주석달기**

부재 선택
ㄴ 특성창 : 주석에 표시하기
ㄴ 하부 Conc 지정

콘크리트 부재는 선택하여 [주석]에 재료를 'Conc'라 기입하였다.

## 자료 분류하기 – 구조분류 기호달기 | Filling Descriptions

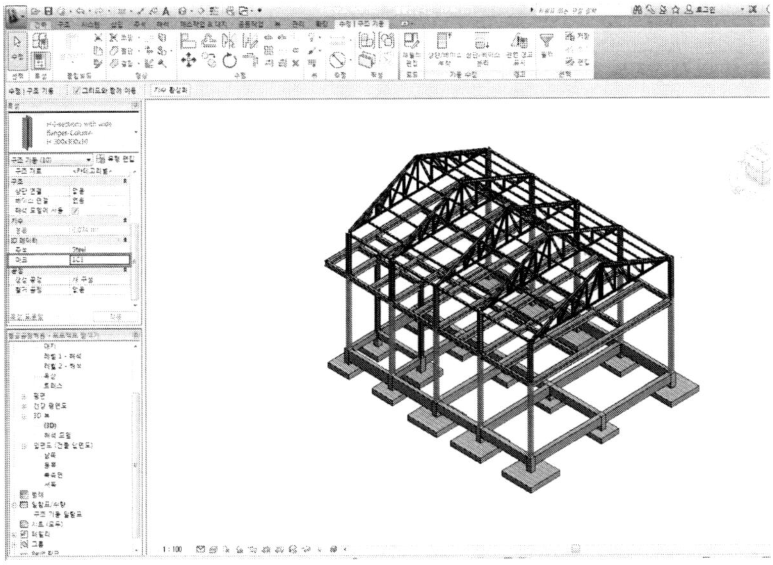

**구조부재 기호 달기**

부재 선택
ㄴ 특성창 : 마크에 표시하기
ㄴ 1C1

여기서는 일람표에 각 층별 구조부재의 기호를 부여하고 싶었기 때문에 각 그룹에 해당되는 부재를 선택해 구조기호를 표기하였다. 원하는 부재를 선택한 후, 왼편의 특성창에서 [마크]란에 1C1이라고 기입하였다.

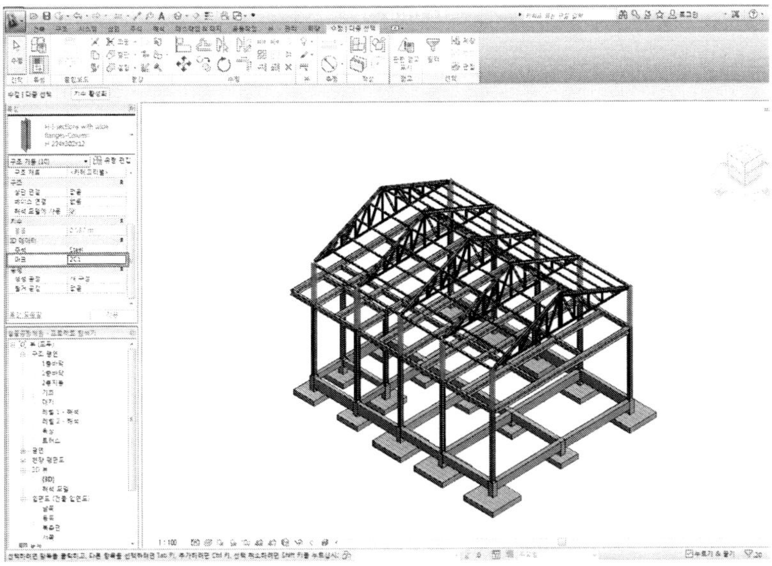

**구조부재 기호 달기**

부재 선택
ㄴ 특성창 : 마크에 표시하기
ㄴ 2C1

같은 방식으로 2층에 있는 기둥도 선택하고 2C1이라고 [마크]에 기입하였다. 이외에도 다양한 방식으로 분류하여 표기하고 싶은 특성이 있으면 부재나 유형별로 기입하여 활용하면 보다 활용도 높은 일람표를 만들 수 있다.

## 일람표 만들기 | Creating a Schedule

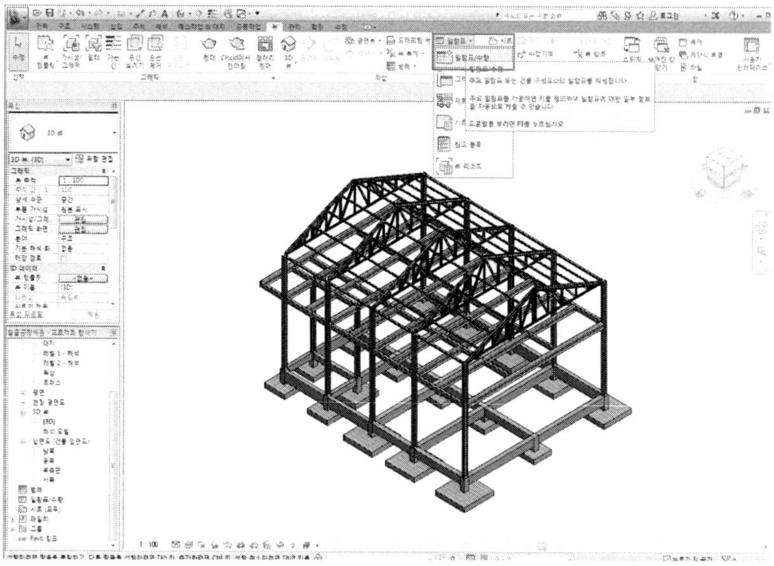

**일람표 만들기**
- 뷰 / 작성 / 일람표
  └ 일람표/수량

이제 구조부재 일람표를 만들기 위해서는 [뷰 / 작성 / 일람표] 메뉴를 이용한다. 여기서 [일람표/수량]을 선택하면 다음과 같은 새 일람표 선택창이 나타난다.

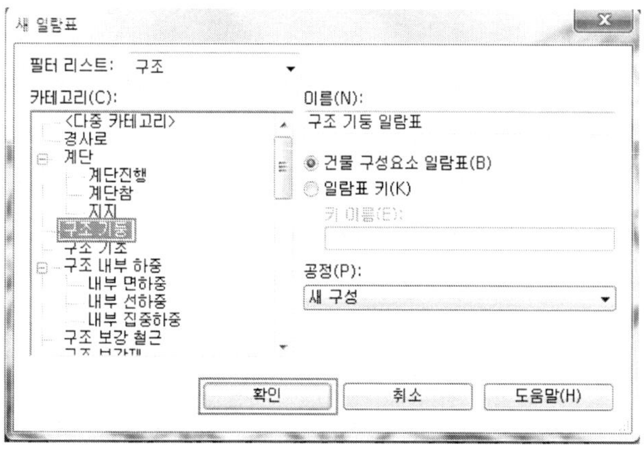


**새 일람표 만들기**
- 카테고리 결정

여기서는 예로 구조기둥 일람표를 만들어보자. [새 일람표] 창에서 [카테고리]를 [구조기둥]으로 선택한다. 그러면 일람표 특성구성창이 다음과 같이 나타나고 여기서 원하는 항목을 선택해 추가한다.

## 일람표 만들기 | Creating a Schedule

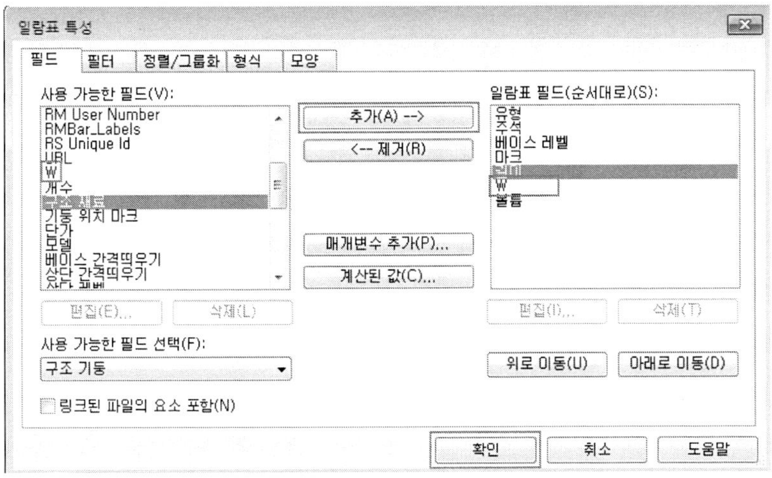

**일람표 특성 수정하기**

– 일람표 필드 선택

여기서는 철골부재 유형, 재료를 표기한 주석, 기둥이 위치한 베이스레벨, 부재기호를 표기한 마크, 기둥의 길이, 부재의 m당 중량인 W, 부재의 체적인 볼륨을 선택해 추가하였다. [확인]을 누른다.

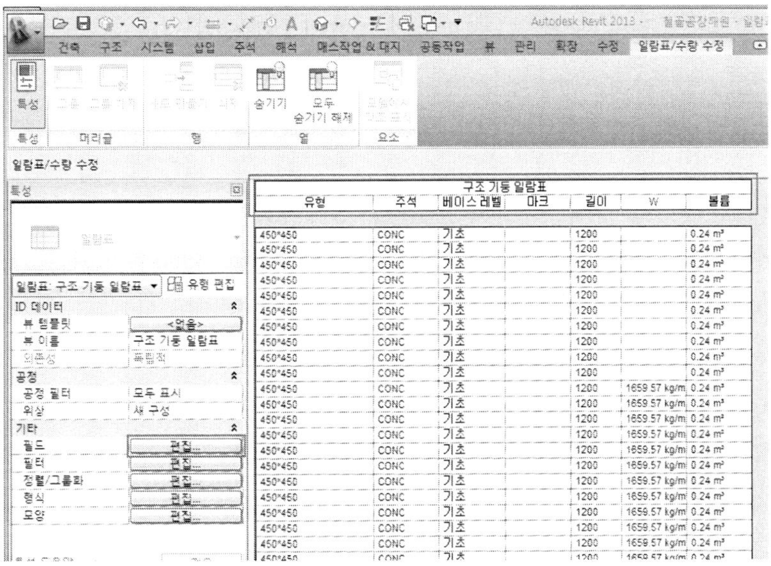

**일람표 화면**

프로젝트 탐색기 / 구조기둥 일람표

생성된 일람표의 화면이다. 상단에 좀 전에 선택한 필드항목이 나열되어 있는 것을 볼 수 있다.

## 일람표 만들기 | Creating a Schedule

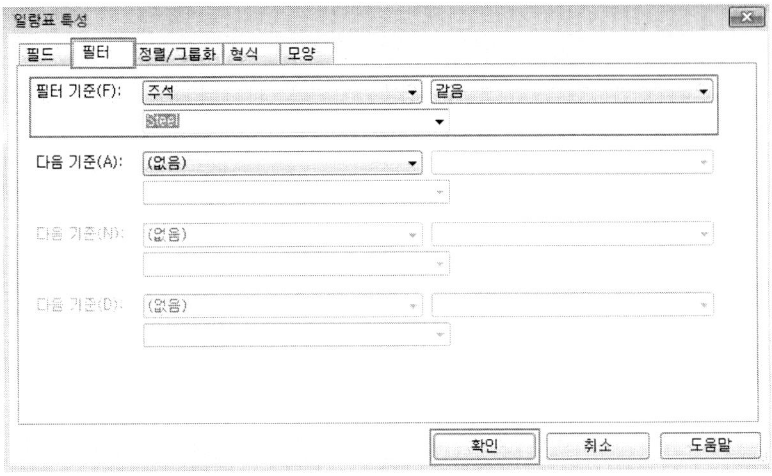

**일람표 특성 수정하기**
- 특성창 : 필터
  ㄴ 편집

여기서 [필터]기능을 이용해 철골기둥만 리스트를 만들어 보자.
우리는 [주석]에 재료를 기입하였으므로 [필터기준]을 [주석]을 선택하고 [steel]과 [같음]을 조건으로 설정한다.

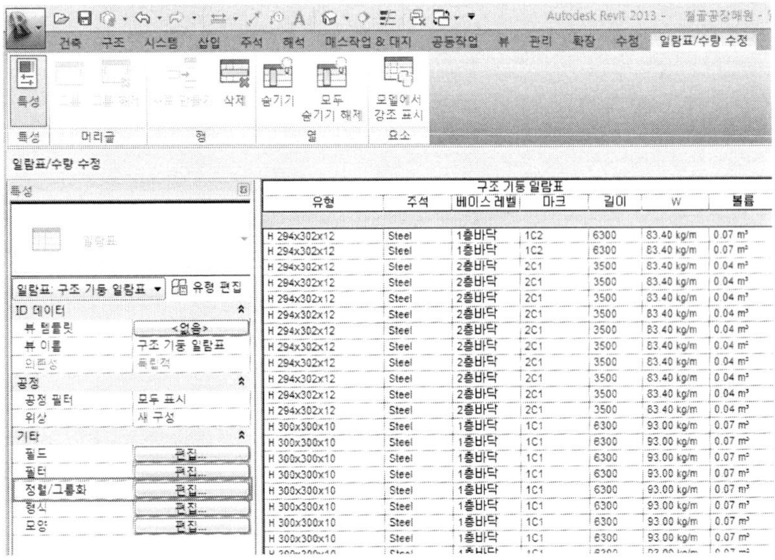

**일람표 수정하기**
- 특성창 : 정렬 /그룹화
  ㄴ 편집

그러면 위와 같이 철골기둥의 리스트만이 얻어진다. 여기서 [정렬/그룹화] 기능을 통해 알아볼 수 있게 분류하는 것이 가능하다.

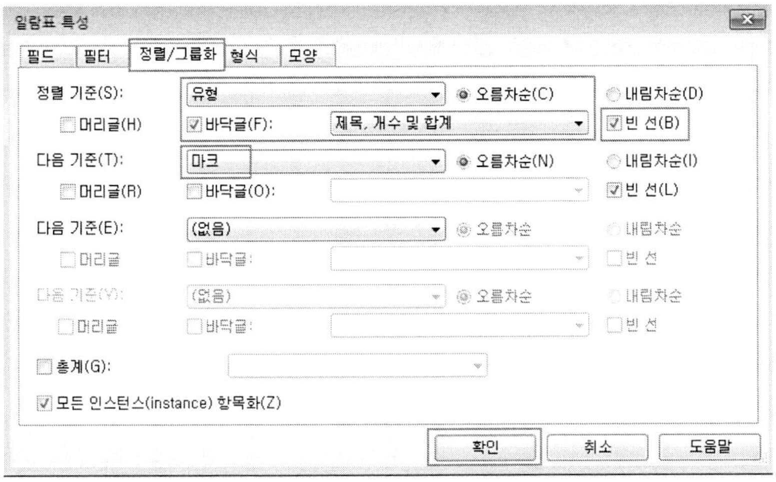

**일람표 수정하기**

– 정렬 / 그룹화 설정

[정렬 / 그룹화] 항목을 이용해 일람표 내용을 정리한다. 일람표 특성창의 [정렬 / 그룹화] 탭에서 [유형]과 [마크]의 필드값을 기준으로 분류하고 빈칸을 가지도록 [빈 선]을 선택하였다.
그리고 [유형]에는 [바닥글]을 체크해 제목이나 개수합계가 기록되도록 하였다.

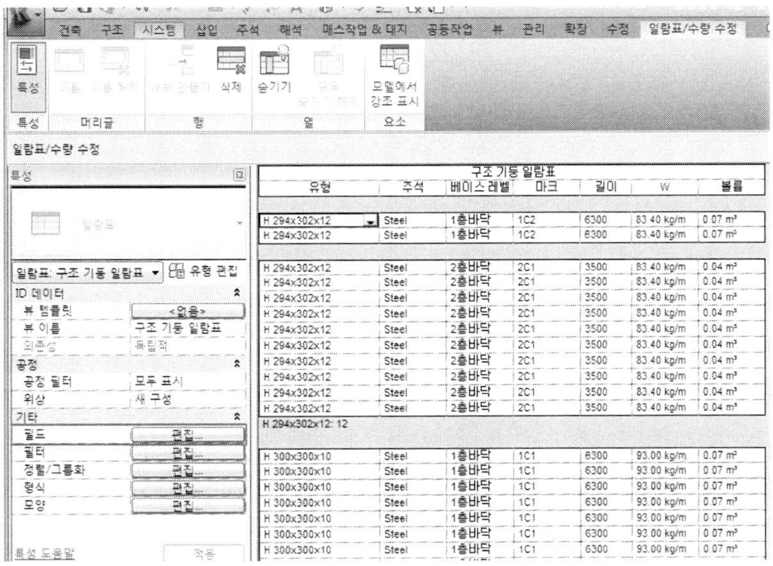

**일람표 수정하기**

– 특성창 : 필드
└ 편집

정리된 일람표를 볼 수 있다.
여기에 기둥의 물량을 계산해 보여주는 필드를 하나 더 추가해보자.
특성창에 [필드 / 편집]을 눌러서 새로운 필드를 만들어보자.

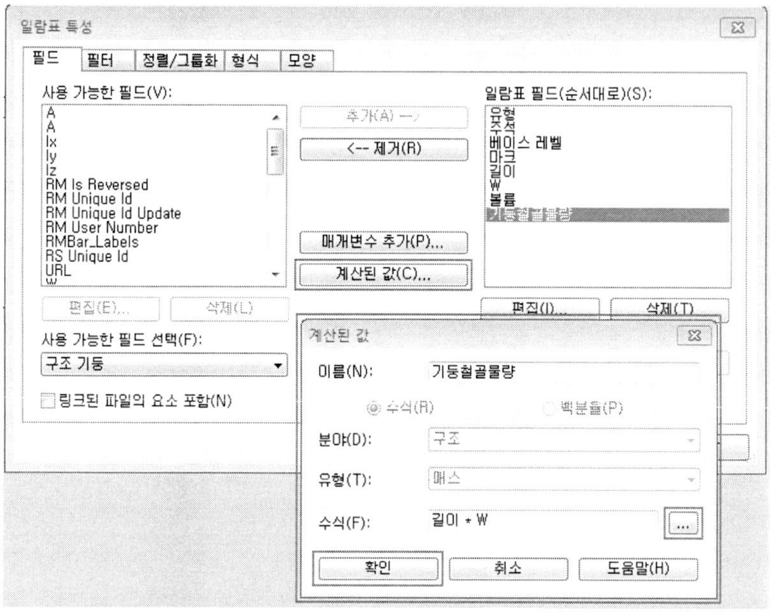

**일람표 특성 수정하기**

– 일람표 필드 선택

사용자가 정의하는 계산값은 [계산된 값]을 통해 만들 수 있다. 보이는 [계산된 값]에 수식을 입력해 필드를 만든다. 수식을 입력하는 것은 [...] 버튼을 클릭해 필드값을 선택해야 가능하다. 여기서 [분야], [유형]을 제대로 선택하는 것이 중요하다.

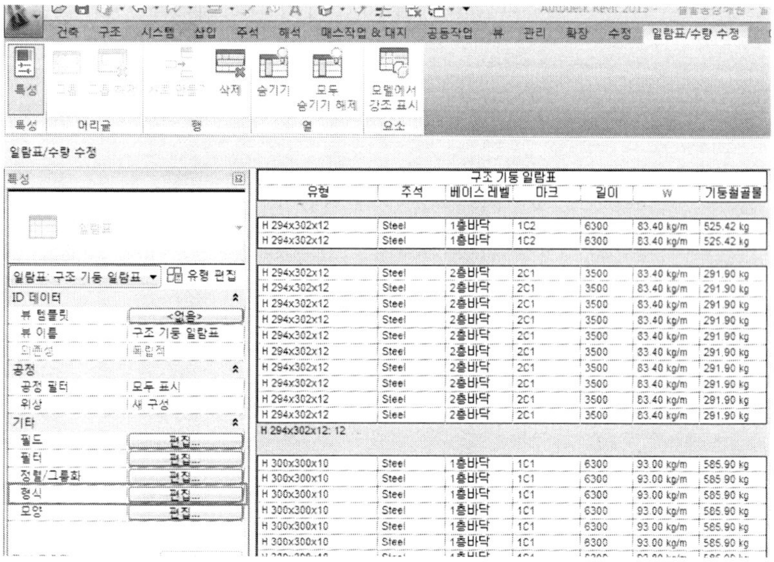

**일람표 수정하기**

– 특성창 : 형식

└ 편집

정의한 철골물량이 계산되어 입력된 것을 볼 수 있다. [볼륨] 항목은 제거하여 삭제하였다.

이제 특성창의 [형식]을 이용해 일람표의 형식을 조정해본다.

## 일람표 만들기 | Creating a Schedule

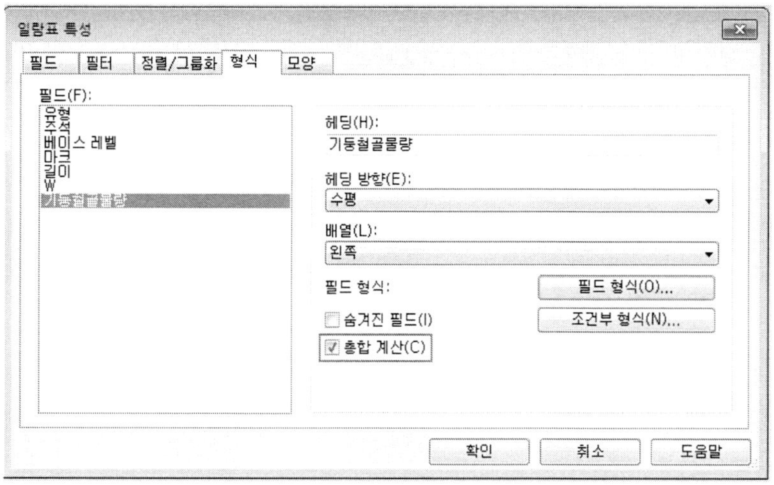


형식에는 필드별로 표현을 조정하는 기능이 몇 가지 있다. [총합계산]을 체크하면 분류별로 합계 값을 기입할 수 있다.

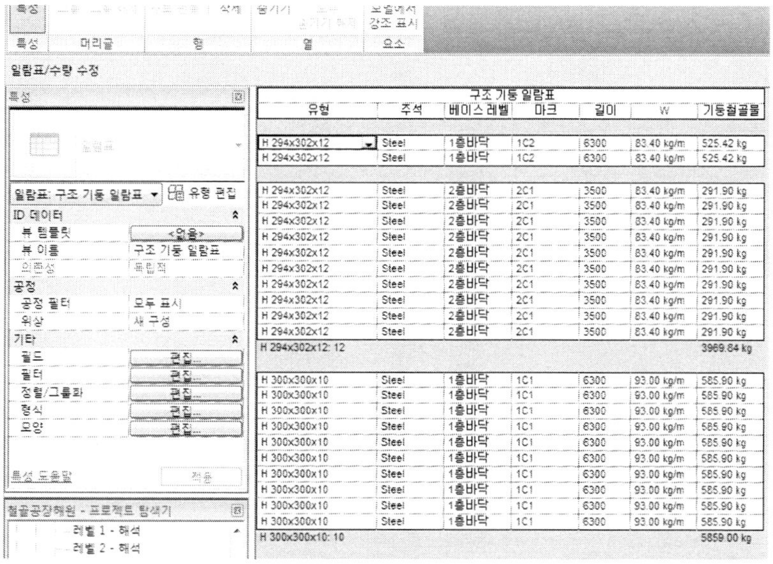


완성된 일람표

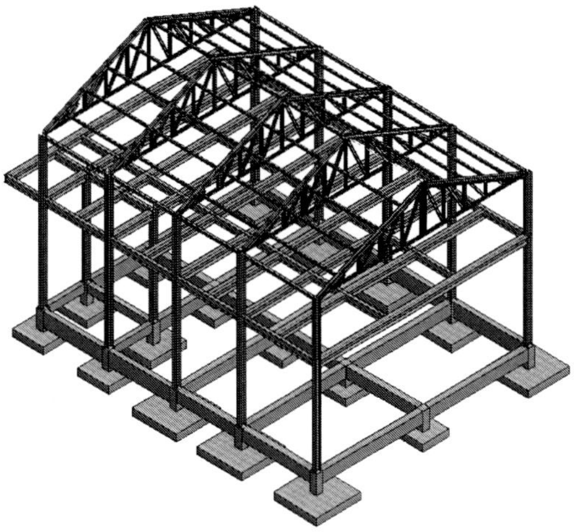

| 구조 기둥 일람표 | | | | | | |
|---|---|---|---|---|---|---|
| 유형 | 주석 | 베이스 레벨 | 마크 | 길이 | W | 기둥철골물 |
| H 294x302x12 | Steel | 1층바닥 | 1C2 | 6300 | 83.40 kg/m | 525.42 kg |
| H 294x302x12 | Steel | 1층바닥 | 1C2 | 6300 | 83.40 kg/m | 525.42 kg |
| H 294x302x12 | Steel | 2층바닥 | 2C1 | 3500 | 83.40 kg/m | 291.90 kg |
| H 294x302x12 | Steel | 2층바닥 | 2C1 | 3500 | 83.40 kg/m | 291.90 kg |
| H 294x302x12 | Steel | 2층바닥 | 2C1 | 3500 | 83.40 kg/m | 291.90 kg |
| H 294x302x12 | Steel | 2층바닥 | 2C1 | 3500 | 83.40 kg/m | 291.90 kg |
| H 294x302x12 | Steel | 2층바닥 | 2C1 | 3500 | 83.40 kg/m | 291.90 kg |
| H 294x302x12 | Steel | 2층바닥 | 2C1 | 3500 | 83.40 kg/m | 291.90 kg |
| H 294x302x12 | Steel | 2층바닥 | 2C1 | 3500 | 83.40 kg/m | 291.90 kg |
| H 294x302x12 | Steel | 2층바닥 | 2C1 | 3500 | 83.40 kg/m | 291.90 kg |
| H 294x302x12 | Steel | 2층바닥 | 2C1 | 3500 | 83.40 kg/m | 291.90 kg |
| H 294x302x12 | Steel | 2층바닥 | 2C1 | 3500 | 83.40 kg/m | 291.90 kg |
| H 294x302x12: 12 | | | | | | 3969.84 kg |
| H 300x300x10 | Steel | 1층바닥 | 1C1 | 6300 | 93.00 kg/m | 585.90 kg |
| H 300x300x10 | Steel | 1층바닥 | 1C1 | 6300 | 93.00 kg/m | 585.90 kg |
| H 300x300x10 | Steel | 1층바닥 | 1C1 | 6300 | 93.00 kg/m | 585.90 kg |
| H 300x300x10 | Steel | 1층바닥 | 1C1 | 6300 | 93.00 kg/m | 585.90 kg |
| H 300x300x10 | Steel | 1층바닥 | 1C1 | 6300 | 93.00 kg/m | 585.90 kg |
| H 300x300x10 | Steel | 1층바닥 | 1C1 | 6300 | 93.00 kg/m | 585.90 kg |
| H 300x300x10 | Steel | 1층바닥 | 1C1 | 6300 | 93.00 kg/m | 585.90 kg |
| H 300x300x10 | Steel | 1층바닥 | 1C1 | 6300 | 93.00 kg/m | 585.90 kg |
| H 300x300x10 | Steel | 1층바닥 | 1C1 | 6300 | 93.00 kg/m | 585.90 kg |
| H 300x300x10 | Steel | 1층바닥 | 1C1 | 6300 | 93.00 kg/m | 585.90 kg |
| H 300x300x10: 10 | | | | | | 5859.00 kg |

이와 같이 다양한 조합기능을 활용하면 여러 유용한 설계정보를 일람표를 통해 얻어내는 것이 가능하다. 또한, 프로젝트 탐색기를 활용하면 모델은 바로 도면화된다. 구조도면을 작성하기 위해 부재에 태그를 붙이고 도면화하는 방법 또한 파악되어야 할 것이다. 이 과정은 여타의 다양한 레빗 참고자료의 설명이 도움될 것이다.

앞서 보인 것처럼 모델의 수정과 변화를 통해 구조해석을 수행할 수 있으며, 또 이를 쉽게 레빗에 업데이트하여 물량을 파악하고 도면화할 수 있음을 알 수 있다. 이를 통해 건축으로 연동되어 건축계획 및 설비 등과의 통합으로 이어지는 구조 BIM의 기본개념을 이해할 수 있으리라 생각한다.

# IV 레빗으로 구조디자인 해보기
## 트러스 구조시스템
## Structure Design with BIM / Trusses

힘의 전달과 더불어 구조체에 조형성을 구현하는 구조디자인의 세계. 여기서는 조형적으로 구별되는 3개의 트러스구조를 모델링하는 과정을 살펴봄으로써, 구조디자인의 도구로써 레빗의 활용가능성을 확인해보자.

# 01

# 평행형 워렌트러스
Parallel Warren Truss

| 설계 사례 – 퐁피두 센터, Paris France(렌조 피아노&리차드 로저스)

## 트러스 디자인 구성원리

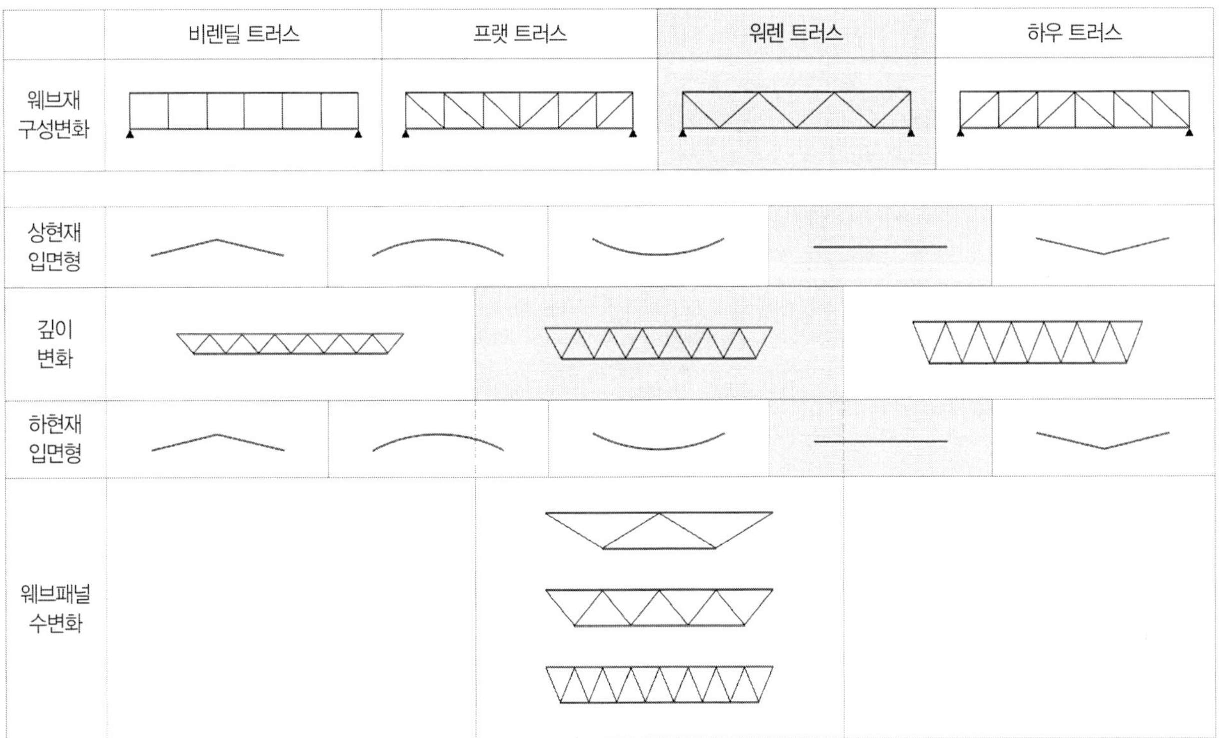

비렌딜 트러스
프랫 트러스
워렌 트러스
하우 트러스
웨브재 구성변화
상현재 입면형
깊이 변화
하현재 입면형
웨브패널 수변화

## 레벨과 그리드 | Level and Grid

새로운 프로젝트를 [구조템플릿]으로 시작하여, 레벨과 그리드를 먼저 만든다.

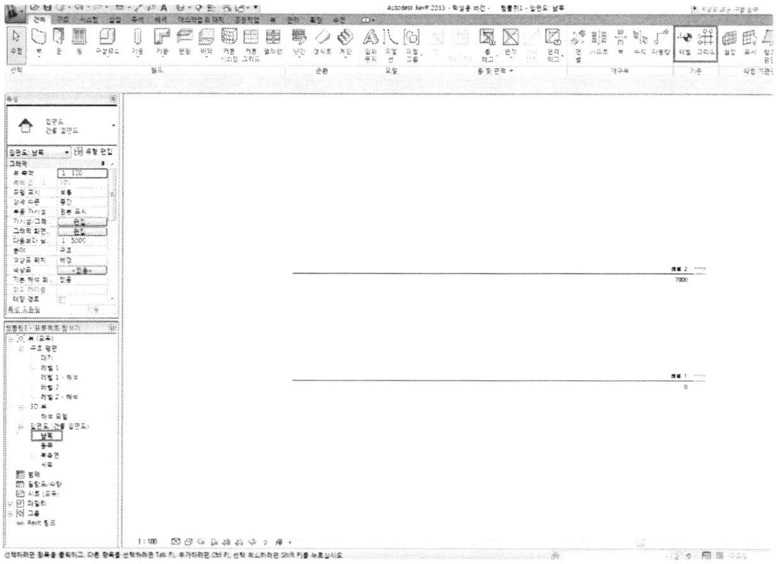

**레벨 그리기 보기**

프로젝트 탐색기 / 입면도 / 남쪽

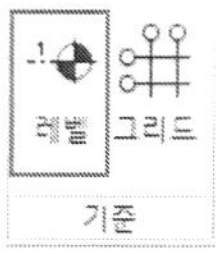


**바닥 형상 수정하기**

- 구조 / 기준 / 레벨
  └, 그리기(부록 1 참조)

기둥의 하부 지지점인 레벨 1을 설정하고 보와 트러스가 그려질 레벨 2를 높이 7,000을 가지는 것으로 설정하였다.

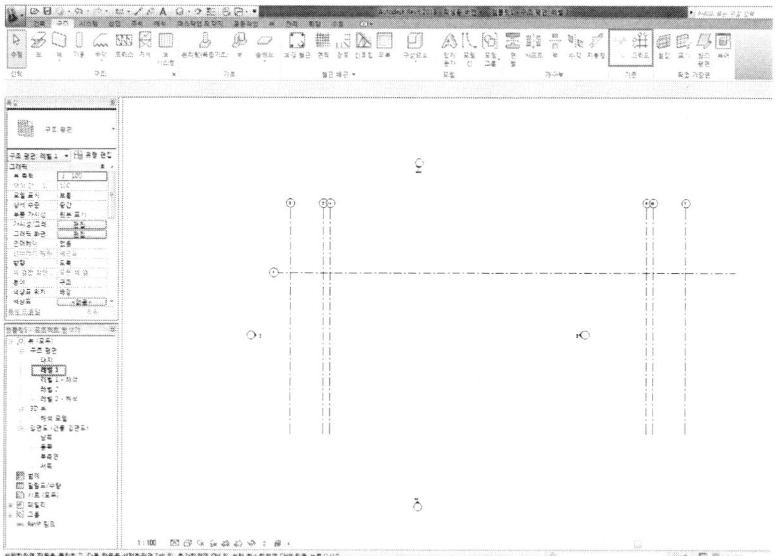

**그리드 그리기 보기**

프로젝트 탐색기 / 구조평면 / 레벨 1

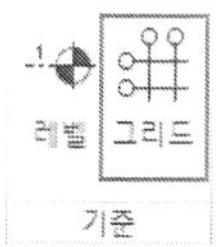


**그리드 그리기**

- 구조 / 기준 / 그리드
  └, 그리기(부록 1 참조)

여기서는 레벨 1을 선택해 먼저 중앙에 트러스의 스팬이 48m가 될 수 있도록 그리드를 설정하였다. 그리고 기둥 양바깥으로 5m 길이의 보를 그릴 수 있도록 그리드를 그리고, 안쪽으로 1m 간격을 두고 그리드를 그려넣었다. 기준이 되는 그리드를 먼저 그리고 상단의 옵션 바에 원하는 간격을 입력하여 그리드를 그려넣는다.

## 기둥 만들기 | Structural Columns

레벨과 그리드를 그려 기준을 만들었으면 트러스를 지지할 기둥을 만들어 보자.

**기둥 입력위치 보기**

프로젝트 탐색기 / 구조평면 / 레벨 1

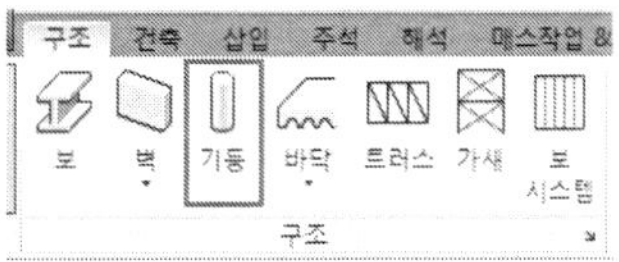


**기둥 만들기**

– 구조 / 구조 / 기둥

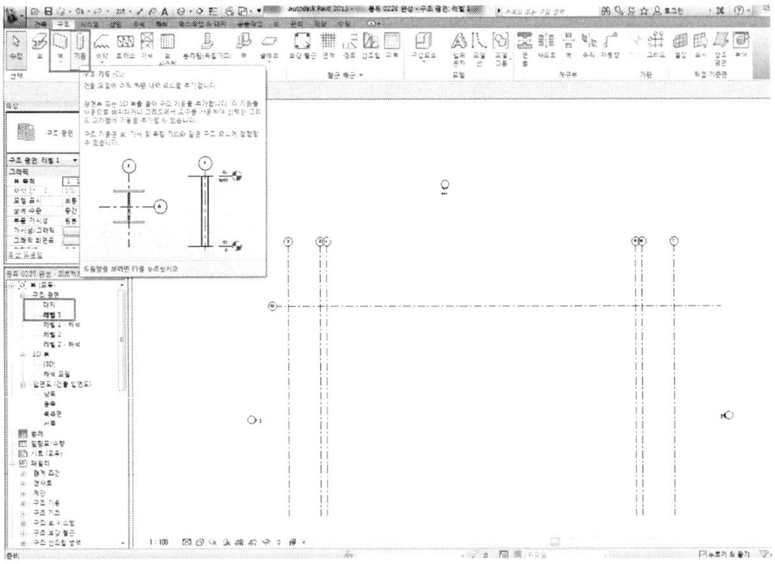

레벨 1을 열고 [구조 / 구조 / 기둥]의 명령어를 이용해 기둥을 그린다.

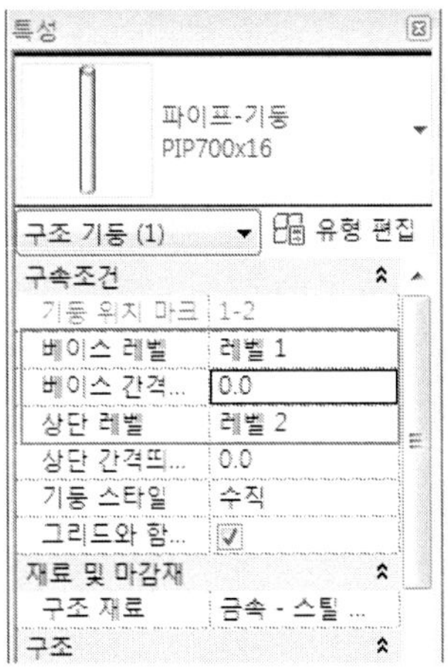


**기둥 만들기**

– 구조 / 구조 / 기둥

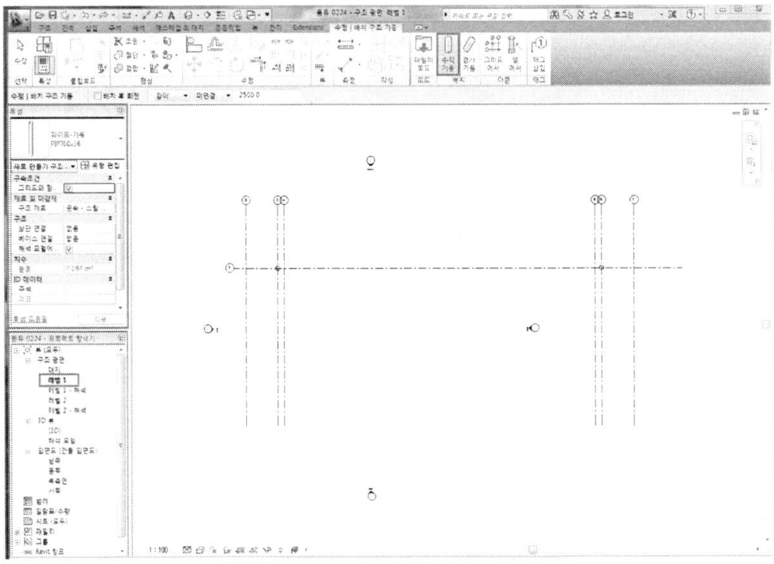

기둥을 선택한 후 나타나는 하위메뉴에서 [수직기둥]을 선택하고, 왼편의 특성창에서 직경 700의 강관기둥을 선택해 화면의 그리드 위에 두 개의 기둥점을 찍어 양측의 기둥을 그린다.
(특성창의 베이스 구속조건과 상단구속 조건을 이용해 원하는 위치에 기둥을 세울 수 있다.)

## 보(겔버레트) 그리기 | Structural Framing

퐁피두 센터는 겔버레트(gerberettes)라고 불리는 독특한 모양의 보가 있다. 이 보와 유사한 모양으로 기둥 위로 연결되는 양측면의 보를 그려보자.

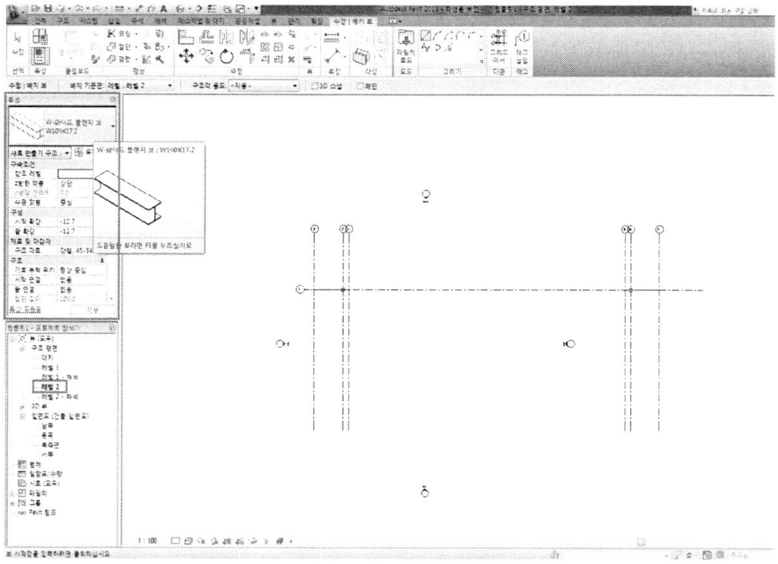

**보 입력하기**

프로젝트 탐색기 / 구조평면 / 레벨 2

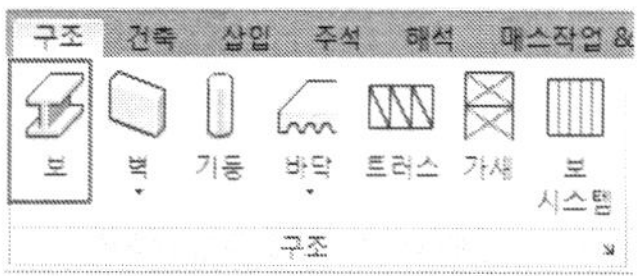


**보 그리기**

- 구조 / 구조 / 보
  ㄴ 특성창에서 원하는 보 선택

보가 위치하게 될 레벨 2 화면을 열고 상단메뉴의 [구조 / 보] 메뉴를 이용해 보를 그린다. 퐁피두센터의 기둥 위에 연결되는 보는 'gerberettes'라고 불리는 독특하게 디자인된 변단면 부재이지만, 여기서는 일반 H형강을 선택하였다.

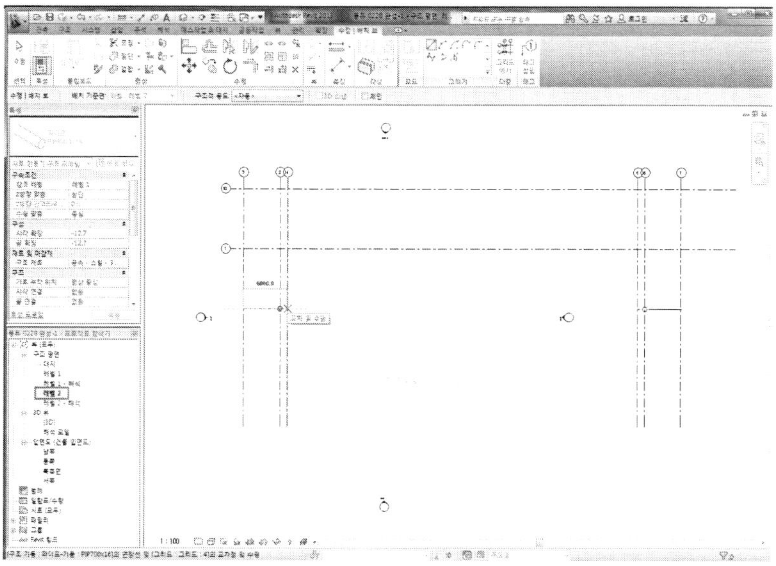

**보 입력하기**

프로젝트 탐색기 / 구조평면 / 레벨 2

**보 그리기**

- 구조 / 구조 / 보
  ㄴ 보 시작점과 끝점을 클릭

원하는 H형강 보 패밀리를 선택하고 [구조 / 구조 / 보] 명령어를 실행시켜 보의 시작점과 끝점을 직접 클릭하여 보를 그려 넣는다.

## 보(겔버레트) 그리기 | Structural Framing

### 입력한 보 보기

프로젝트 탐색기 / 입면도 / 남쪽

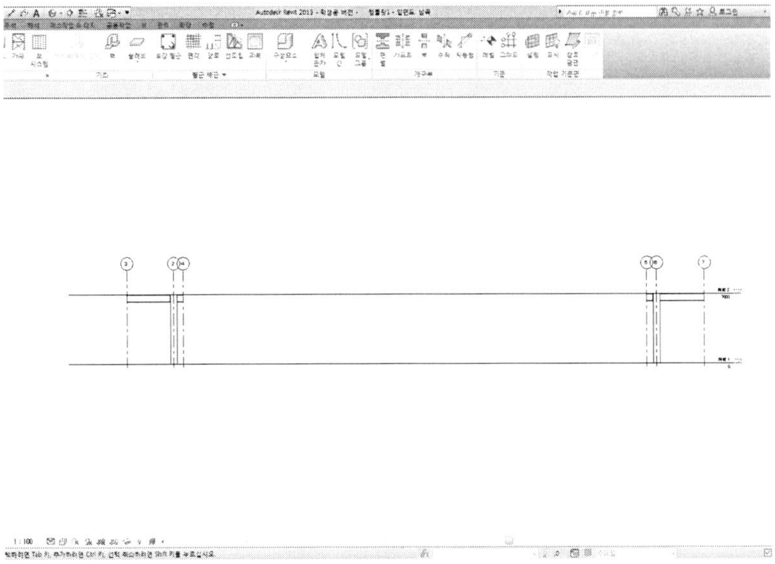

입면뷰를 확인해보면, 겔버레트와 유사한 모양으로 보가 그려진 것을 볼 수 있다.

### 입력한 보 보기

프로젝트 탐색기 / 3D 뷰 / 3D

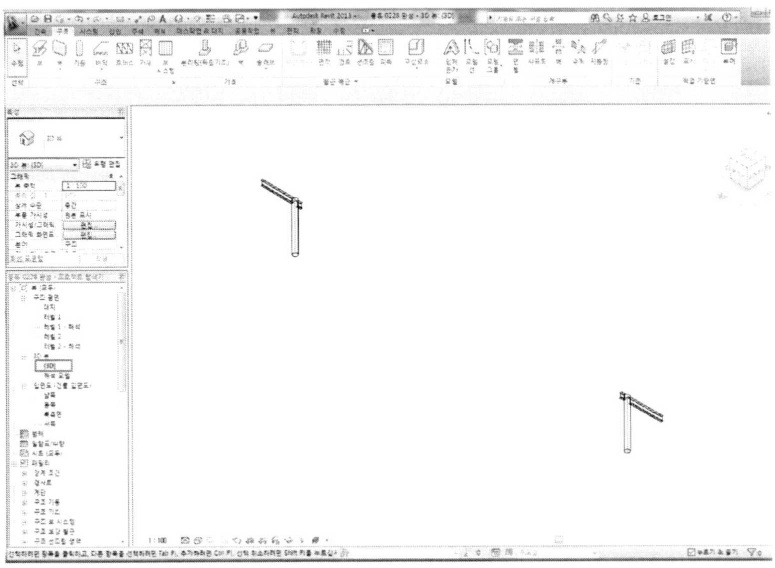

현재까지 입력한 기둥과 켄틸레버 보를 3D로 확인해본 모습이다.

## 트러스 만들기 | Trusses

이제는 이 겔버레트(gerberettes)에 연결되는 트러스를 만들어보자.

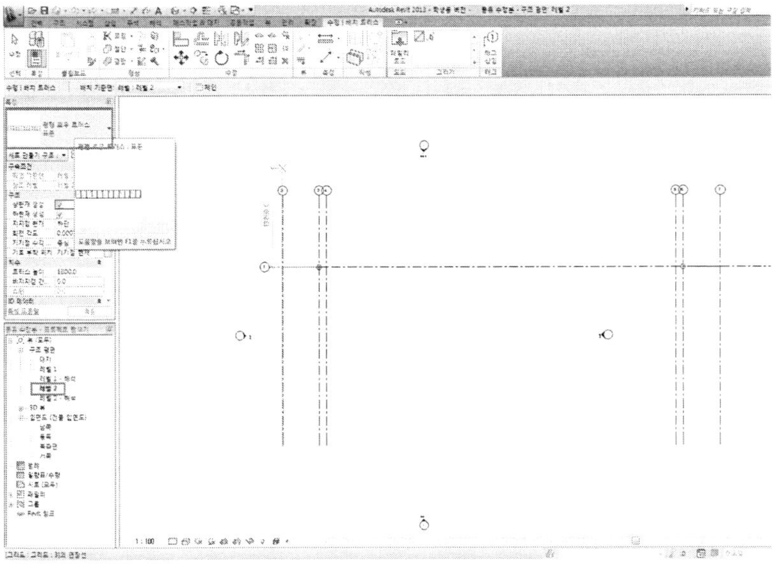

**트러스 입력하기**

프로젝트 탐색기 / 구조평면 / 레벨 2

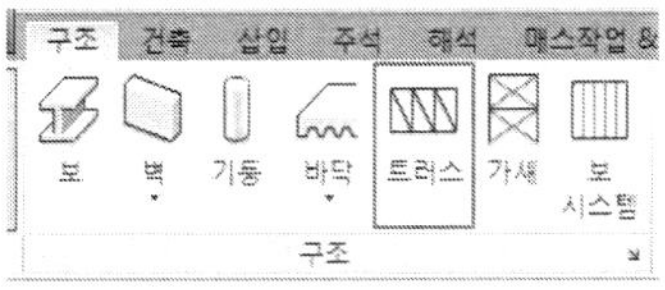


**트러스 그리기**

- 구조 / 구조 / 트러스
  └ 특성창에서 원하는 트러스 선택

트러스는 레벨 2에서 입력한다. [구조 / 구조 / 트러스] 메뉴를 클릭하고 왼편 특성창에서 원하는 트러스를 선택한다.

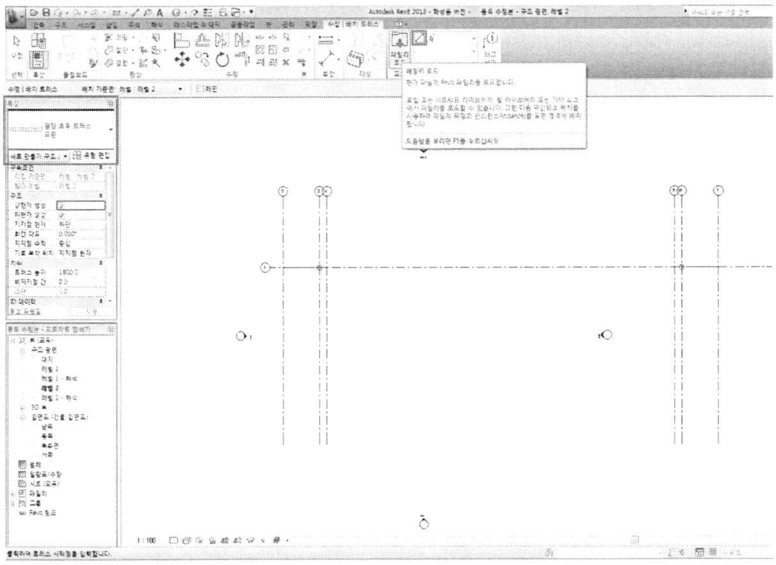

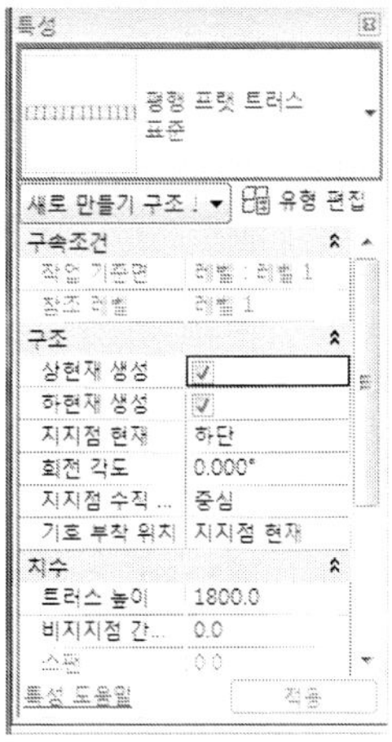


**프랫트러스 그리기**

- 구조 / 구조 / 트러스
  └ 특성창 : 평행 프랫 트러스 선택

그런데 왼편의 특성창에 기본 로드된 트러스에는 우리가 원하는 패널 개수를 가진 워렌트러스가 존재하지 않는다. 그래서 여기서는 [평행 프랫 트러스 표준]을 선택해 입력하고 수정하는 과정을 보이기로 한다.
원하는 트러스패밀리를 선택했으면 트러스의 시작점과 끝점을 직접 클릭하여 트러스를 그려 넣는다.

## 트러스 만들기 | Trusses

### 완성한 트러스 보기

프로젝트 탐색기 / 입면도 / 남쪽
└ 그린 트러스 선택

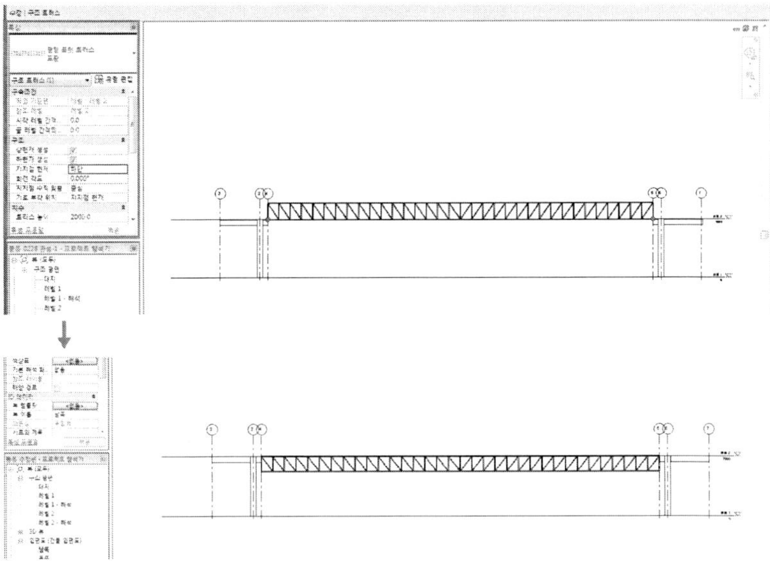

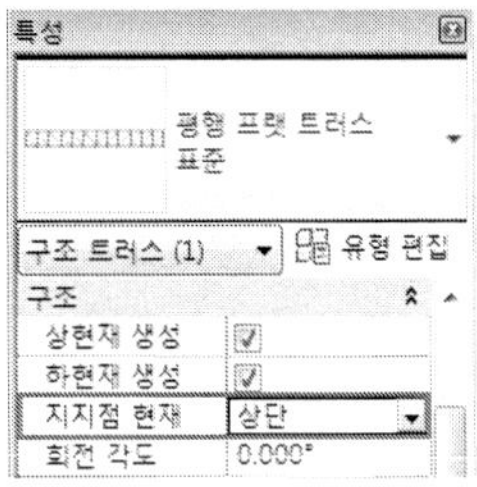


### 트러스 지지위치 변경하기

트러스 선택
└ 특성창 : 지지점 현재
　└ 상단으로 변경

입력한 트러스를 남쪽에서 바라본 입면의 모습이다. 트러스의 지점이 트러스의 하단부분에 설정이 되어 있어 퐁피두센터의 트러스와는 다른 모습을 보인다.

왼편의 특성창에서 [지지점 현재]항목을 [상단]으로 변경한다. 지점이 상단으로 변경되어 트러스가 보와 동일선상에 위치되는 것을 확인할 수 있다.

이제 웨브패널 수를 줄여 퐁피두센터에 디자인된 트러스와 동일하게 14개로 구성해보자.

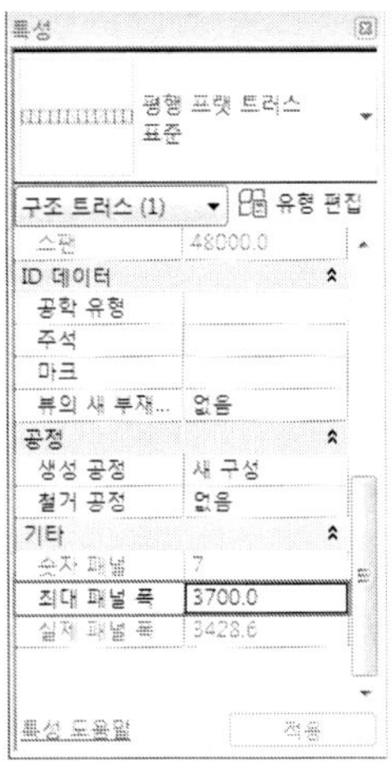


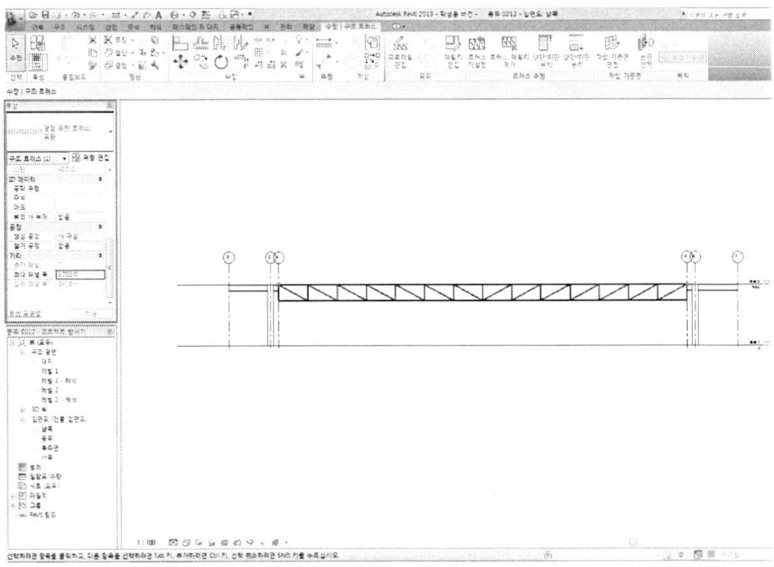

### 트러스 패널 수 조정하기

트러스 선택
└ 특성창 : 최대 패널 폭 조정
　└ 3700으로 변경

웨브패널 수는 특성창의 [최대 패널 폭]을 이용하여 변경할 수 있다. 여기서는 3700을 입력하여 패널수를 14개로 설정하였다.

## 트러스 만들기 | Trusses

패널수는 변형했지만 아직 원하는 모양의 워렌트러스 형상은 아니다. 이 트러스를 수정하여 원하는 트러스로 모델링 해보자.

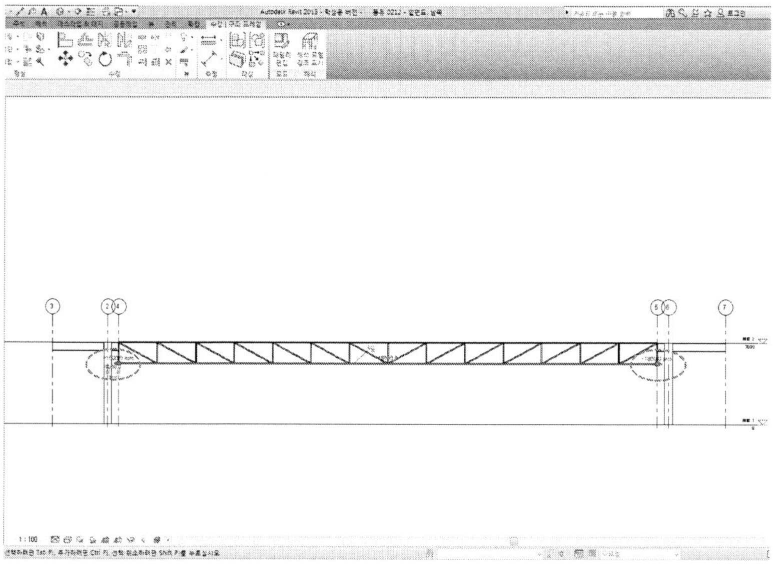

**트러스 하현재 수정화면**

프로젝트 탐색기 / 입면도 / 남쪽
ㄴ 트러스 선택

**트러스 하현재 형상 수정**

- tab+하현재 선택
  ㄴ 하단 현재 양 끝점 끌기

'tab' 키를 누른 채로 트러스의 하현재를 선택하면 하현재의 길이를 간단히 수정할 수 있다. 선택된 하현재의 양단 끝점을 끌어 하현재 사이즈를 원하는 길이로 줄인다.
그리고 역시 'tab' 키를 누르고 양단 수직재를 선택해 삭제해준다. 3D 상태가 아닌 입면도 상태에서 작업해야 한다.

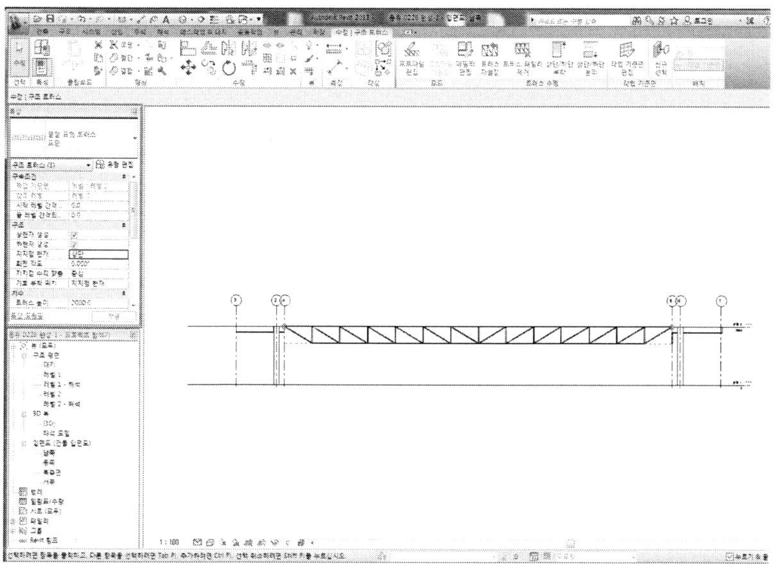

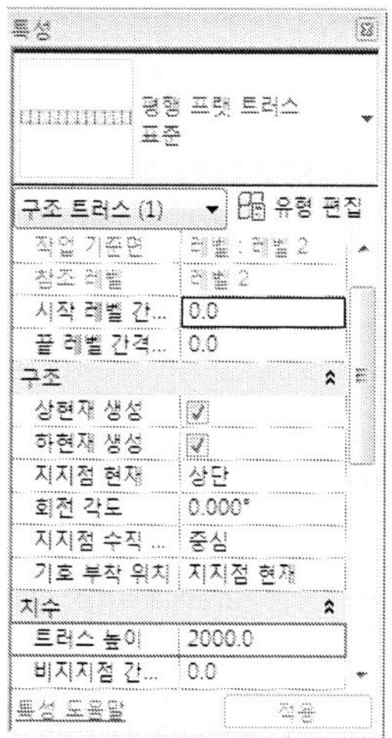


**트러스 높이 수정**

트러스 선택
- 특성창 : 트러스 높이 수정

그림과 같이 원하는 모양의 하현재가 그려진 것을 확인할 수 있다. 그리고 트러스 높이를 수정해야 할 필요가 있는 경우에는 트러스를 선택하고 특성창의 [트러스 높이]를 수정해준다. 여기서는 '2000'으로 변경하였다.

# 트러스 만들기 | Trusses

### 트러스 경사재 변형

프로젝트 탐색기 / 입면도 / 남쪽
└ 트러스 선택

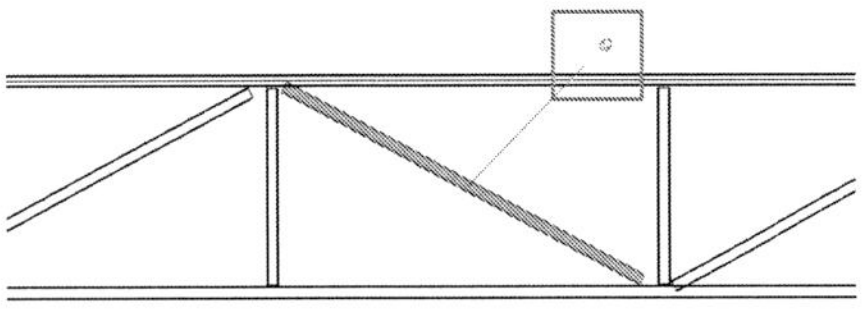

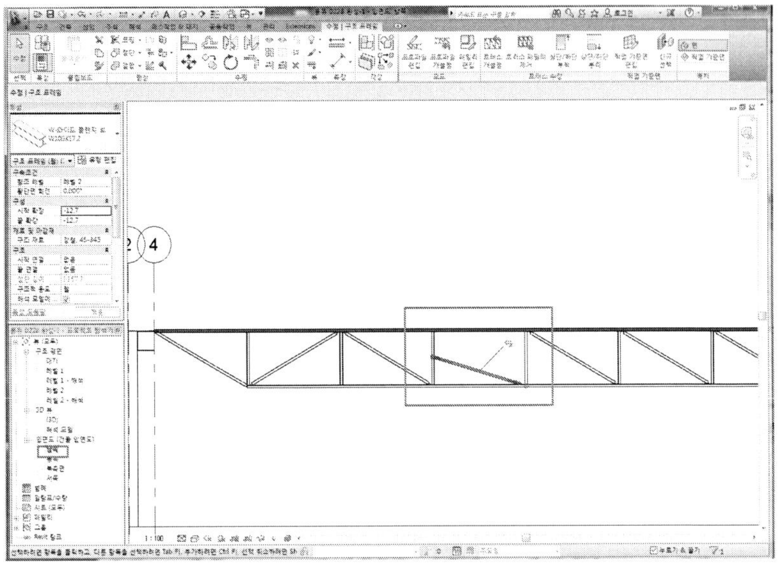

### 트러스 경사재 형상 수정

- tab+경사재 선택
  └ 고정풀기
    └ 양 끝점 끌어 모양바꾸기

'tab' 키를 누른 상태에서 수정하고 싶은 경사재를 선택하면, 왼쪽에 보이는 확대이미지처럼 푸른색으로 부재가 변하며 [ ] 표시가 나타난다. 이 표시를 클릭하면 [ ] 표시로 바뀌면서 끌어 길이나 위치를 수정할 수 있는 상태가 된다. 양 끝점을 끌어서 움직여 경사재의 방향을 바꿔주었다.

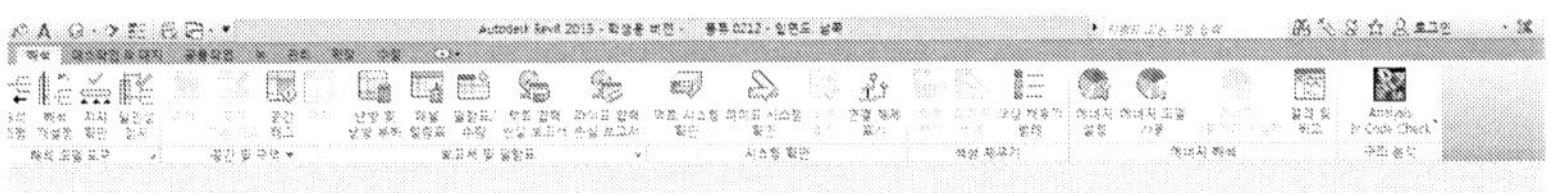

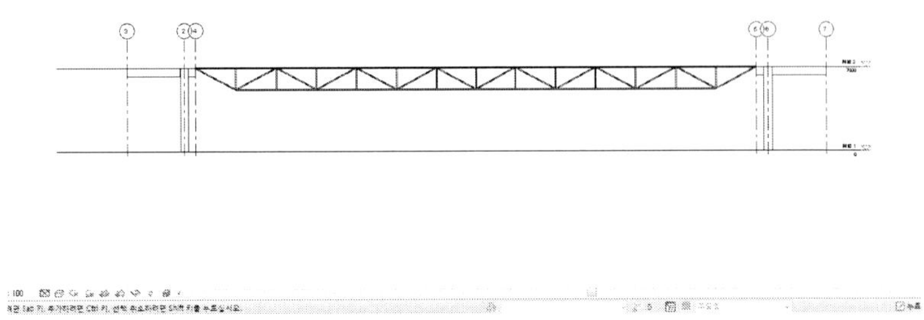

### 수직재 없애기

- 트러스 선택
  └ tab+수직재 선택
    └ delete

워렌트러스 형상을 가지도록 경사재를 모두 변경한 모습이다. 퐁피두 트러스의 형상은 수직재를 가지고 있지 않은 모습이므로 이번에는 수직재를 'tab' 키와 동시에 선택하여 'del' 키로 삭제해나간다.

## 지붕 만들기 | Roof

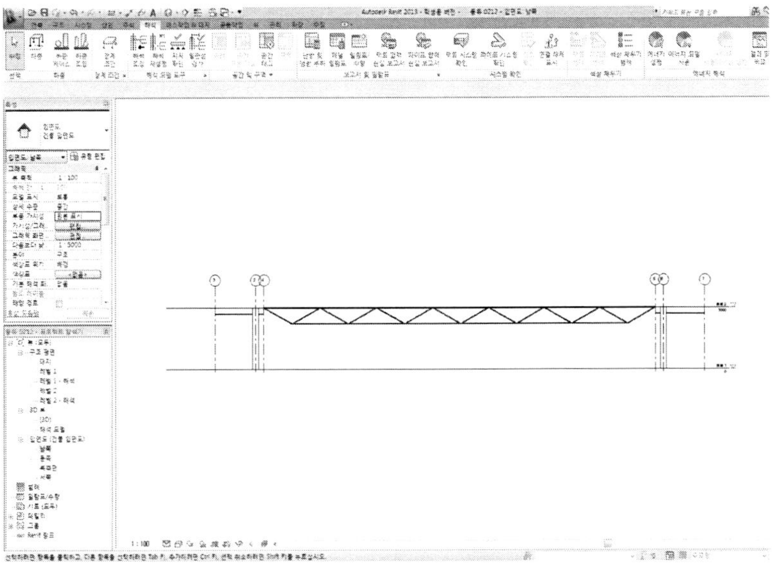

**입력한 트러스 보기**

프로젝트 탐색기 / 입면도 / 남쪽

수직재를 삭제하면 원하던 워렌트러스의 형상이 된다. 이제는 이 골조를 복사하여 지붕면을 만들 수 있도록 모델링해보자.

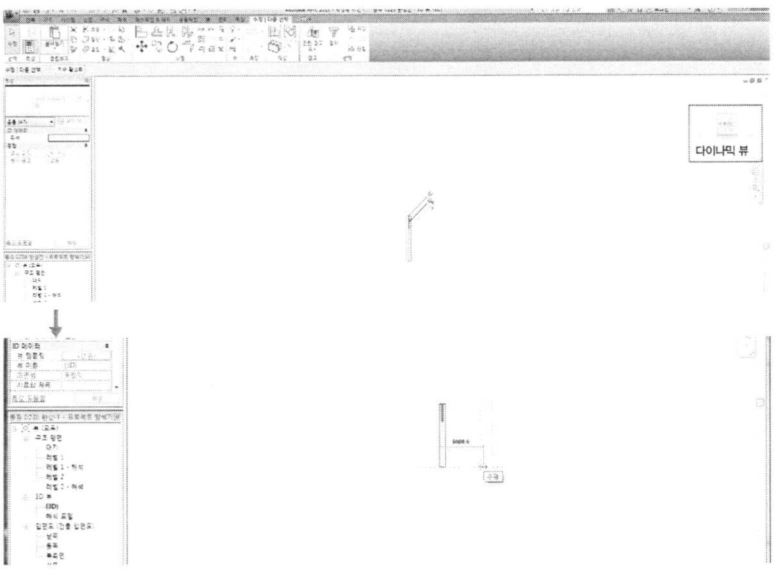


**입력한 트러스보기**

프로젝트 탐색기 / 3D 뷰 / 3D
└ 다이나믹 뷰 / 우측면도

**트러스 복사하기**

트러스선택
└ ctrl+c / ctrl+v로 붙이기

여기서는 3D 뷰에서 [우측면도]를 보고 골조전체를 드래그해서 선택했다. 드래그한 부재를 'ctrl+c / ctrl+v' 해서 복사하면 다음 그림처럼 원하는 간격만큼 이동시켜 복사할 수 있다. (선 안의 그림 참조)
그리드를 이용해 기준을 삼고 메뉴의 [수정]을 이용해 복사하는 방법도 앞서(p.123) 설명한 바 있다.

## 지붕 만들기 | Roof

하나의 구조시스템을 복사해 여러 골조를 만들고 이를 연결해 지붕구조시스템을 만든다.
여기서는 [보시스템] 기능을 이용해 비교적 간편하고 정확하게 입력하는 방법을 사용해보자.

**완성된 트러스 보기**

프로젝트 탐색기 / 3D 뷰 / 3D

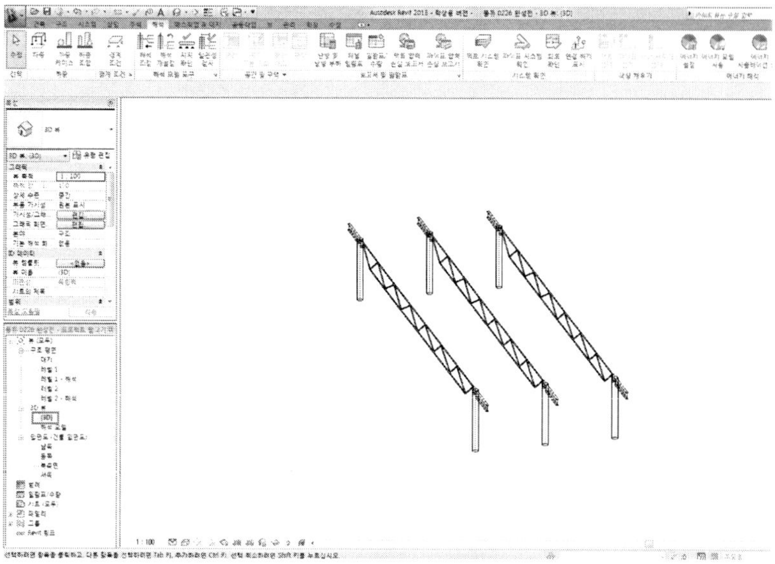

세 개로 복사해서 완성한 트러스 구조물의 모습이다. 트러스들을 가로방향으로 연결하는 보를 입력하여 입체적인 구조물로 모델링한다.

**보 그리기 보기**

프로젝트 탐색기 / 구조평면 / 레벨 2

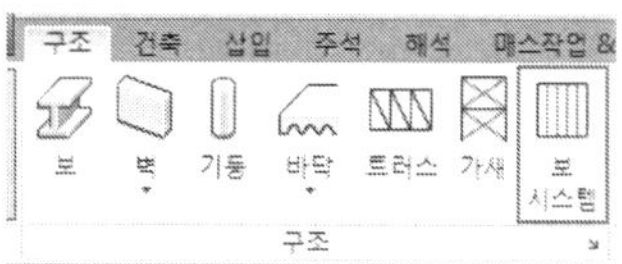


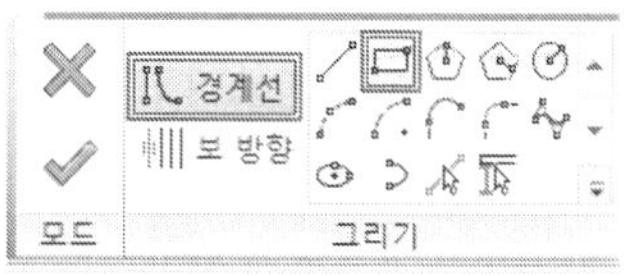


**보시스템 그리기**

– 구조 / 구조 / 보시스템

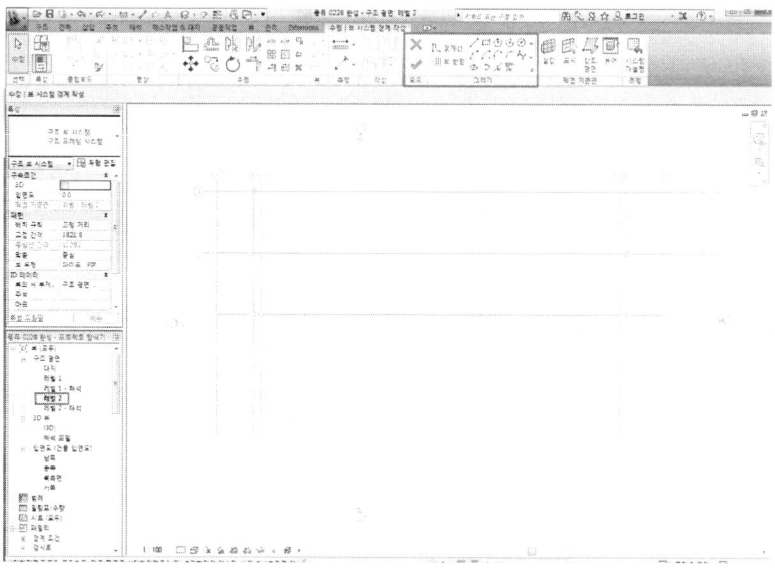

평면레벨인 [레벨 2]로 이동해 [구조 / 구조 / 보시스템]을 선택하면 위와 같은 하부메뉴가 나타난다. 상단의 메뉴 중 [경계선]을 선택하고 보가 자리잡을 영역의 가장자리를 그릴 그리기 기능을 선택한다. 여기서는 사각형의 양꼭지점을 찍는 [▭] 기능을 활용하였다.

## 지붕 만들기 | Roof

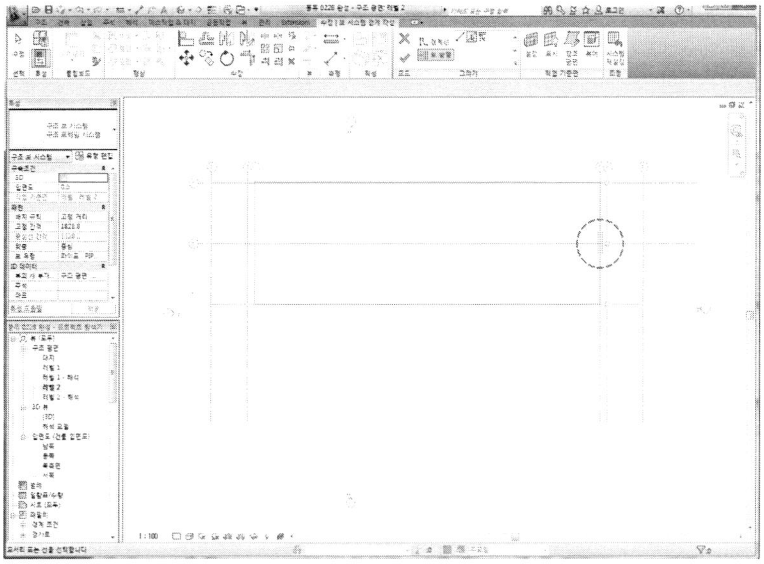

**보 그리기 보기**

프로젝트 탐색기 / 구조평면 / 레벨 2
└ 구조 / 구조 / 보시스템
  └ 수정 | 보시스템 경계 작성

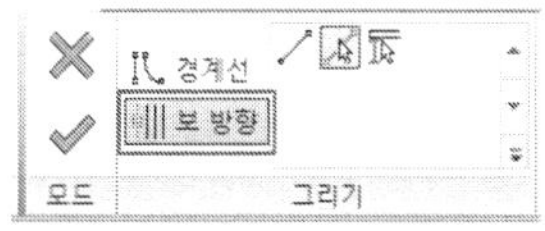


**보시스템 그리기**

- 구조 / 구조 / 보시스템
  └ 보 방향 설정

바닥의 양 끝점을 찍어 [경계선]을 그려주고, [보방향]을 선택해 보가 위치할 방향을 수직방향으로 지정해준 모습이다. 설정을 완료하였으면, 일단 완료 [✔]를 누르면 기본 보시스템이 그려진다.
보시스템 입력방법의 보다 자세한 내용은 부록 2를 참조한다.

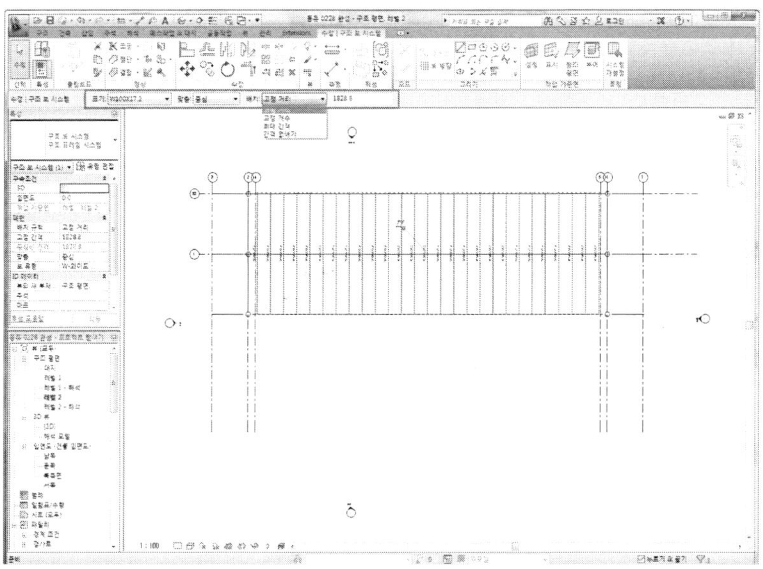

**보 그리기 보기**

프로젝트 탐색기 / 구조평면 / 레벨 2
└ 구조 / 구조 / 보시스템
  └ 수정 | 보시스템 경계 작성
    └ 경계선과 보방향 설정 후 완료

**보 만들기**

- 상단 옵션바 수정

메뉴상단에 나타나는 옵션바에서 설치하고 싶은 보의 부재단면([크기])과 [맞춤], [배치] 등을 수정할 수 있다. 여기서는 [배치] 항목을 [고정개수]로 변경하고 '6'을 입력하여 워렌트러스 웨브재 교점 사이에만 보를 설치하도록 하였다.

### 보시스템 그리기 보기

프로젝트 탐색기 / 구조평면 / 레벨 2

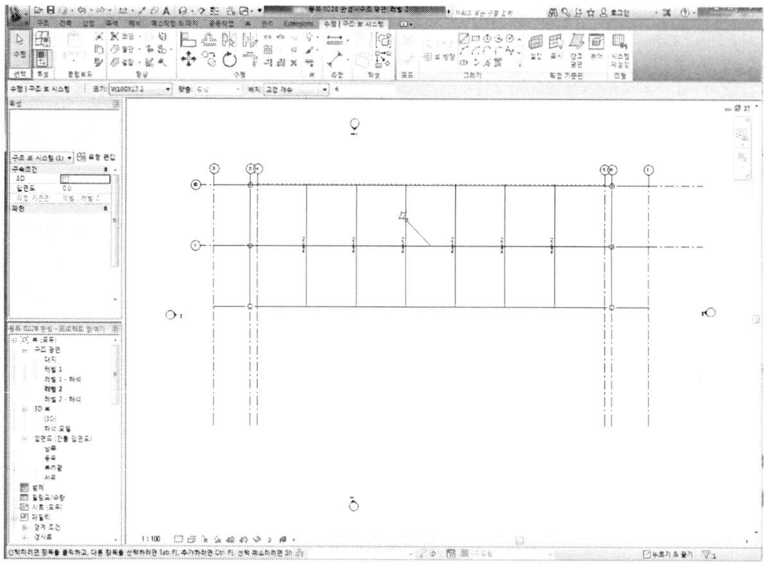

설정한 내용대로 수정되는 보 시스템의 모습을 확인할 수 있다. [수정]을 눌러 보시스템 입력을 완료한다.

### 완성된 모델 보기

프로젝트 탐색기 / 3D 뷰 / 3D

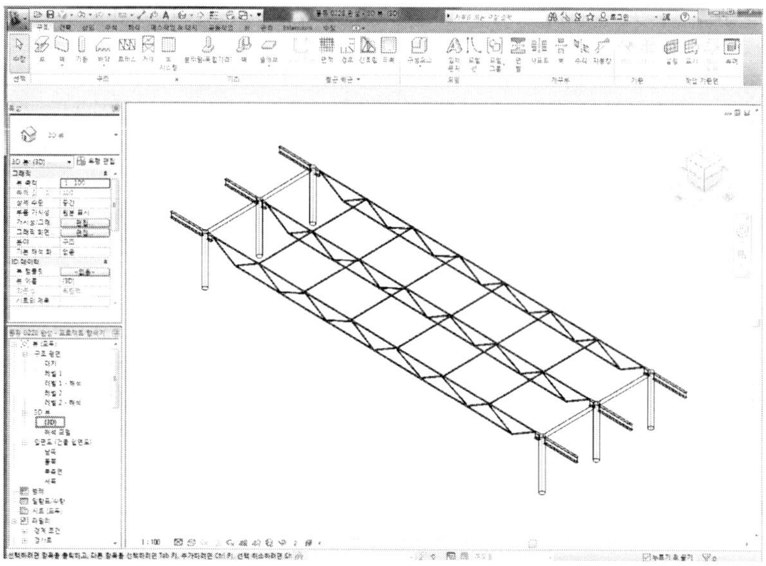

트러스 간의 연결보까지 완성된 모델의 모습을 3D 뷰로 볼 수 있다.
원하는 모델을 완성했으면 ROBOT 해석프로그램으로 전송해 구조해석을 수행하고 구조설계를 진행하면 된다.

## 해석 프로그램으로 보내 구조해석하기 | Structural Analysis with Robot Structural Analysis Program

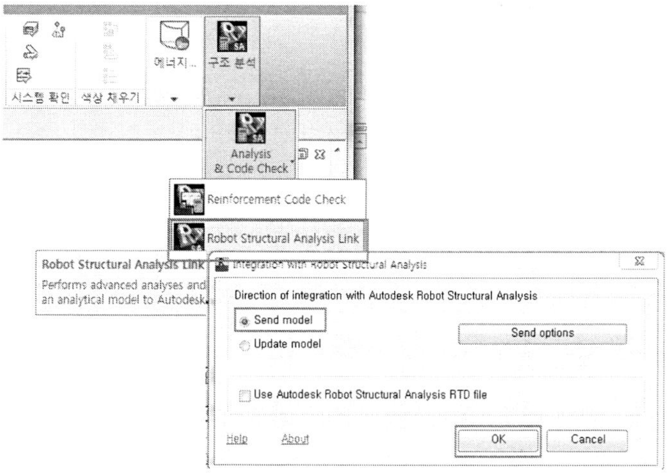

**해석프로그램으로 연결하기**
- 해석 / Structural Analysis / Analysis & Code Check
  └ Robot Structural Analysis Link

[해석 / Structural Analysis / Analysis & Code Check / Robot Structural Analysis Link]를 선택해 해석프로그램으로 모델을 보낸다.

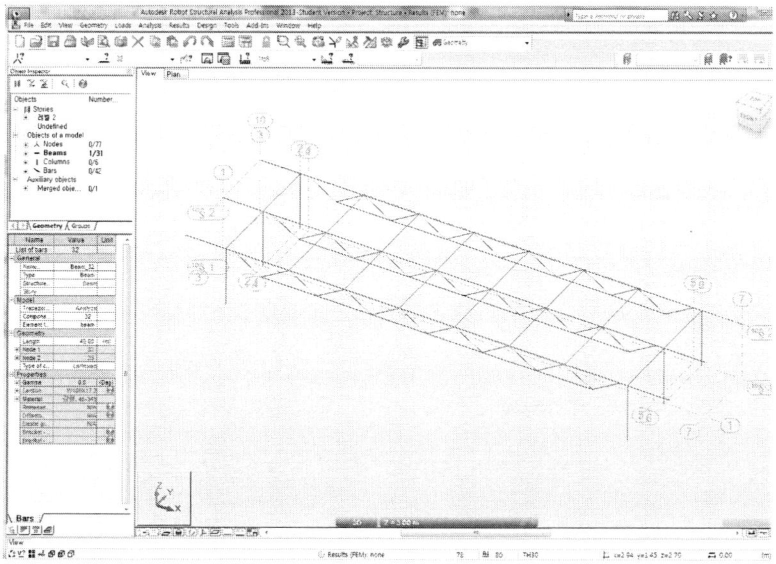

**해석프로그램에서 생성된 모델**

레빗에서 디자인한 트러스 모델이 그대로 해석모델로 입력되어 해석이 가능하도록 나타나는 것을 볼 수 있다. 여기에 통상의 구조프로그램처럼 하중과 지지조건 등을 결정하여 해석과 구조디자인을 수행하면 된다.
다만 레빗의 구조모델에서는 보여지는 형상의 결합 뿐만 아니라, 해석선과 노드의 절점이 해석에 적합하게 설정되는 것도 중요한데, 모델을 구성하는 과정에 이 노드점의 결합이 맞지 않는 경우가 불규칙적으로 나타나 통합설계에 어려움이 있다.
가능한 노드가 통일되도록 입력에 주의를 기울이고 [해석 / 해석조정]으로 확인하며 정리하는 작업이 필요하기도 하다. 다른 방법으로는 각 구조해석 프로그램에서 조정하는 방법을 사용하기도 한다.

# 02 렌즈형 워렌트러스

Lenticular Warren Truss

| 설계 사례 – 장 팅겔리 미술관, Basel Swiss(마리오 보타)

## 트러스 디자인 구성 원리

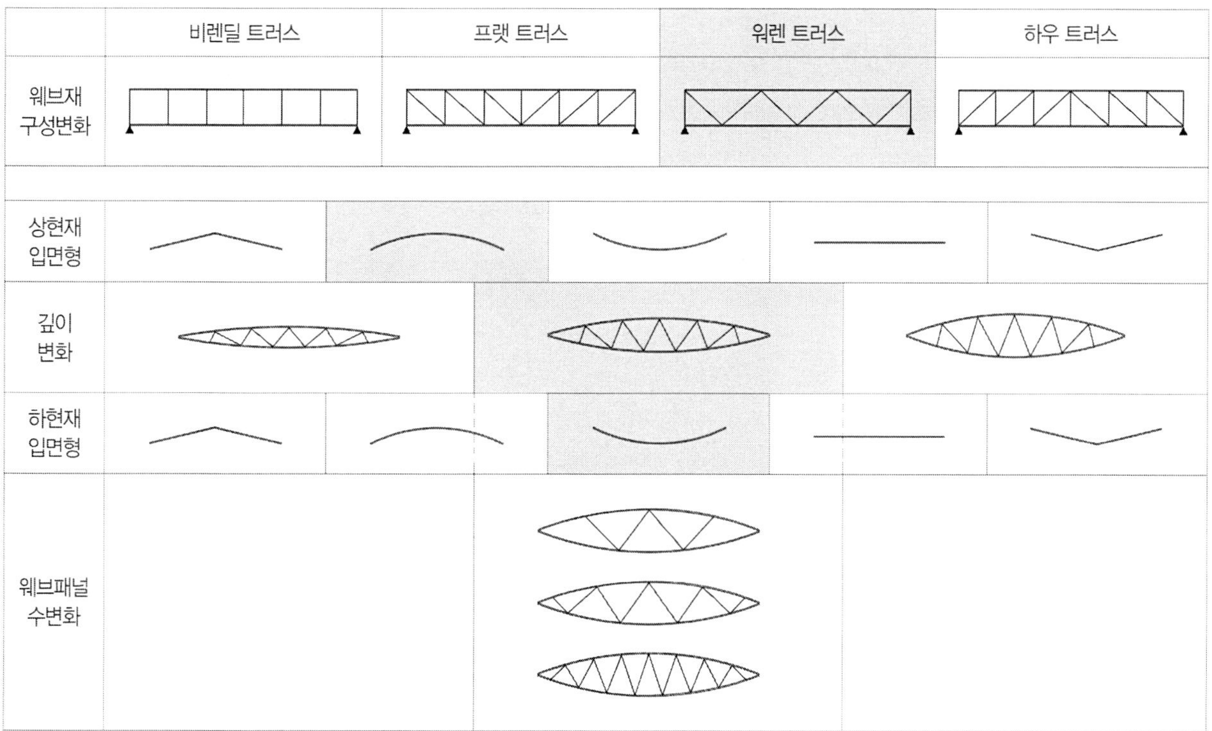
비렌딜 트러스
프랫 트러스
워렌 트러스
하우 트러스
웨브재 구성변화
상현재 입면형
깊이 변화
하현재 입면형
웨브패널 수변화

## 레벨과 그리드 | Level and Grid

레벨과 그리드로 기준을 먼저 만든다.

**레벨 그리기 보기**

프로젝트 탐색기 / 입면도 / 남쪽

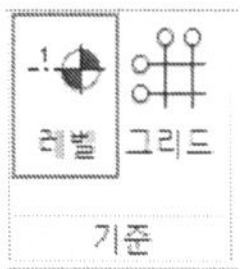


**레벨 만들기**

- 구조 / 기준 / 레벨
  └ 그리기

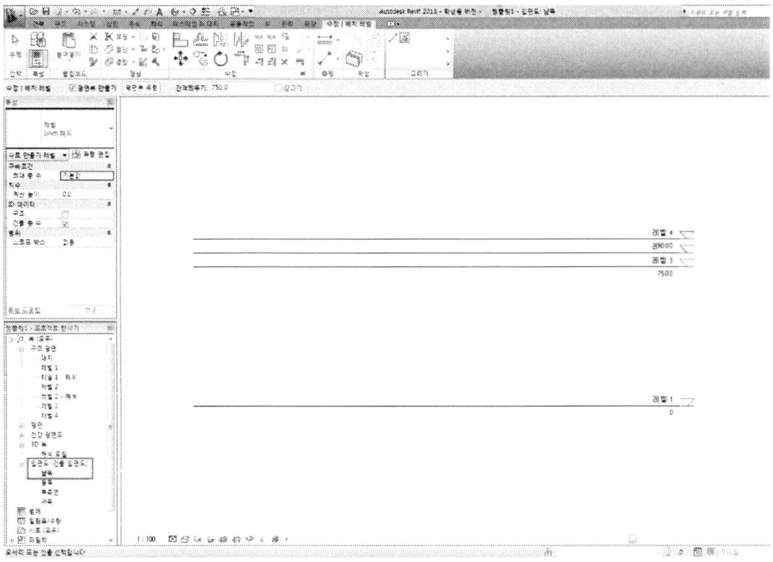

지면을 의미하는 바닥 레벨, 그리고 벽상단과 트러스가 위치하는 부분까지 4개의 레벨을 설정하였다.

**그리드 그리기 보기**

프로젝트 탐색기 / 구조평면 / 레벨 1

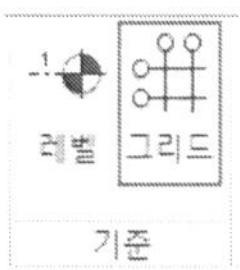


**레벨 만들기**

- 구조 / 기준 / 레벨
  └ 그리기

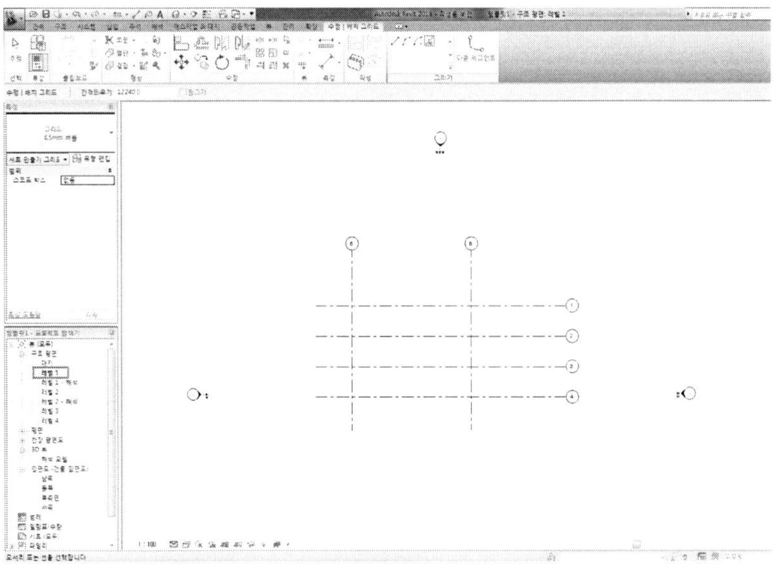

여기서는 레벨 1을 선택해 트러스를 위치시킬 그리드를 그리도록 한다. 가로방향으로는 3m의 간격으로, 트러스의 스팬으로는 12m가 될 수 있도록 그리드를 설정하였다.

## 벽 만들기 | Walls

레벨과 그리드를 그려 기준을 만들었으면 트러스를 지지할 벽을 만들어 보자.

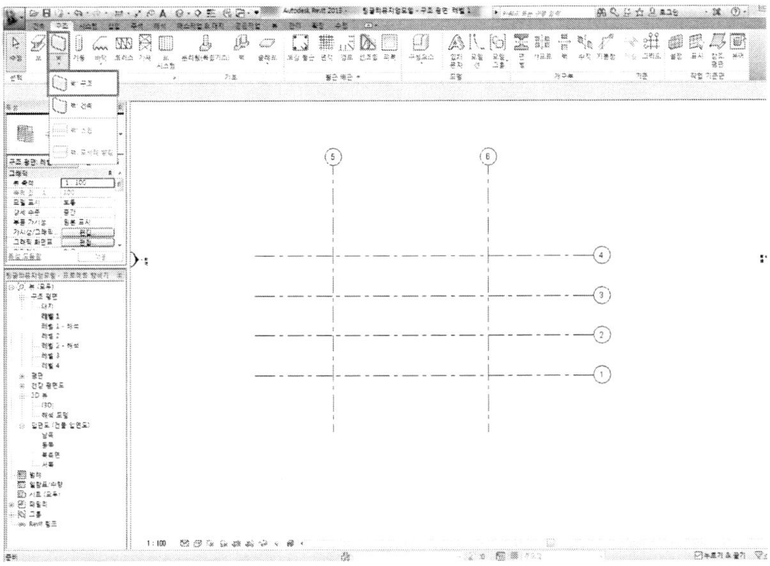

**벽 입력위치 보기**

프로젝트 탐색기 / 구조평면 / 레벨 1

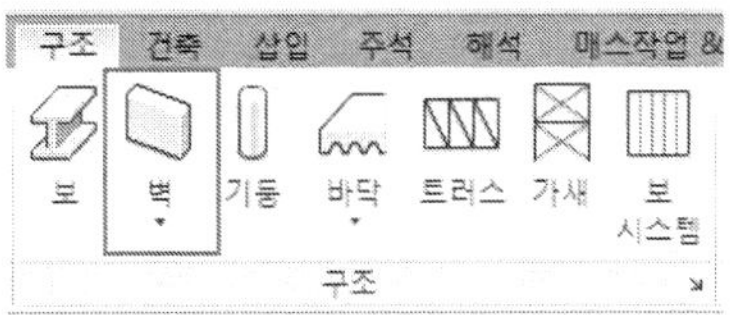


**벽 만들기**

- 구조 / 구조 / 벽
  - └ 벽 : 구조

벽을 그리기 위해 레벨1을 보고 [구조 / 구조 / 벽]의 명령어를 이용해 그린다. 벽 명령어를 선택하면 왼편에 벽의 특성을 결정할 수 있는 특성창이 보이는데, 여기서 두께 300mm의 콘크리트 벽을 선택했다.

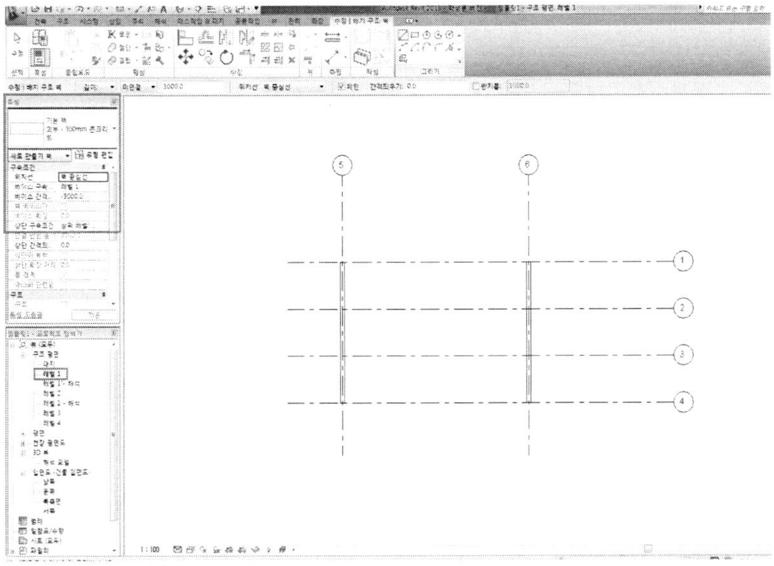

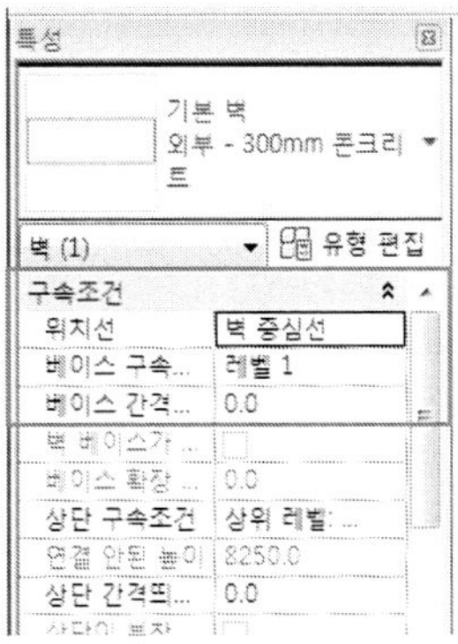


**벽 만들기**

- 구조 / 구조 / 벽
  - └ 벽 : 구조
    - └ 그리드 위에 클릭해 그린다.

벽을 그릴 때에는 특성창의 베이스 구속조건과 상단구속 조건을 이용해 원하는 위치에 벽을 세울 수 있다. 그리고 화면의 그리드 위에 벽의 시작점과 끝점을 찍어 양측의 벽을 그린다.

## 트러스 만들기 | Trusses

원하는 렌즈형 모양의 트러스를 만들어보자.

**트러스 입력하기**

프로젝트 탐색기 / 구조평면 / 레벨 2

**워렌트러스 그리기**

- 구조 / 구조 / 트러스
  ↳ 특성창에서 원하는 워렌트러스 선택하기

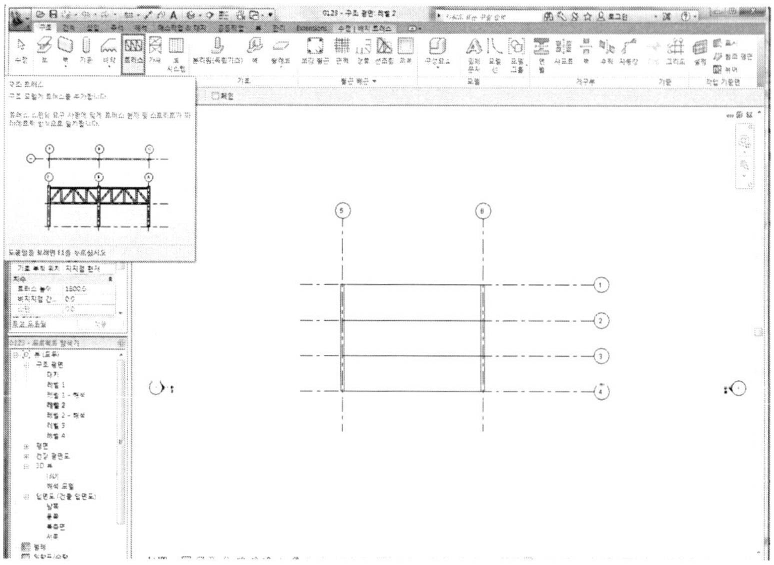

트러스 지점이 위치하게 될 레벨 2 화면을 열고 상단메뉴의 [구조 / 구조 / 트러스]를 선택한다. 이번에는 왼편 특성창에서 워렌트러스를 찾아 입력해 본다.

**패밀리 로드하기**

**워렌트러스 패밀리 로드하기**

- 삽입 / 라이브러리에서로드 / 패밀리 로드

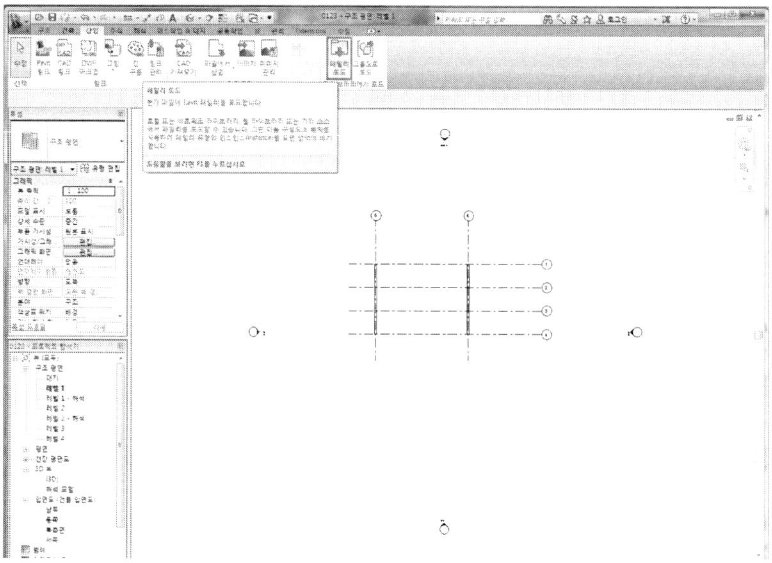

특성창에 원하는 트러스가 없다면 [패밀리로드]를 이용해 원하는 트러스를 불러와야 한다.

상부 메뉴에서 [삽입 / 라이브러리에서 로드 / 패밀리로드]를 선택한다. 그러면 다음과 같이 패밀리를 불러올 수 있는 창이 나타난다.

## 트러스 만들기 | Trusses

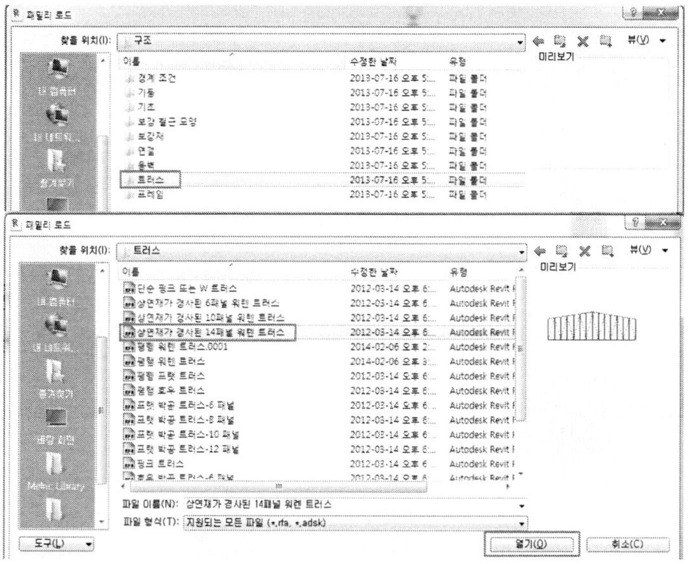

### 패밀리 로드 창

▶ 워렌트러스 패밀리 로드하기
- 삽입 / 라이브러리에서로드 / 패밀리 로드
  - └, 구조 / 트러스 폴더 선택
    - └, 원하는 트러스 선택

여러 폴더 중에 [구조 / 트러스] 폴더를 선택하면 다양한 종류의 제공된 트러스 패밀리들이 나타난다. 여기서 원하는 모양의 트러스를 찾아 로드하면 되는데, 본 예제에서는 [상연재가 경사된 14패널 워렌트러스]를 선택하였다.

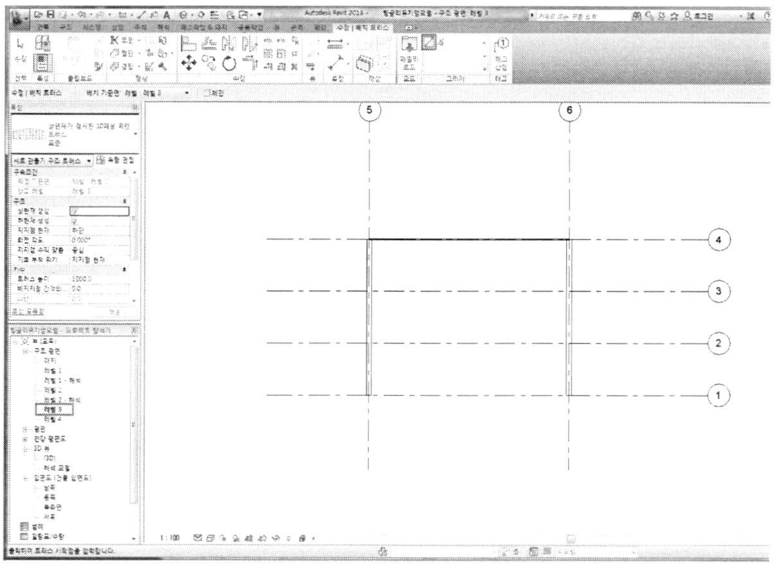

### 트러스 입력하기

프로젝트 탐색기 / 구조평면 / 레벨 3

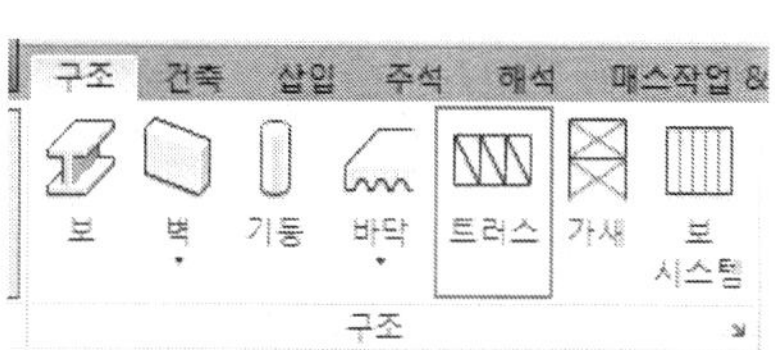


### 트러스 입력하기

- 구조 / 구조 / 트러스
  - └, 트러스 시작점과 끝점을 클릭

원하는 트러스 패밀리를 선택했으면 [구조 / 구조 / 트러스] 명령어를 실행하고 트러스를 입력할 위치를 화면에서 직접 클릭하여 트러스를 그려 넣는다.

# 트러스 만들기 | Trusses

**입력한 트러스 보기**

프로젝트 탐색기 / 입면도 / 남쪽

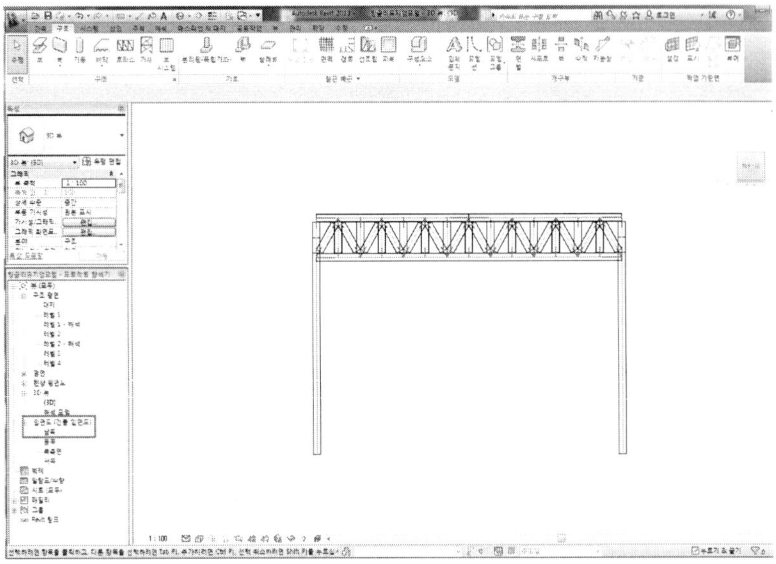

입면뷰를 확인해보면 14개의 패널을 가진 워렌트러스가 양측 벽 위에 놓여진 것을 확인할 수 있다.
우리가 모델링하고 싶은 트러스는 렌즈형의 트러스이므로 여기서 모양을 수정하기로 한다.

**트러스 모양 바꾸기**

프로젝트 탐색기 / 입면도 / 남쪽
ㄴ 트러스 선택

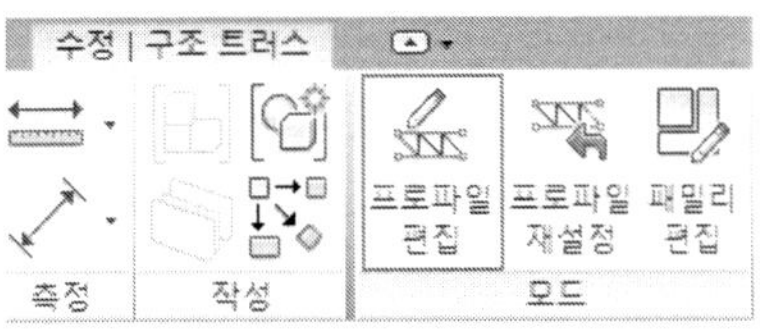


**상현재/하현재 수정하기**

– 수정 | 구조 트러스 / 모드 / 프로파일 편집

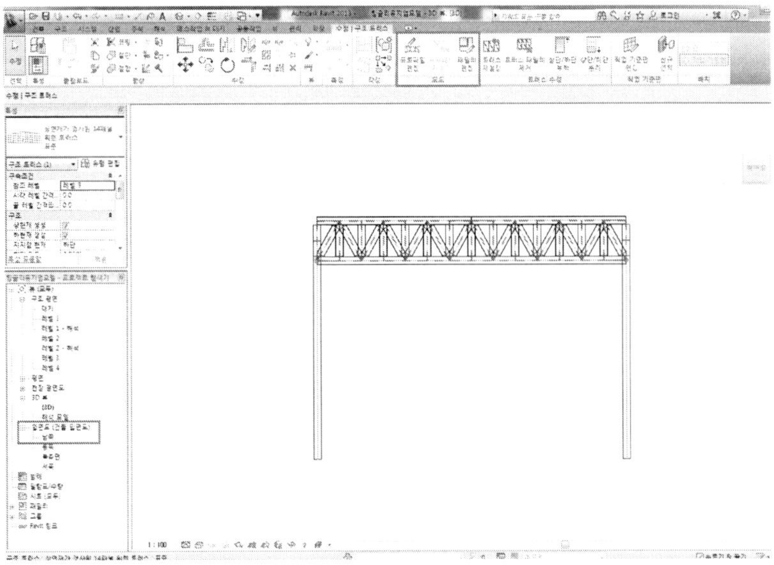

트러스의 상하현재 모양을 바꾸고 싶으면 일단 완성된 트러스를 선택한다. 그러면 상단의 메뉴가 [수정 | 구조 트러스]의 하부메뉴로 바뀌게 되는데, 여기서 [모드 / 프로파일 편집]을 선택해 수정한다.

## 트러스 만들기 | Trusses

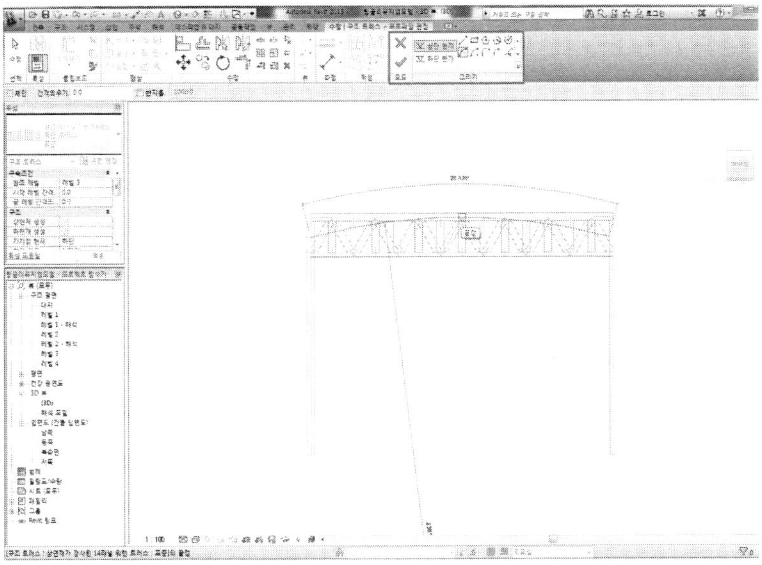

**트러스 상하현재 모양 바꾸기**

트러스선택
└ 수정 | 구조 트러스 / 모드
/ 프로파일 편집

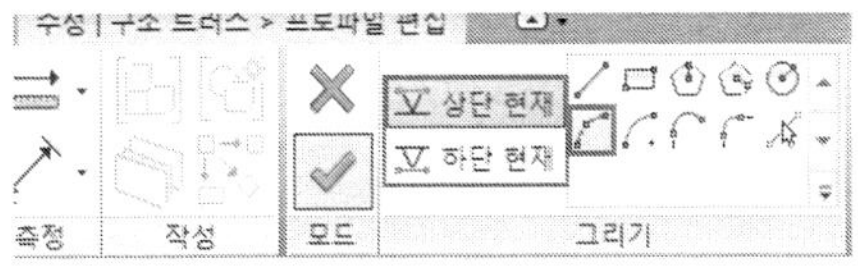


**트러스 모양 바꾸기**

- 상단현재
└ 붉은색 선 수정하기
- 하단현재
└ 파란색 선 수정하기

상하현재의 수정화면의 모습이다. 상현재는 붉은색으로 하현재는 파란색으로 나타나는데, 이 선을 지우고 상현재는 상단 메뉴의 [상단현재]를 선택한 후 그리기 메뉴를 활용해 그리고, 하현재는 [하단현재]를 선택해 그린다.
여기서는 곡선형 상하현재가 필요하기 때문에 직선의 상하현재 선을 지우고 곡선의 상하현재를 그렸다.

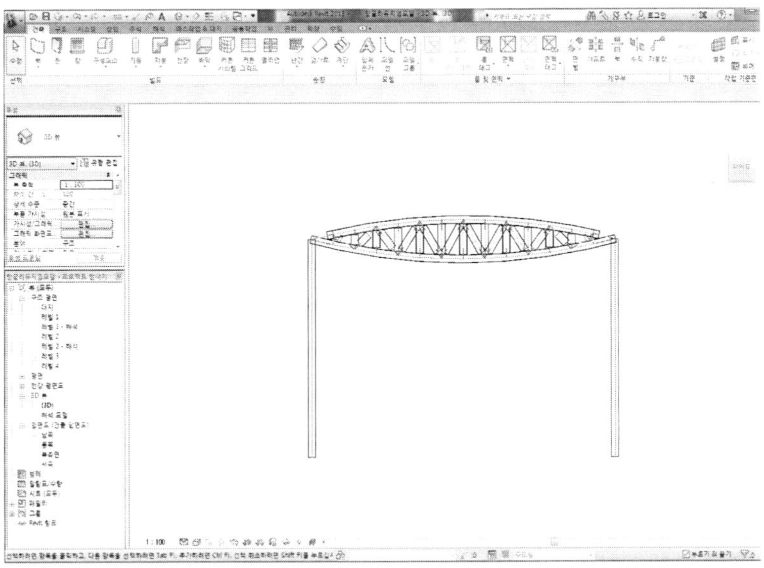

**트러스 상하현재 모양 바꾸기**

- 트러스선택
└ 수정 | 구조 트러스 / 모드 /
프로파일 편집

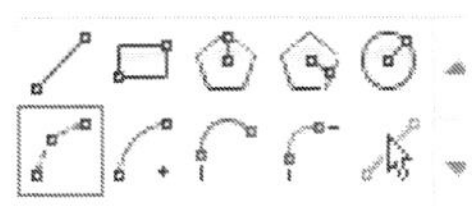

**상현재/하현재 수정하기**

- 상하현재를 곡선으로 수정
└ 완료

곡선형의 상하현재를 그리기 위해서는 오른편에 보인 것처럼 상단의 [그리기] 메뉴에서 3점 아치그리기를 선택해 그렸다. 양 지점을 먼저 선택하고 중앙부의 상단 레벨높이를 선택해 곡선을 그렸다. (보조선을 이용해 정확히 그리고 나서 지우는 방법이 바람직하다.) 상하현재를 모두 완성한 후 진행 후, [모드]의 완료를 눌러서 프로파일 편집을 완료한다.

## 트러스 만들기 | Trusses

**트러스 부재 바꾸기**

프로젝트 탐색기 / 입면도 / 남쪽
└, 트러스 선택
└, 특성창 : 유형편집

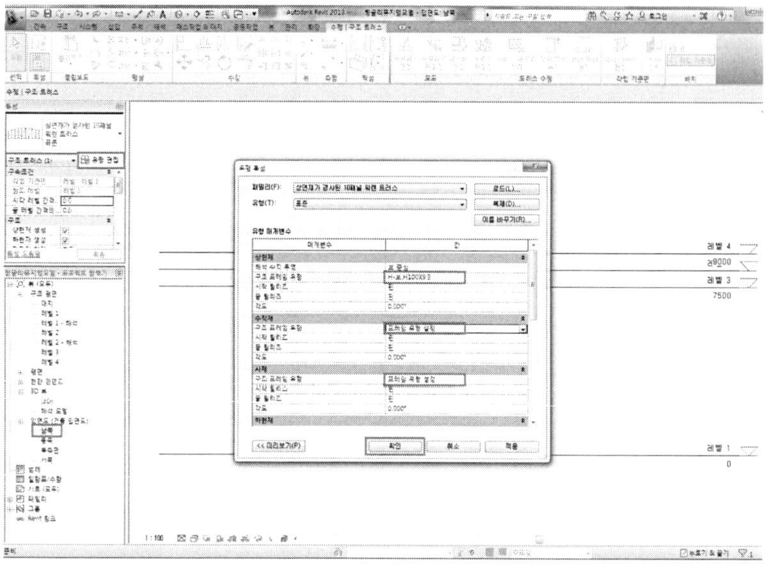

**트러스부재 수정하기**

트러스 선택
– 특성창 : 유형편집
└, 구조프레임 유형 수정

기본패밀리에 제공된 트러스부재 단면이 큰 편이므로, 렌즈형으로 완성한 트러스의 상현재, 하현재, 웨브재 등의 부재타입을 변경할 필요가 있다. 트러스를 선택한 후, 특성창에서 [유형편집]을 선택하고 나타나는 [유형특성]창에서 [구조프레임 유형]에서 원하는 부재를 찾아 입력한다. 여기서는 H-100×50×5/7을 선택하였다.

**수정한 트러스 보기**

프로젝트 탐색기 / 입면도 / 남쪽

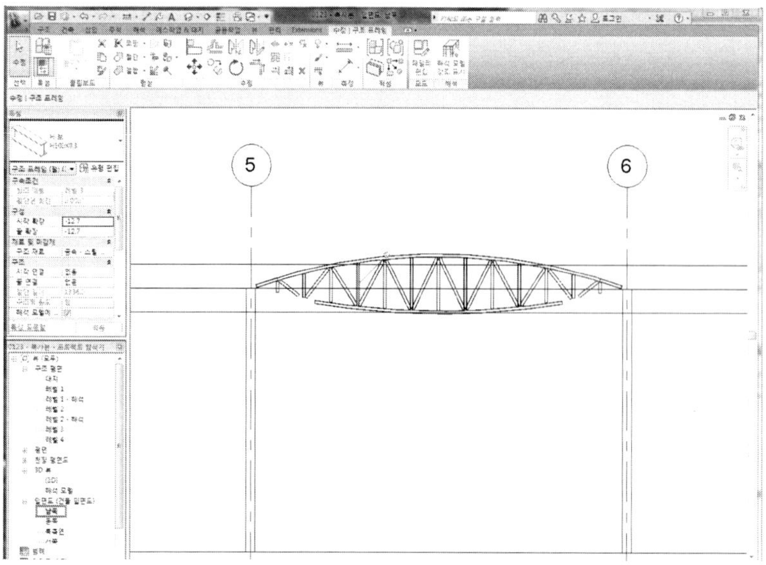

**수직부재 삭제하기**

– tab키와 동시에 수직부재 선택
└, 'del' 삭제

위 그림과 같이 부재가 얇아지도록 수정되고 렌즈형으로 변경된 트러스를 볼 수 있다. 이제 수직재가 없는 워렌트러스를 만들기 위해 삭제하고 싶은 수직재들을 'tab' 키를 누른 채로 선택해 개별 부재들을 제거한다.

## 지붕 만들기 | Roof

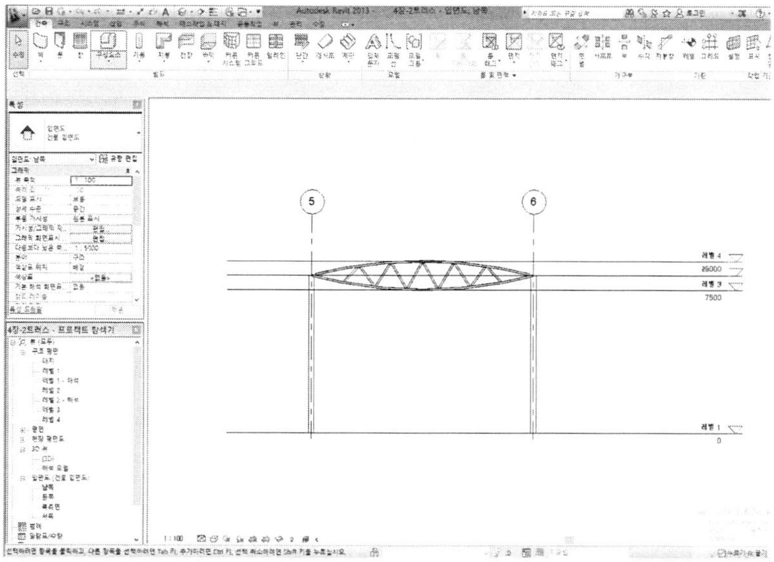

### 완성한 트러스 보기

프로젝트 탐색기 / 입면도 / 남쪽

원하는 렌즈형의 워렌트러스가 완성되었다.
트러스를 3열로 더 복사해 건물의 지붕을 모델링하고자 한다.

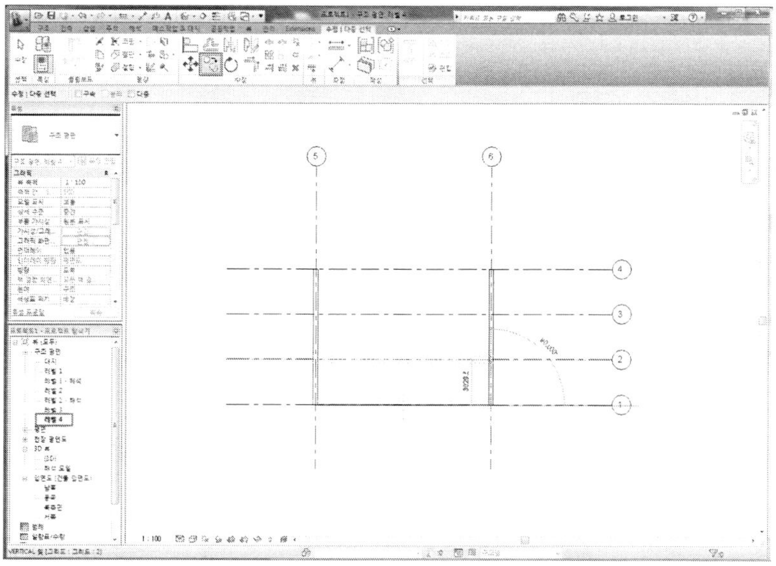

### 트러스 복사하기

프로젝트 탐색기 / 구조평면 / 레벨 4

### 트러스 복사하기

- 수정 / 복사
  - ㄴ 복사대상 선택
    - ㄴ 붙여넣기

레벨 4를 열어 지붕면을 본 상태에서 수정의 [복사]를 선택하고 복사하고자 하는 트러스를 윈도우로 선택하였다. 스페이스바를 눌러 선택을 완료한 후 붙여 넣고 싶은 그리드 교점을 클릭하여 복사한다.

## 지붕 만들기 | Roof

**트러스간 보 입력하기**

프로젝트 탐색기 / 3D 뷰 / 3D

**트러스간 보 입력하기**

– 구조 / 구조 / 보

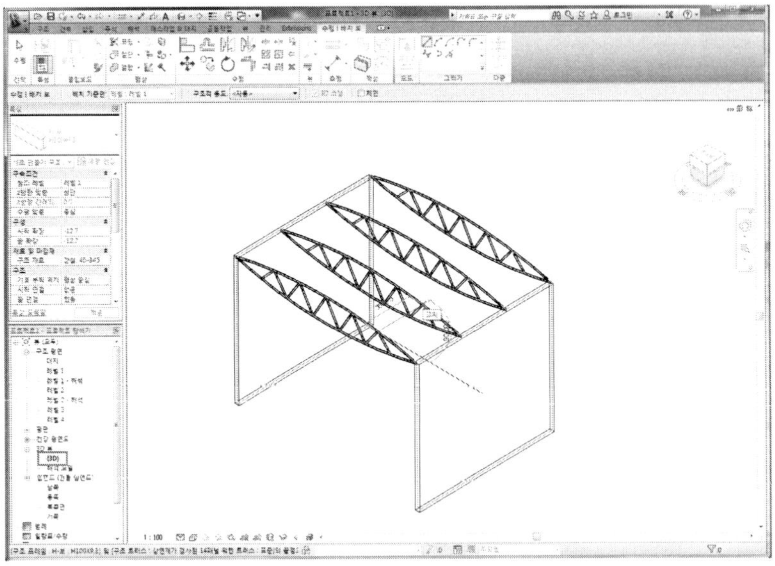

복사되어 완성된 트러스의 모습을 3D 화면에서 볼 수 있다. 트러스가 평면형이 아니고 타원형을 이루고 있으므로 트러스 간사이의 보를 평면레벨에서 입력할 수는 없다. 여러 입력방법이 있지만 여기서는 상단옵션바의 [3D 스냅]을 체크하고 [구조 / 구조 / 보] 메뉴를 이용해 직접 입력지점을 클릭하며 입력하는 방법을 사용했다.

**입력한 트러스 확인하기**

프로젝트 탐색기 / 3D 뷰 / 3D

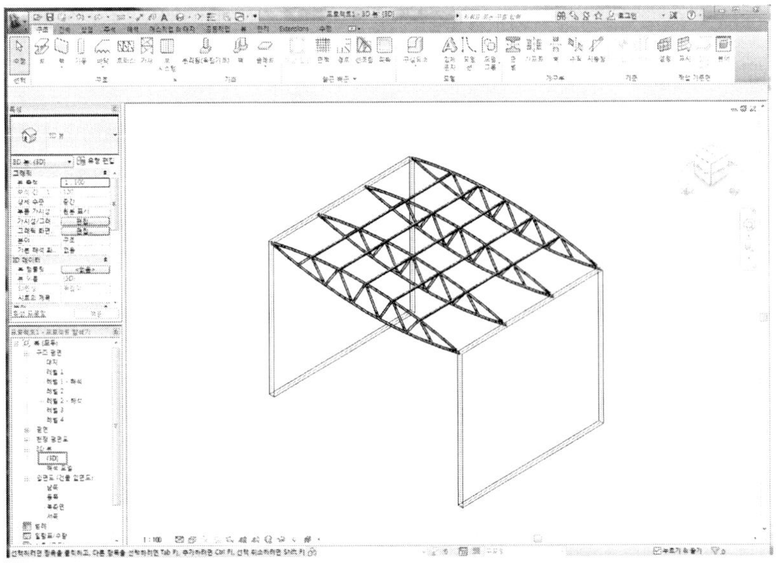

트러스간 중도리까지 입력하여 지붕의 구조시스템의 모델링을 완성한 모습이다.

이제 이 구조체의 적정 부재설계를 진행하기 위하여 구조해석으로 진행이 필요하다.

## 해석을 위해 해석모델 조정하기 | Analytical Adjust

눈에 보이는 모델의 형태와는 달리 구조해석에서 인지하는 해석모델은 형상을 이루기 위한 여러 노드와 해석선으로 이루어져 있다. 직선형의 모델과 달리 곡선형의 모델은 조밀한 노드와 짧은 직선으로 해석모델이 구성되는데, 그대로 사용하면 구조해석모델의 노드가 잘 맞지 않아 해석에 어려움이 있다. 곡선형의 모델을 구축한 경우에는 곡선형의 해석선 조정이 필요하다.

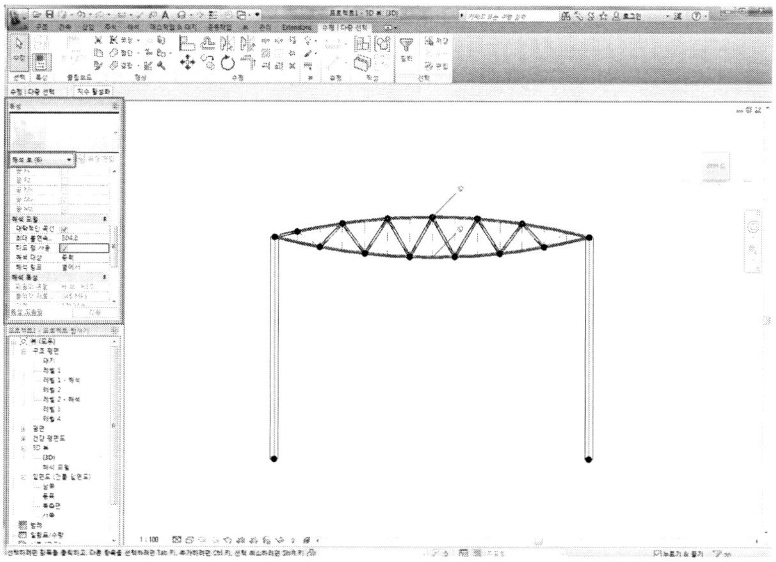

**해석선 조정하기**

프로젝트 탐색기 / 모든 뷰 3D

**곡선현재 해석선 조정하기**

– 현재 선택

ㄴ 특성창 : 해석보 선택

ㄴ 특성창 : 해석모델 수정

어느 뷰에서든 곡선의 현재를 선택하고 특성창에서 [해석보]를 선택한다(왼편 그림참조). 특성창 아래에 [해석모델 / 대략적 곡선]항목을 체크하고 [해석모델 / 하드 점 사용]을 체크한다.

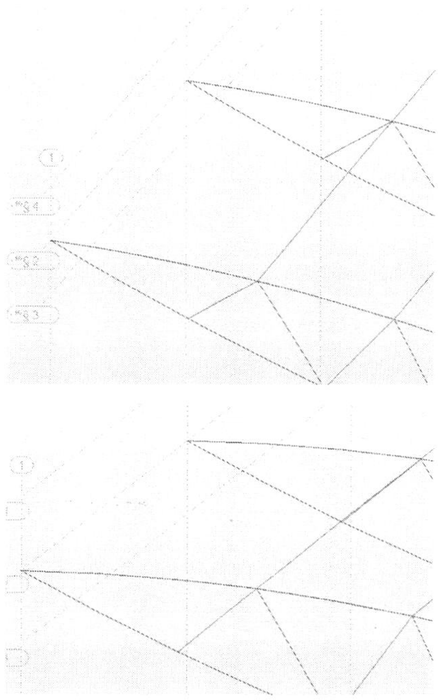

**대략적 곡선 사용전의 해석모델 노드점 분포 모습**

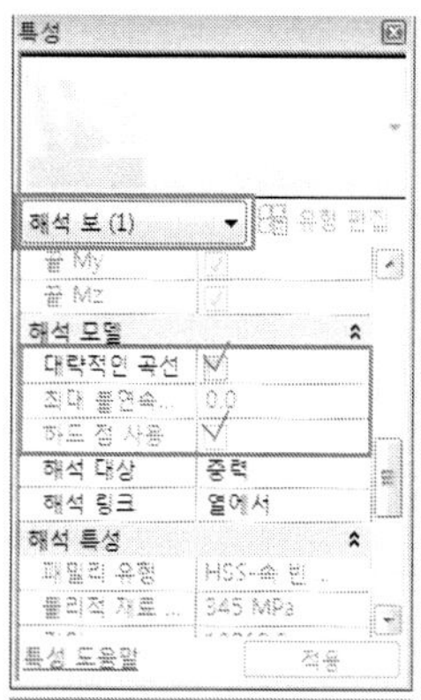


**대략적 곡선 사용 후의 간결해진 해석모델 노드점 분포 모습**

해석모델로 보냈을 때의 모습을 미리 보이는 화면이다. 곡선을 구성하는 노드의 숫자가 줄어들고 해석모델의 노드가 정리되는 것을 알 수 있다.

## 해석 프로그램으로 보내 구조해석하기 | Structural Analysis with Robot Structural Analysis Program

**해석프로그램으로 연결하기**

프로젝트 탐색기 / 모든 뷰 3D

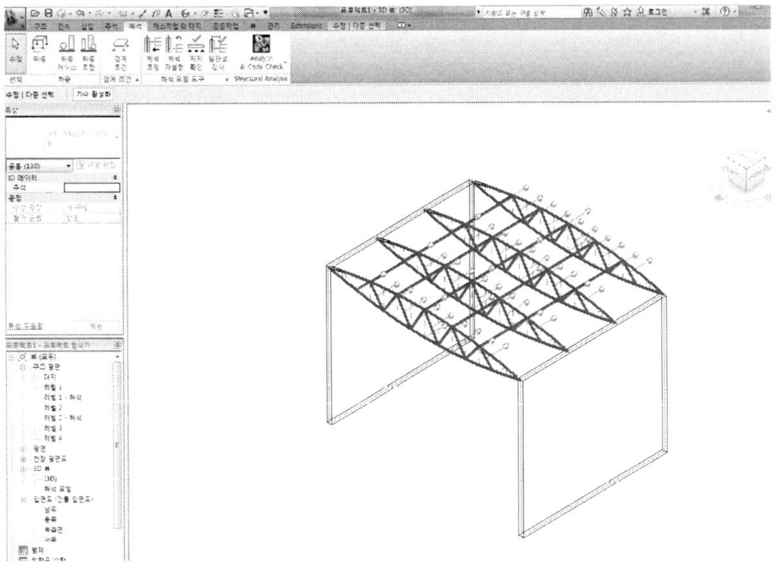

해석을 수행할 때는 일부 부재만 선택해 해석프로그램으로 보낼 수도 있다. 여기서는 철골부재인 트러스 해석을 집중적으로 진행하기 위해 트러스 부재만 선택하였다.

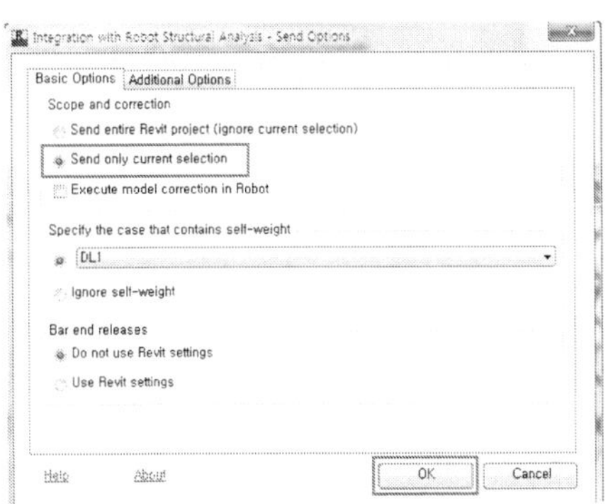


**해석프로그램으로 연결하기**

- 해석 / Structural Analysis / Analysis & Code Check
  └Robot Structural Analysis Link

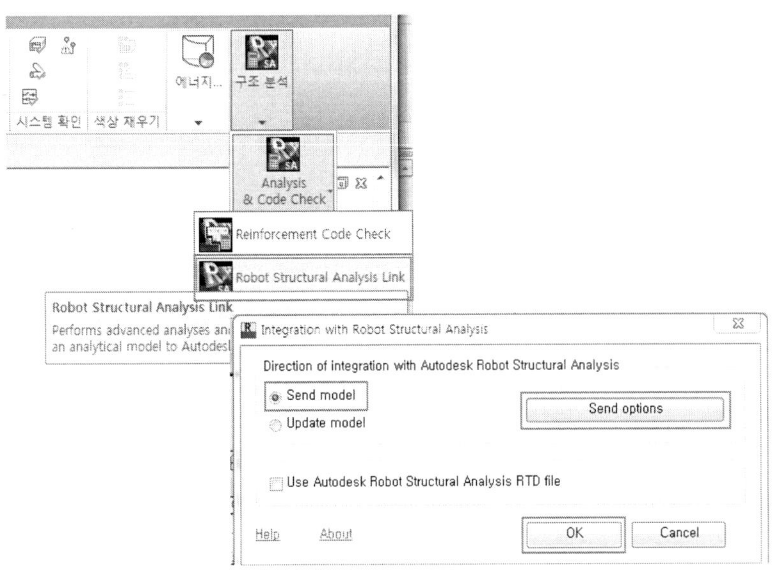


[해석 / Structural Analysis / Analysis & Code Check / Robot Structural Analysis Link]를 선택해 해석프로그램으로 모델을 보낸다. 여기서 [Send option]을 선택해 선택한 부분만 해석프로그램으로 보내도록 한다.

## 해석 프로그램으로 보내 구조해석하기 | Structural Analysis with Robot Structural Analysis Program

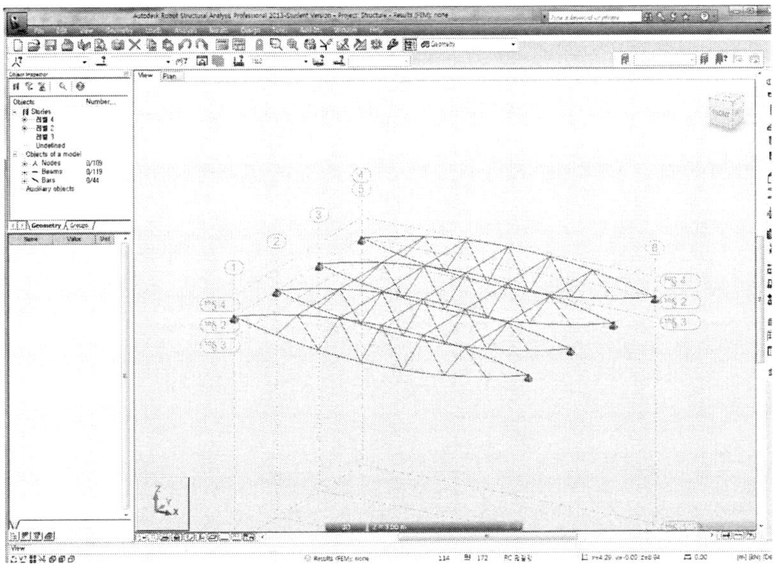

**해석프로그램에서 생성된 모델**

상부트러스만 선택해 보냈을 때 Robot 프로그램에서 생성된 트러스 모델에 양단 지지점을 설정한 모습이다.
이렇게 생성된 모델에 앞서 나타낸 바와 같이 하중을 입력하고 해석을 수행한다. 또한 철골부재의 디자인 또한 수행하여 가정한 부재의 안정성을 검토하거나 하중에 적정한 부재를 선택할 수 있다.
적정 부재가 처음 가정한 부재와 다를 경우 업데이트를 통해 구조디자인을 완성할 수 있을 것이다.

# 03 아치형 이중현재 트러스

3Hinges Arch Truss with Double Chords

| 설계 사례 – 워터루 국제역, London UK(니콜라이 그림쇼)

## 트러스 디자인 구성원리

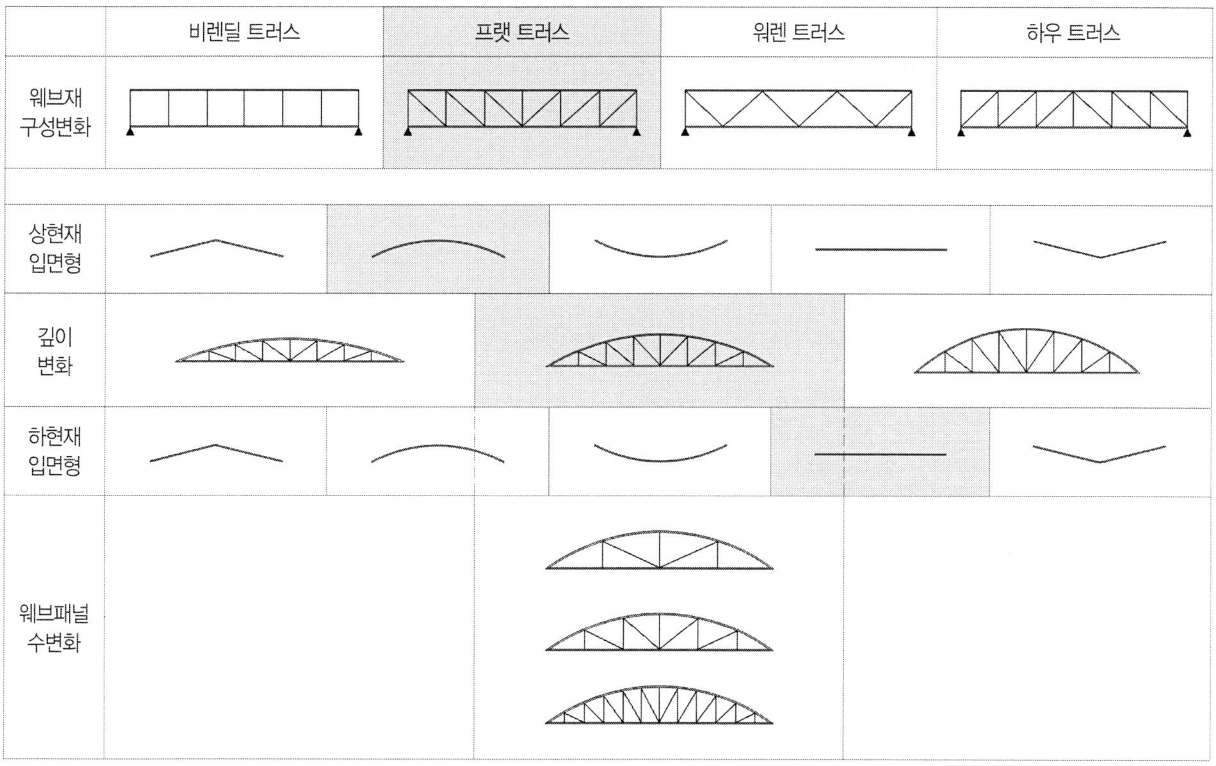
비렌딜 트러스
프랫 트러스
워렌 트러스
하우 트러스
웨브재 구성변화
상현재 입면형
깊이 변화
하현재 입면형
웨브패널 수변화

## 레벨과 그리드 | Level and Grid

프로젝트를 새로 열어 기준 만들기부터 시작한다.

**그리드 그리기 보기**

프로젝트 탐색기 / 구조평면 / 레벨 1

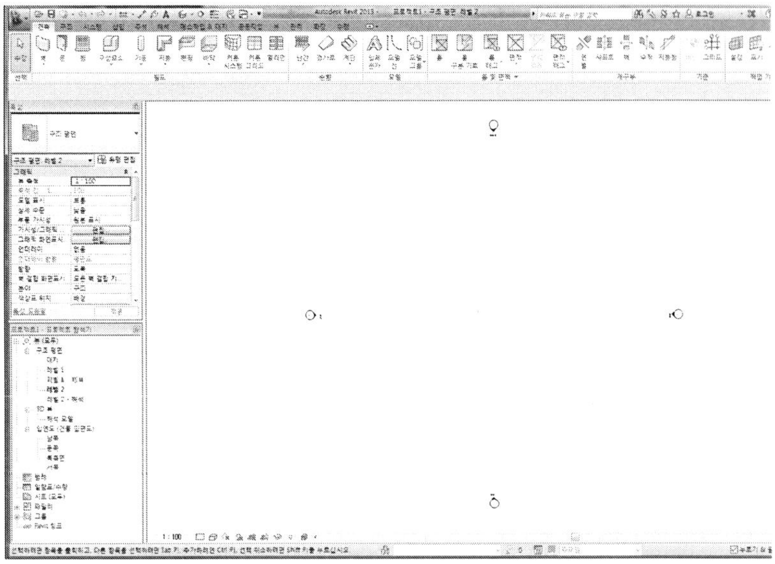

프로젝트를 열어 [구조템플릿]을 선택하면 위와 같은 기본화면이 나타난다. 여기서 '레벨 1' 수평면을 열어 그리드부터 입력해 보기로 한다.

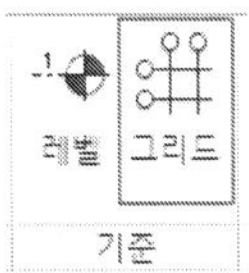


**그리드 그리기**

– 구조 / 기준 / 그리드
 └ 그리기

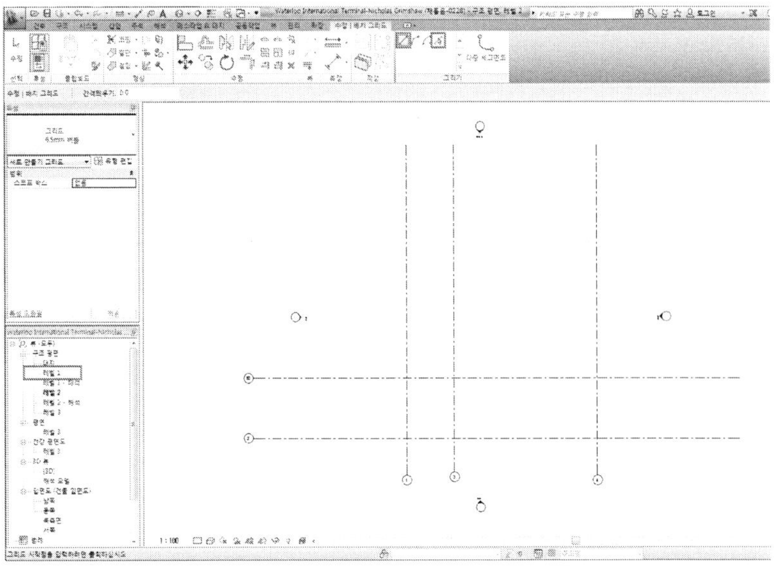

적당한 위치에 그리드를 그린다. 가로방향으로 2개를 8m 간격으로 그렸고, 세로방향으로 하나는 6.5m 간격이 되고, 두 번째는 19.5m 간격이 되게 그려주었다.

가로방향이나 세로방향으로 기준 그리드를 하나 그리고, [선 선택 ]을 선택하고 옵션바에 간격을 입력해 그리는 것도 가능하다.

## 레벨과 그리드 | Level and Grid

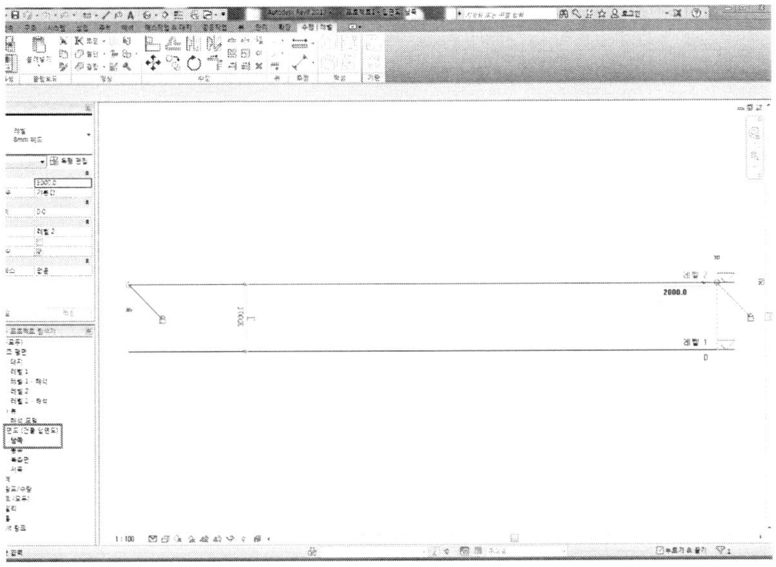


### 레벨 그리기 보기

프로젝트 탐색기 / 입면도 / 남쪽

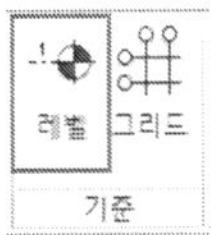


### 레벨 그리기

레벨 2 선택
└, 치수 수정

모델의 입면을 열어 트러스 높이의 기준이 되는 레벨을 그린다. 먼저, 기존에 템플릿으로 제공되는 두 개의 레벨 중에 레벨 2의 치수를 수정해 레벨 1로부터 2m 떨어진 곳에 레벨을 위치시킨다.

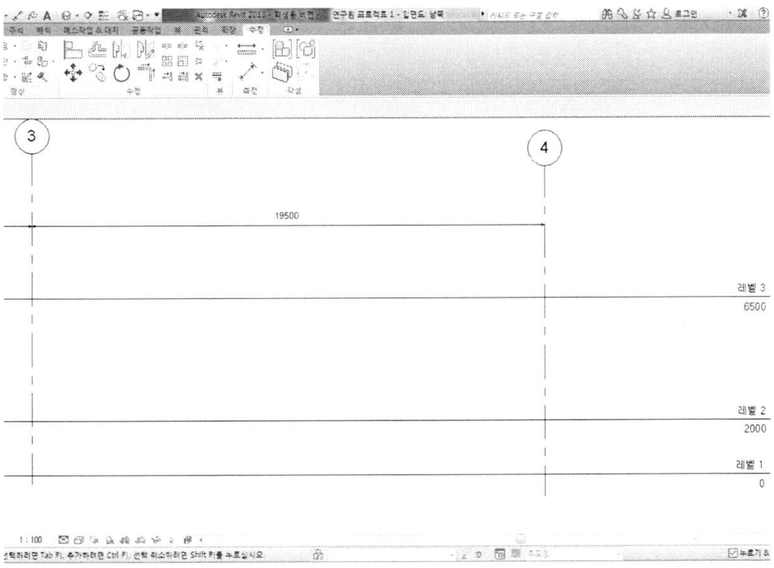


### 레벨 그리기

- 구조 / 기준 / 레벨
  └, 그리기

그리고 레벨 1로부터 6.5m 떨어진 곳에 레벨 3을 만든다. [그리기]를 이용해 직접 그려넣어도 좋고 그리드에서처럼 [선 선택] 기능을 이용하고 옵션바에 거리를 입력해넣어 그릴 수도 있다.

## 트러스 만들기 | Trusses

레벨과 그리드를 그려 기준을 만들었으면 트러스를 만들어보자.

**트러스 입력 위치 보기**

프로젝트 탐색기 / 구조평면 / 레벨 1

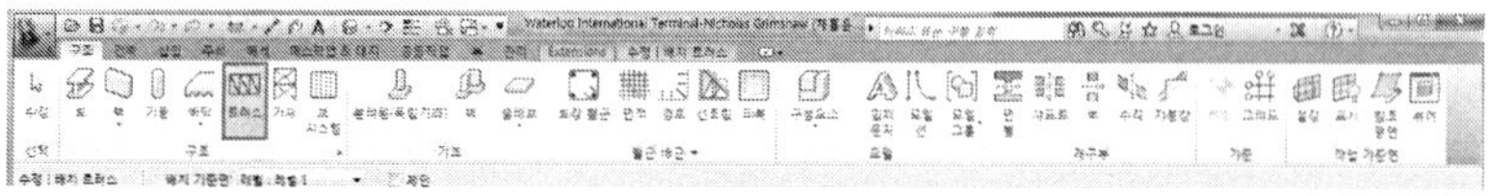

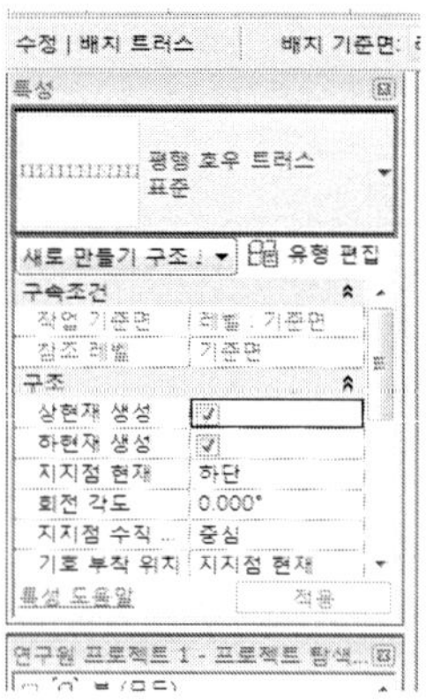


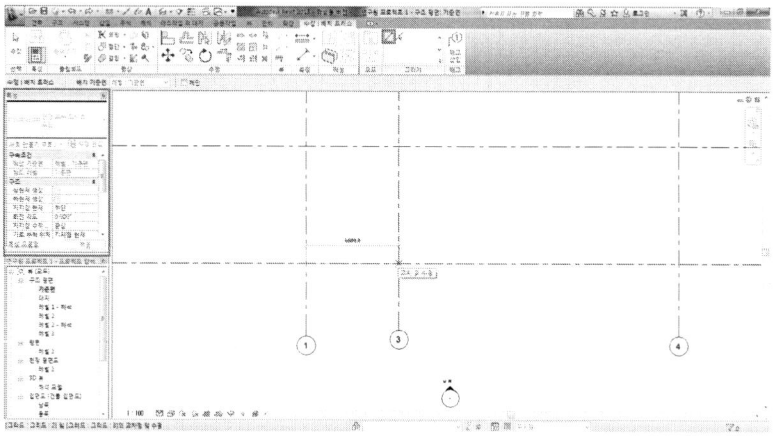

**트러스 입력하기**

- 구조 / 구조 / 트러스
  - └ 특성창 : 트러스 선택
    - └ 트러스 시작점과 끝점을 클릭

워터루 터미널 트러스 모양을 입력하기 위해 먼저 레벨 1의 뷰를 열고 [구조 / 구조 / 트러스]명령어를 클릭했다. 왼편 특성창에서 [평행 호우 트러스]를 선택하고 미리 설정해 놓은 그리드에서 왼편의 짧은 스팬에 트러스를 입력하였다. 특성창에 원하는 트러스가 없으면 [패밀리로드]로 불러온다.

**트러스 보기**

프로젝트 탐색기 / 입면도 / 남쪽

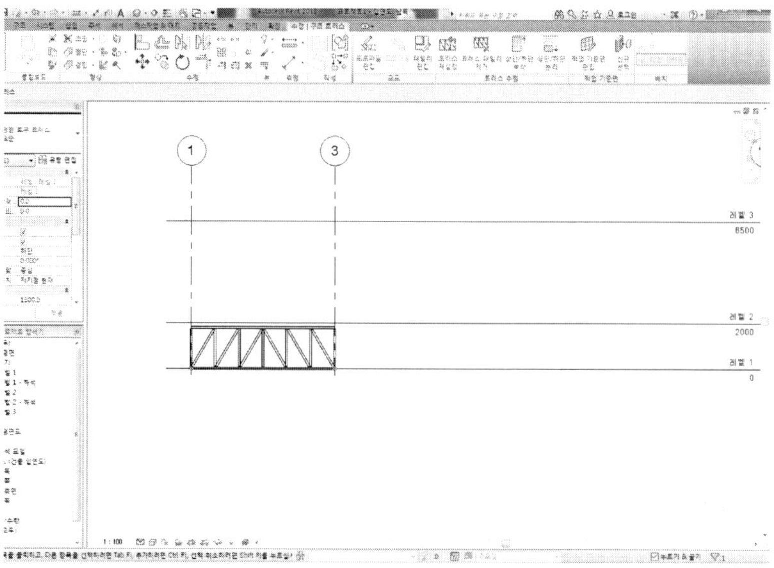

입력한 왼편의 트러스를 남쪽 입면뷰를 통해 확인해 볼 수 있다. 입력할 때 특성창에 높이를 1800으로 기입하여 입력하도록 한다.

## 트러스 만들기 | Trusses

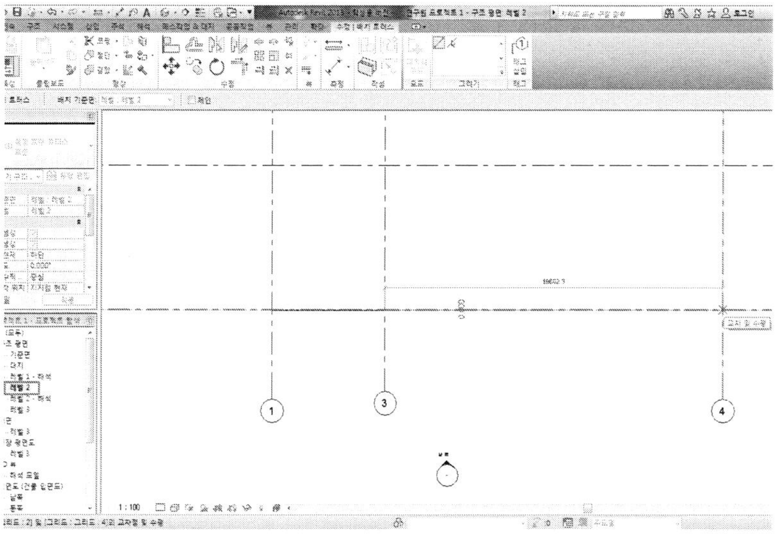

### 트러스 입력 위치 보기

프로젝트 탐색기 / 구조평면 / 레벨 2

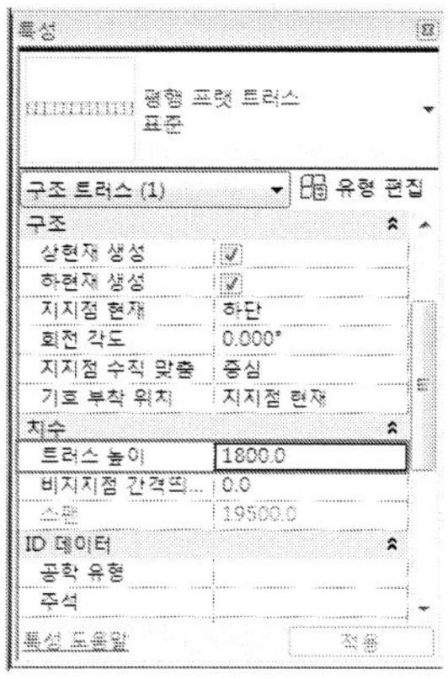


사진에서 보는 것처럼 예제의 모델은 트러스 지점의 레벨이 다르기 때문에, 오른쪽 트러스는 레벨 2를 열고 그린다. 오른쪽 긴 스팬의 트러스는 [평행 프랫 트러스]를 선택해 입력하였다.
특성창에서 [트러스 높이]는 '1800'으로 입력한 후 그려주었다.

### 트러스 입력하기

- 구조 / 구조 / 트러스
  └ 특성창 : 트러스 선택
    └ 트러스 시작점과 끝점을 클릭

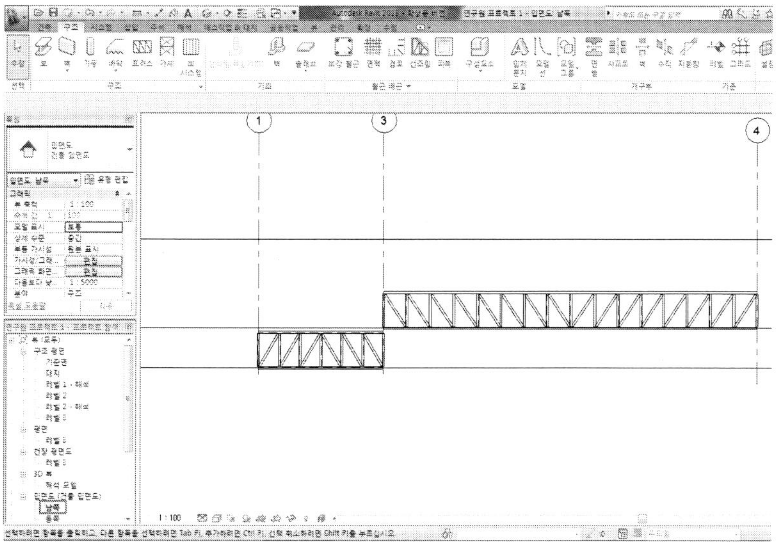

### 트러스 보기

프로젝트 탐색기 / 입면도 / 남쪽

남쪽 뷰를 이용해 두 가지 종류의 입력된 트러스를 볼 수 있다. 일단은 기본형을 이용해 트러스를 입력한 것으로, 오른편 사진에 나타나듯이 모델링하고자 하는 트러스의 모양처럼 모델링하려면 수정이 필요하다.

## 트러스 수정하기 | Trusses

입력한 트러스의 형상 및 속성을 변경한다.

**트러스 보기**
프로젝트 탐색기 / 입면도 / 남쪽

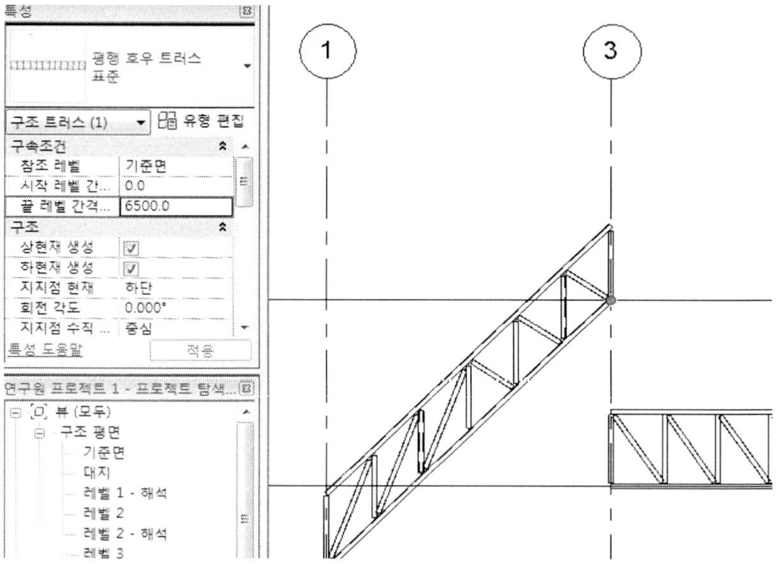


**트러스 경사 수정하기**
트러스 선택
– 특성창 : 끝 레벨 간격 수정

왼편의 트러스의 원하는 형상은 기울어진 아치형 형상이다. 먼저 트러스를 선택하고 특성창에서 [끝 레벨 간격]을 조정해 경사모양을 만들어보자. 끝 레벨을 6500으로 정해주었다.
파란색의 점을 끌어서 움직이는 것도 가능하다.

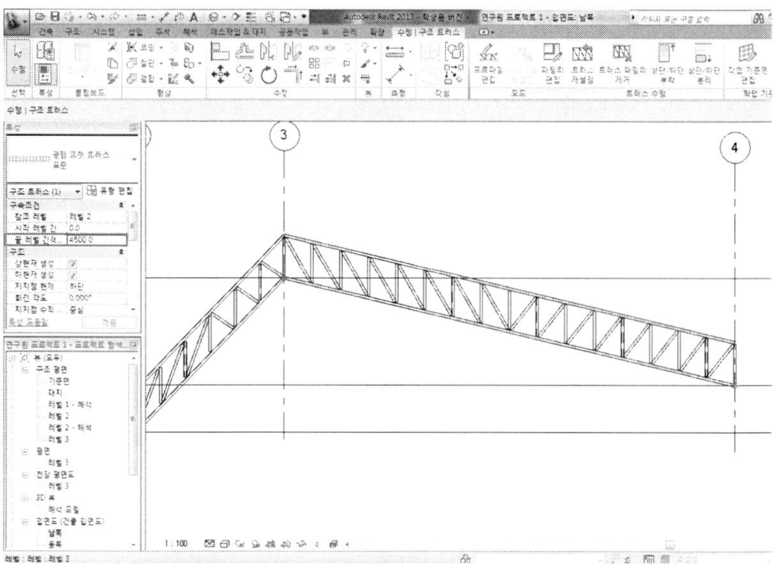


**트러스 경사 수정하기**
트러스 선택
– 특성창 : 끝 레벨 간격 수정

마찬가지로 우측의 긴 트러스는 왼편 끝 레벨을 4500으로 입력해 수정하여 산 모양으로 기울어진 트러스 모양을 완성하였다.

## 트러스 수정하기 | Trusses

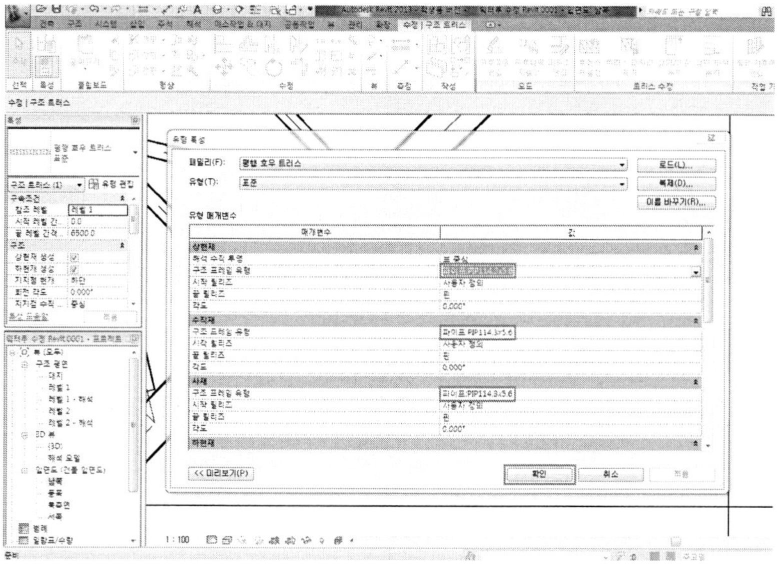

**트러스 보기**

프로젝트 탐색기 / 입면도 / 남쪽

**부재 설정하기**

- 특성창 / 유형편집
  - ㄴ 유형특성
    - ㄴ 구조 프레임 유형 선택

트러스의 현재나 사재의 부재를 원하는 부재로 선택하기 위해서 는 특성창에 있는 [유형편집]을 누른다. 그러면 [유형특성] 창이 나타나는데 여기서 각 부재의 [구조 프레임 유형] 항목에서 원하는 부재를 선택해 지정해준다. 여기서는 114.3×6.3의 강관으로 변경해주었다. 원하는 부재가 리스트에 없으면 [패밀리 로드]를 이용해 불러들여야 한다.

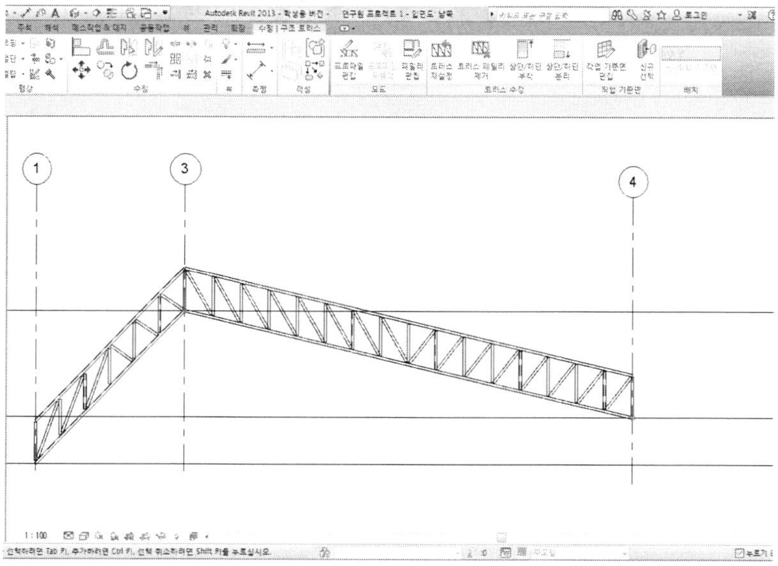

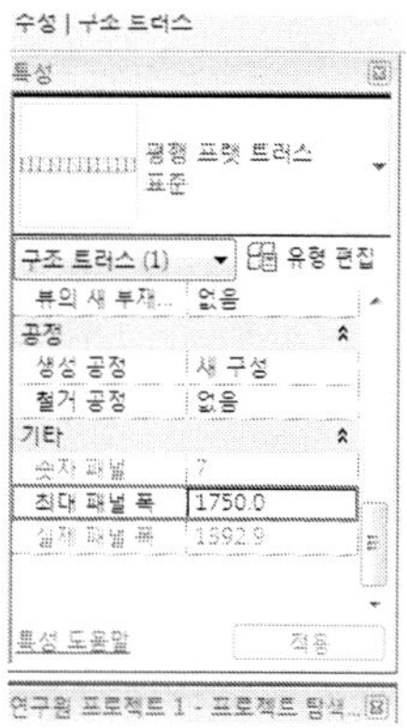


**트러스 패널 수 조정하기**

트러스 선택

ㄴ 특성창 : 최대 패널 폭 조정

웨브재를 구성하는 트러스 패널의 개수를 조정할 필요가 있다. 오른쪽에 입력한 프랫트러스를 선택하고, 왼편 특성창에 있는 [기타 / 최대패널 폭]을 1750으로 변경하여 16개 패널에서 14개의 패널로 축소하였다.

## 트러스 수정하기 | Trusses

**트러스 보기**

프로젝트 탐색기 / 입면도 / 남쪽

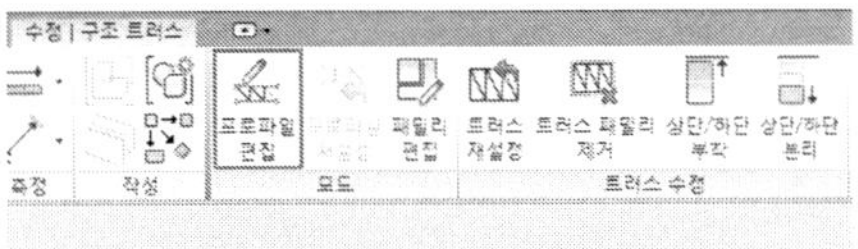

**트러스 형상 수정하기**

트러스 선택

– 수정|구조 트러스 / 모드 / 프로파일 편집

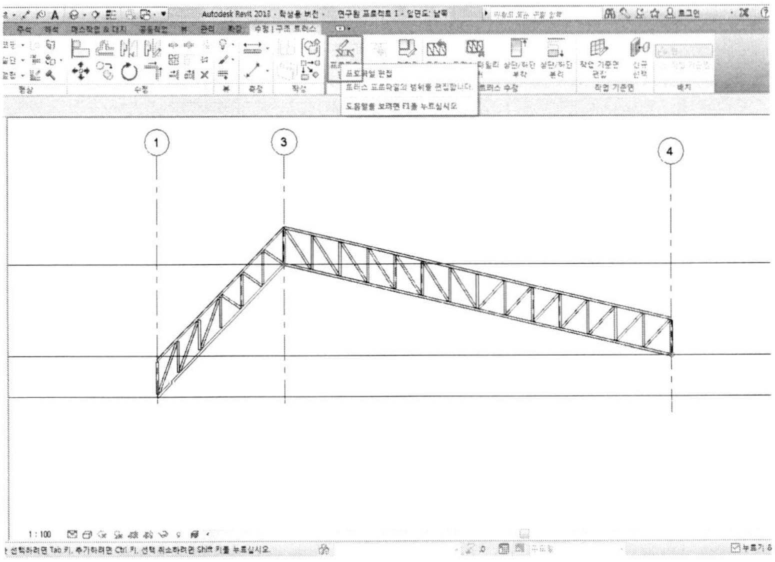

이제 아치형의 트러스 형상을 만들어주기 위해 수정하고 싶은 트러스를 선택하고 나타나는 상단메뉴에서 [프로파일 편집]을 선택한다.

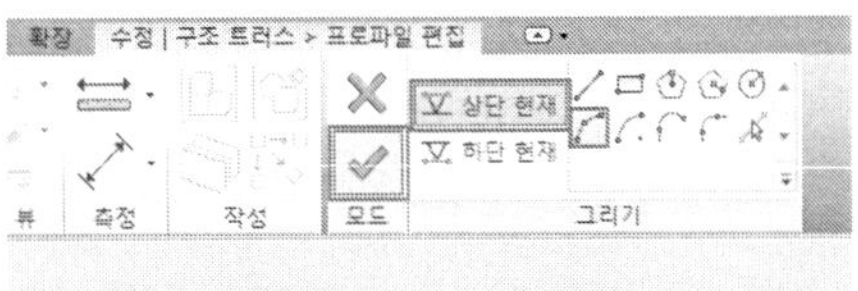

**트러스 형상 수정하기**

트러스 선택

– 수정|구조 트러스 / 모드 / 프로파일 편집

(그리기에서 원하는 도구를 선택)

└ 편집모드 완료

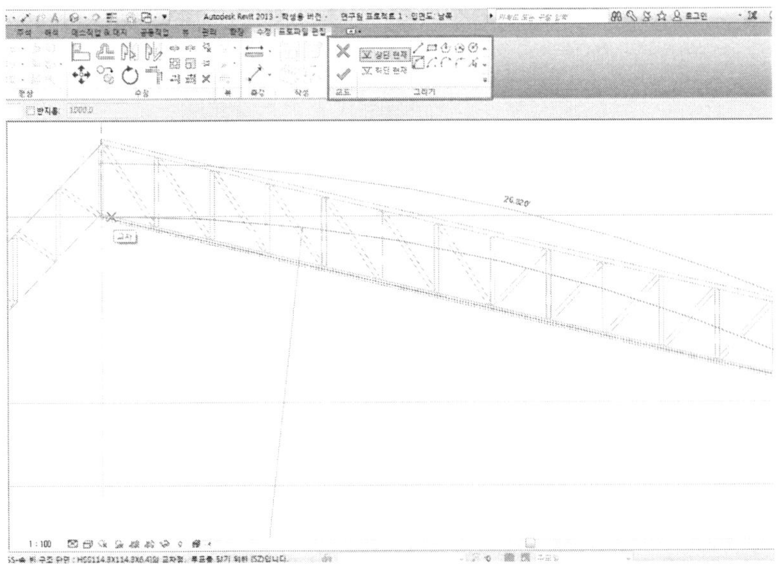

상현재를 수정하기 위해 빨간색으로 나타나는 기존의 상단 현재라인을 일단 삭제한다. [그리기 / 상단현재]를 선택하고 오른쪽의 여러 그리기 도구 중에서 아치형을 선택하고 일반 라인을 그리듯이 원하는 아치모양을 그려준다. 여기서는 [시작-끝-반지름 호]를 클릭하고 시작점과 끝 점을 선택해 준 다음에 원하는 반지름을 선택해 그려 넣었다.
편집이 끝났으면 편집모드 [완료]를 선택해준다.

## 트러스 수정하기 | Trusses

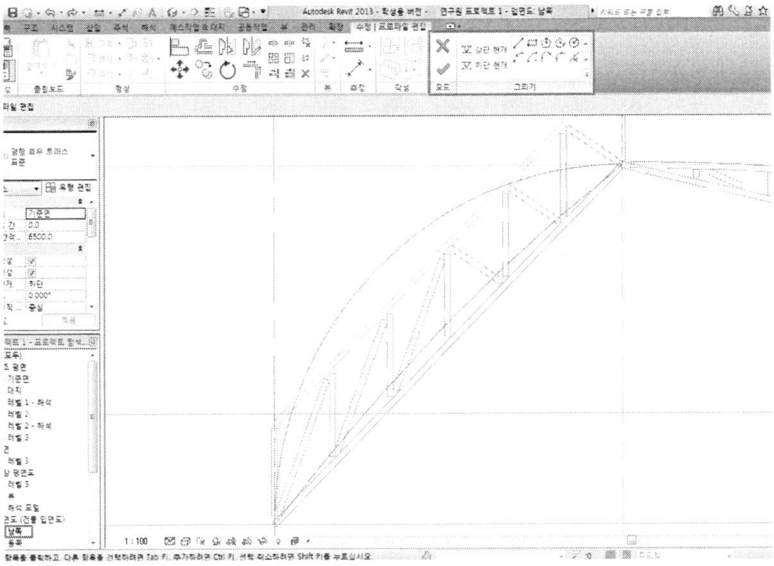

왼쪽 트러스도 [프로파일 편집] 메뉴를 이용해 트러스 입면형을 수정해준다. 하현재에도 약간의 곡선이 있기 때문에 프로파일 편집에서 하현재도 선택해서 편집해주었다.

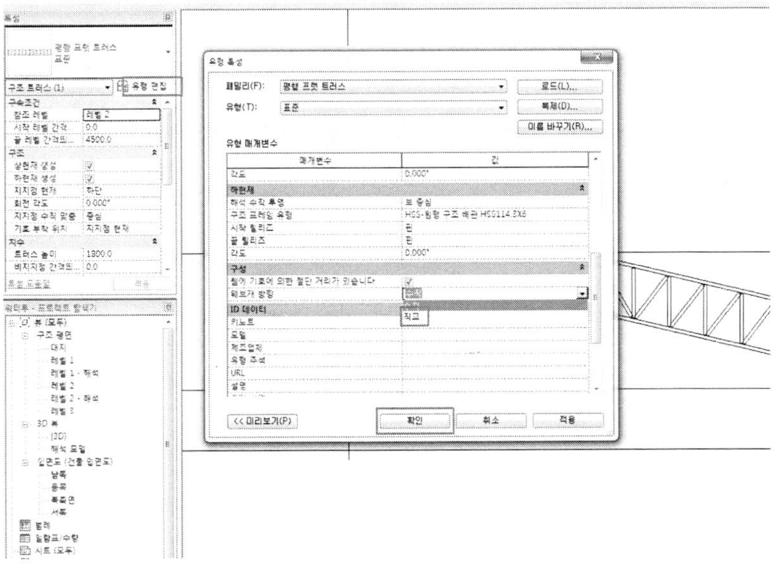

그런데, 상하현재 모양이 바뀌었지만, 수직재의 방향이 하현재에 직각이 아니라 수직(세로)방향으로 남아 있는 것을 알 수 있다.
수정한 트러스를 선택하고, [유형편집]을 클릭한다. 나타나는 [유형특성] 창에서 [구성/ 웨브재 방향]을 [직교]로 바꿔준다.

**트러스 보기**

프로젝트 탐색기 / 입면도 / 남쪽

**트러스 형상 수정하기**

트러스 선택
- 수정 | 구조 트러스 / 모드 / 프로파일 편집
  (그리기에서 원하는 도구를 선택)
  └ 편집모드 완료

**트러스 수직재 각도 수정하기**

트러스 선택
└ 특성창 : 유형편집
  └ 유형특성창 : 유형매개변수 / 구성 / 웨브재방향 수정

## 트러스 수정하기 | Trusses

**트러스 수정화면 보기**

프로젝트 탐색기 / 입면도 / 남쪽

**개별 부재 삭제하기**

- tab+부재 클릭
  └ 부재 삭제

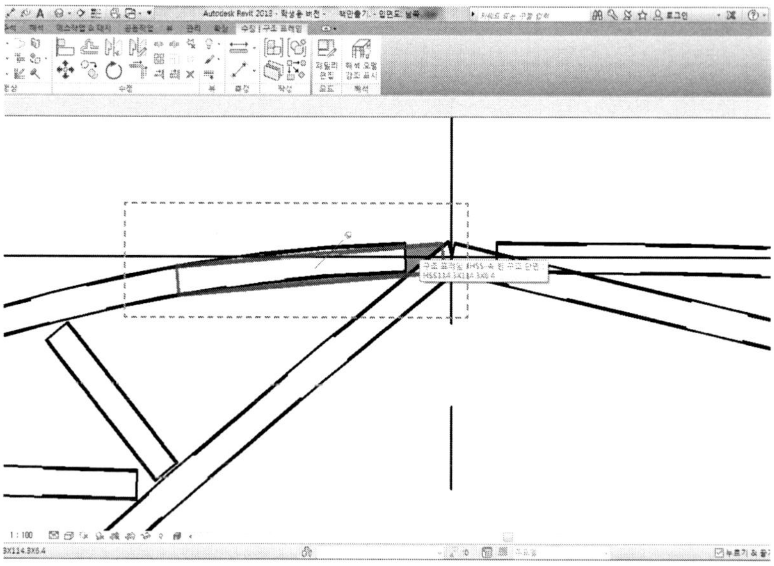

또한 트러스의 상하현재 프로파일을 변화하다 보면, 기본패밀리에 포함되어 있던 부재이나 상하현재에 겹치는 부재들이 남아 있게 되는 경우가 있다. 이런 부재들을 선택해 없애주지 않으면 나중에 해석할 때 해석부재가 겹치는 현상이 나타나므로, 'tab' 키를 이용해 개별 선택 후 삭제해준다.

**트러스 보기**

프로젝트 탐색기 / 입면도 / 남쪽

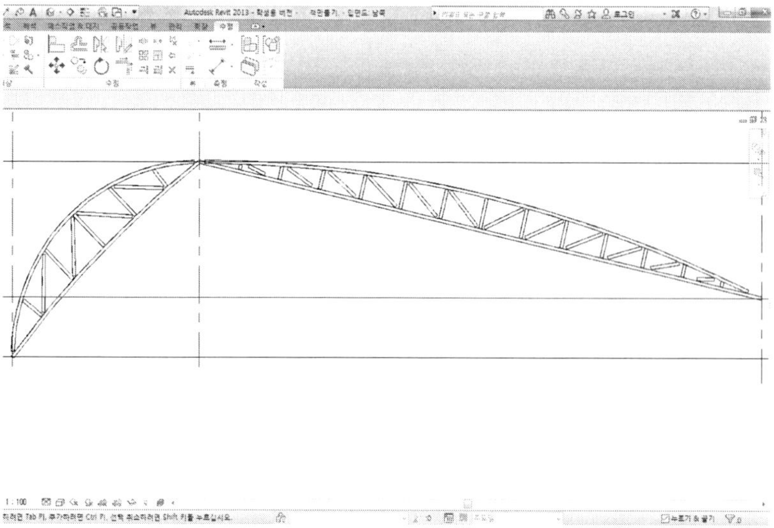

상하현재 프로파일과 개별 부재모양 수정 후의 전체적인 트러스 모델의 모습이다.

## 해석선 수정하기 | Analytical Adjust

보이는 모델과 달리 부재의 해석상 연결을 정의하는 노드와 해석선은 별도의 설정을 요구하는 경우가 많다. 여기서는 곡선형의 상현재가 있으므로 상현재의 해석선과 노드의 접합을 조정해야 한다.

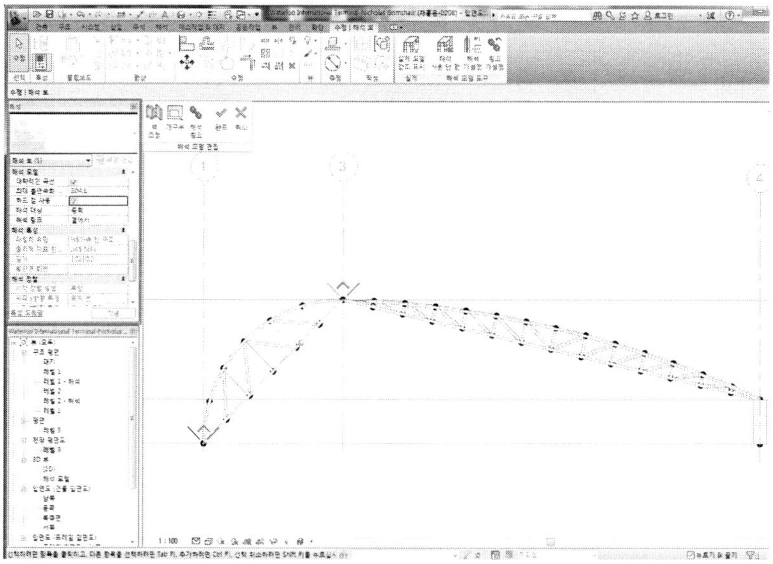

**해석선 조정하기**

프로젝트 탐색기 / 입면도 / 남측

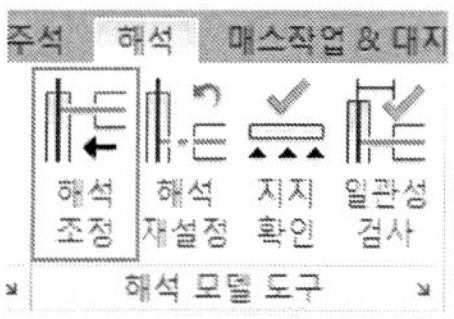


**트러스 수직재 각도 수정하기**

해석 / 해석모델도구 / 해석조정 현재 선택
└, 특성창 : 해석보 선택
└, 특성창 : 해석모델 수정
└, 대략적인 곡선과 하드점 사용

앞서 트러스 2에서 설명한 바와 같이 곡선형의 모델은 해석선 조정을 통해 노드를 간소화시킬 필요가 있다.
어느 뷰에서든 곡선의 현재를 'tab' 키를 이용해 선택하고 특성창에서 [해석보]를 선택한다. 특성창 아래에 [해석모델 / 대략적 곡선] 항목을 체크하고 [해석모델 / 하드점 사용]을 체크한다.

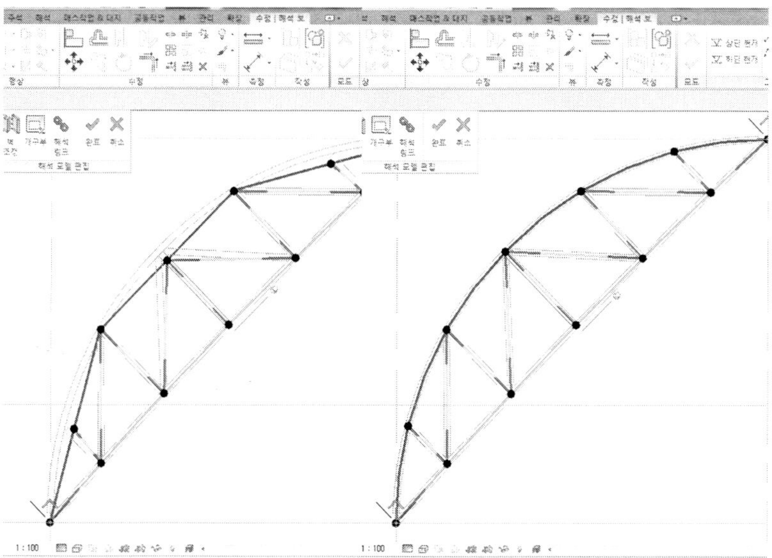

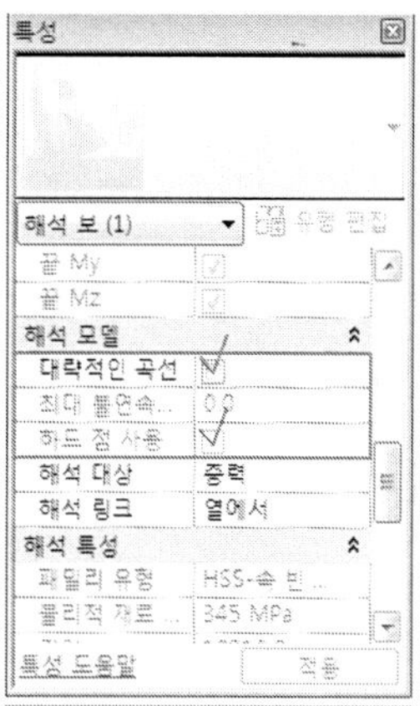


왼편이 [대략적인 곡선]을 체크하였을 때 변화모습이고, 오른쪽이 [하드점 사용]을 체크하여 자연스럽게 변화된 모습이다.
이렇게 설정하였을 때 추후 해석모델에서 노드와 해석선이 간략화되어 해석모델에 적용된다.

## 이중상현재를 가진 입체트러스로 만들기 | Modeling Trusses with Double Chords

사진과 같이 워터루 터미널의 사례는 하현재는 하나이지만, 상현재는 두 개인 입체트러스로 구성되어 있다(사진 참조). 트러스 구조디자인에서 매우 흔하게 활용되는 디자인 수법 중에 하나인데, 이러한 수법을 레빗으로 모델링하는 방법을 찾아보자.

**트러스 복사하기 화면**

프로젝트 탐색기 / 3D 또는 남쪽

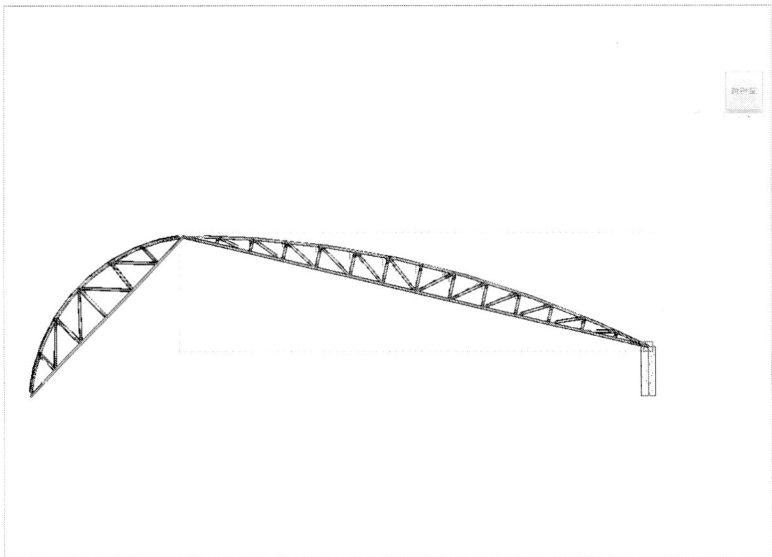

**트러스 복사하기**

트러스 선택
– 수정 | 구조 트러스 / 수정 / 복사

먼저 입체 트러스를 만들기 위해서는 앞서 만든 트러스가 2개 필요하다. 트러스를 선택한 뒤에 메뉴의 [복사] 키를 누르면 화면처럼 트러스 전체의 범위가 사각형 점선으로 나타나고 기준점을 클릭할 수 있게 된다. 기준점을 설정하고 다시 동일한 점을 복사할 지점으로 선택하여 복사해준다.

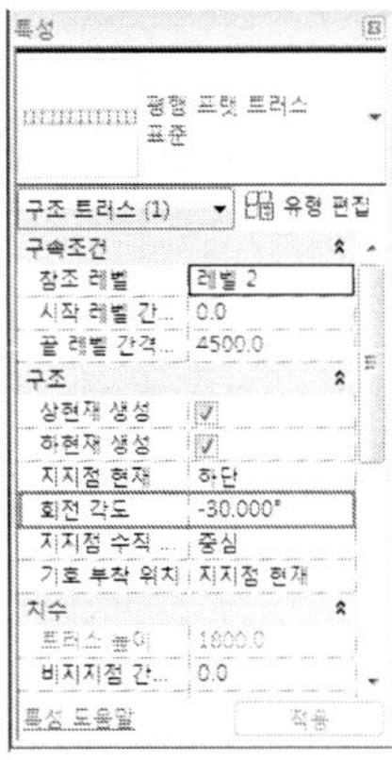


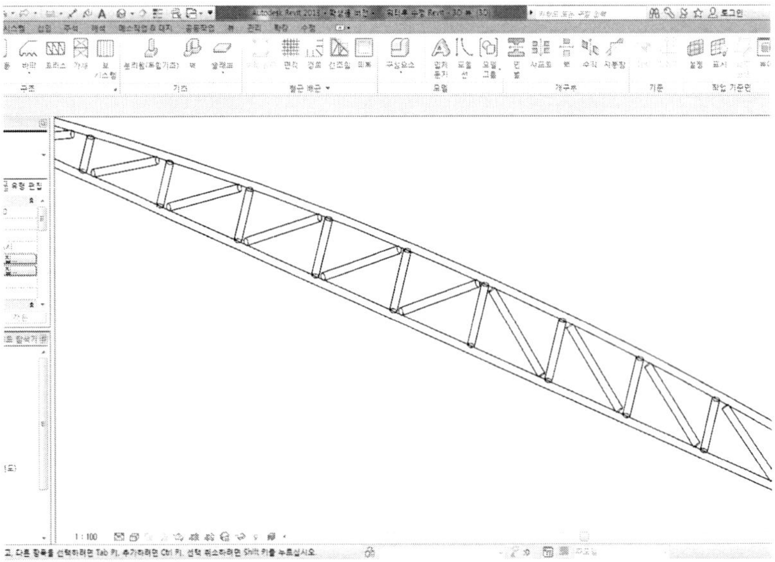

**트러스 각도 변경하기**

트러스 선택
– 특성창 : 회전 각도
 └, 회전 각도 입력하기

여기서는 하현재를 기준으로 상현재가 양측으로 30°의 각을 가져 정삼각형의 입체트러스로 구성된 것으로 보았다.

트러스에 각도를 입력하기 위해서 복사해 만든 트러스 중 좌측트러스를 선택하고 왼쪽 특성창의 [구조 / 회전 각도]에 –30°를 입력한다. 한쪽 트러스만 회전된 모습을 볼 수 있다.

## 이중상현재를 가진 입체트러스로 만들기 | Modeling Trusses with Double Chords

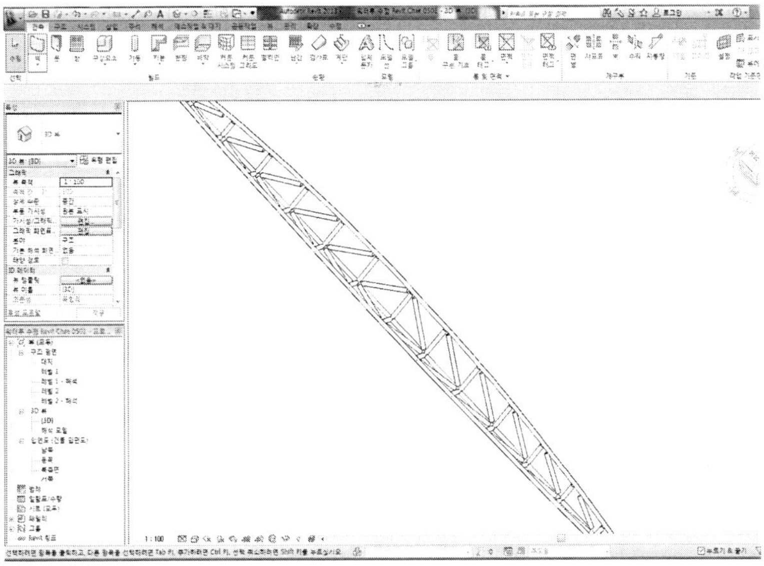

### 입체트러스 만들기 화면

프로젝트 탐색기 / 3D 뷰 / 3D 입면도 / 남쪽

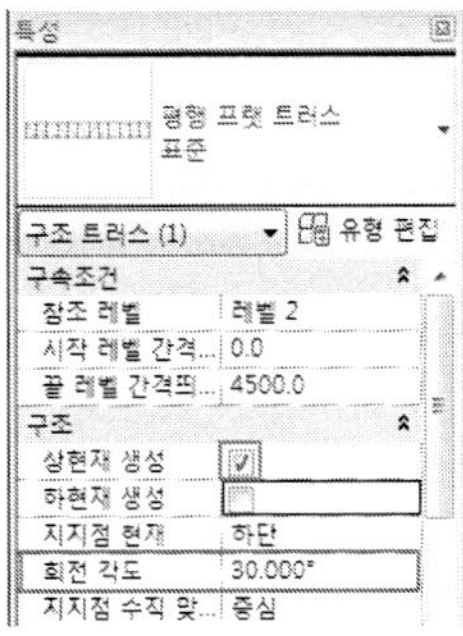


마찬가지로 우측의 나머지 트러스를 선택해 특성창의 [회전 각도]에 30°를 입력해 대칭이 되도록 만들어준다. 그리고 우측의 트러스는 특성창에 [하현재 생성]의 체크를 해제해 두 개의 트러스에서 하현재가 겹치지 않도록 한다. 좌측에 연결된 트러스도 동일한 방법으로 입체 트러스를 만들어준다.

### 입체트러스 만들기

트러스 선택
- 특성창 : 회전 각도
  - ㄴ 회전 각도 입력하기
- 특성창 : 하현재 생성
  - ㄴ 체크 해제

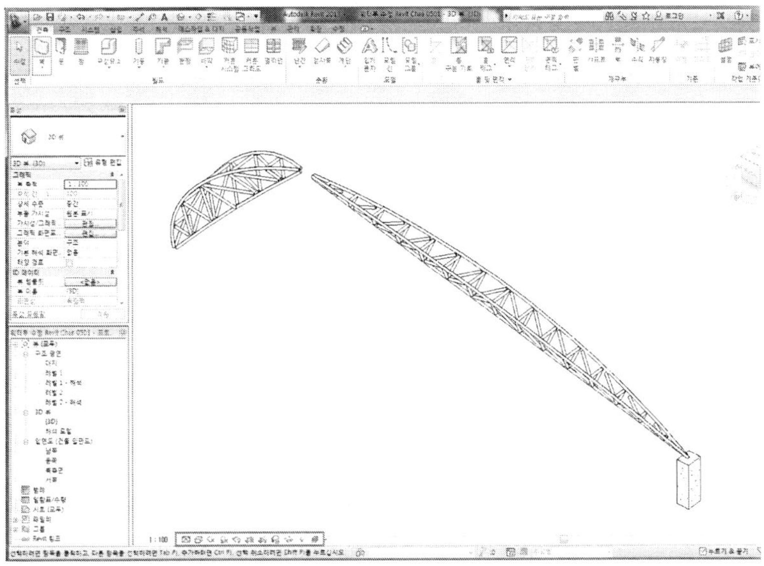

### 완성된 입체트러스 보기

프로젝트 탐색기 / 3D 뷰 / 3D

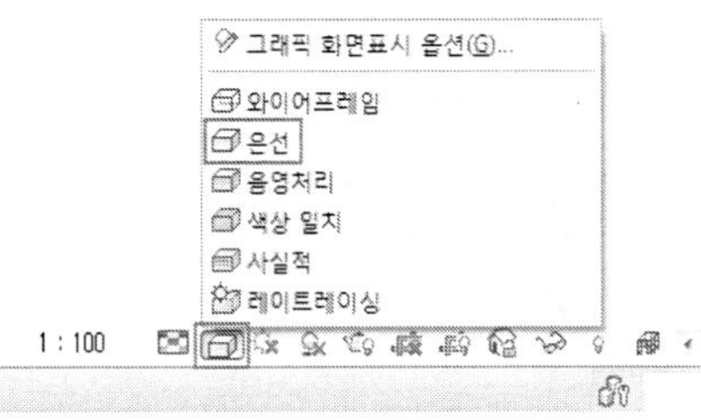


상현재를 이중으로 가진 입체트러스가 완성되었음을 확인할 수 있다. 입체감을 보이는 화면의 부재모습은 하단의 옵션바에서 몇 가지로 변경할 수 있는데(오른편 그림 참조), 여기서는 [은선]을 선택한 화면이다.

## 이중상현재를 가진 입체트러스로 만들기 | Modeling Trusses with Double Chords

이제 상현재간을 연결하는 짧은 수평부재를 만들어준다.

**연결보 그리기**

프로젝트 탐색기 / 3D 뷰 / 3D

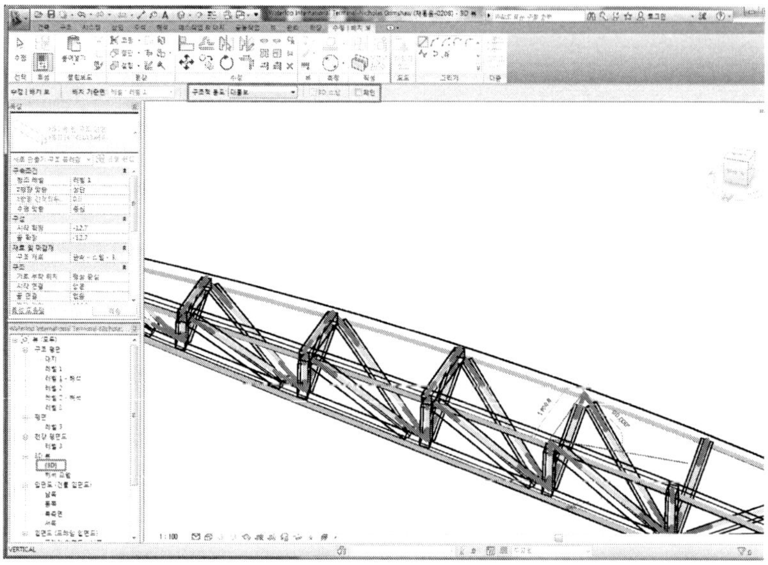

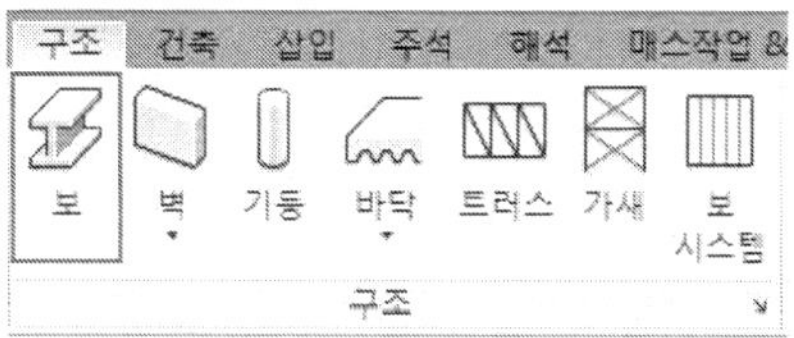


**입체트러스의 연결보 그리기**

– 구조 / 구조 / 보

3D뷰에서 [구조 / 구조 / 보] 메뉴를 이용하여 특성창에서 원하는 부재를 선택한 후 절점을 연결해 그린다.
상단 옵션바에서 [3D 스냅]을 체크하고, 해석선과 노드의 결합이 정확하게 이루어질 수 있도록 입체적으로 연결되는 연결점을 가능한 신중하게 선택해 그리도록 한다.

**연결보 그리기**

프로젝트 탐색기 / 3D 뷰 / 3D

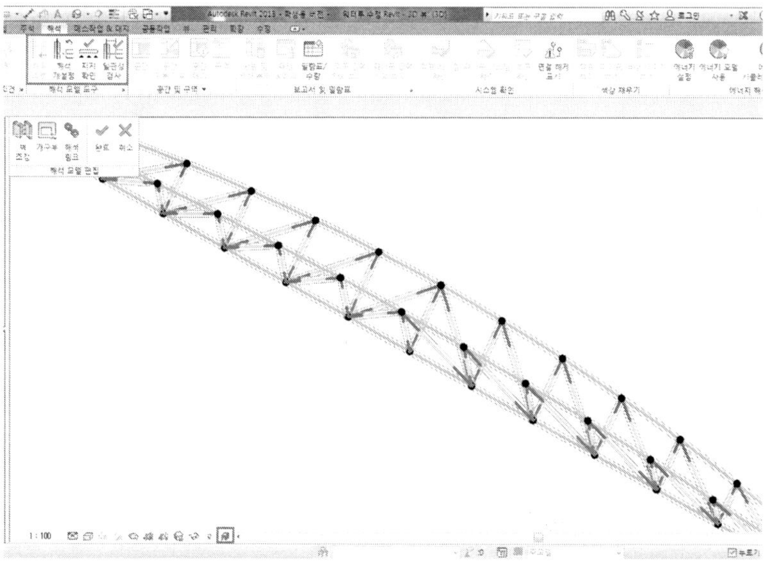

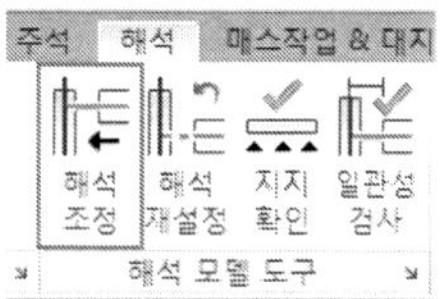


**해석모델 확인하기**

– 해석 / 해석모델도구 / 해석조정

레빗 스트럭춰에서 아직 고단한 것 중 한 가지가 모델설정으로 해석선이 쉽게 일치되지 않고 노드의 연결을 보장할 수 없다는 것이다. 그래서 모델작성 후에는 [해석 / 해석모델도구 / 해석조정]을 선택하여 해석선의 연결상태를 확인해본다. 화면과 같이 해석선과 노드가 표시되는 것을 확인할 수 있다.

## 해석선 수정하기 | Analytical Adjust

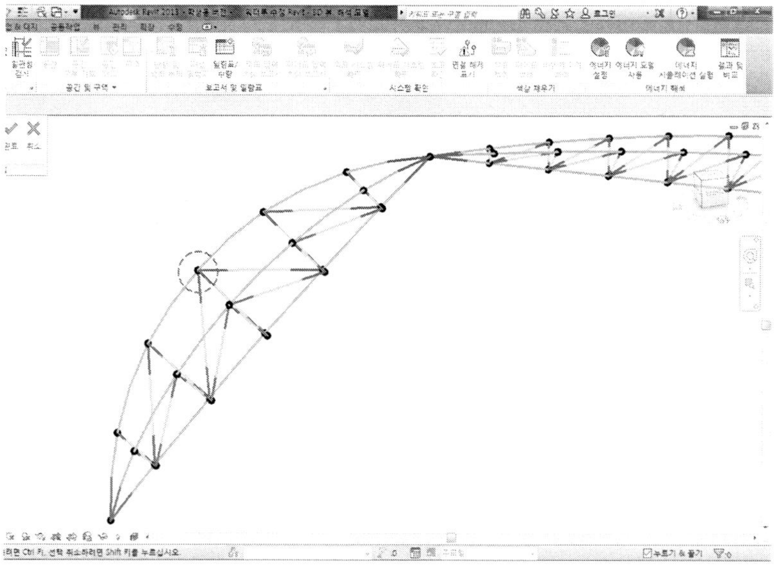

**트러스 해석조정 보기**

프로젝트 탐색기 / 3D 뷰 / 해석모델
해석 / 해석모델도구 / 해석조정

**노드점 연결 확인하기**

- 해석 / 해석모델도구 / 해석조정
  노드 선택
  └, 특성창 : 구조 / 연결상태 확인

해석선의 연결을 확인하는 과정에서 보면, 3D 스냅으로 추가된 보는 보이는 모델과 다르게 노드의 연결이 정확하지 않을 수 있다.
노드점 연결을 분명하게 확인하기 위해서는 위와 같은 [해석조정] 상태에서 그림에서 점으로 보이는 노드를 선택하고 왼편 특성창에서 해석노드의 개수를 확인하는 방법을 사용할 수 있다. [해석노드(1)]로 되어 있으면 하나의 절점으로 정확히 형성된 것이라 하겠다.

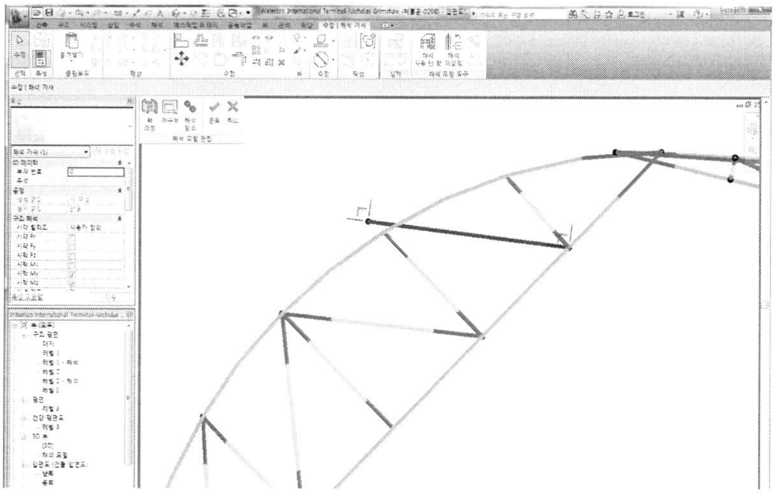

**노드 조정하기**

프로젝트 탐색기 / 3D 뷰 / 해석모델
해석 / 해석모델도구 / 해석조정

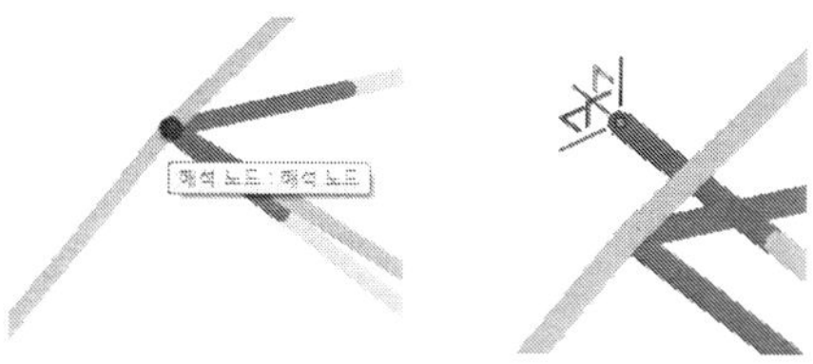

**노드 새로 연결하기**

- 절점의 노드 선택
  └, 점을 드래그해서 움직였다 다시 붙이기

[해석노드(2)] 이상으로 노드가 여러개 중첩으로 발생한 경우에는 조정이 필요하다. [해석 / 해석모델도구 / 해석조정] 상태에서 제대로 연결이 되어 있지 않은 노드를 클릭 선택한 후, 점을 끌어 새로 접합을 시도한다. 끄는 점과 교차하는 해석선의 색상이 변화하면서 연결되는 부재를 짐작할 수 있게 해주는데, 스냅을 판단하여 원하는 연결점을 생성하도록 한다. 만족스러운 정확성을 가지고 있는 조작법은 아니다(오른편 그림 참조).

## 해석선 수정하기 | Analytical Adjust

**노드 조정하기**

프로젝트 탐색기 / 3D 뷰 / 해석모델

해석 / 해석모델도구 / 해석조정

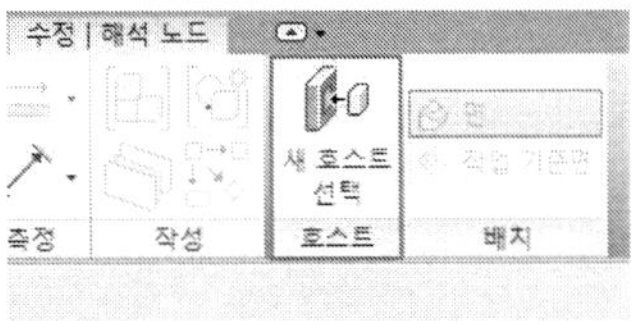

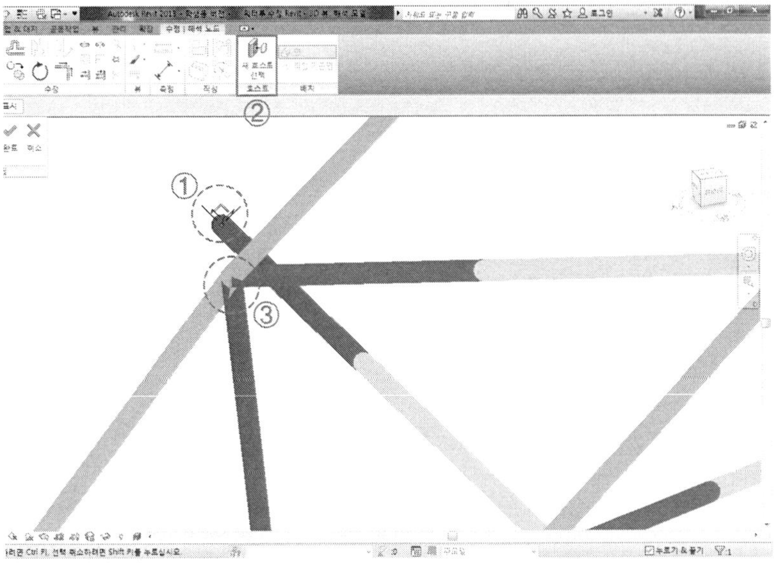

**노드 재연결하기**

- 수정 | 해석 노드 / 호스트 / 새 호스트 선택

└, 연결하고자 하는 노드를 선택

노드를 재설정하는 과정에서 비교적 정확하게 지정하는 데 도움을 주는 방법 중 하나는, [새 호스트 선택] 메뉴를 이용하는 것이다. 먼저 움직이고자 하는 연결보의 노드를 선택하고, 상단 메뉴에 있는 [수정 | 해석 노드 / 호스트 / 새 호스트 선택] 메뉴를 클릭한다. 그리고 나서 연결하려고 하는 노드에 가져가서 클릭한다.

**해석선 조정하기**

해석 / 해석모델도구 / 해석조정

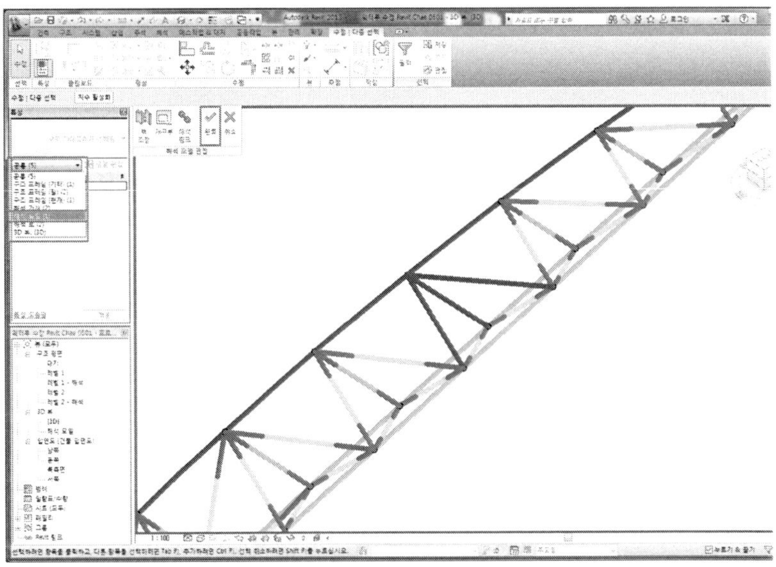

**노드점 연결 확인하기**

- 해석 / 해석모델도구 / 해석조정 노드 선택

└, 특성창 : 구조 / 연결상태 확인

다시 노드의 연결상태를 확인해 노드가 1개로 변화된 것을 확인한다. 모든 노드가 정리되었으면 완료를 선택한다.

앞서 설명한 것처럼 노드점을 각각 개별적으로 다시 한번 선택하여 노드가 하나의 노드로 설정되었는지 왼편 특성창을 통해 확인한다. 모두 하나로 설정된 것을 확인하였으면, [완료]를 선택해 빠져나간다.

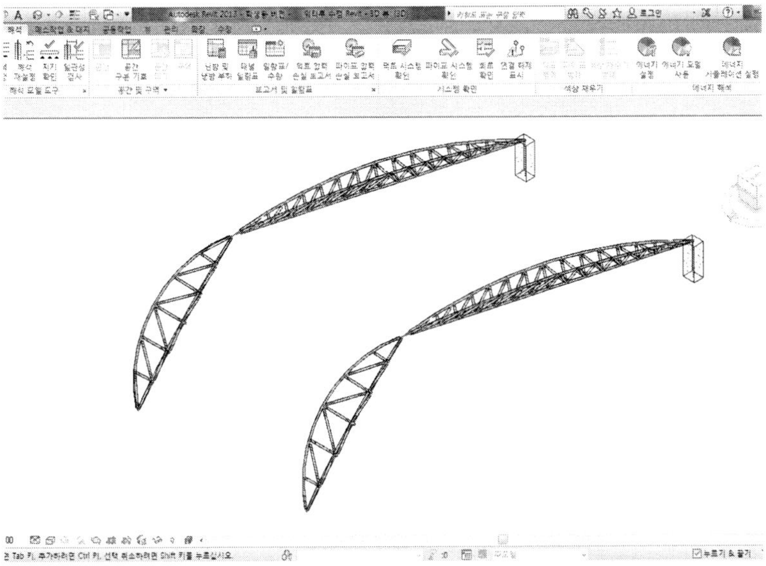

**트러스 보기**
프로젝트 탐색기 / 3D 뷰 / 3D

**트러스 복사하기**
모델 전체 선택
- 수정 / 복사
  ㄴ 기준점 선택
    ㄴ 붙여넣기

하나의 트러스를 완성하였으면 이제 동일한 트러스를 복사해 전체 지붕골조를 완성해보자.
먼저 트러스를 선택한 다음에 메뉴의 [수정 / 복사]를 선택하고 기준점을 선택한 후 새롭게 위치시킬 지점을 선택해 붙여넣는다. 복사할 때는 입면뷰나 평면뷰를 활용하는 것이 편리하다.

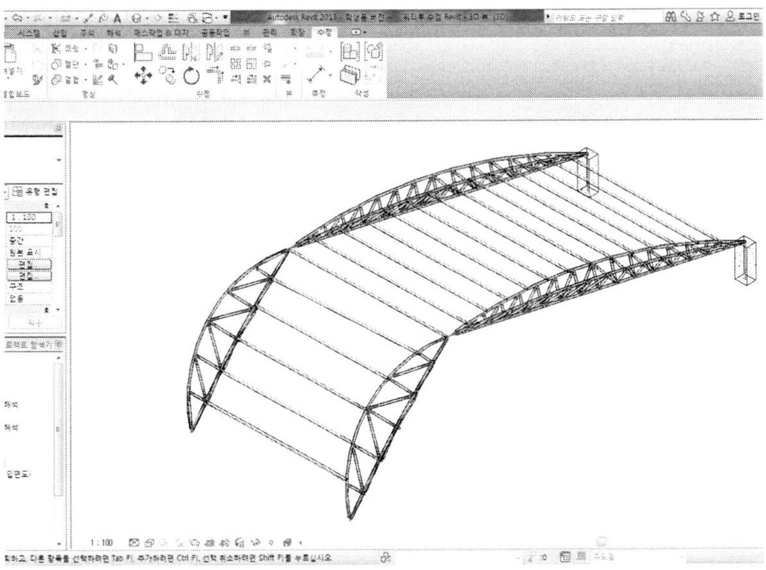

**트러스 보기**
프로젝트 탐색기 / 3D 뷰 / 3D

트러스를 복사하였으면 트러스 간의 절점을 수평부재로 연결하여 모델링을 완성한다.
이전의 트러스 모델에서와 마찬가지로 3D스냅을 이용한 보그리기나 보시스템을 이용해 입력한 후 위치를 이동시켜 그린다.

## 해석프로그램으로 보내 구조해석하기 | Structural Analysis with Robot Structural Analysis Program

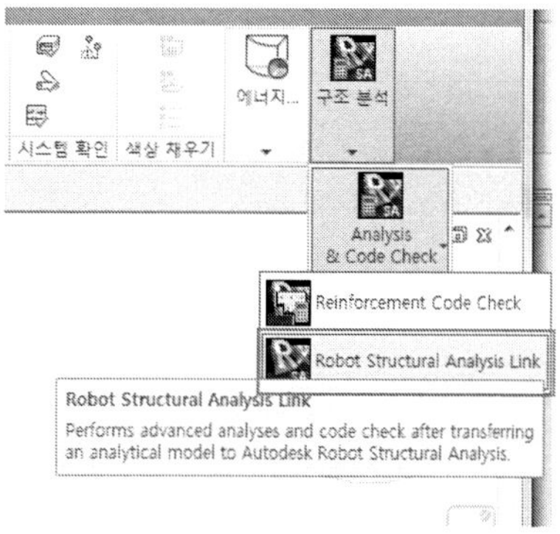


**해석프로그램으로 연결하기**

– 해석 / Structural Analysis / Analysis&Code Check
 └ Robot Structural Analysis Link

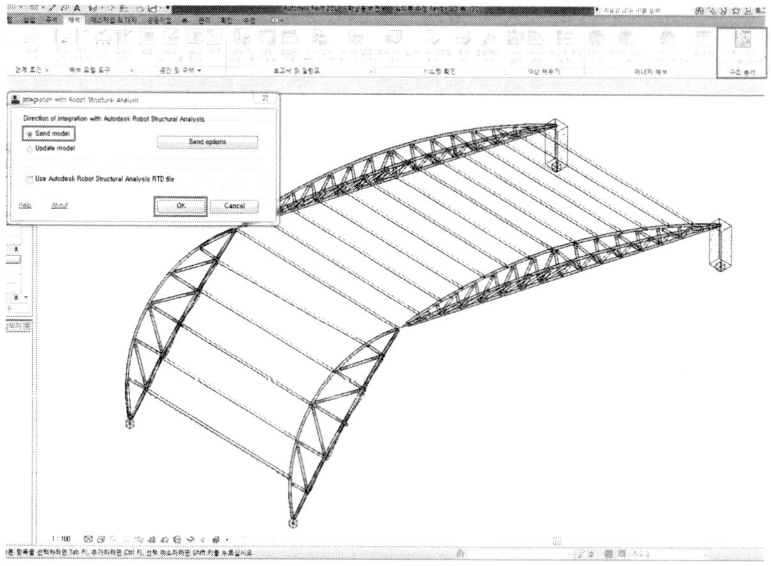


[해석 / Structural Analysis / Analysis&Code Check / Robot Structural Analysis Link]를 선택해 해석프로그램으로 모델을 보낸다.

**해석프로그램에서 생성된 모델**

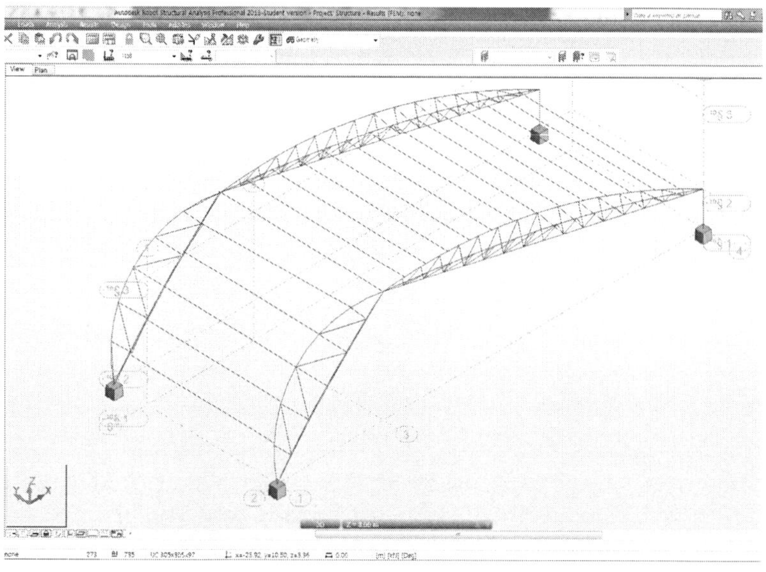

해석프로그램에서 생성된 모델의 모습이다.
해석을 위해서는 많은 설정과정이 필요하지만, 구조해석을 위한 기본 모델은 완성되었음을 알 수 있다.

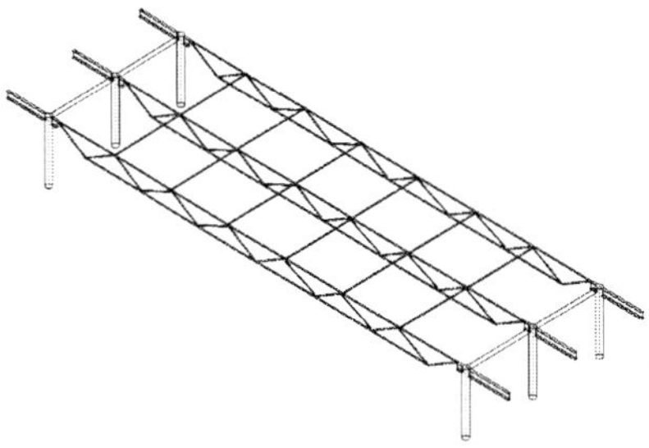

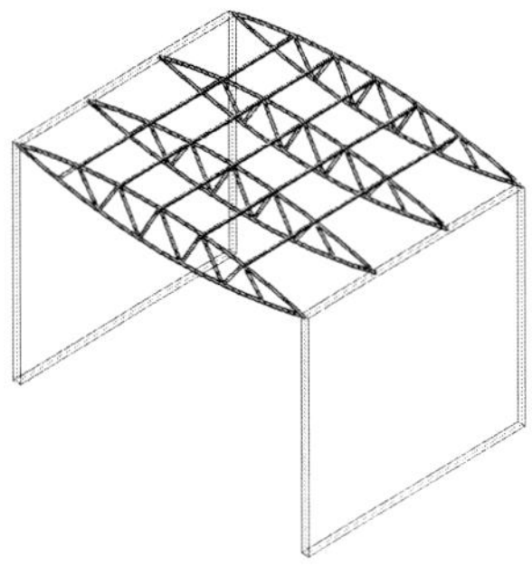

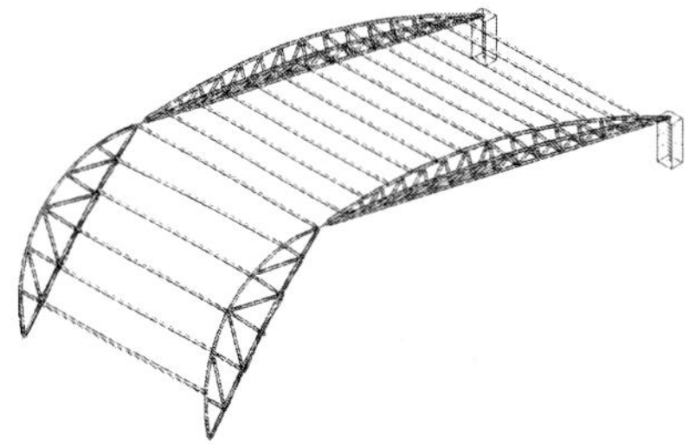

트러스 구조디자인에서 주로 활용되는 몇 가지 디자인 구성원리를 변화시켜 세 가지 트러스의 형상과 구성을 모델링해보았다. 이미 레빗에서는 트러스의 기본 디자인 구성원리를 변수로 반영할 수 있게끔 프로그램 메뉴가 설정되어 있음을 알 수 있었다.

우리는 이같은 레빗의 기본 기능을 통해 다양한 변화를 가지는 트러스를 손쉽게 모델링할 수 있고, 이를 구조해석용 모델로 전달할 수 있다. 이를 통해 자유로운 구조형태의 조합을 디자인하고 해석을 거쳐 요구되는 구조부재를 결정하는 작업, 더 나아가서 그러한 구조체를 건축설계에까지 연결시키는 작업을 폭넓게 이루어 낼 수 있다고 생각된다.

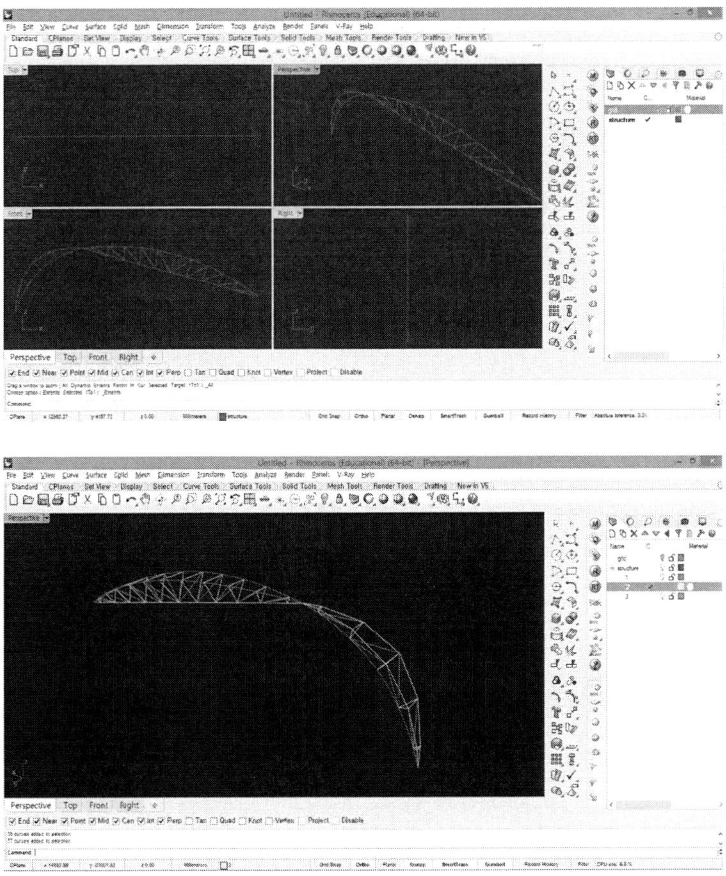

[워터루 국제역의 라이노 모델링 예]

구조물의 형태를 결정하고 모델링하는 방법에는 레빗보다 훨씬 자유도를 가진 BIM 관련 프로그램들이 있기도 하다. 대표적으로 라이노(Rhino) 같은 프로그램을 예를 들 수 있는데, 이미지에 보인 바와 같이 정형화되지 않은 형태의 구성이라도 디자인을 손쉽게 할 수 있으며, 이를 구조해석이 가능한 *.dxf 파일로 전송하여 해석모델로 연계할 수 있다. 그 후 다시 레빗이나 기타 다른 BIM 프로그램으로 연결하여 건설정보가 모델화된다면 비정형을 가진 자유로운 형상의 구조물도 제작이나 시공에 있어서 많은 도움을 받을 수 있을 것이다.

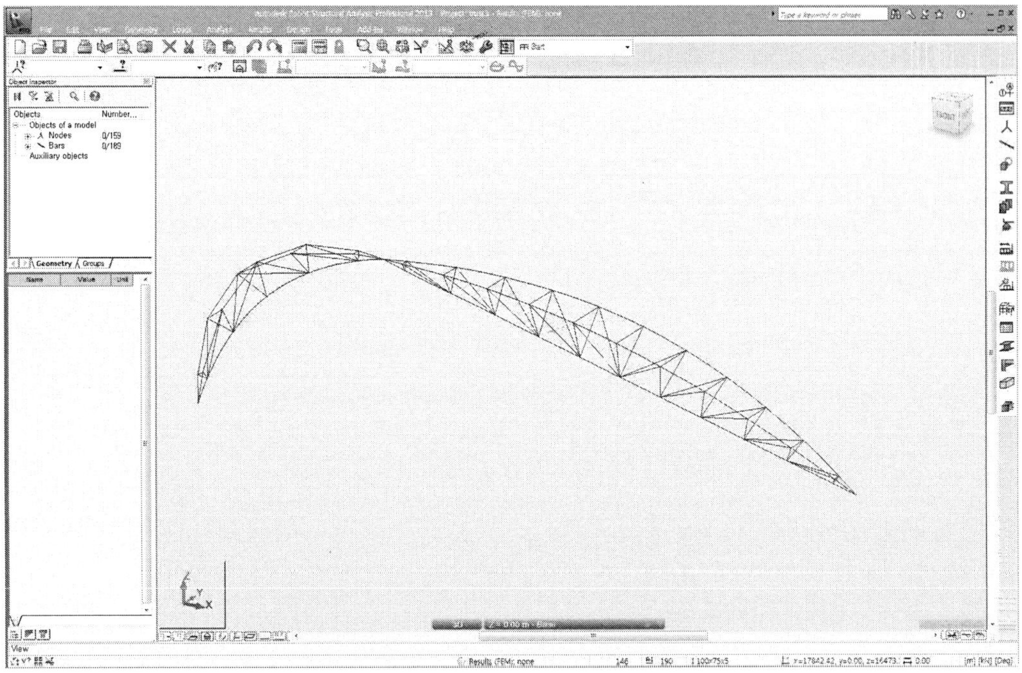

[라이노 모델을 Robot에서 불러온 모습]

자유로운 형태, 자유로운 구성에 대한 모델링과 해석, 그리고 시공이 보다 개선되고 접근 가능해진 다면, 구조디자인의 길은 보다 넓어지고 발전할 것이다. 도구의 활용법을 익히는 것도 필요하지만, 이제는 보다 나은 구조디자인에 대한 아이디어, 그 자체가 필요한 것은 아닐까.

# 부록
## Appendix

레빗을 활용하는 데 기초적으로 필요한 도구활용법을 소개한다.

# 01 레벨과 그리드

Level and Grid

## 레벨 그리기 | Level

레벨은 평면상에서 객체를 작성하기 위한 기준면으로, 건물의 수직높이 또는 층을 정의하는 것이다.

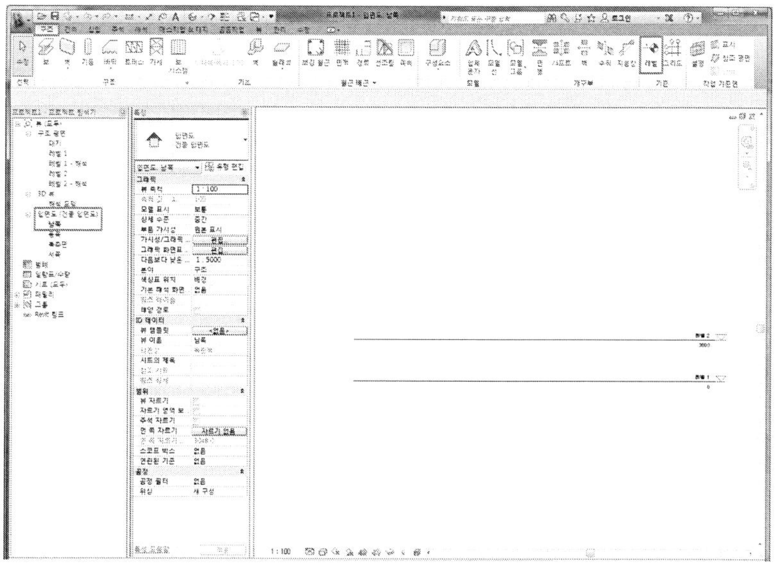

**레벨 보기**

프로젝트 탐색기 / 입면도 / 남쪽
[남쪽] 입면을 선택했을 때의 화면

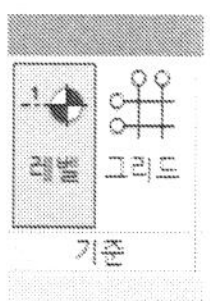


**레벨 만들기**

– 구조 / 기준 / 레벨

레벨은 입면을 보이게 한 후(단면뷰나 입면뷰를 열어서) 그린다.
레벨은 건물의 수직높이 기준을 정하는 것과 동시에 이 레벨이 있어야 각 부분의 수평면을 볼 수 있다. 따라서 건물의 바닥이나 각 층높이 또는 구조물의 수평부재 기준높이 등을 먼저 레벨로 설정해줄 필요가 있다.

## 레벨 그리기 | Level

**레벨 만들기**

- 구조 / 기준 / 레벨

  └ 높이를 결정해 직접 그리기

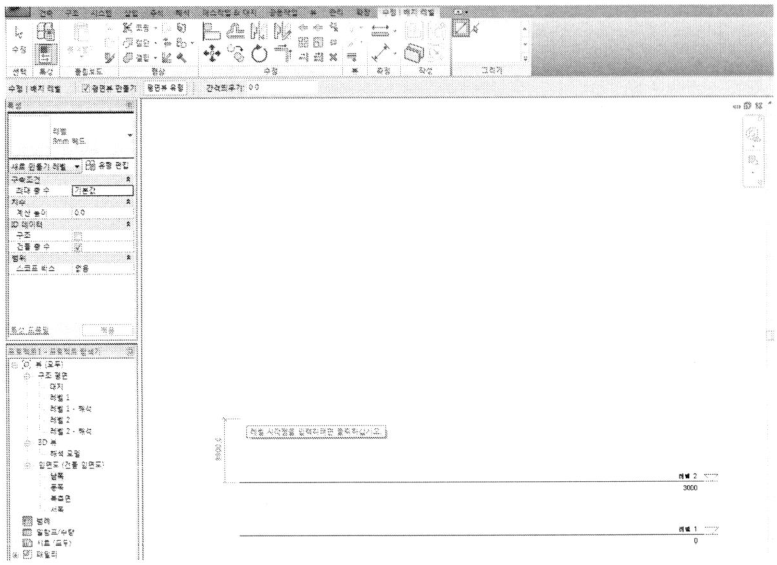

오른쪽 상단의 메뉴를 [선그리기 ▨]로 선택하고 나서, 그리고 싶은 위치에 마우스를 가져가면 기존의 레벨과 떨어진 거리가 그림과 같이 나타난다. 원하는 레벨 높이가 되었을 때 클릭하고 그리고 싶은 방향으로 그린다. 레벨 기호는 나중에 클릭한 지점에 생긴다. (오른쪽에서 왼쪽으로 그리면 왼쪽에 레벨 기호가 생성된다.)

**레벨 만들기**

- 구조 / 기준 / 레벨

  └ 선 선택해 복사해 그리기

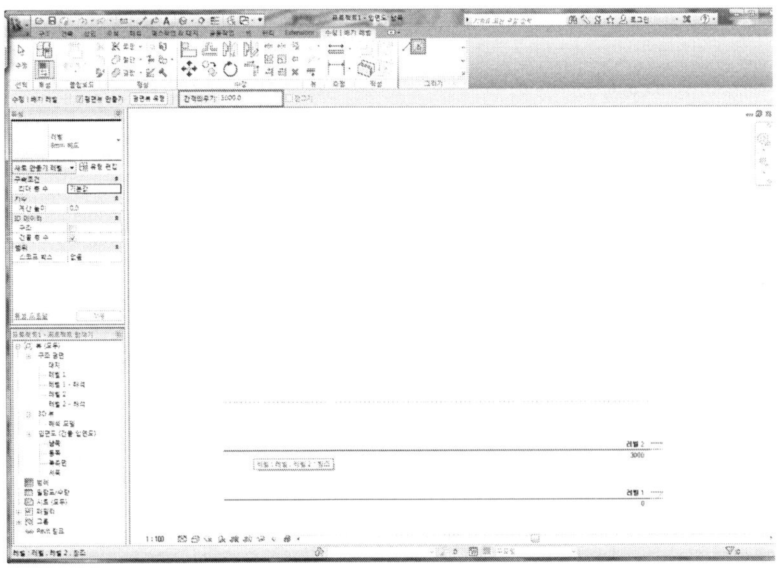

오른쪽 상단의 메뉴를 [선 선택 ▨]으로 선택하면, 옵션바에 있는 [간격 띄우기] 항목이 보인다. 여기에 기존 선에서 떨어뜨릴 거리를 입력하고 쉽게 기존 레벨선을 선택해 복사할 수도 있다.

그림의 예처럼 [간격 띄우기]에 3000을 입력하고 기존 레벨에 마우스를 가져가면 그림처럼 새로 그릴 레벨이 점선으로 표시된다. 이때 클릭하면 레벨이 생성된다.

# 레벨 그리기 | Level

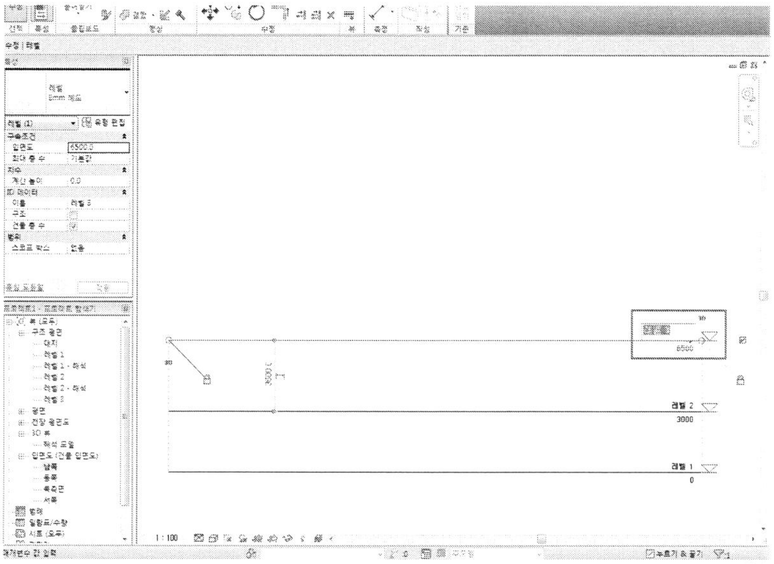

**레벨이름 수정하기**

- 구조 / 기준 / 레벨
  - └, 레벨 이름 클릭해 변경하기

자동으로 정해진 레벨 이름을 바꾸고 싶으면 생성된 이름에 마우스를 가져간다. 이름이 네모칸 안으로 표시되며 수정 가능해진다.
예를 들어 새로운 레벨이름을 [3층]이라고 입력하고 엔터 키를 쳐보자. [해당 뷰의 이름을 바꾸시겠습니까?]라는 창이 뜬다. 여기서 [예]를 선택하면 프로젝트 탐색기와 기본 뷰에서 레벨의 이름이 함께 바뀐다.

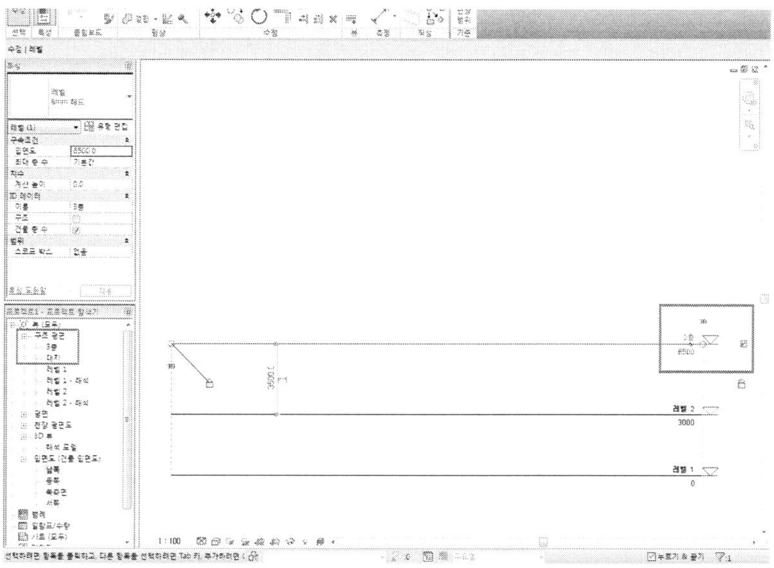

**레벨이름 수정하기**

- 구조 / 기준 / 레벨
  - └, 레벨이름 클릭해 변경하기

뷰의 이름이 레벨과 탐색기에서 모두 바뀐 것을 확인할 수 있다.

# 레벨 그리기 | Level

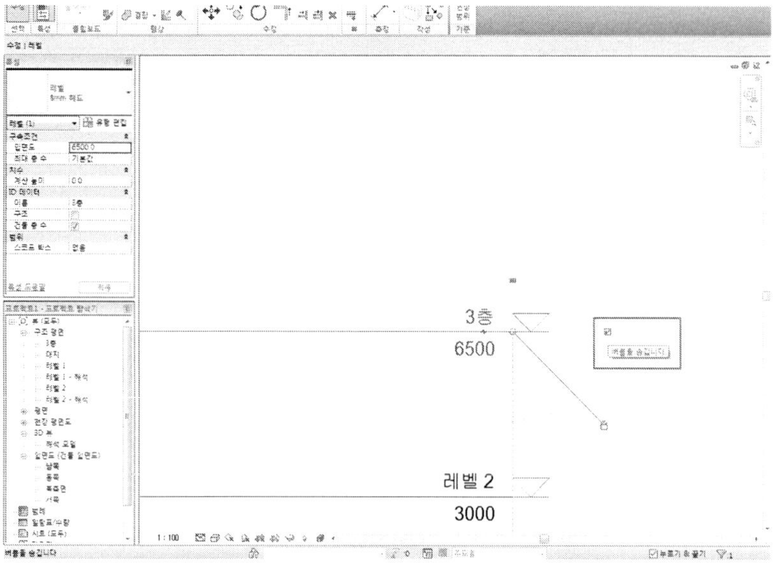

**레벨이름 삭제하기**

– 구조 / 기준 / 레벨

레벨을 선택했을 때 파란색으로 바뀌면서 레벨 이름 오른쪽에 체크된 작은 네모상자를 볼 수 있다. 이 체크박스를 해제하면 레벨명이 표시된 주석을 보이지 않게 할 수도 있다.

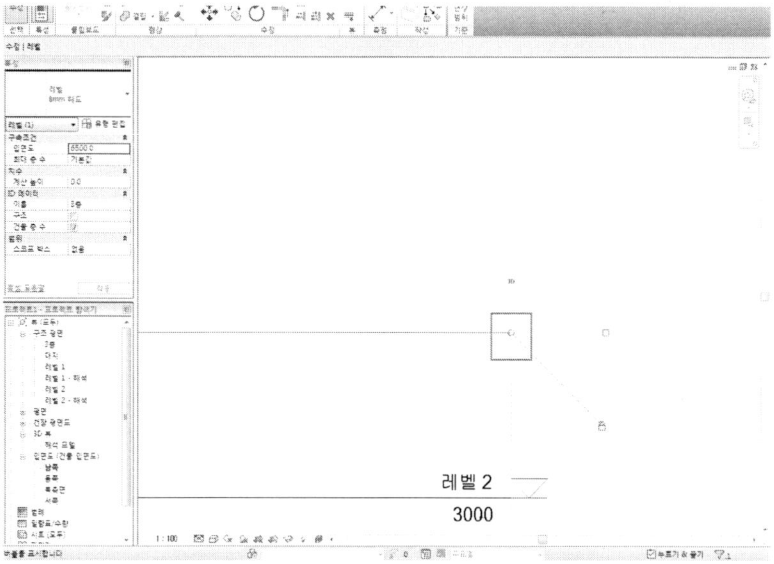

**레벨이름 위치 수정하기**

– 구조 / 기준 / 레벨

레벨기호 옆에 보이는 작은 원을 클릭하고 마우스를 이용해 좌우로 움직이면 레벨기호의 위치가 모두 함께 위치 이동하는 것이 가능하다.

## 레벨 그리기 | Level

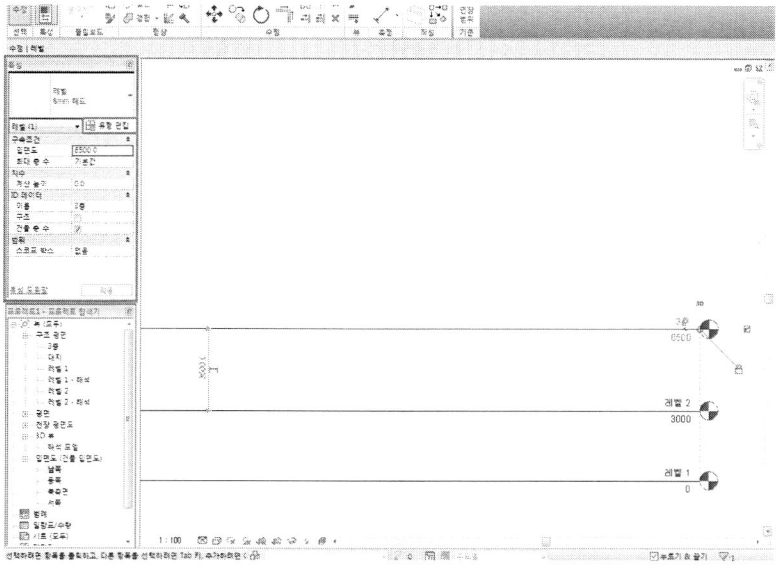

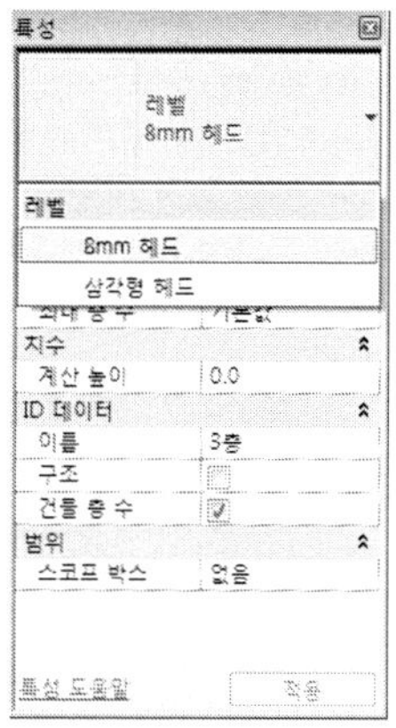


**레벨기호 수정하기**

– 구조 / 기준 / 레벨

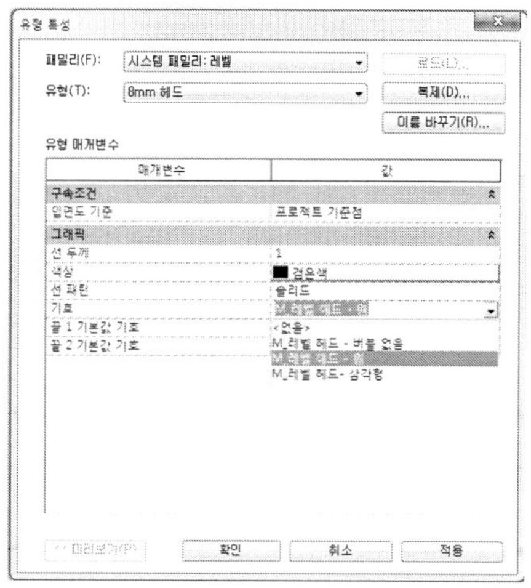


레벨을 선택하면 왼쪽 특성창에 레벨의 여러 속성이 나타나게 된다. 여기서 레벨의 헤드 기호를 바꿀 수 있다. 현재 삼각형 헤드로 설정되어 있지만, 원형으로 교체 가능하다. (다른 패밀리를 로드하면 보다 다양한 헤드를 표현하는 것도 가능) 유형특성창에서 유형매개변수를 수정하여 헤드 모양을 변경한다.

탐색기에서 여러 평면 뷰로 이동하는 것도 가능하지만, 헤드를 더블클릭하여 해당하는 평면 뷰로 이동할 수도 있다.

## 그리드 그리기 | Grid

수평면상의 기준은 그리드를 이용해 설정한다. 그리드는 건물의 수평면 상에서 부재의 위치를 설정하기 위해 만드는 것으로 건축도면에서 중심선과 유사한 역할을 한다. 이 그리드를 따라 기둥이나 벽 등 부재요소를 입력한다.

**그리드 보기**

프로젝트 탐색기 / 구조평면 / 각 레벨

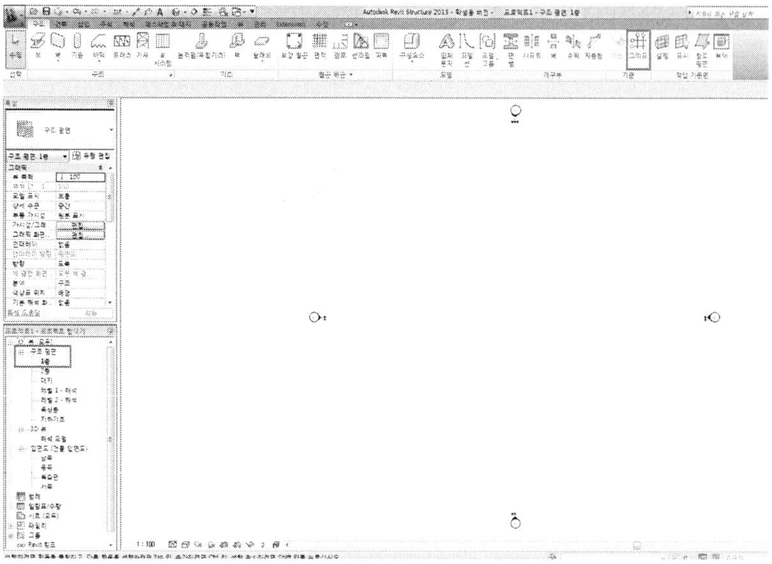

프로젝트 탐색기에서 평면뷰 중 [레벨 1]을 선택했을 때 수평면의 작업화면이다.

그리드는 평면에서의 기준을 만드는 것이기 때문에 임의 레벨의 평면 뷰를 선택하여 그리도록 한다. 그리드는 건축도면에서의 X열, Y열과 같은 의미이다.

**그리드 그리기**

- 구조 / 기준 / 그리드
  - ㄴ 선그리기로 직접 그리기

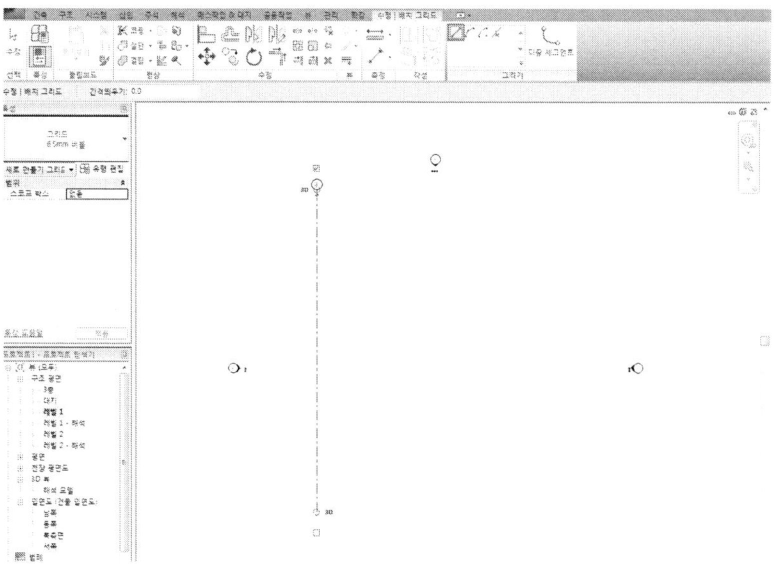

그리드 그리기를 선택하면 리본 메뉴는 윗 그림과 같이 하부메뉴로 바뀐다. 여기서 오른쪽 상단에 있는 [선그리기 ☐]를 선택하고 적당한 위치에 마우스를 이용해 그리드를 X, Y축으로 그린다. 버블은 그리드를 그리는 끝점에 생긴다.

## 그리드 그리기 | Grid

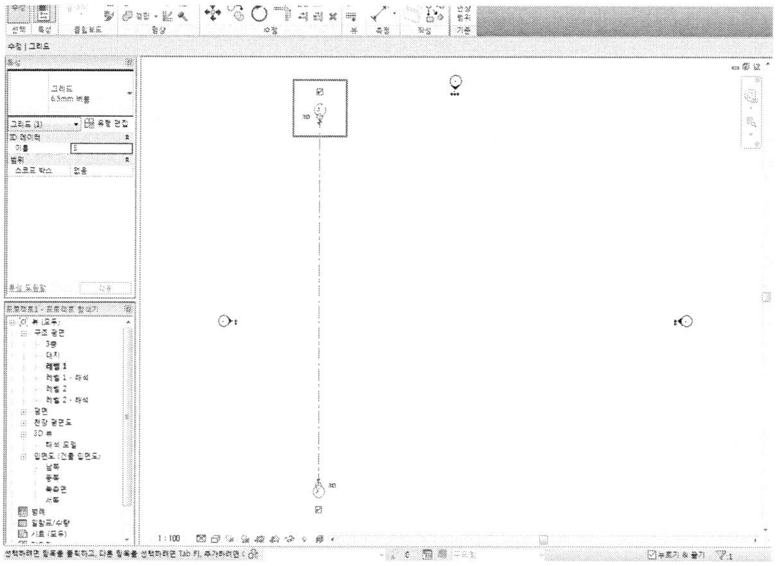

그리드 버블 삭제하기
- 구조 / 기준 / 그리드

레벨에서와 유사하게, 그리드 끝의 버블 또한 양 사이드에 생기는 작은 네모박스의 체크를 이용해 새로 만들거나, 보이지 않게 할 수 있다(체크하면 버블 존재).

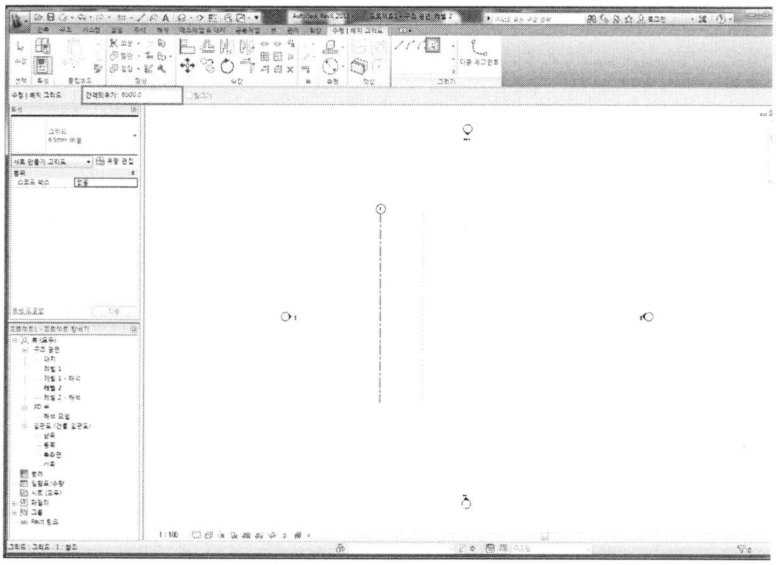

그리드 그리기
- 구조 / 기준 / 그리드
 └, 그리기 / 복사하기선택
  └, 옵션바에 간격 설정
   └, 선 선택

레벨에서와 마찬가지로 오른쪽 상단의 메뉴의 [선 선택 ]를 선택하면, 옵션바에 [간격 띄우기] 항목이 나타난다. 여기에 기존 그리드 라인에서 떨어뜨릴 거리를 입력하여 기존 라인을 복사해 그릴 수도 있다.

# 그리드 그리기 | Grid

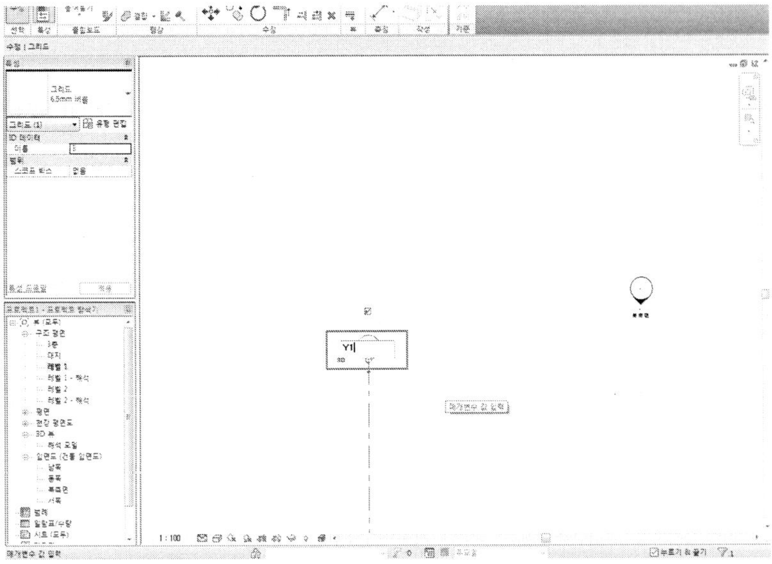

**그리드 이름 수정하기**
- 구조 / 기준 / 그리드

그리드의 이름을 더블클릭하면 그리드의 이름을 변경할 수 있고, 첫 번째 생성한 그리드의 이름을 변경하면, 다음에 그리는 그리드의 이름이 순차적으로 자동으로 기입된다.

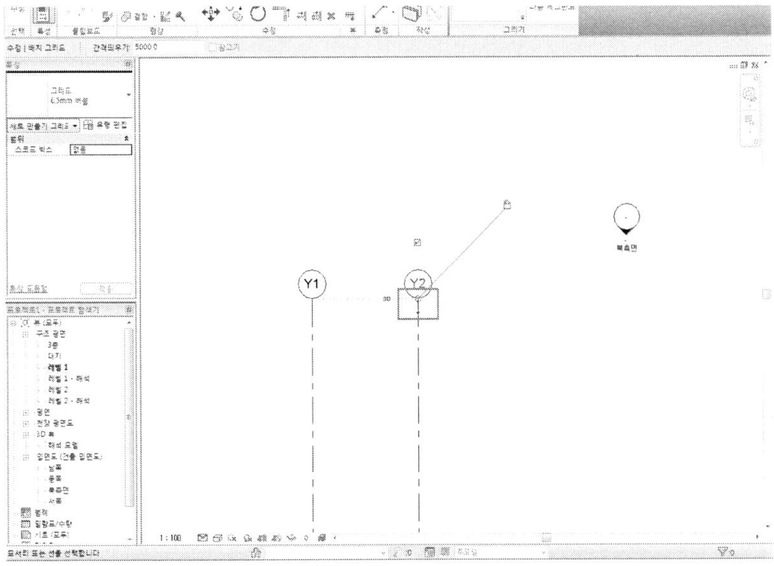

**그리드 그리기**
- 구조 / 기준 / 그리드
  └ 그리기(부록 1 '그리드 그리기' 참조)

헤드의 아래에 보이는 작은 원을 클릭하고 마우스를 이용해 길이를 조정하면 같은 열의 그리드가 모두 함께 위치 이동하는 것이 가능하다.

# 02 보 그리기 [부재입력하는 법]

Structural Framing

우리가 만드는 구조체는 다양한 사이즈와 모양을 가진 기둥과 보와 같은 각부 요소부재로 이루어져 있다. 레빗에서는 이 다양한 모양을 가지는 각 부재를 그려 넣을 때, 부재의 속성까지 구분해 입력해야 한다. 여러 가지 입력방법이 있는데, 여기서는 보를 이용해 단순히 직접 그려넣는 법, 다중배열로 입력하기, 그리드를 이용해 입력하는 법, 보시스템 메뉴로 그리는 법을 소개한다.
모델의 각 요소(보, 기둥, 기초, 슬래브 등)에서 원하는 재료의 원하는 모양의 부재를 입력해 넣는 방법은 거의 유사하다. 다른 요소입력에도 활용될 수 있을 것이다.

## 단순 그려넣기 | Adding Beam

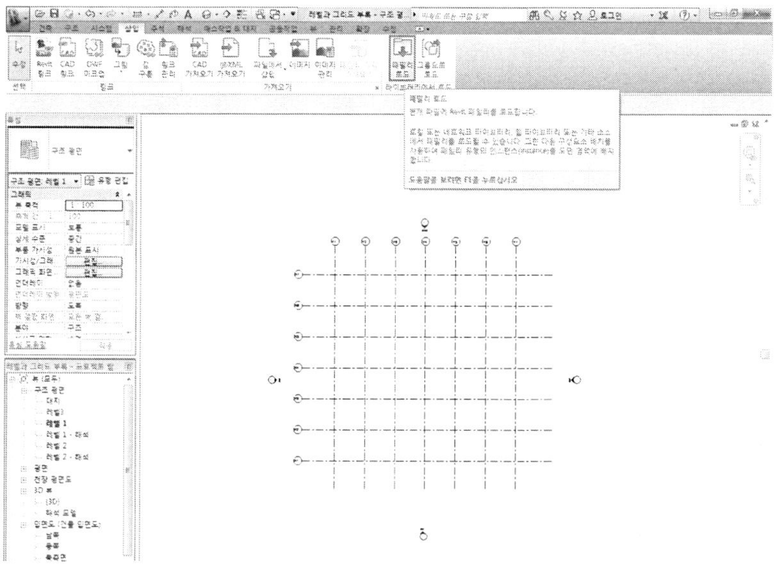

보를 입력하기 위해서는 원하는 재질의 원하는 모양의 보패밀리를 먼저 불러와야 한다. [패밀리 로드] 명령어를 이용해 원하는 재료특성을 가진 보패밀리를 로드해보자.

**보 그리기 보기**

프로젝트 탐색기 / 구조평면 / 레벨 1

보는 각 레벨면이나 3D에서 입력 가능하다. [레벨 1] 평면을 선택했을 때의 화면

**패밀리 로드하기**

– 삽입 / 라이브러리에서 로드 / 패밀리 로드

## 단순 그려넣기 | Adding Beam

**Tip 패밀리란?**

레빗 프로젝트에 추가하는 모든 요소는 '패밀리'를 사용하여 작성된다.
예를 들어, 레빗에서 철근콘크리트 보를 입력한다는 뜻은, 보의 이미지는 물론 해당재료와 사이즈 등의 정보를 모두 담고 있는 패밀리라는 것으로 정의되어 있어서, 이 패밀리를 가져다 입력한다는 의미이다.
그렇다면 다른 부재는 늘 다른 패밀리를 사용해야 될 듯하다. 그런데, 다른 부재라고 하더라도 서로 많은 공통점을 보이는 부재들도 많으니 패밀리'유형'이란 표현으로 묶어서 사용한다. 레빗에서 기본적으로 제공하고 있는 패밀리들이 있어 모델링에 필요할 때 찾아 가져다쓴다. 어떤 정보를 담을 것인가를 결정해 개인이 새로운 패밀리를 만드는 것도 가능하다.

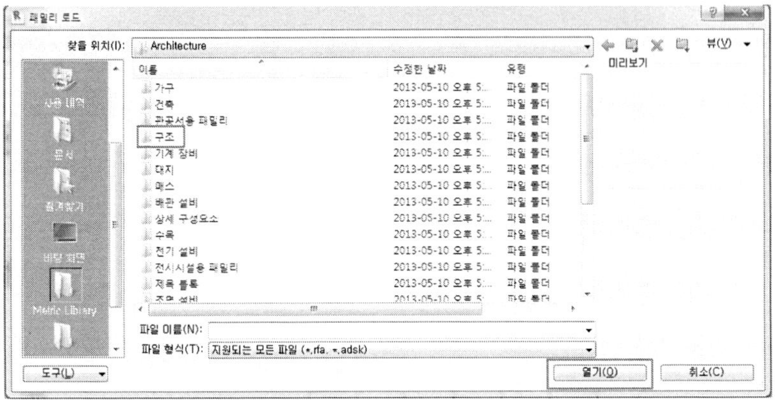

[패밀리 로드] 명령어를 실행하면 Autodesk사로부터 제공된 패밀리가 들어있는 폴더들의 목록이 등장한다. 원하는 부재와 재료를 찾아 선택한다. 여기서는 직사각형 콘크리트 보를 선택하기 위해 [구조 / 프레임 / 콘크리트] 여기서 [콘크리트-직사각형 보].rfa 파일을 불러온다. 보는 기둥, 기초와 달리 프레임이라는 폴더에 패밀리가 있다. 오류를 피하기 위해서는 [구조], [프레임]과 같은 폴더 선택에 신중해야 한다.

**로드된 패밀리 확인하기**

프로젝트 탐색기 / 패밀리

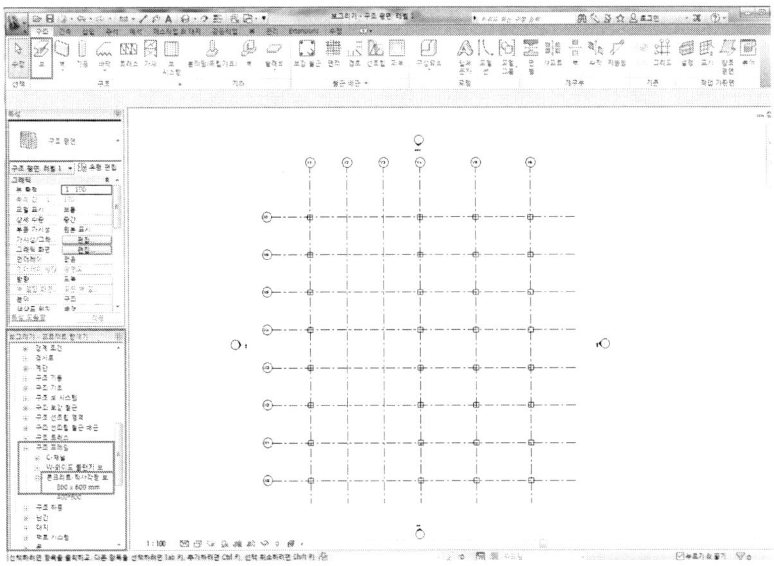

패밀리가 로드된 것을 [프로젝트 탐색기] 하단에 [패밀리 / 구조프레임] 폴더에서 확인할 수 있다. (구조템플릿을 사용하는 경우에는 콘크리트직사각형의 보의 경우는 이미 로드되어 준비된 경우도 있다.)

## 단순 그려넣기 | Adding Beam

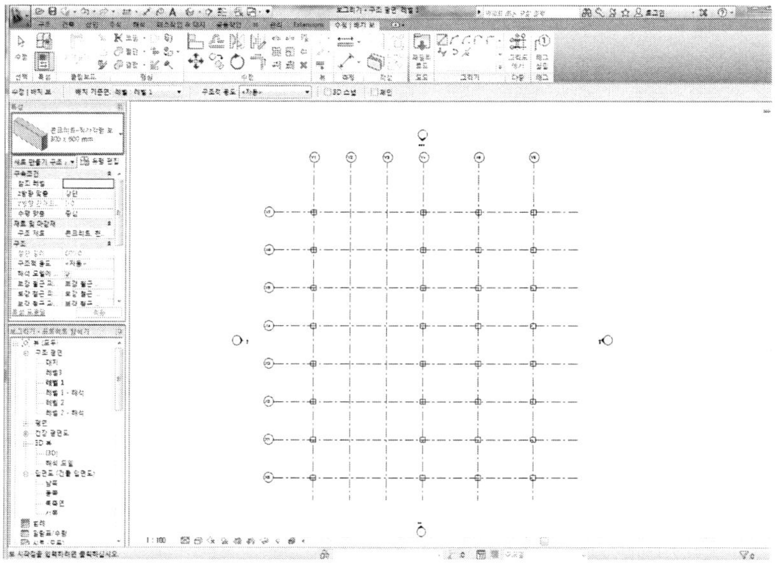

### 보 그리기 보기

프로젝트 탐색기 / 구조평면 / 레벨 1

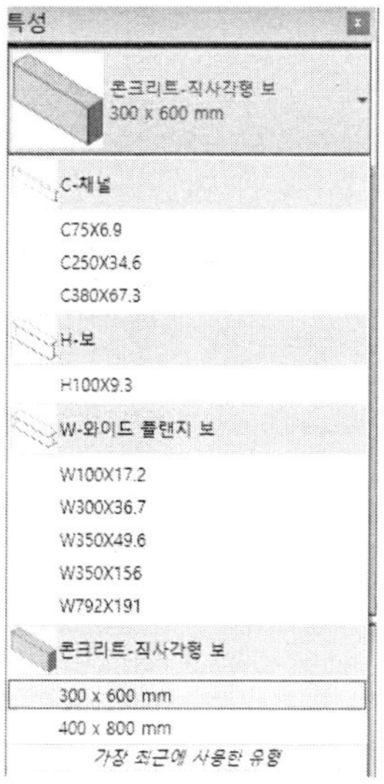


패밀리를 로드해 준비했으면, [구조 / 구조 / 보]를 선택한다. 현재 입력하게 되는 보의 속성이 왼쪽상단에 나타난다. 특성창 상단을 클릭해 원하는 보 부재를 선택하다.

오른쪽에 보인 것이 특성창의 모습이다. 여기에는 콘크리트 보가 두 가지 사이즈뿐인데, 우리가 입력하고자 하는 보는 500×800의 보라고 가정해보자. 이 경우에는 유사한 유형인 300×600의 보를 일단 선택하고, 유형을 변경하여 사용하도록 한다.

### 보 그리기

– 구조 / 구조 / 보

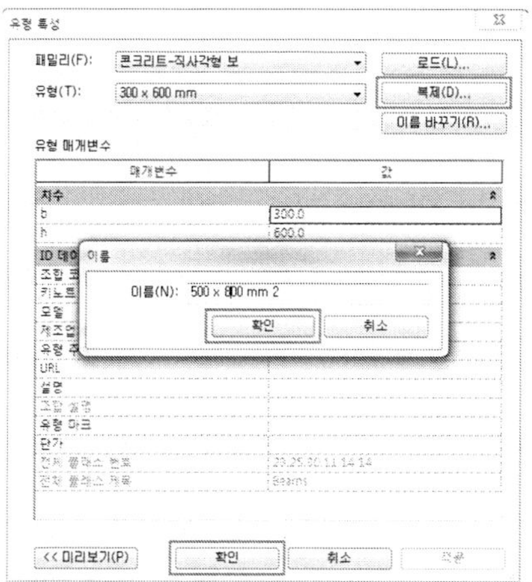


### 유형특성 변경 창 보기

특성창 / 유형 편집

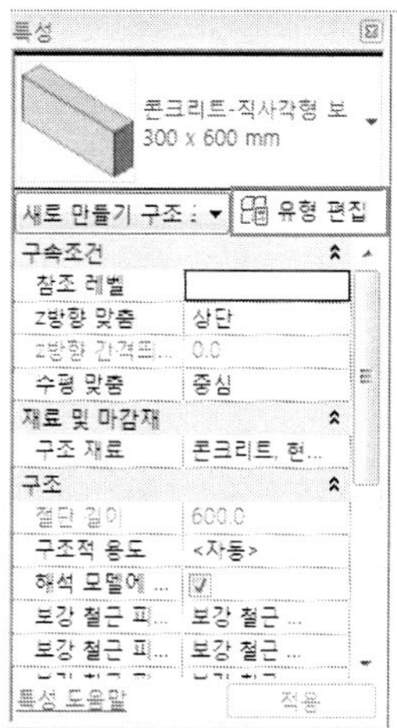


가정한 바와 같이 재료와 모양은 맞는데, 원하는 보의 사이즈가 없다면 특성창에서 [유형 편집]을 선택한다. 세부선택 창이 열리고 여기서 이 해당 보 패밀리 유형의 여러 속성을 조정할 수 있는데, 높이와 너비 크기도 변경할 수 있다.

유형특성에서 [복제]를 선택하면 새 이름을 지정할 수 있는 입력창이 나오고, 여기서 이름을 입력해 새 패밀리 유형을 저장할 수 있다.

## 단순 그려넣기 | Adding Beam

**보 패밀리 유형 만들기**

- 특성창 / 유형 편집
  - └, 복제
    - └, 이름입력 / 매개변수 수정

복제 해 새 이름의 유형을 만든 후, 가정한 바와 같이 매개변수 [b]를 '500'으로, [h]를 '800'으로 변경하고 [확인]을 눌러 새 유형을 완성한다.

**보 그리기 보기**

프로젝트 탐색기 / 구조평면 / 레벨 1
구조 / 구조 / 보

**직접 클릭해 보 그리기**

- 구조 / 구조 / 보

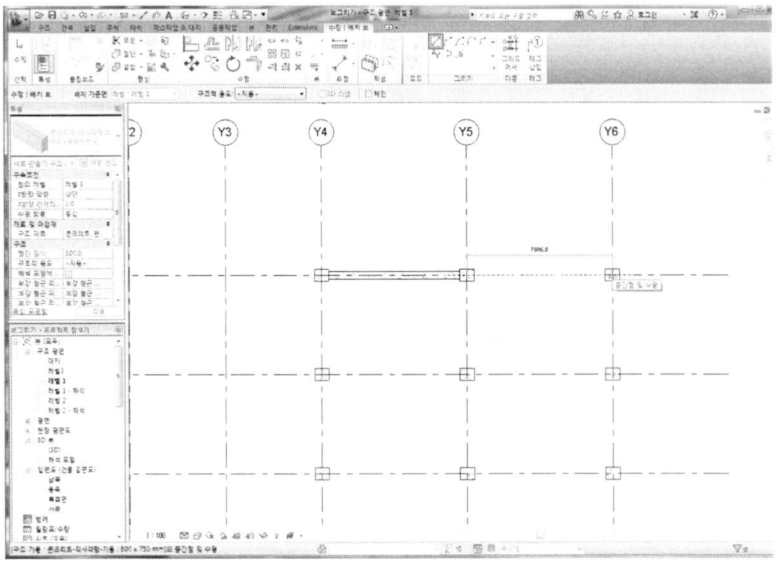


원하는 보 부재를 마련했으면, 직접 입력할 곳을 클릭하여 원하는 위치에 보를 그릴 수 있다. 상단 오른쪽에 있는 [선그리기 ☑]를 선택한 후 원하는 시작점과 끝점을 선택한다. 그리드가 있는 경우에는 그리드 교점을 활용해 정확한 치수로 그린다. 상단의 다른 [그리기] 메뉴를 이용해 곡선 보 또한 그릴 수 있다. 양 끝점을 찍으면 그림과 같이 보가 생성되어 나타난다.

## 다중배열로 그리기 | In-filling with the Multi Arrangement Tool

다음에서는 이렇게 직접 입력한 보를 복사해 다중 배열하는 방법으로 보를 입력해보자.

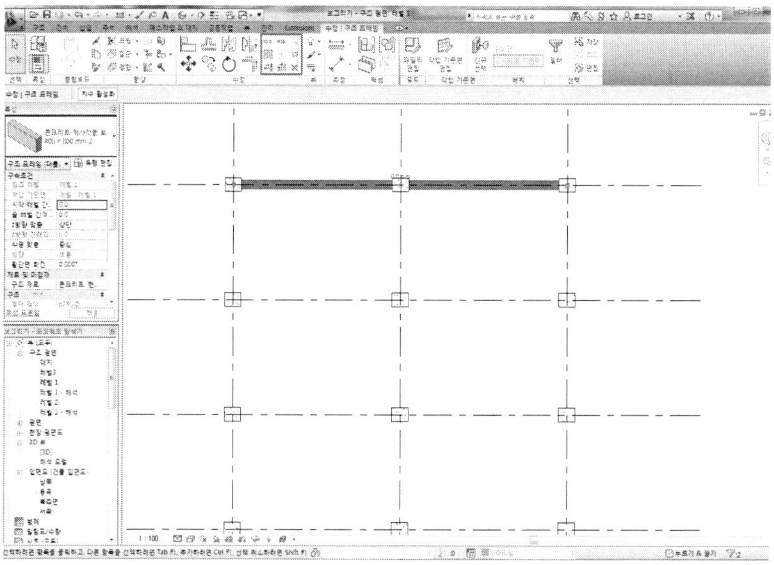

**보 그리기 보기**

프로젝트 탐색기 / 구조평면 / 레벨 1
구조 / 구조 / 보

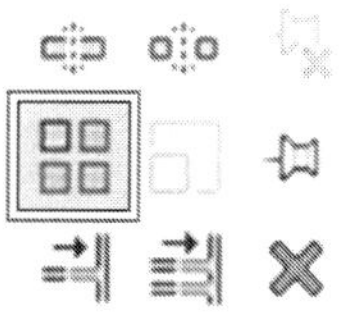

**다중배열로 보 그리기**

- 복사할 기준 부재 선택하기
  └ 수정 | 구조프레임 / 수정 / 배열

그림과 같이 2개의 보를 직접 입력한 후, 같은 보가 아래의 열에도 동일하게 배열되길 원한다면, 그려놓은 2개의 보를 일단 선택한다. 그러면 그림과 같이 선택된 보가 푸른색으로 변한다. 그리고 [수정 | 구조프레임 / 수정 / 배열 ]을 클릭한다.

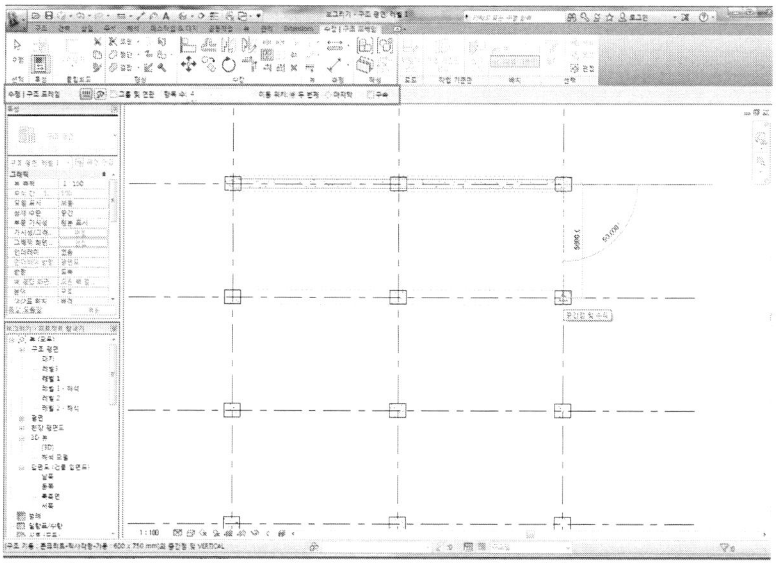

**다중배열로 보 그리기**

- 복사할 기준 부재 선택하기
  └ 수정 | 구조프레임 / 수정 / 배열
    └ 옵션바 조정 / 배열기준과 방향 설정

[배열]을 클릭하면 푸른색을 보였던 선택한 보들이 그림처럼 점선에 둘러싸인다. 메뉴 아래에 나타난 옵션바에는 다중배열에 필요한 몇가지 옵션이 나타나는데, [그룹 및 연관]은 해제하고, [항목수]에서는 동일한 보가 배열될 항목 갯수를 입력한다. 여기서는 8열이 반복되게 할 예정이므로 '8'을 입력하자. 그리고 모델 화면에서 기준이 되는 보의 끝점을 한번 클릭하고 배열하고자 하는 방향으로 아래쪽으로 두 번째 점을 찍어준다.

## 다중배열로 그리기 | In-filling with the Multi Arrangement Tool

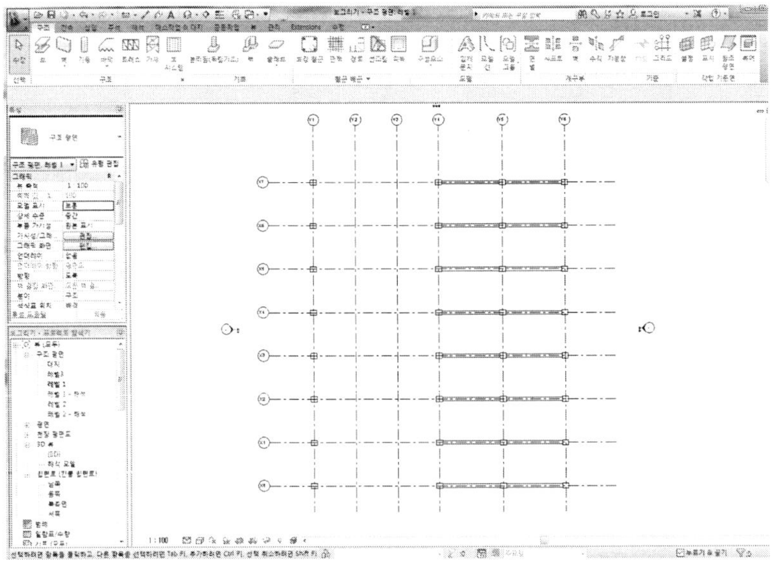

**다중배열된 보 보기**

프로젝트 탐색기 / 구조평면 / 레벨 1

위에서부터 아래로 8개의 열에 보가 한 번에 입력되어 나타나는 것을 볼 수 있다. 보 외에도 어떠한 부재의 배열에도 규칙적인 배열의 경우 활용할 수 있는 입력방법이다.

## 그리드 이용해 그리기 | In-filling with Grids

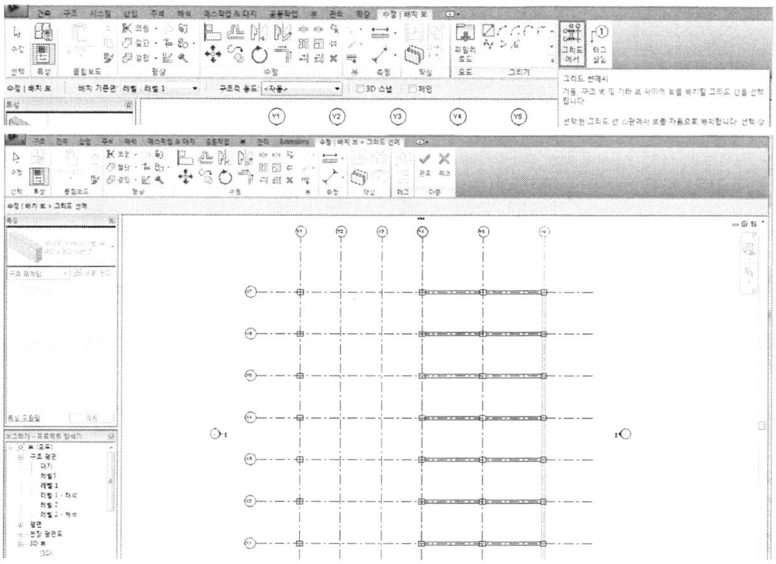

**그리드를 이용해 보 그리기 보기**

프로젝트 탐색기 / 구조평면 / 레벨 1
구조 / 구조 / 보

**그리드를 이용해 보 그리기**

– 수정 | 배치 보 / 다중 / 그리드에서

그리드를 선택해서 그리드 선상에 위치하는 보를 자동으로 그릴 수도 있다. 상단메뉴에서 [그리드에서]를 선택하고 위치시킬 그리드를 선택하도록 한다. 그리드 여러 개를 선택하고 싶을 때는 Ctrl 키를 누른 채 클릭하면 된다. 여기서는 Y4와 Y6 두 세로그리드를 선택했다. 그리드가 선택되면 보 모양이 입력되어 나타나는데, 완료하기 위해서는 상단 메뉴 [다중 / 완료]를 클릭해주어야 한다.

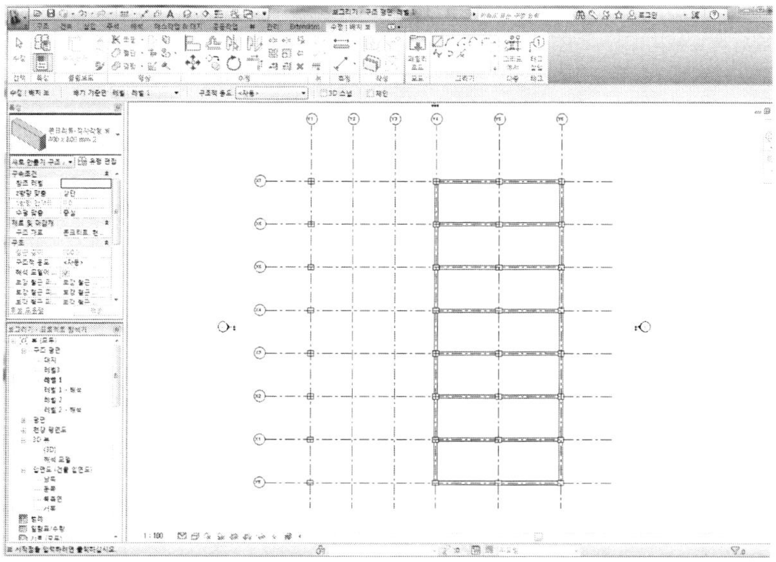

**입력된 보 보기**

프로젝트 탐색기 / 구조평면 / 레벨 1

선택된 세로 그리드에 보가 추가 입력된 것이 보인다.
그리드를 이용한 입력법은 보 외에도 기둥이나 기초 등 다른 구조부재에도 유사한 방법으로 활용할 수 있다.

## 보시스템 메뉴를 이용해 그리기 | In-filling with the Beam System Tool

기둥사이를 연결하는 큰 보(Girder) 외에도 작은 보(Beam)을 포함하는 보시스템을 쉽게 그려넣을 수 있는 기능이다.

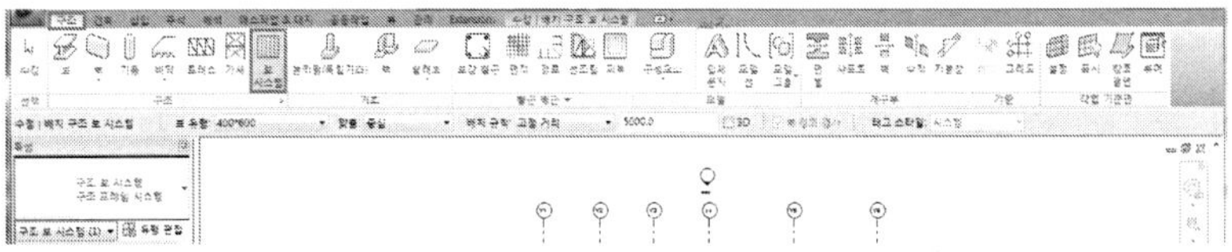

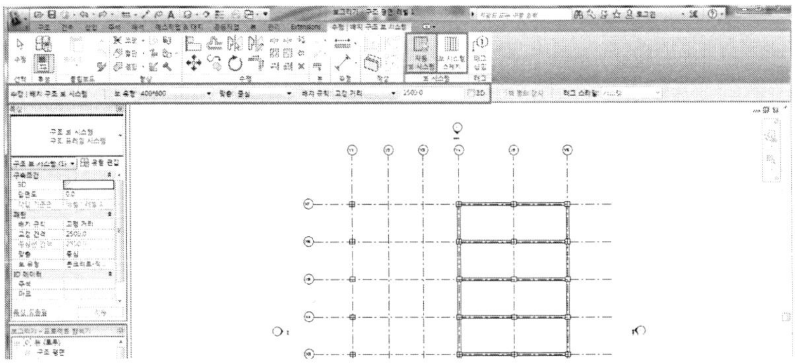

**보시스템 그리기 보기**

프로젝트 탐색기 / 구조평면 / 레벨 1

**보시스템으로 보 그리기**

- 구조 / 구조 / 보시스템
  - └ 보시스템 / 자동보시스템
    - └ 보유형 및 배치거리 등 선택

왼쪽편에는 2.5m 간격으로 작은보가 있는 보시스템을 입력하기 위해 상단메뉴의 [구조 / 구조/ 보시스템]을 클릭해보자. 그러면 아래의 화면과 같이 하부 메뉴가 형성되는데, [보시스템 / 자동보시스템]이 선택되면 옵션바에 입력하고자 하는 보의 여러 속성을 조정할 수 있는 칸이 생긴다. 여기서 원하는 [보유형]과 [배치규칙] 및 거리를 입력한다. 여기서는 고정으로 2500mm의 간격을 입력하였다. 그리고 나서 이 보시스템을 입력할 부분을 스케치하기 위해 [보시스템 / 보시스템 스케치]를 누른다.

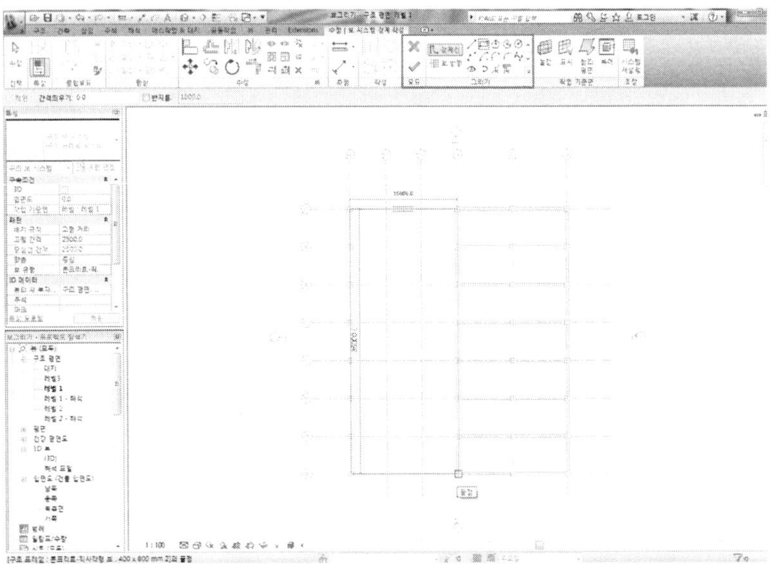

**보시스템 그리기 보기**

프로젝트 탐색기 / 구조평면 / 레벨 1
구조 / 구조 / 보시스템 / 보시스템 스케치

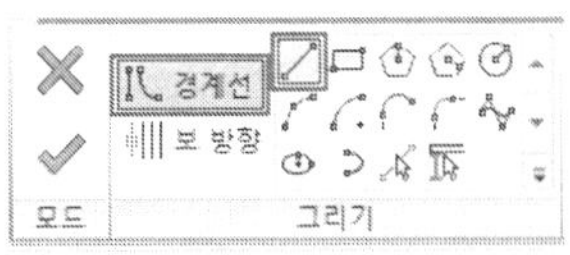


**보시스템으로 보 그리기**

- 구조 / 구조 / 보시스템
  - └ 보시스템 / 보시스템 스케치
    - └ 경계선 그리기

[보시스템 / 보시스템 스케치]를 선택하면 위와 같이 보를 입력할 영역의 경계를 스케치할 수 있는 메뉴와 화면이 등장한다. 왼쪽 그림처럼 [그리기 / 경계선]을 선택하면 오른쪽에 경계를 설정할 수 있는 다양한 그리기 메뉴가 나오는데, 여기서는 [두 점으로 면지정하기] 메뉴 ▭를 선택하여 두 점을 찍어 입력위치를 설정했다.

## 보시스템 메뉴를 이용해 그리기 | In-filling with the Beam System Tool

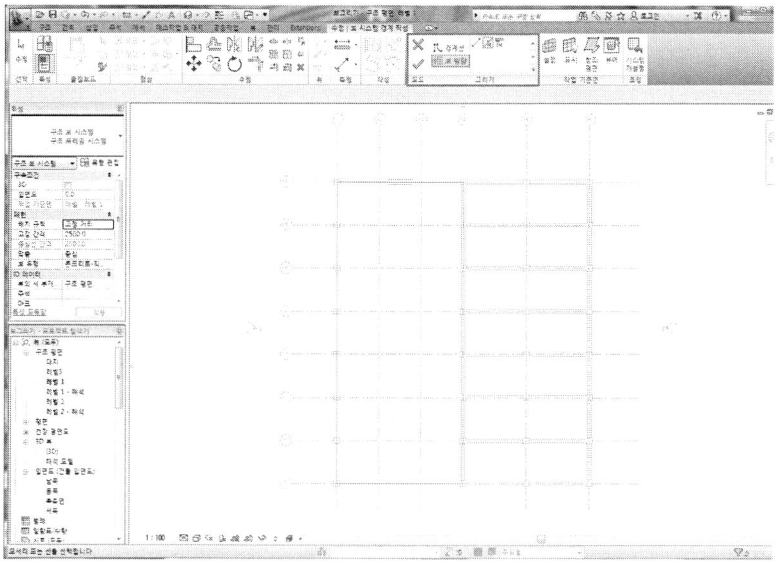

**보시스템 그리기 보기**

프로젝트 탐색기 / 구조평면 / 레벨 1
구조 / 구조 / 보시스템 / 보시스템 스케치

**보시스템으로 보 그리기**

- 구조 / 구조 / 보시스템
  - └, 보시스템 / 보시스템 스케치
    - └, 보방향 결정

경계선을 그렸으면, [보방향] 메뉴를 이용해 그려넣고자 하는 보들의 방향을 설정할 수 있다. 원하는 방향의 경계선을 클릭함으로써 그 경계와 평행한 방향으로 보를 입력하게 할 수 있다. 보가 그려질 방향이 [ ]와 같이 화면에 표시된다. [✓]을 누르면 보시스템을 완성할 수 있다.

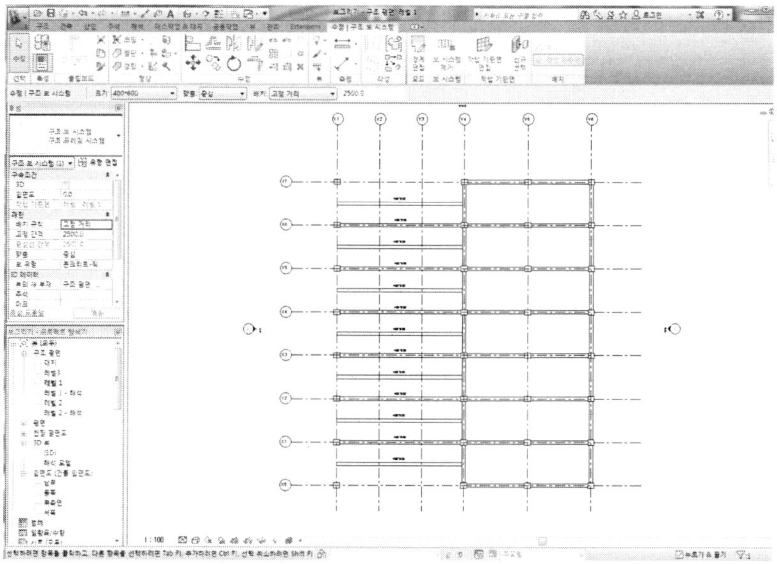

**입력한 보시스템 보기**

프로젝트 탐색기 / 구조평면 / 레벨 1

완성된 보시스템 화면을 보면 설정된 영역의 안쪽으로 가로방향의 보가 2500 간격으로 생성된 것을 알 수 있다.
그러므로 만일 제일 위와 아래의 열에도 보를 그려넣기 원했다면 사전에 경계를 더 넓게 지정하는 것이 바람직했다는 것을 알 수 있다. 다양한 부재 입력법을 보였는데, 구축하고자 하는 모델의 특성에 맞게 효과적인 방법을 입력에 활용하는 것이 바람직하다.

# 03 일람표 만들기

Schedules

모델 안에 들어 있는 여러 정보를 문서화시킬 필요가 있다. 이전의 캐드타입의 도면방식에서는 도면을 기초로 하여 인력으로 물량을 추출하거나 리스트를 만드는 작업을 별도로 수행해서 문서를 만들었지만, BIM 도구는 모델 안에 모든 정보를 속성으로 담고 있기 때문에, 그 정보를 리스트로 정리해 추출하기만 하면 입력한 정보의 문서를 얻을 수 있다. 이것을 레빗에서는 일람표라고 한다.

## 일람표 만들기 | Schedules

여기서는 작성한 모델의 부재일람표를 만들고 구조부재의 물량을 나타내보기로 하자.

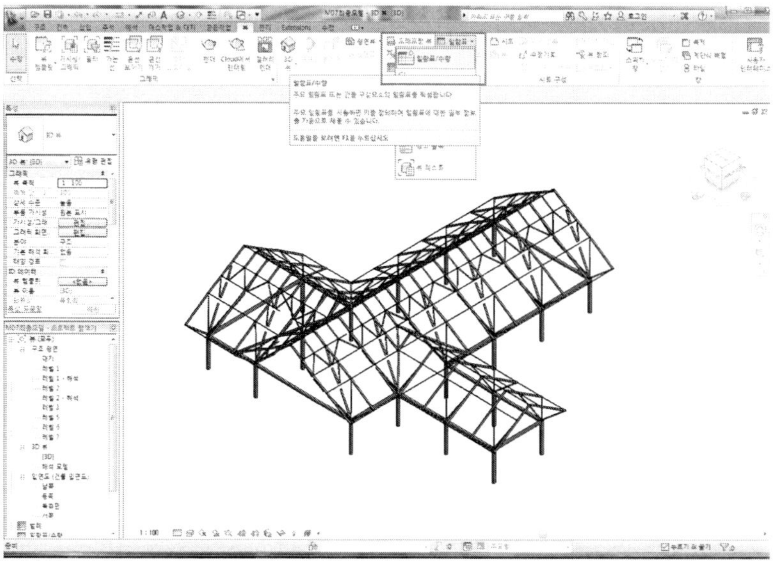

**일람표 만들기**
- 뷰 / 작성 / 일람표
  └ 일람표/수량

모델링 안에 담겨 있는 정보를 문서화시키기 위해서는 [뷰 / 작성 / 일람표] 메뉴를 이용한다. 여기서 [일람표/수량]을 선택하면 다음과 같은 새 일람표 선택창이 나타나고 여기서 얻고자 하는 정보의 카테고리를 먼저 결정한다.

## 일람표 만들기 | Schedules

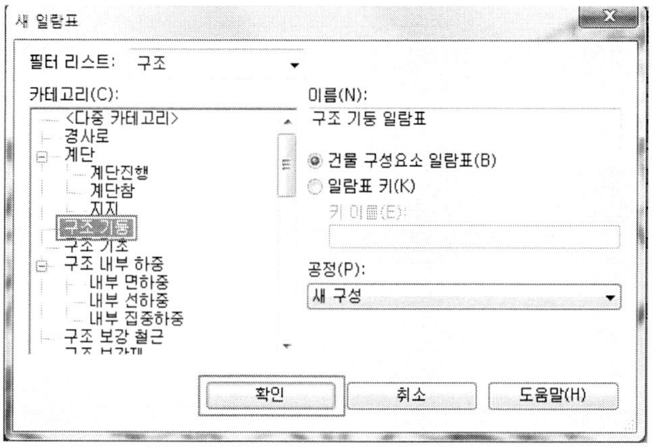


**새 일람표 만들기**
– 카테고리 결정

여러 정보 중에 여기서는 모델의 기둥에 대한 정보를 문서로 도출해보기로 하고 카테고리 중 [구조기둥]을 선택한다. 그러면 구조기둥의 일람표의 구성을 결정할 수 있는 일람표 특성구성창이 다음과 같이 나타난다.

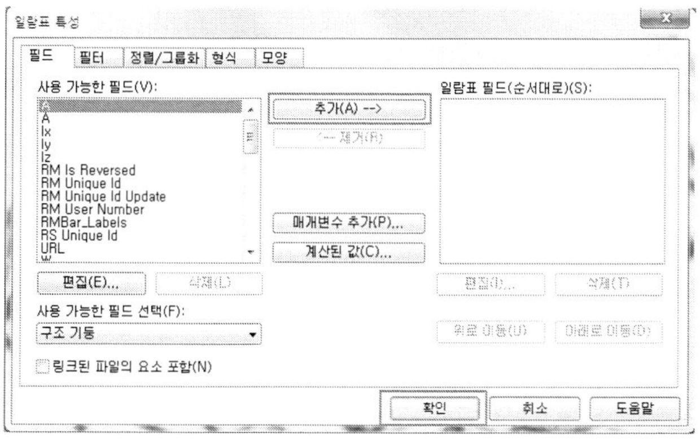


**일람표 특성결정**
– 일람표 필드 선택

문서로 작성하여 알고 싶은 항목을 '필드'로 결정하는 작업이다.
왼편에 보이는 [사용 가능한 필드]에서 원하는 항목을 선택해 내가 알고 싶은 항목을 가진 일람표를 작성하는 것이다. [필드]가 무엇인지 이해하기 위해 다음 페이지에서 만들어질 일람표를 미리 살펴보기로 한다.

# 일람표 만들기 | Schedules

### 일람표 화면

설명을 위해 장차 만들게 될 일람표를 잠깐 먼저 살펴보자.

**Tip 완성된 일람표는**

[프로젝트 탐색기 / 일람표/수량]에 리스트로 존재한다.
일람표를 선택하면 그 일람표의 특성창을 통해 활성화시킬 수 있다.

구조 기둥 일람표

| 패밀리 및 유형 | 베이스 레벨 | 구조 재료 | 길이 | 볼륨 | W |
|---|---|---|---|---|---|
| Round(Concrete)-Column: C C_30.0 | 레벨 1 | CONCR | 3000 | 0.21205 m³ | 576.92 kg/m |
| Round(Concrete)-Column: C C_30.0 | 레벨 1 | CONCR | 3000 | 0.21205 m³ | 576.92 kg/m |
| Round(Concrete)-Column: C C_30.0 | 레벨 1 | CONCR | 3000 | 0.21205 m³ | 576.92 kg/m |
| Round(Concrete)-Column: C C_30.0 | 레벨 1 | CONCR | 3000 | 0.21205 m³ | 576.92 kg/m |
| Round(Concrete)-Column: C C_30.0 | 레벨 1 | CONCR | 3000 | 0.21205 m³ | 576.92 kg/m |
| Round(Concrete)-Column: C C_30.0 | 레벨 1 | CONCR | 3000 | 0.21205 m³ | 576.92 kg/m |
| Round(Concrete)-Column: C C_30.0 | 레벨 1 | CONCR | 3000 | 0.21205 m³ | 576.92 kg/m |
| Round(Concrete)-Column: C C_30.0 | 레벨 1 | CONCR | 3000 | 0.21205 m³ | 576.92 kg/m |
| Round(Concrete)-Column: C C_30.0 | 레벨 1 | CONCR | 3000 | 0.21205 m³ | 576.92 kg/m |
| Round(Concrete)-Column: C C_30.0 | 레벨 1 | CONCR | 3000 | 0.21205 m³ | 576.92 kg/m |
| Round(Concrete)-Column: C C_30.0 | 레벨 1 | CONCR | 3000 | 0.21205 m³ | 576.92 kg/m |
| Round(Concrete)-Column: C C_30.0 | 레벨 1 | CONCR | 3000 | 0.21205 m³ | 576.92 kg/m |
| Round(Concrete)-Column: C C_30.0 | 레벨 1 | CONCR | 3000 | 0.21205 m³ | 576.92 kg/m |
| Round(Concrete)-Column: C C_30.0 | 레벨 1 | CONCR | 3000 | 0.21205 m³ | 576.92 kg/m |
| Round(Concrete)-Column: C C_30.0 | 레벨 1 | CONCR | 3000 | 0.21205 m³ | 576.92 kg/m |
| Round(Concrete)-Column: C C_30.0 | 레벨 1 | CONCR | 3000 | 0.21205 m³ | 576.92 kg/m |
| Round(Concrete)-Column: C C_30.0 | 레벨 1 | CONCR | 3000 | 0.21205 m³ | 576.92 kg/m |
| Round(Concrete)-Column: C C_30.0 | 레벨 1 | CONCR | 3000 | 0.21205 m³ | 576.92 kg/m |
| 3000: 18 | | | | 3.81685 m³ | |
| 레벨 1: 18 | | | | 3.81685 m³ | |
| Round(Concrete)-Column: C C_30.0: 18 | | | | 3.81685 m³ | |
| TUB-Rectangular tube - rounded-Column: TUB 75x75x2.3 | 레벨 2 | STEEL | 1962 | 0.00129 m³ | 5.14 kg/m |
| 1962: 1 | | | | 0.00129 m³ | |

예시로 생성될 일람표를 먼저 보였다. 이 일람표는 콘크리트기둥에 대한 모델 내에 있는 여러 정보 중 사용된 [패밀리 유형], 기둥이 위치한 [베이스레벨], 기둥의 [구조재료], 기둥의 [길이], 기둥의 [볼륨], [무게(w)]를 보이고 있음을 알 수 있다. 이 항목들을 [필드]라고 하는 것으로 [일람표 특성]창에서 일람표에서 보일 이들 필드를 골라 결정해야 한다.

### 일람표 특성창

프로젝트 탐색기 / 일람표/수량 / 구조기둥일람표

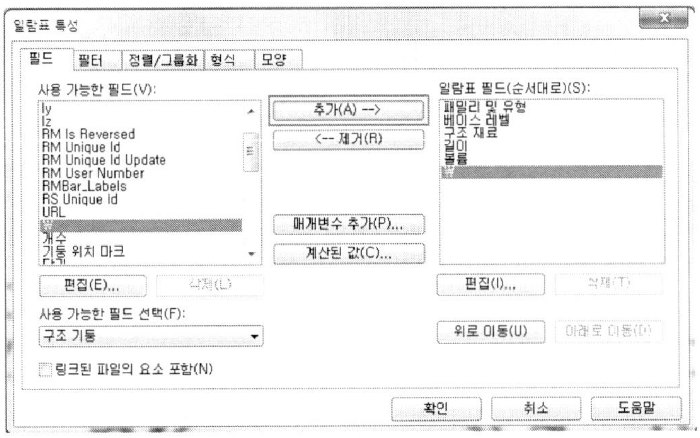


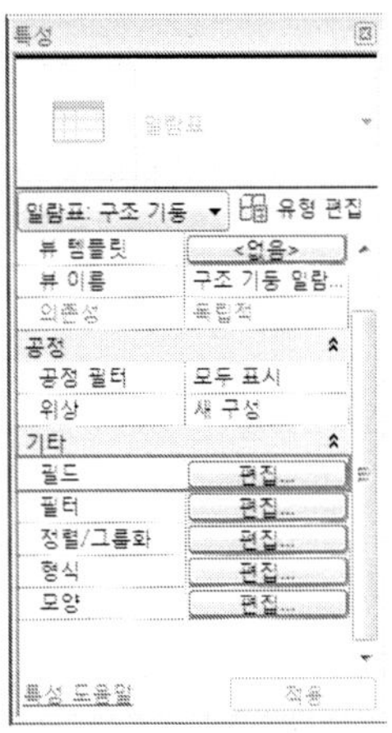


**일람표 필드 선택하기**
필드선택 / 추가

일람표 특성창에서 [사용 가능한 필드]에서 원하는 필드를 고르고, [추가] 버튼을 이용해 오른쪽 [일람표 필드]로 선택해 놓는다. 여기 정렬된 순서대로 일람표에 왼쪽부터 놓이기 때문에 여기서 [위로 이동] 또는 [아래로 이동]을 이용해 순서를 결정해 놓는다.

# 일람표 만들기 | Schedules

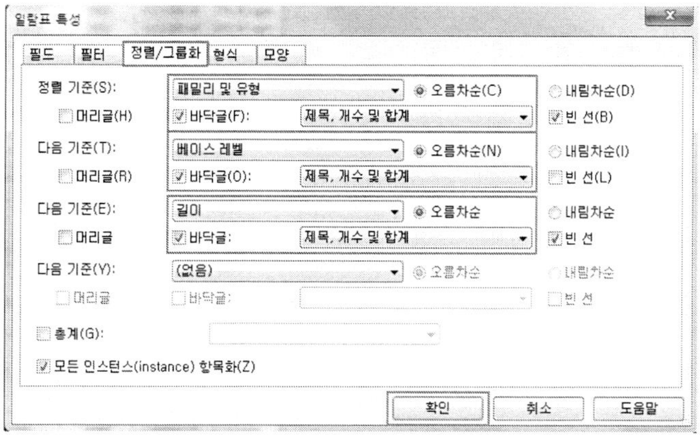


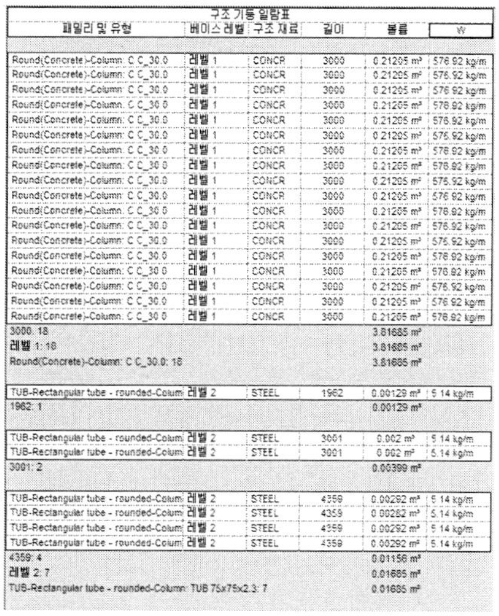

| 구조 기둥 일람표 | | | | | |
|---|---|---|---|---|---|
| 패밀리 및 유형 | 베이스 레벨 | 구조 재료 | 길이 | 볼륨 | W |
| Round(Concrete)-Column: C C_30.0 | 레벨 1 | CONCR | 3000 | 0.21205 m³ | 576.92 kg/m |
| Round(Concrete)-Column: C C_30.0 | 레벨 1 | CONCR | 3000 | 0.21205 m³ | 576.92 kg/m |
| Round(Concrete)-Column: C C_30.0 | 레벨 1 | CONCR | 3000 | 0.21205 m³ | 576.92 kg/m |
| Round(Concrete)-Column: C C_30.0 | 레벨 1 | CONCR | 3000 | 0.21205 m³ | 576.92 kg/m |
| Round(Concrete)-Column: C C_30.0 | 레벨 1 | CONCR | 3000 | 0.21205 m³ | 576.92 kg/m |
| Round(Concrete)-Column: C C_30.0 | 레벨 1 | CONCR | 3000 | 0.21205 m³ | 576.92 kg/m |
| Round(Concrete)-Column: C C_30.0 | 레벨 1 | CONCR | 3000 | 0.21205 m³ | 576.92 kg/m |
| Round(Concrete)-Column: C C_30.0 | 레벨 1 | CONCR | 3000 | 0.21205 m³ | 576.92 kg/m |
| Round(Concrete)-Column: C C_30.0 | 레벨 1 | CONCR | 3000 | 0.21205 m³ | 576.92 kg/m |
| Round(Concrete)-Column: C C_30.0 | 레벨 1 | CONCR | 3000 | 0.21205 m³ | 576.92 kg/m |
| Round(Concrete)-Column: C C_30.0 | 레벨 1 | CONCR | 3000 | 0.21205 m³ | 576.92 kg/m |
| Round(Concrete)-Column: C C_30.0 | 레벨 1 | CONCR | 3000 | 0.21205 m³ | 576.92 kg/m |
| Round(Concrete)-Column: C C_30.0 | 레벨 1 | CONCR | 3000 | 0.21205 m³ | 576.92 kg/m |
| Round(Concrete)-Column: C C_30.0 | 레벨 1 | CONCR | 3000 | 0.21205 m³ | 576.92 kg/m |
| Round(Concrete)-Column: C C_30.0 | 레벨 1 | CONCR | 3000 | 0.21205 m³ | 576.92 kg/m |
| Round(Concrete)-Column: C C_30.0 | 레벨 1 | CONCR | 3000 | 0.21205 m³ | 576.92 kg/m |
| Round(Concrete)-Column: C C_30.0 | 레벨 1 | CONCR | 3000 | 0.21205 m³ | 576.92 kg/m |
| Round(Concrete)-Column: C C_30.0 | 레벨 1 | CONCR | 3000 | 0.21205 m³ | 576.92 kg/m |
| 3000: 18 | | | | 3.81685 m³ | |
| 레벨 1: 18 | | | | 3.81685 m³ | |
| Round(Concrete)-Column: C C_30.0: 18 | | | | 3.81685 m³ | |
| TUB-Rectangular tube - rounded-Colum | 레벨 2 | STEEL | 1962 | 0.00129 m³ | 5.14 kg/m |
| 1962: 1 | | | | 0.00129 m³ | |
| TUB-Rectangular tube - rounded-Colum | 레벨 2 | STEEL | 3001 | 0.002 m³ | 5.14 kg/m |
| TUB-Rectangular tube - rounded-Colum | 레벨 2 | STEEL | 3001 | 0.002 m³ | 5.14 kg/m |
| 3001: 2 | | | | 0.00399 m³ | |
| TUB-Rectangular tube - rounded-Colum | 레벨 2 | STEEL | 4359 | 0.00292 m³ | 5.14 kg/m |
| TUB-Rectangular tube - rounded-Colum | 레벨 2 | STEEL | 4359 | 0.00292 m³ | 5.14 kg/m |
| TUB-Rectangular tube - rounded-Colum | 레벨 2 | STEEL | 4359 | 0.00292 m³ | 5.14 kg/m |
| TUB-Rectangular tube - rounded-Colum | 레벨 2 | STEEL | 4359 | 0.00292 m³ | 5.14 kg/m |
| 4359: 4 | | | | 0.01156 m³ | |
| 레벨 2: 7 | | | | 0.01685 m³ | |
| TUB-Rectangular tube - rounded-Column: TUB 75x75x2.3: 7 | | | | 0.01685 m³ | |

오른쪽에 보이는 예시의 일람표를 다시 보자. 6개의 필드를 결정하는 것 외에도 각 데이터를 종류별로 배열하여 시트에 나타내기 위하여 몇 가지 조절이 필요하다. [일람표 특성] 창에 [정렬/그룹화]라는 탭을 이용한다.

오른쪽의 일람표는 패밀리 유형에 따라 표가 분리되었다. 그리고 각 유형의 개수와 볼륨의 합계가 하단에 써있다. 레벨에 따라서도 나뉘어 있고, 길이에 따라서도 그룹화되어 합계를 나타내고 있다. [정렬/그룹화] 탭에서 이를 조정하여 일람표의 표현을 조정할 수 있다.

**일람표 정렬 및 그룹화하기**

- 정렬/그룹화 탭
  └, 정렬기준선정 / 합계위치 결정

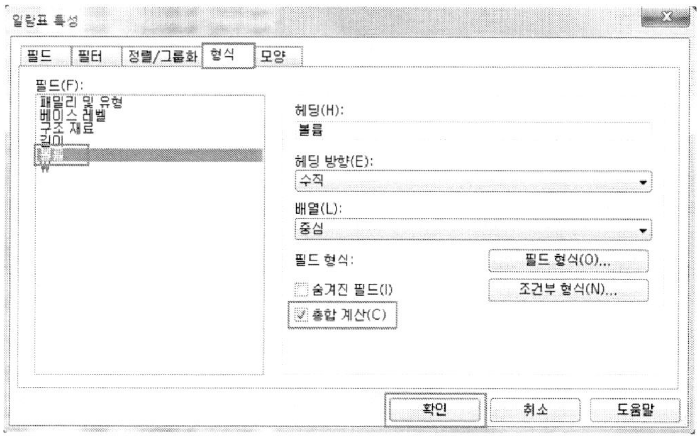


**일람표 형식 변경하기**

- 형식 탭
  └, 필드선택 / 형식 수정
    └, 확인

[형식]탭에서는 일람표에 표기되는 스타일을 변경할 수 있다. 예시로 보인 일람표에서 보면 [볼륨]의 항목만 합산된 값이 하단에 표기되어 있는 것을 알 수 있는데, 이것도 여기 [형식]에서 [총합계산]을 선택하면 된다. 그리고 [필드형식]을 선택하면 단위나 소숫점 자리 등 세부형식을 조정할 수 있다.

## 일람표 만들기 | Schedules

**일람표 특성창**
프로젝트 탐색기 / 일람표/수량 / 구조기둥일람표

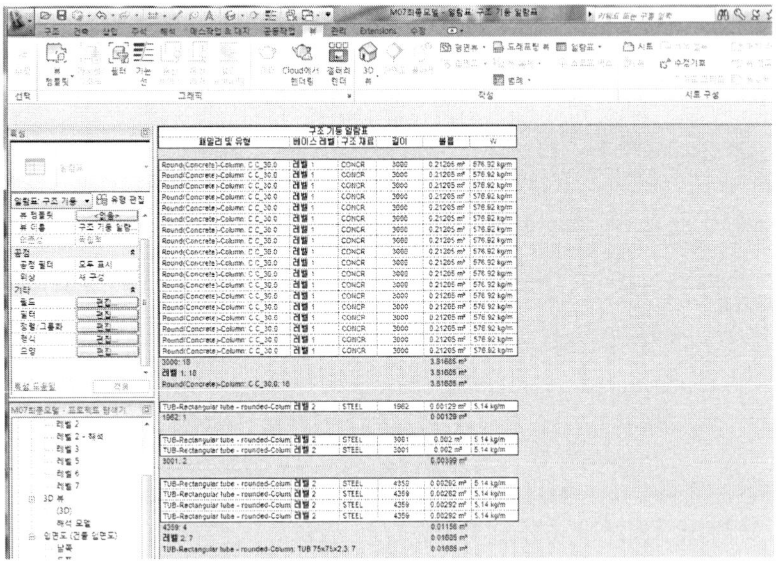

여러 변수를 조정하고 나서 [확인]을 누르면 [일람표] 창이 새로 생기면서 프로젝트 탐색기에 [일람표/수량]에 일람표가 하나 생성된다.

**주석달기**
해당부재 선택
– 특성창 / 주석
└ 주석달기

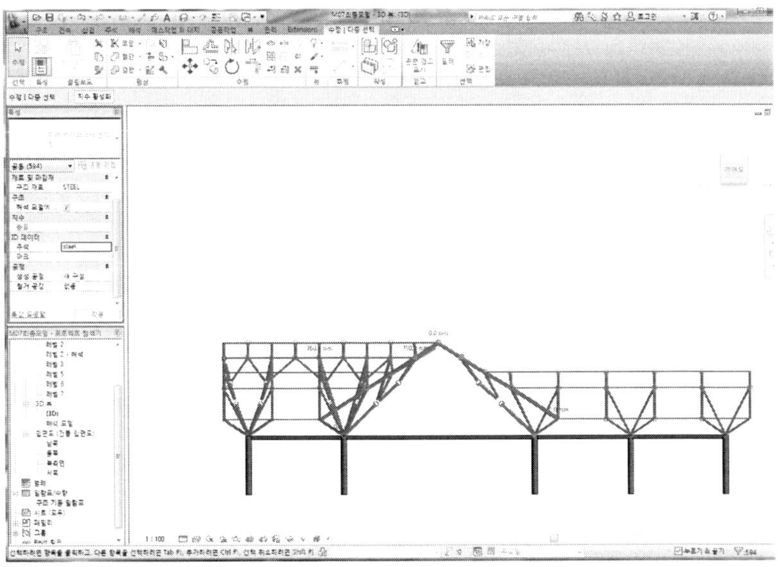

이번에는 예시한 일람표에서 철골기둥을 제외한 콘크리트 기둥만을 일람표로 만들어보자.
철골에 해당하는 부재를 모두 선택하고 왼쪽의 특성창에서 [주석] 항목에 'steel'이라고 주석을 달아둔다.

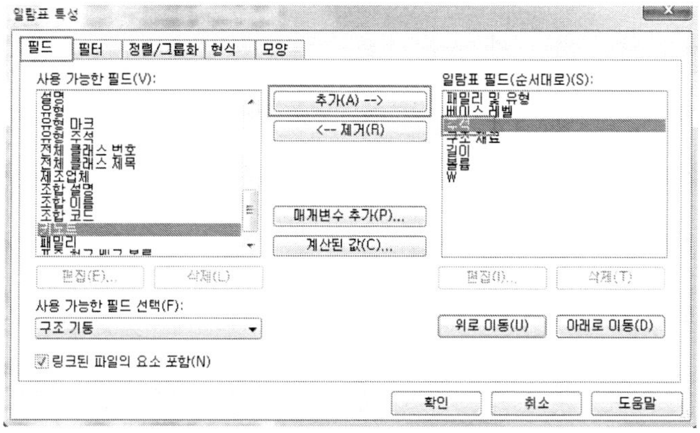

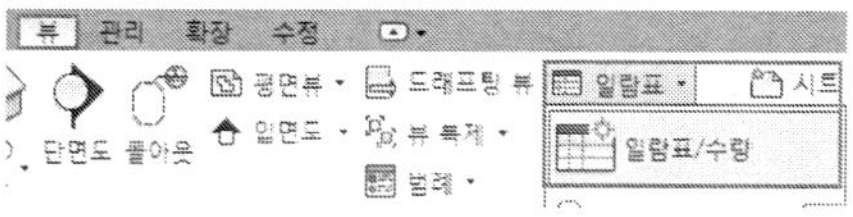

**일람표 만들기**
- 뷰 / 일람표 / 일람표/수량
- 필드탭 / 주석항목 추가

동일한 방법으로 새로운 일람표를 하나 더 만든다.(이미 생성된 일람표를 프로젝트 탐색기에서 복제해 만든 후 이름과 내용을 수정해도 가능하다.) 필드를 선택할 때 이전과는 달리 [주석]이라는 항목을 추가로 선택해 만든다.

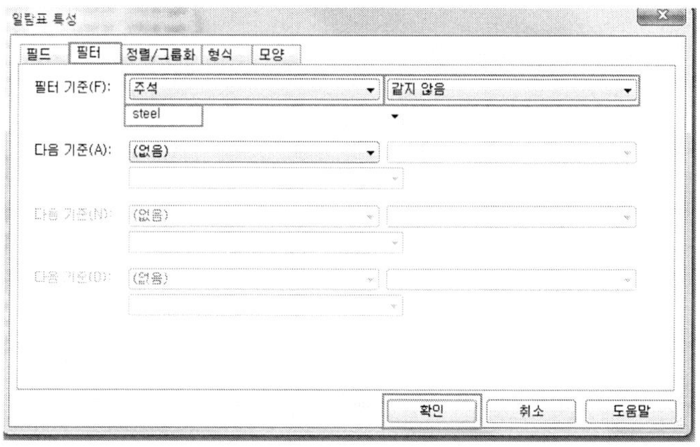

**일람표 필터설정하기**
- 필터탭 / 필터기준 선정
  ㄴ 확인

철골기둥을 일람표에서 걸러내기 위해 [필터] 탭을 활용한다. [필터] 탭에서 필터기준으로 [주석]을 선택하고, 사전에 기입한 'steel'이라는 이름을 일람표에서 삭제할 수 있도록 [같지 않음]을 선택한다.

# 일람표 만들기 | Schedules

**일람표 화면**

프로젝트 탐색기 /
콘크리트 구조기둥 일람표

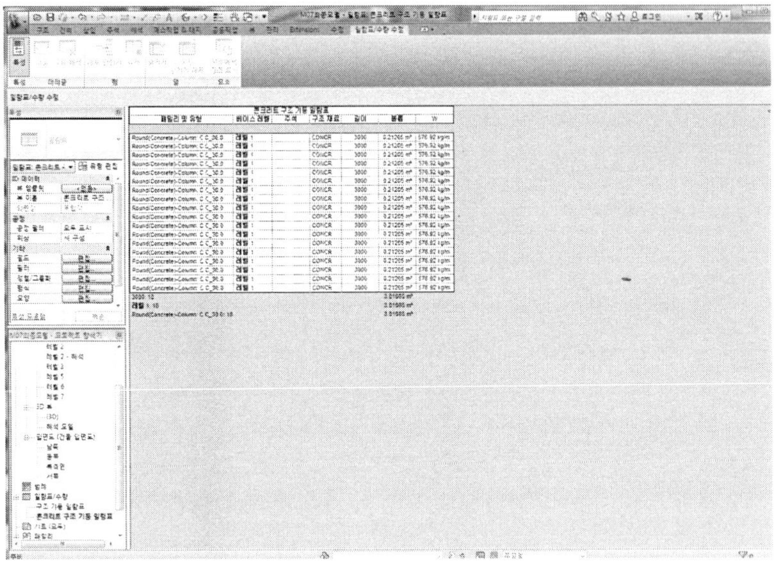

확인을 선택하면 위와 같은 콘크리트 기둥만을 적은 일람표가 나타난다.

**기둥직경 입력하기**

해당기둥부재 선택
– 특성창 / 직경입력

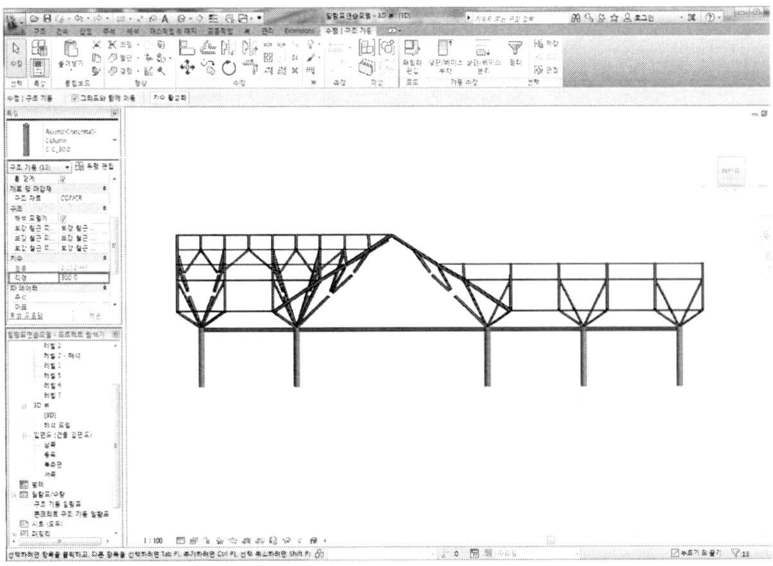

이번에는 콘크리트 기둥일람표에 기둥의 '거푸집물량'을 추가하여 나타내 보기로 하자.

예제의 모델의 콘크리트 기둥은 φ300의 원형기둥이다. 따라서 기둥의 거푸집면적이 산정가능하도록 먼저 기둥의 직경을 부재특성에 입력해 놓도록 한다. 모든 콘크리트 기둥을 선택하고 [특성] 창에서 [직경]에 300을 입력한다.

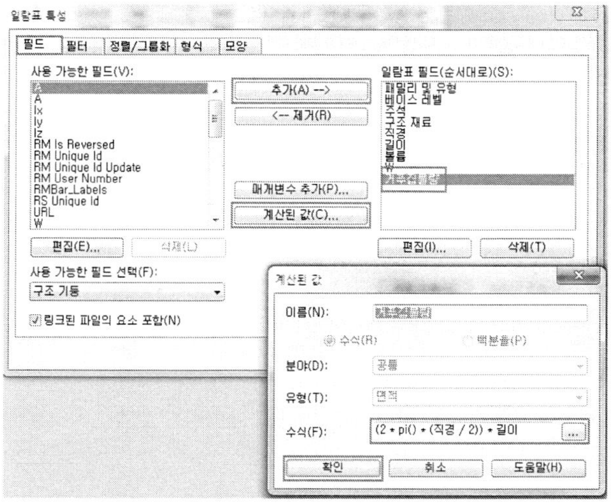


**일람표 특성화면**

특성창 / 필드
ㄴ, 편집

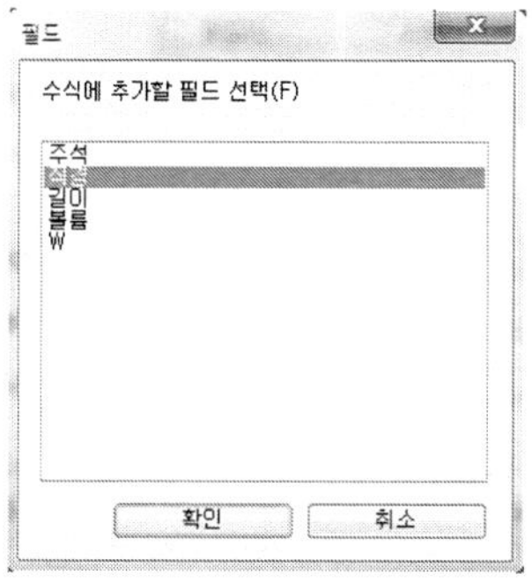


이제 [일람표 필드]에 [직경]을 추가하기로 하자.
그리고 '거푸집물량'은 기본적으로 프로그램에 제시된 [사용가능한 필드]에는 없다. 이런 경우, 추가한 직경을 활용한 수식을 입력하여 일람표에 나타나도록 할 수 있다. 이 때 [계산된 값]기능을 이용한다. [계산된 값]을 선택하면 위와 같은 창이 등장하는데, 여기에 [이름]에 '거푸집물량'이라고 입력하고 [분야]는 공통, 거푸집물량값은 면적값이므로 [유형]은 면적을 선택한다. 그리고 거푸집물량을 계산하는 수식을 [수식]의 빈칸에 입력하면 될 텐데, 수식은 '2π(직경/2)*길이'가 될 것이다. 이때 직경이나 길이 등은 이미 일람표에 필드로 반영되어 있는 값을 가져다 수식에 반영해야 하므로 키보드로 문자로 입력해서는 안되고, 옆에 있는 버튼을 누른다.
나타나는 창은 일람표에 반영되어 있는 필드값이 나열된 것이다. 이중에서 원하는 값을 선택하여 수식에 반영하도록 한다.
여기서는 '(2*pi()*(직경/2))*길이'로 입력하고 [확인]을 누른다.

**일람표에 거푸집물량표시하기**

– 필드탭 / 계산된 값 선택
ㄴ, 수식입력

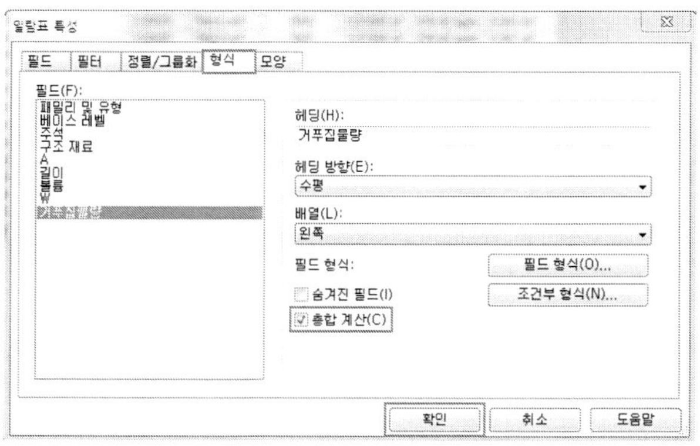


**일람표 형식 변경하기**

– 형식 탭
ㄴ, 필드선택 / 형식 수정
ㄴ, 확인

그리고 [형식]탭을 선택해 일람표에 나타나는 형식을 수정한다. [총합계산]항목을 체크해 거푸집총물량이 나타나도록 하고, [필드형식]을 선택해 단위나 소숫점 자리수를 조정해 [확인]을 선택한다.

## 일람표 만들기 | Schedules

**일람표 화면**

프로젝트 탐색기 /
콘크리트 구조기둥 일람표

| 콘크리트 구조 기둥 일람표 | | | | | | | |
|---|---|---|---|---|---|---|---|
| 패밀리 및 유형 | 베이스 레벨 | 주석 | 구조 재료 | 직경 | 길이 | 볼륨 | 거푸집물량 |
| Round(Concrete)-Column: C C_30.0 | 레벨 1 | | CONCR | 300 | 3000 | 0.21205 m³ | 2.827 m² |
| Round(Concrete)-Column: C C_30.0 | 레벨 1 | | CONCR | 300 | 3000 | 0.21205 m³ | 2.827 m² |
| Round(Concrete)-Column: C C_30.0 | 레벨 1 | | CONCR | 300 | 3000 | 0.21205 m³ | 2.827 m² |
| Round(Concrete)-Column: C C_30.0 | 레벨 1 | | CONCR | 300 | 3000 | 0.21205 m³ | 2.827 m² |
| Round(Concrete)-Column: C C_30.0 | 레벨 1 | | CONCR | 300 | 3000 | 0.21205 m³ | 2.827 m² |
| Round(Concrete)-Column: C C_30.0 | 레벨 1 | | CONCR | 300 | 3000 | 0.21205 m³ | 2.827 m² |
| Round(Concrete)-Column: C C_30.0 | 레벨 1 | | CONCR | 300 | 3000 | 0.21205 m³ | 2.827 m² |
| Round(Concrete)-Column: C C_30.0 | 레벨 1 | | CONCR | 300 | 3000 | 0.21205 m³ | 2.827 m² |
| Round(Concrete)-Column: C C_30.0 | 레벨 1 | | CONCR | 300 | 3000 | 0.21205 m³ | 2.827 m² |
| Round(Concrete)-Column: C C_30.0 | 레벨 1 | | CONCR | 300 | 3000 | 0.21205 m³ | 2.827 m² |
| Round(Concrete)-Column: C C_30.0 | 레벨 1 | | CONCR | 300 | 3000 | 0.21205 m³ | 2.827 m² |
| Round(Concrete)-Column: C C_30.0 | 레벨 1 | | CONCR | 300 | 3000 | 0.21205 m³ | 2.827 m² |
| Round(Concrete)-Column: C C_30.0 | 레벨 1 | | CONCR | 300 | 3000 | 0.21205 m³ | 2.827 m² |
| Round(Concrete)-Column: C C_30.0 | 레벨 1 | | CONCR | 300 | 3000 | 0.21205 m³ | 2.827 m² |
| Round(Concrete)-Column: C C_30.0 | 레벨 1 | | CONCR | 300 | 3000 | 0.21205 m³ | 2.827 m² |
| Round(Concrete)-Column: C C_30.0 | 레벨 1 | | CONCR | 300 | 3000 | 0.21205 m³ | 2.827 m² |
| Round(Concrete)-Column: C C_30.0 | 레벨 1 | | CONCR | 300 | 3000 | 0.21205 m³ | 2.827 m² |
| Round(Concrete)-Column: C C_30.0 | 레벨 1 | | CONCR | 300 | 3000 | 0.21205 m³ | 2.827 m² |
| 3000: 18 | | | | | | 3.81685 m³ | 50.894 m² |
| 레벨 1: 18 | | | | | | 3.81685 m³ | 50.894 m² |
| Round(Concrete)-Column: C C_30.0: 18 | | | | | | 3.81685 m³ | 50.894 m² |

[확인]을 눌러 완성된 일람표의 모습.
추가된 직경과 거푸집 물량, 그리고 거푸집 물량의 합계를 확인할 수 있다.
그리고 일람표의 필드 이름은 더블클릭하면 임의로 변경이 가능하다.

# 04 BIM 및 Revit 관련 정보사이트

Information Sites Related with Revit

| | |
|---|---|
| Rugi | 한국 최초의 Revit 전문 사용자 모임<br>Revit 사용자끼리 Revit 관련 정보를 공유하기 위한 Revit 사용자 모임 사이트.<br>Revit 외의 제품에 대한 정보도 공유하며 건축을 하는 사람들을 위한 Revit 사이트.<br>http://www.rugi.co.kr<br>http://cafe.naver.com/rugi |
| Revitcity | Revit Users Resource Center<br>현재 웹상에서 가장 큰 Revit 사용자 모임 사이트.<br>방대한 수준의 Revit Family를 보유하고 있으며, 종종 갤러리에서 상당수준의 Revit 결과물을 확인할 수 있음.<br>http://www.revitcity.com |
| AUGI | 세계적인 Autodesk User Group 사이트<br>모든 종류의 Autodesk 제품군에 대해 논의되고 있으며, Forum이 상당히 활성화되어 있음.<br>격월간으로 고급수준의 PDF 잡지도 무상으로 배포.<br>Augi의 Revit Forum을 방문해 실력을 업그레이드 하기 바람.<br>http://www.augi.com |
| CADclips / DG cad | Autodesk 제품 관련 동영상 제공 사이트<br>기초적인 동영상은 무상으로 제공되며, 고급 동영상은 일정 비용을 부과.<br>http://www.dgcad.com/ |

| | |
|---|---|
| CAD Digest | 각종 CAD관련 문서를 읽을 수 있는 곳.<br>Revit의 자료도 상당수 보유.<br>기능 / 자습서 / 리뷰 / 성공사례 등으로 분류되어 있음.<br>http://www.caddigest.com/subjects/revit |
| CADalyst | CAD와 건축 관련 정보들을 제공하는 곳.<br>http://aec.cadalyst.com/aec |
| CADline | 영국의 Autodesk 협력사로 Revit 관련 여러가지 Tip 제공 사이트.<br>http://www.cadline.co.uk/ |
| Revit Oped | Revit 컨설턴트인 Steve Stafford님이 운영하는 Revit blog.<br>Revit 관련 유익한 팁 들이 종종 등록됨.<br>http://revitoped.blogspot.kr/ |
| Revitalize | 호주의 건축가인 Bruce Cow님이 운영히는 Revit blog.<br>Revit 유용한 팁들이 등록되는 곳.<br>http://revit-alize.blogspot.kr/ |
| Revit Rants | 호주의 Chris Price님이 운영하는 Revit 관련 Blog.<br>http://revitrants.blogspot.kr/ |
| Hagerman&Company Blog | Hagerman & Company에서 제공하는 CAD 관련 자료제공 Blog.<br>http://blog.hagerman.com/ |
| Dynamo | Revit의 parametric add-in인 Dynamo 관련 소식이 제공되는 사이트.<br>http://dynamobim.org/ |
| the Building Coder | Revit API 개발자인 Jeremy Tammik의 블로그.<br>http://thebuildingcoder.typepad.com/ |
| 인테리어 디자이너의 쉼터 | Revit, Chief Architecture 등 여러가지 3D 도구 정보를 공유하는 카페.<br>http://cafe.naver.com/realinterior |
| Enjoy Revit | Revit으로 여러가지 재밌는 연구를 많이 하는 주산님의 블로그.<br>http://blog.naver.com/dingo72 (한글)<br>http://plevit1.blogspot.kr/(영문) |
| 아르키메르님의 블로그 | Revit과 다른 소프트웨어들에 대한 Tip을 공유하는 블로그.<br>http://blog.naver.com/platut |
| Revit and Metal | Revit 관련 다양한 Tip과 작품을 공유하는 Opeth님의 블로그.<br>http://blog.naver.com/def3792 |

| | |
|---|---|
| What Revit Wants | http://whatrevitwants.blogspot.com.au/ |
| Under the Hood | http://underthehood-autodesk.typepad.com/ |
| Red Hot BIM | http://www.redhotbim.com/ |
| Daniel on Autodesk AEC Software | http://danielgijsbers.blogspot.in/ |
| CAD Notes | http://www.cad-notes.com/category/revit-articles |
| Revit 온라인 도움말 | http://help.autodesk.com/view/RVT/2014/KOR/ |
| Autodesk 공식 라이브러리 | http://seek.autodesk.com |
| Revit 2011 버전 이전 라이브러리 | http://revit.autodesk.com/library/html/ |
| 경희대 건축정보연구실 | http://italab.khu.ac.kr/ |
| 연세대 건설IT 연구실 | http://big.yonsei.ac.kr/ |
| 빌딩스마트 협회 | http://www.buildingsmart.or.kr/ |
| 한국 BIM 학회 | http://www.kibim.or.kr/ |
| 조달청 | http://www.pps.go.kr/ |
| 한국 설비기술협회 BIM 라이브러리 | http://www.web2cad.co.kr/ |

책 출간의 모든 것을 훌륭하게 도와주신 도서출판 씨아이알의 출판부에 감사드립니다. 원고 저술과정에서 도움을 준 서울시립대학교의 김수민 군, 장해원 양, 그리고 박광훈, 채홍윤 군, 전희영 양. 감사합니다. 원고를 활용해보고 조언을 아끼지 않았던 윤병환, 정인식, 방상희, 문찬웅 군의 도움도 컸습니다. 감사합니다.

또한 BIM 구조에 대해 공부할 수 있게 도와주신 동양구조의 정광량 소장님과 이병도 팀장님, 그리고 제가 초기에 BIM에 관심가지고 접근할 수 있도록 도와주셨던 알피건축의 유기찬 소장님께도 이 기회를 빌어 감사드립니다.

이 책은 2012년도 정부(교육과학기술부)의 재원으로 한국연구재단의 기초연구사업 지원을 받아 수행된 것임(NRF-2012R1 A1A3009705)

## BIM으로 구조디자인 하기

**초판인쇄** 2014년 8월 14일
**초판발행** 2014년 8월 24일

**저　　자** 이주나, 김우진
**펴 낸 이** 김성배
**펴 낸 곳** 도서출판 씨아이알

**책임편집** 박영지
**디 자 인** 윤지환, 강세희
**제작책임** 황호준

**등록번호** 제2-3285호
**등 록 일** 2001년 3월 19일
**주　　소** 100-250 서울특별시 중구 필동로8길 43(예장동 1-151)
**전화번호** 02-2275-8603(대표)
**팩스번호** 02-2275-8604
**홈페이지** www.circom.co.kr

**I S B N** 979-11-5610-061-4 93540
**정　　가** 24,000원

## 여러분의 원고를 기다립니다.

도서출판 씨아이알은 좋은 책을 만들기 위해 언제나 최선을 다하고 있습니다.
토목 · 해양 · 환경 · 건축 · 전기 · 전자 · 기계 · 불교 · 철학 분야의 좋은 원고를 집필하고 계시거나 기획하고 계신 분들, 그리고 소중한 외서를 소개해주고 싶으신 분들은 언제든 도서출판 씨아이알로 연락 주시기 바랍니다.
도서출판 씨아이알의 문은 날마다 활짝 열려 있습니다.

**출판문의처:** cool3011@circom.co.kr
02)2275-8603(내선 605)

### <<도서출판 씨아이알의 도서소개 >>

※ 문화체육관광부의 우수학술도서로 선정된 도서입니다.
† 대한민국학술원의 우수학술도서로 선정된 도서입니다.
§ 한국과학창의재단 우수과학도서로 선정된 도서입니다.

### 건축 · 도시

**예술을 위한 빛:미술관을 위한 빛환경 디자인**
Christopher Cuttle 저 / 김동진 역 / 2014년 7월 / 280쪽(188*245) / 26,000원

**흙집 제대로 짓기**
황혜주 외 저 / 2014년 7월 / 200쪽(188*245) / 20,000원

**콘크리트와 문화**
아드리안 포오티(ADRIAN FORTY) 저 / 박홍용 역 / 2014년 6월 / 372쪽(사륙배판) / 26,000원

**BIM 기반 시설물 유지관리**
IFMA, IFMA Foundation 저 / Paul Teicholz editor / 강태욱, 심창수, 박진아 역 / 2014년 5월 / 428쪽(155*234) / 25,000원

**집 그리고 삶**
최재석 저 / 2014년 3월 / 172쪽(148*210) / 15,000원

**건물개보수 디자인 가이드북**
피터 슈베르(Peter Schwehr), 로버트 피셔(Roberat Fischer), 손쟈 가이어(Sonja Geier) 저 / 서항석 외 역 / 2013년 10월 / 172쪽(신국판) / 18,000원

**현대건축감상**
김영은, 이건하 저 / 2013년 9월 / 304쪽(사륙배판) / 26,000원

**내진설계를 위한 근사해석법**
ADRIAN S. SCARLAT 저 / 이진호 역 / 2013년 8월 / 356쪽(155*234) / 24,000원

**건축설계의 아디이어와 힌트 470**
매주 주택을 만드는 모임 저 / 고성룡 역 / 2013년 7월 / 184쪽(신국판) / 18,000원

**세계에 널리 알려진 상업센터의 풍수디자인**
이브린 립(Evelyn Lip) 저 / 한종구 역 / 2013년 6월 / 160쪽(185*215) / 22,000원

**BIM 상호운용성과 플랫폼**
강태욱, 유기찬, 최현상, 홍창희 저 / 2013년 1월 / 320쪽(사륙배판) / 25,000원

**건축환경론**
노정선, 함정도 저 / 2012년 6월 / 336쪽(사륙배판) / 22,000원

**디자인 도면**
Francis D.K. Ching, Steven P. Juroszek 저 / 이준석 역 / 2012년 3월 / 416쪽(국배판) / 28,000원

**흙건축 ※**
황혜주 저 / 2008년 3월 / 256쪽(사륙배판) / 23,000원

### 토목 · 지질

**실무자를 위한 토목섬유 설계 · 시공**
전한용, 장용채, 장정욱, 정연인, 박영목, 정진교, 이광열, 김윤태 저 / 2014년 8월 / 588쪽(사륙배판) / 30,000원

**기초공학의 원리**
이인모 저 / 2014년 8월 / 520쪽(사륙배판) / 28,000원

**토질역학의 원리(제2판 2쇄)**
이인모 저 / 2014년 8월 / 612쪽(사륙배판) / 30,000원

**토질역학**
배종순 저 / 2014년 7월 / 500쪽(사륙배판) / 25,000원

**수리학**
김민환, 정재성, 최재완 저 / 2014년 7월 / 316쪽(사륙배판) / 18,000원

**공업정보학의 기초**
YABUKI Nobuyoshi, MAKANAE Koji, MIURA Kenjiro T. 저 / 황승현 역 / 2014년 7월 / 244쪽(신국판) / 16,000원

**엑셀로 배우는 토질역학(엑셀강좌시리즈 8)**
요시미네 미츠토시 저 / 전용배 역 / 2014년 4월 / 236쪽(신국판) / 18,000원

**암반분류**
Bhawani Singh, R.K. Goel 저 / 장보안, 강성승 역 / 2014년 3월 / 552쪽(신국판) / 28,000원

**지반공학에서의 성능설계**
아카기 히로카즈(赤木 寛一), 오오토모 케이조우(大友 敬三), 타무라 마사히토(田村 昌仁), 코미야 카즈히토(小宮 一仁) 저 / 이성혁, 임유진, 조국환, 이진욱, 최찬용, 김현기, 이성진 역 / 2014년 3월 / 448쪽(155*234) / 26,000원

**건설계측의 이론과 실무**
우종태, 이래철 공저 / 2014년 3월 / 468쪽(사륙배판) / 28,000원

**엑셀로 배우는 셀 오토매턴 (엑셀강좌시리즈 7)**
기타 에이스케(北 栄輔), 와키타 유키코(脇田 佑希子) 저 / 이종원 역 / 2014년 3월 / 244쪽(신국판) / 18,000원

**재미있는 터널 이야기**
오가사와라 미츠마사(小笠原光雅), 사카이 구니토(酒井邦登), 모리카와 세이지(森川誠司) 저 / 이승호, 윤지선, 박시현, 신용석 역 / 2014년 3월 / 268쪽(신국판) / 16,000원

**토질역학(제4판)**
이상덕 저 / 2014년 3월 / 716쪽(사륙배판) / 30,000원

**지질공학**
백환조, 박형동, 여인욱 저 / 2014년 2월 / 308쪽(155*234) / 20,000원

**토질역학_기초 및 적용(제2판)**
김규문, 양태선, 전성곤, 정진교 저 / 2014년 2월 / 412쪽(사륙배판) / 24,000원

**내파공학**
Goda Yoshimi 저 / 김남형, 양순보 역 / 2014년 2월 / 660쪽(사륙배판) / 32,000원

**미학적으로 교량 보기**
문지영 저 / 2014년 2월 / 372쪽(사륙배판) / 28,000원

**지반공학 수치해석을 위한 가이드라인**
D. Potts, K. Axelsson, L. Grande, H. Schweiger, M. Long 저 / 신종호, 이용주, 이철주 역 / 2014년 1월 / 356쪽(사륙배판) / 28,000원

**흐름 해석을 위한 유한요소법 입문**
나카야마 츠카사(中山司) 저 / 류권규, 이해균 역 / 2013년 12월 / 300쪽(신국판) / 20,000원

**암반역학의 원리(제2판)**
이인모 저 / 2013년 12월 / 412쪽(사륙배판) / 28,000원

**터널의 지반공학적 원리(제2판)**
이인모 저 / 2013년 12월 / 460쪽(사륙배판) / 28,000원

**댐의 안전관리**
이이다 류우이치(飯田隆一) 저 / 박한규, 신동훈 역 / 2013년 12월 / 220쪽(155*234) / 18,000원

**댐 및 수력발전 공학(개정판)**
이응천 저 / 2013년 12월 / 468쪽(사륙배판) / 30,000원

**(뉴패러다임 실무교재) 지반역학**
시바타 토오루(柴田 徹) 저 / 이성혁, 임유진, 최찬용, 이진욱, 엄기영, 김현기 역 / 2013년 12월 / 424쪽(155*234) / 25,000원

**Civil BIM with Autodesk Civil 3D**
강태욱, 채재현, 박상민 저 / 2013년 11월 / 340쪽(155*234) / 24,000원

**알기 쉬운 구조역학(제2판)**
김경승 저 / 2013년 10월 / 528쪽(182*257) / 25,000원

**새로운 보강토옹벽의 모든 것**
종합토목연구소 저 / 한국시설안전공단 시설안전연구소 역 / 2013년 10월 / 536쪽(사륙배판) / 30,000원

**응용지질 암반공학**
김영근 저 / 2013년 10월 / 436쪽(사륙배판) / 28,000원

**터널과 지하공간의 혁신과 성장**
그레이엄 웨스트(Graham West) 저 / 한국터널지하공간학회 YE위원회 역 / 2013년 10월 / 472쪽(155*234) / 23,000원

**터널공학_터널굴착과 터널역학**
Dimitrios Kolymbas 저 / 선우춘, 박인준, 김상환, 유광호, 유충식, 이승호, 전석원, 송명규 역 / 2013년 8월 / 440쪽(사륙배판) / 28,000원

**터널 설계와 시공**
김재동, 박연준 저 / 2013년 8월 / 376쪽(사륙배판) / 22,000원

**터널역학**
이상덕 저 / 2013년 8월 / 1184쪽(사륙배판) / 60,000원

**철근콘크리트 역학 및 설계(제3판)**
윤영수 저 / 2013년 8월 / 600쪽(사륙배판) / 28,000원

**토질공학의 길잡이(제3판)**
임종철 저 / 2013년 7월 / 680쪽(155*234) / 27,000원

**지반설계를 위한 유로코드 7 해설서**
Andrew Bond, Andrew Harris 저 / 이규환 · 김성욱 · 윤길림 · 김태형 · 김홍연 · 김범주 · 신동훈 · 박종배 역 / 2013년 6월 / 696쪽(신국판) / 35,000원

**옹벽·암거의 한계상태설계**
오카모토 히로아키(岡本寛昭) 저 / 황승현 역 / 2013년 6월 / 208쪽(신국판) / 18,000원

**건설의 LCA**
이무라 히데후미(井村 秀文) 편저 / 전용배 역 / 2013년 5월 / 384쪽(신국판) / 22,000원

**건설문화를 말하다**
노관섭, 박근수, 백용, 이현동, 전우훈 저 / 2013년 3월 / 160쪽(신국판) / 14,000원

**건설현장 실무자를 위한 연약지반 기본이론 및 실무**
박태영, 정종홍, 김홍종, 이봉직, 백승철, 김낙영 저 / 2013년 3월 / 248쪽(신국판) / 20,000원

**지질공학**
Luis I. González de Vallejo, Mercedes Ferrer, Luis Ortuño, Carlos Oteo 저 / 장보안, 박혁진, 서용석, 엄정기, 최정찬, 조호영, 김영석, 구민호, 윤운상, 김학준, 정교철, 채병곤, 우 익 역 / 2013년 3월 / 808쪽(국배판) / 65,000원

**유목과 재해**
코마츠 토시미츠 감수 / 야마모토 코우이치 편집 / 재단법인 하천환경관리재단 기획 / 한국시설안전공단 시설안전연구소 유지관리기술그룹 역 / 2013년 3월 / 304쪽(사륙배판) / 25,000원

**Q&A 흙은 왜 무너지는가?**
Nikkei Construction 편저 / 백용, 장범수, 박종호, 송평현, 최경집 역 / 2013년 2월 / 304쪽(사륙배판) / 30,000원

**상상 그 이상, 조선시대 교량의 비밀 ※**
문지영 저 / 2012년 12월 / 384쪽(신국판) / 23,000원

**인류와 지하공간 §**
한국터널지하공간학회 저 / 2012년 11월 / 368쪽(신국판) / 18,000원

**재킷공법 기술 매뉴얼**
(재)연안개발기술연구센터 저 / 박우선, 안희도, 윤용직 역 / 2012년 10월 / 372쪽(사륙배판) / 22,000원

**토목지질도 작성 매뉴얼**
일본응용지질학회 저 / 서용석, 정교철 김광염 역 / 2012년 10월 / 312쪽(국배판) / 36,000원

**엑셀을 이용한 수치계산 입문**
카와무라 테츠야 저 / 황승현 역 / 2012년 8월 / 352쪽(신국판) / 23,000원

**강구조설계(5판 개정판)**
William T. Segui 저 / 백성용, 권영봉, 배두병, 최광규 역 / 2012년 8월 / 728쪽(사륙배판) / 32,000원

**지반기술자를 위한 지질 및 암반공학 III**
(사)한국지반공학회 저 / 2012년 8월 / 824쪽(사륙배판) / 38,000원

**수처리기술**
쿠리타공업(주) 저 / 고인준, 안창진, 원흥연, 박종호, 강태우, 박종문, 양민수 역 / 2012년 7월 / 176쪽(신국판) / 16,000원

**엑셀을 이용한 구조역학 공식예제집**
IT환경기술연구회 저 / 다나카 슈조 감수 / 황승현 역 / 2012년 6월 / 344쪽(신국판) / 23,000원

**풍력발전설비 지지구조물 설계지침 · 동해설 2010년판 †**
일본토목학회구조공학위원회 풍력발전설비 동적해석/구조설계 소위원회 저 / 송명관, 양민수, 박도현, 전종호 역 / 장경호, 윤영화 감수 / 2012년 6월 / 808쪽(사륙배판) / 48,000원

**엑셀을 이용한 토목공학 입문**
IT환경기술연구회 저 / 다나카 슈조 감수 / 황승현 역 / 2012년 5월 / 220쪽(신국판) / 18,000원

**엑셀을 이용한 지반재료의 시험·조사 입문**
이시다 테츠로 편저 / 다츠이 도시미, 나카가와 유키히로, 다니나카 히로시, 히다노 마사히데 저 / 황승현 역 / 2012년 3월 / 342쪽(신국판) / 23,000원

**토사유출현상과 토사재해대책**
타카하시 타모츠 저 / 한국시설안전공단 시설안전연구소 유지관리기술그룹 역 / 2012년 1월 / 480쪽(사륙배판) / 28,000원

**터널설계시공 ※**
Pietro Lunardi 저 / 선우춘, 김영근, 민기복, 장수호, 김광염 역 / 2011년 10월 / 584쪽(사륙배판) / 38,000원

**건설공사와 지반지질**
다나카 요시노리, 후루베 히로시 저 / 백용, 정재형 역 / 2011년 9월 / 228쪽(신국판) / 20,000원

**준설토 활용공학 ※**
윤길림, 김한선 저 / 2011년 9월 / 308쪽(사륙배판) / 25,000원

**댐 및 수력발전 공학**
이응천 저 / 2011년 5월 / 374쪽(사륙배판) / 27,000원

**엑셀을 이용한 지반공학 입문**
이시다 테츠로 저 / 황승현 역 / 2011년 3월 / 204쪽(신국판) / 18,000원

**지반기술자를 위한 지질 및 암반공학 II †**
(사)한국지반공학회 저 / 2011년 2월 / 742쪽(사륙배판) / 35,000원

**홍콩트랩**
백이호 저 / 2011년 2월 / 352쪽(신국판) / 18,000원

**방호공학개론**
Theodor Krauthammer 저 / 박종일 역 / 2011년 1월 / 400쪽(사륙배판) / 30,000원

**토목기술자를 위한 한국의 암석과 지질구조**
이병주· 선우춘 편 / 2010년 12월 / 296쪽(사륙배판) / 20,000원

**보강토 공법 실무>>설계 · 시공 · 시험평가**
한국토목섬유학회 편 / 2010년 11월 / 492쪽(사륙배판) / 30,000원

**실무자를 위한 흙막이 가설구조의 설계**
황승현 저 / 2010년 9월 / 472쪽(사륙배판) / 25,000원

**지질공학 †**
M. H. de Freitas 편저 / 선우춘, 이병주, 김기석 역 / 2010년 9월 / 492쪽(사륙배판) / 27,000원

**토석류 재해대책을 위한 조사법**
사방· 사태기술협회 저 / 한국시설안전공단 역 / 2010년 4월 / 244쪽(신국판) / 18,000원

**말레이시아에 대한민국을 심다**
백이호 저 / 2010년 4월 / 304쪽(신국판) / 15,000원

## 에너지 · 자원 · 환경

**석유개발환경공학**
성원모, 배위섭, 최종근, 이근상, 임종세, 권순일, 전보현, 이원규, 허대기 저 / 2014년 4월 / 344쪽(155*234) / 20,000원

**기후 회복을 위한 새로운 물 패러다임**
M. Kravčík, J. Pokorný, J. Kohutiar, M. Kováč, E. Tóth 저 / 한무영 역 / 2013년 2월 / 172쪽(신국판) / 18,000원

**쉽게 풀어쓴 석유 · 가스 개발**
Martin S. Raymond, William L. Leffler 저 / 성원모, 이광훈, 조철현, 김진수 역 / 2013년 12월 / 344쪽(155*234) / 20,000원

**셰일가스개발 환경개론**
나경원, 김경웅, 박희원 저 / 2013년 11월 / 200쪽(155*234) / 18,000원

**쓰레기 소각기술**
타쿠마환경기술위원회 저 / 양민수, 강태우, 양세정, 윤교식, 여두현 역 / 2013년 10월 / 312쪽(신국판) / 20,000원

**신재생에너지(개정판)**
박형동, 최요순, 현창욱, 서장원, 박지환 저 / 2013년 9월 / 288쪽(사륙배판) / 26,000원

**해저광물자원**
우스이 아키라 저 / 안희도, 유해수 역 / 2013년 4월 / 296쪽(신국판) / 22,000원

**물환경의 시대 막을 이용한 물재생**
(사)일본물환경학회 막을 이용한 수처리기술 연구위원회 저 / 양민수, 김상욱, 김완호, 강태우, 윤교식 역 / 2013년 1월 / 204쪽(신국판) / 20,000원

**바이오가스 마스터플랜**
김용성 저 / 2013년 1월 / 184쪽(신국판) / 18,000원

**북극해의 환경안보**
폴 아서 버크만 저 / 박병권, 권문상 역 / 2012년 10월 / 156쪽(신국판) / 18,000원

**기후변화에 대비한 도시의 물 관리**
제리 유델슨 저 / 한무영 역 / 2012년 4월 / 396쪽(신국판) / 22,000원

**최신 지반환경공학 ※**
신은철· 박정준 저 / 2009년 8월 / 400쪽(4*6배판) / 20,000원